市政工程施工与管理

杨　勇　　刘世鹏　　王德庆

田汝申　芦大伟　许庆鹏　主　编

天津出版传媒集团

天津科学技术出版社

图书在版编目(CIP)数据

市政工程施工与管理 / 杨勇等主编. —— 天津 ：天津科学技术出版社，2022.11

ISBN 978－7－5742－0701－1

Ⅰ.①市… Ⅱ.①杨… Ⅲ.①市政工程－工程施工②市政工程－工程管理 Ⅳ.①TU99

中国版本图书馆 CIP 数据核字(2022)第 223079 号

市政工程施工与管理

SHIZHENG GONGCHENG SHIGONG YU GUANLI

责任编辑:吴文博

责任印制:兰　毅

出　　版:天津出版传媒集团
　　　　　天津科学技术出版社

地　　址:天津市西康路 35 号

邮　　编:300051

电　　话:(022)23332377

网　　址:www.tjkjcbs.com.cn

发　　行:新华书店经销

印　　刷:济南新广达图文快印有限公司

开本 787×1092　1/16　印张 17.00　彩插 2　字数 350 000

2022 年 11 月第 1 版第 1 次印刷

定价:90.00 元

编 委 会

主 编

杨　勇　刘世鹏　王德庆
田汝申　芦大伟　许庆鹏

副主编

李　明　李小娇　张　萍
邹吉辉　吕　鹏　韩　磊
付军鹏　林星艳　丁鹏文
王金平

编　委（按姓氏笔画排序）

丁鹏文（山东汇通建设集团有限公司）
王金平（山东汇通建设集团有限公司）
王德庆（山东汇通建设集团有限公司）
付军鹏（山东汇通建设集团有限公司）
田汝申（山东汇通建设集团有限公司）
孙　杰（山东汇通建设集团有限公司）
吕　鹏（山东汇通建设集团有限公司）
刘世鹏（山东汇通建设集团有限公司）
许庆鹏（山东汇通建设集团有限公司）
杨　勇（山东汇通建设集团有限公司）
芦大伟（山东汇通建设集团有限公司）
李　明（山东汇通建设集团有限公司）
李小娇（山东汇通建设集团有限公司）
李　峰（山东汇通建设集团有限公司）
张　萍（山东汇通建设集团有限公司）
邹吉辉（山东汇通建设集团有限公司）
林星艳（山东汇通建设集团有限公司）
袁文龙（山东汇通建设集团有限公司）
韩　磊（山东汇通建设集团有限公司）

杨 勇

1979 年 8 月 2 日出生,中国共产党党员,现任山东汇通建设集团有限公司总经理,高级工程师,大学本科学历。

从 2018 年 5 月至今,先后参与了 196 项工程管理工作。在管理过程中始终以目标为导向,策划为引领,过程控制为抓手,紧抓关键环节控制,确保工程顺利完成。通过对北园大街快速路西延、凤凰路车脚山隧道、顺河快速路南延、地铁 R2/R3 线、旅游路、章丘片区等一批市区重点工程的有效管理,使各项目标得以实现。

参编著作有《市政工程施工新技术》,山东省工程建设标准《隧道薄壁钢管初期支护施工技术规程》积极参与 QC 小组及工法的编制工作,2018 年 7 月"减少桥梁防撞墙渗水点"课题荣获国家级 QC 一等奖,2018 年 12 月"临近建筑物之沉井排水下沉施工技术"课题荣获山东岩土工程技术创新贰等奖,2019 年 7 月"提高成本核算效率"课题荣获国家级 QC 一等奖,2019 年 11 月"钢箱梁桥面超高韧性 STC 铺装层施工工法"获批市级优秀工法,2020 年 2 月"钢箱梁桥面超高韧性 STC 铺装层施工工法"获批省级市政工法。

刘 世 鹏

1984 年 5 月出生,2005 年 7 月毕业于山东科技大学,高级工程师,工程硕士,一级建造师。现任在山东汇通建设集团有限公司担任工程管理部部长

参加工作后,先后承担山东中医药大学长清新校区市政工程、枣庄技术学院新校区市政工程、济南水质净化三厂配套管网工程、济南高新区康虹路改造工程、济南市西客站片区市政改造工程、济南市纬十二路道路改造工程、安徽阜阳市城南新区五里路(淮河路—竹园路)道路及附属物工程施工)、沭阳县金水桥工程、沭阳县城区快速通道一期工程 B 标段、沭阳快速路一期工程 A 标段等工程。工作期间积极参与科技创新工作,获得技术创新 3 项,其中《液压高速夯实机回填复杂基础施工技术》被评为山东岩土工程技术创新二等奖,《钢板桩与止水帷幕联合支护技术》被评为山东岩土工程技术创新二等奖,《暗挖隧道薄壁钢管混凝土支护施工工法》被评为山东岩土工程技术创新一等奖。省级工法 4 项:预应力钢筋混凝土薄壁挡墙施工工法现浇钢筋混凝土拱圈挂模施工工法、防沉降检查井盖安装施工工法、采用闭水、闭气双用封堵工具管道严密性试验。参与新产品新技术 1 项:水泥多合混合料及其应用技术的开发。参编行业标准 1 项:抗车辙沥青混合料应用技术规程(CJJ/238—20169)。

王德庆

1979年12月出生,中国共产党党员,现任山东汇通建设集团有限公司总工程师,高级工程师,工程硕士,中国施工企业管理协会质量专家。

参加工作后,先后承担了十几项工程的建设施工任务,较大的工程项目有:济南市工业南路改造工程、山东中医药大学长清校区市政工程、济南市东区杨家河立交桥工程、安徽省花津南路道路排水工程、济南市小清河综合治理二期三标工程、济南市二环西路改造工程第一标段、济南市二环南路改造工程西四标段等工程。其中济南市二环南路改造工程西四标段获得国家优质工程、济南市二环西路改造工程获评全国市政金杯示范工程。担任公司总工程师师后,分管的工程多次获奖,例如:济南市北园大街快速路西延建设工程施工三标段、济南市工业北路快速路建设工程施工第二标段等工程荣获山东省建筑质量泰山杯工程和山东省优质结构工程奖,北京南路荣获项羽杯,珠江路工程荣获结构杯和玉女峰杯。

科技成果:2014年,降低行车石板路面破损率,国家级,全国市政工程建设优秀质量管理小组二等奖,中国市政工程协会;2016年,减少沥青道路边缘积水率,省级,全省市政工程建设质量管理小组优秀奖,山东省城市建设管理协会;2018年,减少桥梁防撞墙渗水点,国家,全国市政工程建设先进质量管理小组一等奖,中国市政工程协会;2019年,研制设施管线埋设新方法,国家级,全国市政工程建设优秀质量管理小组一等奖,中国市政工程协会;2021年,降低浅埋隧道上方构筑物沉降值,国家级,全国市政工程建设优秀质量管理小组一等奖,中国市政工程协会。

发明专利4项,实用新型专利5项。

田汝申

1977年5月生,中共党员,哈尔滨工业大学建筑与土木工程专业工程硕士学位,高级工程师,国家一级注册建造师,国家一级注册造价工程师,山东省建设工程评标专家库成员,现为山东汇通建设集团有限公司项目经理。多年来,该同志先后参与了济南市经十路、奥体中心、二环西路、顺河高架南延、郭店片区市政道路等一大批省市重点工程建设,多次荣获省市金杯示范工程、全国市政金杯奖及鲁班奖等,个人也多次被评为先进个人。

在多年的工程实践中,该同志始终坚持科技创新,不断研发本领域高新技术、工艺运用于工程实践,提高了集团及整个行业的技术水平。

芦大伟

男,34 岁,汉族,山东济南人,中共党员,本科学历,工程师。2010 年参加工作,先后担任山东汇通建设集团技术员、主管技术员、项目总工、项目经理,2019 年至今担任副经理。

近年来参与建设的多项工程获得表彰,2018 年－2019 年负责施工的济南市凤鸣路及周边路网优化等工程一标被评为"山东省安全文明工地";2019 年－2020 年负责施工的济南市世纪大道道路建设工程施工一标段先后被评为"山东省安全文明工地""山东省优质结构工程""山东省绿色科技示范工程";2020 年－2021 年分管施工的济南市春博路道路建设工程第三标段被评为"山东省优质结构工程"。其中个人荣获 2019 年度济南市"青年安全生产标兵"荣誉称号。

先后发表论文 6 篇,申请专利 5 项,获得工法 5 项,QC 成果 5 项。

许庆鹏

男,汉族,中国共产党党员,高级工程师,硕士。2007 年 7 月正式参加工作,2014 年获得哈尔滨工业大学建筑与土木工程硕士学位;2018 年取得一建建造师职业资格证书,同年评为高级工程师。

先后参与了济南市西客站二期市政道路一标段三合同段市政工程、济南市西客站片区地下通道(预留接口)工程 BT 施工一标段项目、济南市二环南路道路建设工程(东段)第三标段项目、济南市二环南路道路建设工程(西段)第四标段项目、济南市顺河高架南延一期工程等一大批重点工程。

自 2012 年以来,先后申请获得"防土渣掉落装置""立沿石安装直顺度测量仪"等专利、参与编制了"现浇钢筋混凝土拱圈挂模施工工法""坡地条件下沉式滞留带施工工法""模块化检查井砌筑施工工法"施工工法。并《工程技术》《建筑工程技术与设计》国家级杂志上发表桥梁施工专业论文两篇。

前言 PREFACE

　　市政工程一般是属于国家的基础建设，是指城市建设中的各种公共交通设施、给水、排水、燃气、城市防洪、环境卫生及照明等基础设施建设，是城市生存和发展必不可少的物质基础，是提高人民生活水平和对外开放的基本条件。本书根据国家、行业及地方新的标准、规范要求，结合了建筑工程技术人员和工程的实际，紧扣市政施工新技术、新材料、新工艺、新产品、新标准的发展步伐，对涉及施工的专业知识，进行了科学、合理的划分，由浅入深，重点突出。本书共11章，主要内容包括：市政工程施工准备工作、市政道路工程、市政桥梁工程、城市轨道交通工程、城市给水排水工程、市政生活垃圾收运系统、市政生活垃圾卫生填埋技术、城市绿化与园林附属工程、市政工程项目质量管理、职业健康安全与环境管理、市政工程的绿色施工管理。本书内容由浅入深，从理论到实例，方便查阅，可操作性强。可供市政工程与管理人员使用，也可供高等院校相关专业师生学习时参考。

　　由于编者学识和经验有限，虽经编者尽心尽力，但仍难免存在疏漏或不妥之处，望广大读者批评指正。

CONTENTS

目录

第一章　市政工程施工准备工作

第一节　施工准备工作的内容及要求

一、施工准备工作的意义

工程建设是人们创造物质财富的重要途径,是我国国民经济的主要支柱之一,总的程序是按照决策阶段、实施阶段和使用阶段三个阶段进行的。其中实施阶段包括设计前的准备阶段、设计阶段、施工阶段、动用前准备和保修阶段。

施工准备工作是指施工前为了保证整个工程能够按计划顺利施工,在事前必须做好的各项准备工作,具体内容包括为施工创造必要的技术、物资、人力、现场和外部组织条件,统筹安排施工现场,以便施工得以好、快、省、安全地进行,是施工程序中的重要环节。

不管是整个的建设项目或单项工程,或者是其中的任何一个单位工程,甚至单位工程中的分部、分项工程,在开工之前,都必须进行施工准备。施工准备工作是施工阶段的一个重要环节,是施工管理的重要内容。施工准备的根本任务是为正式施工创造良好的条件。做好施工准备工作具有下述几个方面的意义。

(1)施工准备工作是施工企业生产经营的重要组成部分。

(2)施工准备工作是施工程序的重要阶段。

(3)做好施工准备工作可以降低施工风险。

(4)做好施工准备工作可以加快施工进度,提高工程质量,节约资金和材料,从而提高经济效益。

(5)做好施工准备工作,可以调动各方面的积极因素,合理地组织人力、物力。

(6)做好施工准备工作,是施工顺利进行和工程圆满完成的重要保证。

实践证明,施工准备的充分与否,将直接影响后续施工全过程。重视和积极做好准备工作,可为项目的顺利进行创造条件,反之,忽视施工准备工作,必然会给后续的施工带来麻烦和损失,以致造成施工停顿、质量安全事故等恶果。

二、施工准备工作的分类

(一)按施工项目施工准备工作范围的不同分类

施工项目的施工准备工作按其范围的不同,一般可分为全场性施工准备、单位工程施工条件准备和分部(分项)工程作业条件准备3种。

1.全场性施工准备

全场性施工准备是以整个市政项目或一个施工工地为对象而进行的各项施工准备工作。其特点是施工准备工作的目的、内容都是为全场性施工服务的,不仅要为全场性施工活动创造有利条件,而且要兼顾单位工程的施工条件准备。

2.单位工程施工条件准备

单位工程施工条件准备是以一个构筑物为对象而进行的施工条件准备工作。其特点是施工准备工作的目的、内容都是为单位工程施工服务的,但它不仅要为该单位工程在开工前做好一切准备,而且还要为分部分项工程做好施工准备工作。

3.分部(分项)工程作业条件准备

分部(分项)工程作业条件准备是以一个分部(或分项)工程或冬雨期施工项目为对象而进行的作业条件准备,是基础的施工准备工作。

(二)按施工阶段分类

施工准备工作按拟建工程所处的不同施工阶段,一般可分为开工前施工准备和各分部分项工程施工前准备两种。

1.开工前施工准备

它是在拟建工程正式开工之前所进行的一切施工准备工作,为拟建工程正式开工创造必要的施工条件。它既可能是全场性的施工准备,也可能是单位工程施工条件准备。

2.各分布分项工程施工前准备

它是在拟建工程正式开工之后,在每一个分部分项工程施工之前所进行的一切施工准备工作,为各分部分项工程的顺利施工创造必要的施工条件,又称为施工期间的经常性施工准备工作,也称为作业条件的施工准备。它既具有局部性和短期性,又具有经常性。

综上所述,施工准备工作不仅在开工前的准备期进行,还贯穿于整个过程中,随着工程的进展,在各个分部分项工程施工之前,都要做好施工准备工作。施工准备工作既要有阶段性,又要有连贯性。因此,施工准备工作必须有计划,有步骤,分阶段进行。它贯穿于整个工程项目建设的始终。因此,在项目施工过程中,第一,准备工作一定要达到开工所必备的条件方能开工。第二,随着施工的进程和技术资料的逐渐齐备,应不断增加施工准备工作的内容和深度。

三、施工准备工作的基本内容

建设项目施工准备工作按其性质和内容,通常包括技术资料准备、施工物资准备、劳动组织准备、施工现场准备和施工对外工作准备 5 个方面。准备工作的内容见表 1-1。

表 1-1　施工准备工作内容

分类	准备工作内容
技术资料准备	熟悉、审查施工图纸;调查研究、搜集资料;编制是施工组织设计;编制施工图预算和施工预算
施工物资准备	建筑材料准备;构配件、制品的加工准备;建筑安装机具的准备;生产工艺设备的准备
劳动组织准备	建立拟建工程项目的领导机构;建立精干的施工队伍;组织劳动力进场,对施工队伍进行各种教育;对施工队伍及工人进行施工计划和技术交底;建立健全各项管理制度

分类	准备工作内容
施工现场准备	三通一平;施工场地控制网测设;临时设施搭设;现场补充勘探;建筑材料、构配件的现场储存、堆放;组织施工机具进场、安装、调试;做好冬雨期现场施工准备,设置消防
施工对外准备	选定材料、构配件和制品的加工订购地区和单位签订加工订货合同;确定外包施工任务的内容,选择外包施工单位,签订分包施工合同;及时填写开工申请报告,呈上级批准

四、施工准备工作的基本要求

(一)施工准备工作要有明确的分工

(1)建设单位应做好主要专用设备、特殊材料等的订货,建设征地,申请建筑许可证,拆除障碍物,接通场外的施工道路、水源、电源等项工作。

(2)设计单位主要是进行施工图设计及设计概算等相关工作。

(3)施工单位主要是分析整个建设项目的施工部署,做好调查研究,收集有关资料,编制好施工组织设计,并做好相应的施工准备工作。

(二)施工准备工作应分阶段、有计划地进行

施工准备工作应分阶段、有组织、有计划、有步骤地进行。

施工准备工作不仅要在开工之前集中进行,而且要贯穿整个施工过程的始终。随着工程施工的不断进展,分部分项工程的施工准备工作都要分阶段、有组织、有计划、有步骤地进行。为了保证施工准备工作能按时完成,应按照施工进度计划的要求,编制好施工准备工作计划,并随工程的进展,按时组织落实。

(三)施工准备工作要有严格的保证措施

(1)施工准备工作责任制度。

(2)施工准备工作检查制度。

(3)坚持基建程序,严格执行开工报告制度。

(四)开工前要对施工准备工作进行全面检查

单位工程的施工准备工作基本完成后,要对施工准备工作进行全面检查,具备了开工条件后,应及时向上级有关部门报送开工报告,经批准后即可开工。单位工程应具备的开工条件如下:

(1)施工图纸已经会审,并有会审纪要。

(2)施工组织设计已经审核批准,并进行了交底工作。

(3)施工图预算和施工预算已经编制和审定。

(4)施工合同已经签订,施工执照已经办好。

(5)现场障碍物已经拆除或迁移完毕,场内的"三通一平"工作基本完成,能够满足施工要求。

(6)永久或半永久性的平面测量控制网的坐标点和标高测量控制网的水准点均已建立,建筑物、构筑物的定位放线工作已基本完成,能满足施工的需要。

（7）施工现场的各种临时设施已按设计要求搭设,基本能够满足使用要求。

（8）工程施工所用的材料、构配件、制品和机械设备已订购落实,并已陆续进场,能够保证开工和连续施工的要求;先期使用的施工机具已按施工组织设计的要求安装完毕,并进行了试运转,能保证正常使用。

（9）施工队伍已经落实,已经过或正在进行必要的进场教育和各项技术交底工作,已调进现场或随时准备进场。

（10）现场安全施工守则已经制订,安全宣传牌已经设置,安全消防设施已经具备。

第二节　技术资料准备

技术资料准备是施工准备的核心,是确保工程质量、工期、施工安全和降低成本、增加企业经济效益的关键,由于任何技术的差错或隐患都可能引起人身安全和质量事故,造成生命、财产和经济的巨大损失,因此必须认真地做好技术准备工作。其主要内容包括:熟悉与审查施工图纸、调查研究和收集资料、编制施工组织设计、编制施工图预算和施工预算文件。

一、熟悉、审查施工图纸和有关的设计资料

（一）熟悉、审查设计图纸的目的

（1）充分了解设计意图、结构构造特点、技术要求、质量标准,以免发生施工指导性错误,方能按照设计图纸的要求顺利地进行施工,生产出符合设计要求的最终工程产品。

（2）通过审查发现设计图纸中存在的问题和错误应在施工之前改正,为拟建工程的施工提供一份准确、齐全的设计图纸以便及时改正,确保工程顺利施工。

（3）结合具体情况,提出合理化建议和协商有关配合施工等事宜,以确保工程质量、安全,降低工程成本和缩短工期。

（4）能够在拟建工程开工之前,使从事施工技术和经营管理的工程技术人员充分了解和掌握设计图纸的设计意图、结构与构造特点和技术要求。

（二）熟悉、审查施工图纸的依据

（1）建设单位和设计单位提供的初步设计或扩大初步设计（技术设计）、施工图设计、总平面图、土方竖向设计和城市规划等资料文件。

（2）调查、搜集的原始资料。

（3）设计、施工验收规范和有关技术规定。

（三）熟悉施工图纸的重点内容和要求

（1）审查拟建工程的地点、总平面图同国家、城市或地区规划是否一致,以及市政工程或构筑物的设计功能和使用要求是否符合卫生、防火及美化城市方面的要求。

（2）审查设计图纸是否完整、齐全,以及设计和资料是否符合国家有关工程建设的设计、施工方面的方针和政策。

（3）审查设计图纸与说明书在内容上是否一致,以及设计图纸与其各组成部分之间有无矛盾和错误。

(4)审查总平面图与其他结构图在几何尺寸、坐标、标高、说明等方面是否一致,技术要求是否正确。

(5)审查地基处理与基础设计同拟建工程地点的工程水文、地质等条件是否一致,以及市政工程与地下建筑物或构筑物、管线之间的关系。

(6)明确拟建工程的结构形式和特点,复核主要承重结构的强度、刚度和稳定性是否满足要求,审查设计图纸中的工程复杂、施工难度大和技术要求高的分部分项工程或新结构、新材料、新工艺,检查现有施工技术水平和管理水平能否满足工期和质量要求并采取可行的技术措施加以保证。

(7)明确建设期限、分期分批投产或交付使用的顺序和时间,以及工程所用的主要材料、设备的数量、规格、来源和供货日期。

(8)明确建设、设计和施工等单位之间的协作、配合关系,以及建设单位可以提供的施工条件。

(四)熟悉、审查设计图纸的程序

熟悉、审查设计图纸的程序通常分为自审阶段、会审阶段和现场签证3个阶段。

1.自审阶段

施工单位收到拟建工程的设计图纸和有关技术文件后应尽快组织有关的工程技术人员熟悉和自审图纸,写出自审图纸的记录。自审图纸的记录应包括对设计图纸的疑问和对设计图纸的有关建议。

2.会审阶段

一般由建设单位主持,由设计单位和施工单位参加,三方进行设计图纸的会审。图纸会审时,首先由设计单位的工程主要设计人员向与会者说明拟建工程的设计依据、意图和功能要求,并对特殊结构、新材料、新工艺和新技术提出设计要求;然后施工单位根据自审记录以及对设计意图的了解,提出对设计图纸的疑问和建议;最后在三方统一认识的基础上,对所探讨的问题逐一做好记录,形成"图纸会审纪要",由建设单位正式行文,参加单位共同会签、盖章,作为与设计文件同时使用的技术文件和指导施工的依据,以及建设单位与施工单位进行工程结算的依据,并列入工程预算和工程技术档案。施工图纸会审的重点内容主要有:

(1)审查拟建工程的地点、建筑总平面图是否符合国家或当地政府的规划,是否与规划部门批准的工程项目规模形式、平面立面图一致,在设计功能和使用要求上是否符合卫生、防火及美化城市等方面的要求。

(2)审查施工图纸与说明书在内容上是否一致,施工图纸是否完整、齐全,各种施工图纸之间、各组成部分之间是否有矛盾和差错,图纸上的尺寸、标高、坐标是否准确、一致。

(3)审查地上与地下工程、土建与安装工程、结构与装修工程等施工图之间是否有矛盾或是否会发生干扰,地基处理、基础设计是否与拟建工程所在地点的水文、地质条件等相符合。

(4)当拟建工程采用特殊的施工方法和特定的技术措施,或工程复杂、施工难度大时,应审查施工单位在技术上、装备条件上或特殊材料、构配件的加工订货上有无困难,能否满足工程施工安全和工期的要求,采取某些方法和措施后,是否能满足设计要求。

(5)明确建设期限、分期分批投产或交付使用的顺序、时间;明确建设、设计和施工单位之间协作,配合关系;明确建设单位所能提供的各种施工条件及完成的时间建设单位提供的设备种类、规格、数量及到货日期等。

(6)对设计和施工提出的合理化建议是否被采纳或部分采纳;施工图纸中不明确或有疑问的地方,设计单位是否解释清楚等。

(五)现场签证阶段

在拟建工程施工的过程中,如果发现施工条件与设计图纸不符,或发现图纸中仍有错误,或因为材料的规格,质量不能满足设计要求或因为施工单位提出了合理化建议需要对设计

图纸进行及时修订时,应遵循技术核定和设计变更的签证制度,进行图纸的施工现场签证。如果设计变更的内容对拟建工程的规模、投资影响较大时,要报请项目的原批准单位批准。施工现场的图纸修改、技术核定和设计变更资料,都要有正式的文字记录,归人拟建工程施工档案,作为指导施工、竣工验收和工程结算的依据。

二、调查研究、收集必要的资料

(一)施工调查的意义和目的

通过原始资料的调查分析,可以为编制出合理的,符合客观实际的施工组织设计文件提供全面、系统,科学的依据;为图纸会审、编制施工图预算和施工预算提供依据;为施工企业管理人员进行经营管理决策提供可靠的依据。

施工调查分为投标前的施工调查和中标后的施工调查两个部分。投标前施工调查的目的是摸清工程条件,为制订投标策略和报价服务;中标后施工调查的目的是查明工程环境特点和施工条件,为选择施工技术与组织方案收集基础资料,以此作为准备工作的依据;中标后的施工调查是建设项目施工准备工作的一个组成部分。

(二)施工调查的步骤

1.拟订调查提纲

原始资料调查应有计划有目的地进行,在调查工作开始之前,根据拟建工程的性质,规模、复杂程度等涉及的内容,以及当地的原始资料,拟订出原始资料调查提纲。

2.确定调查收集原始资料的单位

向建设单位、勘查单位和设计单位调查收集资料,如工程项目的计划任务书、工程项目地址选择的依据资料,工程地质、水文地质勘查报告、地形测量图,初步设计、扩大初步设计、施工图以及工程概预算资料;向当地气象台(站)调查有关气象资料;向当地主管部门收集现行的有关规定及对工程项目有指导性文件,了解类似工程的施工经验,了解各种建筑材料供应情况、构(配)件、制品的加工能力和供应情况,以及能源、交通运输和生活状况和参加施工单位的能力和管理状况等。对缺少的资料,应委托有关专业部门加以补充;对有疑点的资料要进行复查或重新核定。

3.进行施工现场实地勘察

原始资料调查,不仅要向有关单位收集资料了解有关情况,还要到施工现场调查现场环境,必要时进行实际勘测工作。向周围的居民调查和核实书面资料中的疑问和认为不确定的问题,使调查资料更切合实际和完整,并增加感性认识。

4.科学分析原始资料

科学分析调查中获得的原始资料。要确认其真伪程度,去伪存真,去粗取精,分类汇总,结合工程项目实际,对原始资料的真实情况进行逐项分析,找出有利因素和不利因素,尽量利用其有利条

件,采取措施防止不利因素的影响。

(三)施工调查的内容

1.调查有关工程项目特征与要求的资料

(1)向建设单位和主体设计单位了解并取得可行性研究报告、工程地址选择、扩大初步设计等方面的资料,以便了解建设目的、任务、设计意图。

(2)弄清设计规模、工程特点。

(3)了解生产工艺流程与工艺设备的特点及来源。

(4)摸清工程分期、分批施工,配套交付使用的顺序要求,图纸交付的时间,以及工程施工的质量要求和技术难点等。

2.调查施工场地及附近地区自然条件方面的资料

建设地区自然条件调查内容主要包括:建设地点的气象、地形、地貌、工程地质、水文地质、场地周围环境、地上障碍物和地下的隐蔽物等情况。详细内容见表1-2。这些资料主要来源于当地的气象台(站),工程项目的勘察设计单位和主体设计单位,以及施工单位进行施工现场调查和勘测的结果。主要作用是为确定施工方法和技术措施,编制施工组织计划和设计施工平面布置提供依据。

表1-2 施工现场条件调查表

序号	项目	调查内容		调查目的
一	气象		1▼年平均,最高、最低、最冷、最热月的逐月平均温度,结冰期、解冻期气温 2▼冬、夏季室外计算温度 3▼低于−3℃、0℃、5℃的天数、起止时间	1▼防暑降温 2▼冬季施工 3▼估计混凝土、砂浆强度增长情况
		雨(雪)	1▼雨(雪)季起止时间 2▼全年降雨(雪)量、最大降雨(雪)量 3▼年雷暴日数	1▼雨(雪)季施工 2▼工地排水、防涝 3▼防雷
		风	1▼主导风向及频率 2▼大于8级风全年天数、时间	1▼布置临建设施 2▼高空作业及吊装措施

序号	项目		调查内容	调查目的
二	地形地质	地形	1▼区域地形图 2▼工程位置地形图 3▼该区域的城市规划 4▼控制桩、水准点的位置	1▼选择施工用地 2▼布置施工总平面图 3▼计算现场平整土方量 4▼掌握障碍物及数量
		地质	1▼通过地质勘查报告，弄清地质剖面图、各层土的类别及厚度、地基土强度的有关结论等 2▼地下各种障碍物，坑井问题等 3▼水值分析地震	1▼选择土方施工方法 2▼确定地基处理方法 3▼基础施工 4▼障碍物拆除和坑井问题处理
		地震	级别及历史记载情况地下	施工方案
三	水文地质	地下水	1▼最高、最低水位及时间 2▼流向、流速及流量	1▼基础施工方案的选择 2▼确定是否降低地下水位及方法 3▼水的侵蚀性及施工注意事项
		地面水	1▼附近江河湖泊及距离 2▼洪水、枯水时期截 3▼水质分析	1▼临时给水 2▼施工防洪措施

(四)建设地区技术经济条件调查

建设地区技术经济条件调查的主要内容：地方建筑企业资源条件，交通运输条件，水、电、蒸汽等条件调查；参加施工单位的情况调查以及社会劳动力和生活设施的调查等内容。

(1)地方建筑生产企业调查。地方建筑生产企业主要是指建筑构件厂、木工施工现场准备以及金属结构厂、砖厂、水泥厂、白灰厂和建筑设备厂等。主要调查内容见表1-3。资料来源主要是当地计划、经济及建筑业管理部门。主要作用是为确定材料、构(配)件、制品等的货源、供应方式和编制运输计划、规划场地和临时设施等提供依据。

表1-3　地方建筑生产企业调查表

序号	企业名称	产品名称	单位	规格	质量	生产能力	生产方式	出厂价格	运距	运输方式	单位运价	备注

(2)地方资源条件调查。地方资源主要是指碎石、砾石、块石、砂石和工业废料(如矿渣、炉渣和粉煤灰)等,其作用是合理选用地方性建材、降低工程成本,调查内容见表1-4。

表 1-4　地方资源条件调查表

序号	材料名称	产地	储藏量	质量	开采量	出厂价	供应能力	运距	单位运价

(3)地方交通运输条件的调查。建筑施工中主要的交通运输方式一般有水运、铁路运输、公路运输和其他运输方式。交通运输条件调查主要是向当地铁路、公路、水运、航空运输管理部门的有关业务部门收集有关资料,主要作用是决定选用材料和设备的运输方式进行运输业务的组织,其内容见表1-5。

表 1-5　地方交通运输条件调查表

序号	项目	调查内容	调查目的
一	铁路	1▼邻近铁路专用线、车站至工地的距离及沿途运输条件 2▼站场卸货线长度,起重能力和储存能力 3▼装载单个货物的最大尺寸、质量的限制	
二	公路	1▼主要材料产地至工地的公路等级、路面构造、路宽及完好情况,允许最大载重量,途经桥涵等级、允许最大尺寸、最大载重量 2▼当地专业运输机构及附近村镇能提供的装卸、运输能力(吨公里)、汽车、畜力、人力车的数量及运输效率,运费、装卸费 3▼当地有无汽车修配厂、修配能力和至工地距离	1▼选择运输方式 2▼制订运输计划
三	水运	1▼货源、工地至邻近河流、码头渡口的距离,道路情况 2▼洪水、平水、枯水期时,通航的最大船只及吨位,取得船只的可能性 3▼码头装卸能力、最大起重量,增设码头的可能性 4▼渡口的渡船能力:同时可载汽车、马车数,每日次数,能为施工提供能力 5▼运费、渡口费、装卸费	

(4)水、电、蒸汽条件的调查。水、电和蒸汽是施工不可缺少的条件,资料来源主要是当地城市建设、电业、电信等管理部门和建设单位。主要用作选用施工用水、用电和供蒸汽方式的依据,调查内容见表1-6。

表 1-6 水、电、蒸汽条件调查表

序号	项目	调查内容	调查目的
一	供排水	1▼工地用水与当地现有水源连接的可能性,可供水量、接管地点,管径、材料、埋深、水压、水质及水费,至工地距离,沿途地形地物状况 2▼自选临时江河水源的水质、水量、取水方式、至工地距离,沿途地形地物状况,自选临时水井的位置、深度、管径、出水量和水质 3▼利用永久性排水设施的可能性,施工排水的去向、距离和坡度,有无洪水影响,防洪设施状况	1▼确定生活、生产供水方案 2▼确定工地排水方案和防洪设施 3▼拟订供排水设施的施工进度计划
二	供电	1▼当地电源位置、引入的可能性、可供电的容量、电压、导线截面和电费,引入方向、接线地点及其至工地距离、沿途地形地貌状况 2▼建设单位和施工单位自有的发、变电设备的型号、台数和容量 3▼利用邻近电讯设施的可能性,电话、电信局等至工地的距离,可能增设电讯设备、线路的情况	1▼确定供电方案 2▼确定通信方案 3▼拟订供电、通信设施的施工进度计划
三	蒸气等	1▼蒸汽来源,可供蒸汽量,接管地点、管径、埋深、至工地距离,沿途地形地貌状况、蒸汽价格 2▼建设、施工单位自有锅炉的型号、台数和能力,所需燃料及水质标准 3▼当地或建设单位可能提供的压缩空气、氧气的能力,至工地距离	1▼确定生产、生活用气的方案 2▼确定压缩空气、氧气的供应计划

(5)参加施工的施工单位的调查和地方社会劳动力条件调查见表 1-7。

表1-7 施工单位和地方劳动力调查表

序号	项目	调查内容	调查目的
一	工人	1▼工人的总数、各专业工种的人数、能投入本工程的人数 2▼专业分工及一专多能情况 3▼定额完成情况	1▼了解总、分包单位的技术管理水平 2▼选择分包单位 3▼为编制施工组织设计提供依据
二	管理人员	1▼管理人员总数、各种人员比例及其人数 2▼工程技术人员的人数,专业构成情况	
三	施工机械	1▼名称、型号、规格、台数及其新旧程度(列表) 2▼总装备程度:技术装备率和动力装备率 3▼拟增购的施工机械明细表	
四	施工经验	1▼历史上曾经施工过的主要工程项目 2▼习惯采用的施工方法,曾采用过的先进施工方法 3▼科研成果和技术更新情况	
五	主要指标	1▼劳动生产率指标:全员、建安劳动生产率 2▼质量指标:产品优良率及合格率 3▼安全指标:安全事故频率 4▼降低成本指标:成本计划实际降低率 5▼机械化施工程度 6▼机械设备完好率、利用率	
六	劳动力	当地能支援的劳动力人数、技术水平、来源和收费标准	拟订劳动力计划

(五)社会生活条件调查

生活设施的调查是为建立职工生活基地,确定临时设施提供依据。其主要内容包括:

(1)周围地区能为施工利用的房屋类型、面积、结构、位置、使用条件和满足施工需要的程度,附近主副食供应、医疗卫生、商业服务条件,公共交通、邮电条件、消防治安机构的支援能力,这些调查对于在新开拓地区施工特别重要。

(2)附近地区机关、居民、企业分布状况及作息时间、生活习惯和交通情况,施工时吊装、运输、打桩、用火等作业所产生的安全问题、防火问题,以及振动、噪声、粉尘、有害气体、垃圾、泥浆、运输散落物等对周围人们的影响及防护要求,工地内外绿化、文物古迹的保护要求等。

(六)其他调查

如果涉及国际工程、国外施工项目,那么调查内容要更加广泛,如汇率、进出海关的程序与规则、项目所在国的法律、法规和政治经济形势、业主资信等情况都要进行详细的了解。

三、编制施工组织设计

为了使复杂的市政工程的各项工作在施工中得到合理安排,有条不紊地进行,必须做好施工的组织工作和计划安排,施工组织设计是根据设计文件、工程情况、施工期限及施工调查资料,拟订施工方案,内容包括各项工程的施工期限、施工顺序、施工方法、工地布置,技术措施、施工进度以及劳动力的调配,机器、材料和供应日期等。

由于市政工程生产的技术经济特点,工程没有一个通用定型的、一成不变的施工方法,所以,每个市政工程项目都需要分别确定施工组织方法,也就是分别编制施工组织设计作为组织和指导施工的重要依据。

四、编制施工图预算和施工预算

(一)编制施工图预算

施工图预算是技术准备工作的主要组成部分之一,是按照施工图确定的工程量、施工组织设计所拟订的施工方法、工程预算定额及其取费标准,是施工单位编制的确定工程造价的经济文件。它是施工企业签订工程承包合同、工程结算、建设银行拨付工程价款、进行成本核算、加强经营管理等方面工作的重要依据。

(二)编制施工预算

施工预算是根据施工图预算,施工图纸,施工组织设计或施工方案,施工定额等文件进行编制的,直接受施工图预算的控制。它是施工企业内部控制各项成本支出、考核用工、"两算"对比、签发施工任务单、限额领料、基层进行经济核算的依据。

施工图预算与施工预算存在着很大的区别。施工图预算是甲乙双方确定预算单价、发生经济联系的技术经济文件;而施工预算则是施工企业内部经济核算的依据。施工图预算与施工预算消耗与经济效益的比较,通称"两算"对比,是促进施工企业降低物资消耗,增加积累的重要手段。

第三节　施工物资准备

材料、构(配)件、制品、机具和设备是保证施工顺利进行的物资基础,这些物资的准备工作必须在工程开工之前完成。根据各种物资的需要量进行,分别落实货源,安排运输和储备,使其满足连续施工的要求。

一、物资准备工作的内容

物资准备工作主要包括材料的准备,构配件、制品的加工准备,施工机具的准备和生产工艺设备的准备。

(一)材料的准备

材料的准备主要是根据施工预算进行分析,按照施工进度计划要求,按材料名称、规格、使用时间、材料储备定额和消耗定额进行汇总,编制出材料需要量计划,为组织备料、确定仓库、场地堆放所需的面积和组织运输等提供依据。

(二)构配件、制品的加工准备

根据施工预算提供的构配件,制品的名称,规格,质量和消耗量,确定加工方案和供应渠道以及进场后的储存地点和方式。编制出其需要量计划为组织运输确定堆场面积等提供依据。

(三)施工机具的准备

根据采用的施工方案,安排施工进度,确定施工机械的类型、数量和进场时间,确定施工机具的供应办法和进场后的存放地点和方式,编制工艺设备需要量计划,为组织运输、确定堆场面积提供依据。

(四)生产工艺设备的准备

按照拟建工程生产工艺流程及工艺设备的布置图,提出工艺设备的名称型号生产能力和需要量,确定分期分批进场时间和保管方式,编制工艺设备需要量计划,为组织运输确定进场面积提供依据。

二、物资准备工作的程序

物资准备工作的程序是搞好物资准备的重要手段,通常按如下程序进行。

(1)根据施工预算、分部(分项)工程施工方法和施工进度的安排,拟订外拨材料、地方材料、构(配)件及制品、施工机具和工艺设备等物资的需要量计划。

(2)根据各种物资需要量计划,组织货源,确定加工、供应地点和供应方式,签订物资供应合同。

(3)根据各种物资的需要量计划和合同,拟订运输计划和运输方案。

(4)按照施工总平面图的要求,组织物资按计划时间进场,在指定地点和规定方式进行储存或堆放。

三、物资准备的注意事项

(1)无出厂合格证明或没有按规定进行复验的原材料、不合格的构配件,一律不得进场和使用。严格执行施工物资的进场检查验收制度,杜绝假冒伪劣产品进入施工现场。

(2)施工过程中要注意查验各种材料,构配件的质量和使用情况,对不符合质量要求与原试验检测品种不符或有怀疑的,应提出复试或化学检验的要求。

(3)现场配制的混凝土、砂浆、防水材料、耐火材料、绝缘材料、保温隔热材料、防腐蚀材料、润滑材料以及各种掺合料、外加剂等,使用前均应由试验室确定原材料的规格和配合比,并制订出相应的操作方法和检验标准后方可使用。

(4)进场的机械设备,必须进行开箱检查验收,产品的规格、型号、生产厂家和地点、出厂日期等,必须与设计要求完全一致。

第四节　劳动组织准备

一、建立拟建工程项目的领导机构

建立拟建工程项目的领导机构应遵循以下原则:根据拟建工程项目的规模、结构特点和复杂程度,确定拟建工程项目施工的领导机构人选和名额;坚持合理分工与密切协作相结合;把有施工经验、有创新精神、有工作效率的人选入领导机构;从施工项目管理的总目标出发,因目标设事,因事设机构定编制,按编制设岗位定人员以职责定制度授权力。对一般的单位工程,可配置项目经理、技术员、质量员、材料员、安全员、定额统计员、会计各一名即可;对于大型的单位工程,项目经理可配副职,技术员、质量员、材料员和安全员的人数均应适当增加。

二、建立精干的施工队组

施工队组的建立要认真考虑专业、工程的合理配合,技工、普工的比例要满足合理的劳动组织,专业工种工人要持证上岗,要符合流水施工组织方式的要求,确定建立施工队组,要坚持合理、精干高效的原则;人员配置要从严控制二、三线管理人员,力求一专多能、一人多职,同时制订出该工程的劳动力需要量计划。施工队伍主要有基本、专业和外包施工队伍 3 种类型。

(1)基本施工队伍是施工企业组织施工生产的主力,应根据工程的特点施工方法和流水施工的要求恰当地选择劳动组织形式。土建工程施工一般采用混合施工班组较好,其特点是;人员配备少,工人以本工种为主,兼做其他工作,施工过程之间搭接比较紧凑,劳动效率高,也便于组织流水施工。

(2)专业施工队伍主要用来承担机械化施工的土方工程,吊装工程钢筋气压焊施工和大型单位工程内部的机电安装,消防。空调,通信系统等设备安装工程,也可将这些专业性较强的工程外包给其他专业施工单位来完成。

(3)外包施工队伍主要用来弥补施工企业劳动力的不足。随着建筑市场的开放、用工制度的改革和施工企业的"精兵简政",施工企业仅靠自己的施工力量来完成施工任务已远远不能满足需要,因而将越来越多地依靠组织外包施工队伍来共同完成施工任务。外包施工队伍大致有 3 种形式;独立承担单位工程施工、承担分部分项工程施工和参与施工单位施工队组施工,以前两种形式居多。

施工经验证明,无论采用哪种形式的施工队伍,都应遵循施工队组和劳动力相对稳定的原则,以利于保证工程质量和提高劳动效率。

三、组织劳动力进场,妥善安排各种教育,做好职工的生活后勤保障准备

施工前,企业要对施工队伍进行劳动纪律、施工质量及安全教育,注意文明施工,而且还要做好职工、技术人员的培训工作,使之达到标准后再上岗操作。

此外,还要特别重视职工的生活后勤服务保障准备,要修建必要的临时房屋,解决职工居住、文化生活、医疗卫生和生活供应之用,在不断提高职工物质文化生活水平同时,也要注意改善工人的

劳动条件,如照明取暖防雨(雪)通风降温等,重视职工身体健康这也是稳定职工队伍,保障施工顺利进行的基本因素。

四、向施工队组、工人进行施工组织设计、计划和技术交底

施工组织设计、计划和技术交底的目的是把拟建工程的设计内容、施工计划和施工技术等要求,详尽地向施工队组和工人讲解交代。这是落实计划和技术责任制的好办法。

施工组织设计、计划和技术交底的时间在单位工程或分部分项工程开工前及时进行,以保证工程严格地按照设计图纸,施工组织设计、安全操作规程和施工验收规范等要求进行施工。

施工组织设计、计划和技术交底的内容有:工程的施工进度计划、月(旬)作业计划;施工,组织设计,尤其是施工工艺、质量标准、安全技术措施、降低成本措施和施工验收规范的要求;新结构、新材料、新技术和新工艺的实施方案和保证措施;图纸会审中所确定的有关部门的设计变更和技术核定等事项。交底工作应该按照管理系统逐级进行,由上而下直到工人队组。交底的方式有书面形式、口头形式和现场示范形式等。

队组、工人接受施工组织设计、计划和技术交底后,要组织其成员进行认真的分析研究,弄清关键部位、质量标准、安全措施和操作要领。必要时应进行示范,并明确任务及做好分工协作,同时建立健全岗位责任制和保证措施。

五、建立健全各项管理制度

工地的各项管理制度是否建立、健全,直接影响到施工活动的顺利进行。有章不循的后果是严重的,而无章可循则更为危险。为此必须建立、健全工地的各项管理制度;工程质量检查与验收制度;工程技术档案管理制度;材料(构件、配件、制品)的检查验收制度;技术责任制度;施工图纸学习与会审制度;技术交底制度;职工考勤、考核制度;工地及班组经济核算制度;材料出入库制度;安全操作制度;机具使用保养制度。

第五节　施工现场准备

施工现场是参加施工的全体人员为优质、安全、低成本和高速度完成施工任务而进行工作的活动空间;施工现场准备工作是为拟建工程施工创造有利的施工条件和物质保证的基础。其主要内容包括:拆除障碍物,做好"三通一平";做好施工场地的控制网测量与放线;搭设临时设施;安装调试施工机具,做好材料、构配件等的存放工作;做好冬雨季施工安排;设置消防、保安设施和机构。

一、拆除障碍物,现场"三通一平"

在市政工程的用地范围内,拆除施工范围内的一切地上、地下妨碍施工的障碍物和把施工道路、水电管网接通到施工现场的"场外三通"工作,通常是由建设单位来完成,但有时也委托施工单位完成。如果工程的规模较大,这一工作可分阶段进行,保证在第一期开工的工程用地范围内先完成,再依次进行其他的。除了以上"三通"外,有些小区开发建设中,还要求有"热通"(供蒸汽)、"气通"(供煤气)、"话通"(通电话)等。

（一）平整施工场地

施工现场的平整工作,是按总平面图中确定的进行的。首先通过测量,计算出挖土及填土的数量,设计土方调配方案,组织人力或机械进行平整工作。

如拟建场地内有旧建筑物,则须拆迁房屋。同时要清理地面上的各种障碍物,如树根等。还要特别注意地下管道、电缆等情况,对它们必须采取可靠的拆除或保护措施。

（二）修通道路

施工现场的道路,是组织大量物资进场的运输动脉,为了保证建筑材料、机械、设备和构件早日进场,必须先修通主要于道及必要的临时性道路。为了节省工程费用应尽可能和利用已有的道路或结合正式工程的永久性道路。为使施工时不损坏路面和加快修路速度,可以先做路基,施工完毕后再做路面。

（三）水通

施工现场的水通,包括给水和排水两个方面。施工用水包括生产与生活用水,其布置应按施工总平面图的规划进行安排。施工给水设施,应尽量利用永久性给水线路。临时管线的铺设,既要满足生产用水点的需要和使用方便,又要尽量缩短管线。施工现场的排水也是十分重要的,尤其雨季,排水有问题会影响施工的顺利进行。因此,要做好有组织的排水工作。

（四）电通

根据各种施工机械用电量及照明用电量,计算选择配电变压器,并与供电部门联系,按施工组织设计的要求架设好连接电力干线的工地内外临时供电线路及通信线路。应注意对建筑红线内及现场周围不准拆迁的电线、电缆加以妥善保护。此外,还应考虑到因供电系统供电不足或不能供电时,为满足施工工地的连续供电要求,此时应考虑使用备用发电机。

二、交接桩及施工定线

施工单位中标以后,应及时会同设计、勘察单位进行交接桩工作。交接桩时,主要交接控制桩的坐标、水准基点桩的高程,线路的起始桩、直线转点桩、交点桩及其护桩,曲线及缓和曲线的终点桩、大型中线桩、隧道进出口桩。交接桩一定要有经各方签字的书面材料存档。

三、做好施工场地的测量控制网

按照设计单位提供的工程总平面图和城市规划部门给定的建筑红线桩或控制轴线桩及标准水准点进行测量放线,在施工现场范围内建立平面控制网、标高控制网,并对其桩位进行保护;同时还要测定出建筑物、构筑物的定位轴线、其他轴线及开挖线等,并对其桩位进行保护,以作为施工的依据。其工作的进行,一般是在土方开挖之前,在施工场地内设置坐标控制网和高程控制点来实现的,这些网点的设置应视工程范围的大小和控制的精度而定。测量放线是确定拟建工程的平面位置和标高的关键环节,施测中必须认真负责,确保精度,杜绝差错。为此,施测前应对测量仪器、钢尺等进行检验校正,并了解设计意图,熟悉并校核施工图,制订测量放线方案,按照设计单位提供的总平面图及给定的永久性经纬坐标控制网和水准控制基桩,进行施工测量,设置施工测量控制网。同时对规划部门给定的红线桩或控制轴线桩和水准点进行校核,如发现问题,应提请建设单位迅速处理。

四、临时设施的搭设

为了施工方便和安全，对于指定的施工用地的周界，应用围挡围起来，围挡的形式和材料应符合所在地管理部门的有关规定和要求。在主要出入口处设明标牌，标明工程名称、施工单位、工地负责人等。施工现场所需的各种生产、办公、生活、福利等临时设施，均应报请规划、市政、消防、交通、环保等有关部门审查批准，并按施工平面图中确定的位置、尺寸搭设，不得乱搭乱建。

各种生产、生活须用的临时设施，包括各种仓库、混凝土搅拌站、预制构件场、机修站、各种生产作业棚、办公用房、宿舍、食堂、文化生活设施等，均应按批准的施工组织设计规定的数量、标准、面积、位置等要求组织修建。大、中型工程可分批分期修建。

此外，在考虑施工现场临时设施的搭设时，应尽量利用原有建筑物，尽可能减少临时设施的数量，以便节约用地并节省投资。

除上述准备工作外，还应做好以下现场准备工作：

(一)做好施工现场的补充勘探

对施工现场做补充勘探的目的是进一步寻找枯井、防空洞、古墓、地下管道、暗沟和枯树根以及其他问题坑等，以便准确地探清其位置，及时地拟订处理方案。

(二)做好材料、构(配)件的现场储存和堆放

应按照材料及构(配)件的需要量计划组织进场，并应按施工平面图规定的地点和范围进行储存和堆放。

(三)组织施工机具进场，并安装和调试

按照施工机具需要量计划，组织施工机具进场，根据施工总平面图将施工机具安置在规定的地点或仓库。对于固定的机具要进行就位、搭棚、接电源、保养和调试等工作。对所有施工机具都必须在开工之间进行检查和试运转。

(四)做好冬期施工的现场准备，设置消防、保安设施

按照施工组织设计要求，落实冬、雨期施工的临时设施和技术措施，并根据施工总平面图的布置，建立消防、安保等机构和有关规章制度，布置安排好消防、安保等措施。

第二章 市政道路工程

第一节 施工方案及技术措施

单位工程施工组织设计是指以单位工程为主要对象编制的施工组织设计,对单位工程的施工过程起指导和制约作用。单位工程施工组织设计是一个工程的战略部署,是宏观定性的,体现指导性和原则性的,是一个将建筑物的蓝图转化为实物的总文件,内容包含了施工全过程的部署、选定技术方案、进度计划及相关资源计划安排、各种组织保障措施,是对项目施工全过程的管理性文件。本章以某市政道路工程为例进行阐述。

一、总体施工方案

(一)现场施工条件

某市政道路工程,起点 K7+800,南至南绕城高速,全长 2400m(另含文德路 318m)共划分为 2 个标段。第一段北起 K7+800,南至 K9+119,全长 1319m。第二段北起 K9+119,南至南绕城高速,全长 1081m,另外含文德路 318m。

1.一段现场施工条件

本段全长约 1319km。

(1)一段北段基本位于现状道路上,沿现状道路向北通往 G104。由于二期工程正在施工,现状路过往大型施工车辆较多且破损严重,道路两侧主要在建工地及民房等。

(2)一段中部基本位于现状道路东侧沟渠或荒地上,道路处现状地面比现状道路高程低约 2~3m,道路处现状多为建筑垃圾、树木或杂草等。

(3)一段南段位于邵而庄,周边民房、商铺较多且工程位置处已基本拆除,周边有现状雨污水管线。经过邵而庄后,向南约有 100m 到达一、二段分界点,邵而庄以南现状为一片荒地,地势平坦。

2.二段现场施工条件

(1)二段外环路北段位于外环路高架桥下方,现状主要为沟渠(陡沟、陡沟支沟)、农田或荒地等,且现状地面起伏较大。外环路高架桥项目部已进场施工,并在局部路段修筑了施工便道。

(2)外环路南段现状多为荒地,地势平坦与现状道路高程相差不大;终点处与现状沥青砼路面顺接,顺接处杂草较多,须进行清表处理。

(3)文德路与外环路交叉口处地势较高,现场土石方堆放较多且外环路正在施工中;文德路中部地势低洼,现状多为建筑垃圾、树木、农田、民房等;文德路与二环南路交口处有雨水箱涵一座,箱涵处杂草较多。

(二)施工区域划分及施工安排

(1)施工区域划分:根据施工内容和施工范围分布及现场勘查情况,考虑到本工程施工内容多、工程量大、线路较长,为保证工程顺利实施,拟将本工程一段分为施工一区和施工二区,两个施工区平行施工,各施工区内组织流水施工。

①施工一区：包括外环路 K7＋800－K8＋500 施工范围内所有工程内容施工。

②施工二区：包括外环路 K8＋500－K9＋119 施工范围内所有工程内容施工。

③施工三区区：包括文德路 318m 施工范围内所有工程内容施工。

（2）总体施工安排：考虑到本工程一段地面道路与高架桥位置重叠且工期大致相同，相互干扰较大，并且答疑文件明确要求"应考虑高架桥对地面道路施工的影响"的情况，拟将本段划分为 4 个施工阶段：道路土石方及挡墙施工阶段、高架桥上部结构施工阶段、地面道路及管线施工阶段、沥青砼面层及附属施工阶段。

首先进行道路土石方施工，道路土石方施工完毕后，在进行高架桥下部结构施工过程中同时完成挡土墙施工；高架桥上部结构施工完毕支架拆除后，进行地面道路及管线施工。地面道路及管线施工采取分幅施工，即先进行西半幅地面道路及管线施工，后进行东半幅地面道路施工。

（三）各施工阶段具体安排

根据前述施工区划分情况可知，两个施工区施工内容基本相同，但施工现场周边情况不同，施工过程中根据现状情况进行组织，具体施工安排如下。

1.施工准备

进场后首先进行施工准备工作，完成人员、机械设备进场及施工前期测量放线工作。

2.道路土石方及挡墙施工阶段

外环路 K7＋800－K8＋100 段地面道路与现状路重叠，可利用现状路作为施工便道，在现状路两侧进行路基土石方填筑施工。

外环路 K8＋100－K8＋500 段地面道路位于现状沟渠处，无现状路，采取封闭施工。

道路土石方施工完毕后，在高架桥下部结构施工过程中，同时完成挡墙施工和 K8＋890－K9＋072 段雨水连接管及出水口施工。

3.高架桥上部结构施工阶段

道路土石方及挡墙施工完毕后，进行高架桥上部结构施工。

4.地面道路及管线施工阶段

高架桥上部结构施工完毕支架拆除后，进行地面道路及管线施工。地面道路及管线施工采取分幅施工，即先进行西半幅地面道路及管线施工，后进行东半幅地面道路施工。

（1）首先进行原水、燃气管线施工，然后进行西半幅道路结构层施工；西半幅两个施工区道路结构层全部(除沥青砼面层外)施工完毕后，统一进行西半幅沥青砼中下面层施工。

（2）西半幅沥青砼中下面层施工完毕并进行交通改线后，进行东半幅道路结构层施工；考虑到此时进入冬期施工，东半幅道路结构层施工至水稳基层完毕后，进行覆盖保温处理。

5.沥青砼面层及附属施工阶段

天气回暖后，进行东半幅沥青砼中下面层施工，然后统一进行全线沥青砼上面层施工，最后进行边坡防护施工。

6.竣工清理

全部工程内容施工完毕后，进行现场清理，准备竣工验收。

二、施工准备技术措施

施工准备阶段是项目部实施生产的首要环节,结合本工程的具体情况,开工前做好如下准备工作。

(一)现场施工准备工作

(1)接通施工临时供水、供电线路。

(2)修建为施工服务的各类暂设工程及辅助、附属设施。

(3)组织施工力量,调整和健全施工组织机构。

(4)组织材料、半成品的加工、订货和分批进场。

(5)施工机具的维修、组装、试验、测试和鉴定。

(6)进行现场的场地准备,根据施工计划,平整施工现场,以便于组建办公室、宿舍及材料加工场地等。

(7)根据现场情况、设计要求及施工计划,现场平面布置如下。

①项目部设置:一段:组建"一段项目部",项目部下设两个项目分部:道路工程项目分部和管网工程项目分部。各项目分部分别负责各自专业范围内工程的施工。二段:组建"二段项目部",项目部下设两个项目分部:项目一分部和项目二分部。各项目分部分别负责各自施工范围内工程的施工。项目分部设仓库、民工宿舍、材料加工、堆放场地和机械停放场地等,项目总部设办公室、各职能部室、工地试验室、养护室、职工宿舍等;各种配套设施满足招标文件、业主要求。

②临时用水:生活用水和施工用水由沿线居住区、单位接入,每标段现场各配备 2 台 8000L 洒水车,以用于施工用水运输及现场洒水养护、抑尘。

③临时用电:现场施工用电由现场高压线接入变压器,二环西沿线市政电力系统可考虑接入临时用电及生活生产用电,在各个施工面设置配电箱以便从线路接电,现场配备备用发电机用于用电高峰期或停电时使用。

④施工围挡:根据本工程现场条件,进场后沿施工范围红线全部采用标准统一硬质围挡封闭施工区域,将施工区域与生产生活区分隔开,做到文明施工。施工围挡喷涂统一标志,并在围挡外侧上设置夜间警示灯等设施。

⑤卫生设施:提前与当地医疗机构及环卫部门联络,构建和谐伙伴关系,保证管理施工人员的身体健康及生活区卫生运输。

上述施工准备工作按计划完成后,然后按开工报告制度申请开工。

(二)建立施工的技术条件

(1)熟悉施工图,进行设计图纸内容及数据审查。(2)编制详细的施工组织设计。

(3)编制各分部工程的计划成本。

(4)编制各分部工程的计划网络图。

(5)编制各分部工程的材料、机械设备计划。

(6)确定各种混合料实验配合比及生产配合比。

(7)配备建设部及交通部颁布的设计规范、市政施工技术规范、质量验收评定标准,国家及有关部委颁发的标准、规范及规程。

(三)建立施工的物资条件

(1)对材料市场进行调查、询价、订购、检验,对原材料进行提前储备。

(2)调试砼拌合站、稳定土拌合站及沥青混凝土拌合站,组织现场机械设备的进场、安装和调试。

(3)落实临时设施,包括临时办公室、临时料场、用水、用电、交通通信设施等。①办公区设置钢制彩板房,主要供项目部、项目分部、会议室使用;②生活区设置活动板房,供现场施工管理人员住宿;③在施工现场设置机械停置场地。

(4)落实临时用水、用电等。

(5)落实钢筋、混凝土及其他工程用材料的供应能力。

(四)组织施工力量

落实劳务队伍,签订劳务合同。考查施工队伍资质,主要包括施工能力和技术水平两个方面,择优选择,并与之签订劳务合同、安全合同等。

(五)做好项目管理的基础工作

(1)建立以责任制为核心的规章制度,包括以下几方面:①岗位责任制。使人人有基本职责;有明确的考核标准;有明确的办事细则;②经济管理规章制度。如内外合同制度、考勤、奖惩制度、领用料制度、仓库保管制度、内部计价及核算制度、财务制度等。

(2)标准化工作,包括技术标准、技术规程和管理标准的制定、执行和管理工作。

(3)制定各类技术经济定额。根据项目管理的实际情况,制定出反映项目水平的劳动消耗定额,以便指导完成对施工队伍的管理。

(4)进行技术经济调查:①调查该地区的气象、水文、地质、地形等情况;②调查地方材料市场及供应情况,如水泥、砂、石等地方材料的生产、质量、价格、供应条件等,同时必须了解材料供应季节性的特点,必要时提前进行储备;③调查施工地区的交通运输条件,如现有交通运输设施条件以及可能为施工服务的能力大小等。

三、施工测量技术措施

(一)施工测量准备

由项目技术部专业测量人员成立测量小组,根据给定的坐标点和高程控制点进行工程定位、建立导线控制网。按规定程序检查验收,对施测组全体人员进行详细的图纸交底及方案交底,明确分工。所有施测的工作进度及逐日安排,由组长根据项目的总体进度计划进行安排。

(1)严格执行测量规范;遵守先整体后局部,先控制后碎部的工作程序;先确定平面控制网,后以控制网为依据,进行各局部轴线的定位放线。

(2)必须严格审核测量原始数据的准确性,坚持测量放线与计算工作同步校核的工作方法。

(3)定位工作执行自检、互检合格后再报检的工作制度。

(4)测量方法要简捷,仪器使用要熟练,在满足工程需要的前提下,力争做到省工省时省费用。

(5)明确为工程服务,按图施工,质量第一的宗旨。紧密配合施工,发扬团结协作、实事求是、认真负责的工作作风。

（二）测量工具仪器准备

配备经过国家有关计量部门鉴定合格的仪器设备。

每标段配备精度不低于1mm的全站仪4台或GPS2；DS2水准仪12台。

（三）施工测量组织管理

为做到测量成果的准确无误，本工程测量工作坚持三级管理，配备测量经验丰富的技术人员和先进测量仪器。工区测量小组进行日常的施工放样工作；项目部测量队对工区测量小组工作进行检查、校核、监督和控制。在工程的各个施工阶段，严格执行测量多级复核制，并且所有上报的测量成果均须附有测量原始资料。

本项目设测量组，测量组设测量负责人1名，测量工程师1名，测量技术人员8名，以满足施工现场测量的需要，负责本工程施工测量控制监测工作，归项目技术部管理。

（四）控制测量

在施工前进行控制点的加密埋设和联测。在工程施工中，布设导线，采用复合导线来进行控制测量，导线测量按导线测量技术相关规定要求进行施测，观测左角，测角中误差、两半测回差、角度闭合差、坐标相对闭合差符合技术规范要求，全站仪测边时，测距中误差±15mm，每站测四次，取其平均值，再取相邻两站（同一边）的平均值，作为该边的边长。

水准测量按四等水准测量技术要求要求进行，闭合差≤20mm（L为水准路线长，以Km计）。测量成果及时上报监理，测量成果得到监理工程师的批准签认后，方可作为以后施工和检测的依据。

导线点和水准点选在地势较高，通视条件好，方便安置仪器的牢固地方。导线联测时和相邻的导线闭合，并至少测过一个导线点和水准点，避免将来发生穿袖和错台。

（五）控制点复核测量

在施工前进行控制点复核测量，核对设计路线，补桩或加桩，使各项中线桩完整无缺，以便准确地进行施工放样。施工测量按招标文件技术规范、施工图纸及相关规定执行。

依据路线平面图，直线、曲线及转角点一览表、护桩记录等进行核对查找。对整个工程场区地面平面控制网按精密导线网布设，对丢失的桩位应及时采取补测措施。补测转角点桩时，采用延长切线法，交出丢失的转角点桩，并打钉护桩保护。补测转点桩，采用正倒镜延长直线法重新补测。对施工时难以保留的桩，如加桩、曲线上各点桩，加钉护桩予以保护。加钉护桩的方法。护桩上标出相应的桩号和量出的距离，同时还绘制草图并记入记录簿内，以备查用。

（六）水准点的复查与加设

对整个工程场区地面高程控制网按Ⅱ等加密水准网布设。复核交付的水准点，并进行水准点闭合，达到规范标准要求，超出允许误差范围时查明原因并及时更正。

施工水准测量在相邻两个高程控制点间，采用符合水准测量方法。临时设置水准点与设计水准点复测闭合，允许闭合差为±12mm，其中L为两控制点间距即水准线长度以km计。临时水准点在道路施工范围采用200～300m设置一个。临时水准点的距离以测高不加转点为原则，平均取200m左右。临时设置的水准点设置坚固稳定，对跨年度或怀疑被移动的水准点应在复测校核后方可使用。

中线复测后，进行标平和中平测量，复核水准点一览表中原设水准基点标高和中线。

（七）桩点设置及拴桩

控制点采用钢筋砼桩，在砼桩顶面的铁板上标出点位位置。

为防止基准点在施工过程中遭受损坏，需对各主要基准点进行拴桩保护。万一基准点损坏，可通过拴桩点迅速恢复。

（八）地面高程控制测量

控制点采用钢筋砼桩，在砼桩顶面的铁板上标出点位位置。

对于施工时的高程控制测量，采用复核或增设的水准基点，按二等水准测量要求把高程引测至红线内，并在红线内设置水准基点，且不能少于两个，通过红线内和地面上的水准基点对本工程道路、管线施工进行高程控制测量。

水准基点设在施工范围以外，便于观测和寻找的岩石或永久建筑物上，或设在埋入土中至少1m的木桩或混凝土桩上，其标高应与原水准基点相闭合，符合精度要求。

第二节　施工总进度计划及保证措施

一、施工总进度计划及网络进度计划

（一）施工总工期

按照招标文件及答疑文件要求。

某市政道路工程计划工期600日历天，开工日期：2016年8月30日，开工日期以甲方通知为准。

（二）工期计划安排

1.一段工期计划安排

本段施工环境复杂、工作量大。考虑到某市政道路工程一段地面道路与高架桥位置重叠且工期大致相同，相互干扰较大，并且答疑文件明确要求"应考虑高架桥对地面道路施工的影响"的情况，拟将本段划分为4个施工阶段进行施工安排，并保证按照网络图计划按期完成施工总体任务。

2.二段工期计划安排

本段施工环境复杂、工作量大。根据设计图纸要求，结合现场实际情况编制施工总体计划，按照施工工序进行安排，总体按照"外环西路地面道路施工为主线，其他工程穿插进行"的原则进行施工安排，并保证按照网络图计划按期完成，达到完成施工总体任务。

二、劳动力需求计划及保证措施

（一）劳动力计划安排

本段为道路管网施工，根据某市政道路工程工作内容及工程工期要求，计划开工后迅速展开各工作面的施工。根据清单工程量预算，预计使用99900工日，由于某市政道路工程工程量大，需连续作业才能确保工程工期目标的顺利实现，结合某市政道路工程量及现场实际情况，该工程施工期间最高峰施工人员达到285人，平均每天167人。

(二)确保工期的劳动力保证措施

1.劳务队伍组织

(1)公司各种专业施工队伍齐全,劳动力充足,可以随时进场。

(2)某市政道路工程所需的专业施工队伍安排公司常年施工队伍,有丰富的施工经验。

(3)目前各专业施工队伍已落实,考虑施工工期及交通等多种影响因素,公司已落实了后备的施工队伍,以确保现场劳动力数量与质量。

(4)根据施工进度安排,制定劳动力需求计划,动态管理。根据需求计划合理调节劳动力,使劳动力持续满足工程要求。

(5)对劳务队伍实行承包责任制,根据承包合同下的施工任务单,项目部与劳务队伍签订劳务合同,下达劳务承包责任状,明确施工任务内容和计划安排,明确劳务队伍的进度、质量、安全、节约、协作和文明施工要求,考核标准及作业队应得的报酬以及奖罚规定。

(6)对劳务队伍进行动态管理,项目部按计划分配施工任务,不断进行劳动力平衡,解决劳动力数量、工种、技术、能力、相互配合存在的矛盾。

2.民工工资发放的保障措施

某市政道路工程施工难度大、要求高。为保证工程工期、确保工程质量,应坚持"以人为本,构建和谐项目"的主导管理思想,确保民工工资的"早发、发全、发足",真正实现了让民工"高高兴兴上班,高高兴兴服务于施工现场",保护每一个民工的合法权益,制定民工工资发放保障措施。

(1)组织措施:①成立民工工资清算领导机构。专门成立以项目部经理为组长的民工工资清算小组,全面负责民工工资的计量、发放工作;②建立民工工资发放监理检查机构。成立以公司经理为组长的监督检查小组,负责对民工工资发放的监督、检查等工作;③建立民工注册登记制度。建立民工实名登记制度,并定期摸底清查,按注册登记表为每个民工做工资,然后进行发放,确保工资真正发放到每一个民工的手中,切实保证民工的合法权益。

(2)保障措施:①及时发放的保障措施。民工工资经项目部结算人员按注册登记人员进行逐月做工资发放表,工资按工资表每月及时发放;②专项资金保障措施。设立相对独立的民工工资账户,专款专用,确保某市政道路工程民工工资的发放资金;③发放程序的保障措施。民工工资经项目部统计员核查签字,经施工队伍负责人认可签字后,直接发放到民工个人手中,避免中间环节,有力保障民工的合法权益;④民工工资发放公开透明保障措施。制作"民工工资发放明白卡",上面贴有民工的照片,印有民工的工队、姓名、身份证号、工种,详细记录每月发放工资的时间、金额,农民工领取工资时确认无误后在上面签字,以便公司定期对发放民工工资情况进行检查;⑤加大对施工队伍负责人的监控力度。

A.设立民工举报箱,对接到的违法违纪事件进行坚决查处,坚决维护农民工权益。B.监督施工配属队伍的负责人。对流动较快的民工,来不及建立民工个人结算账户的,由项目部统计人员监督施工队伍负责人进行民工工资发放。⑥实行农民工工资调查制度。为了保证工人工资得到保障,单独开设农民工调查小组。专门调查解决农民工拖欠、纠纷等现象,一经发现将对其严厉处罚,做到"工程清工资清",决不拖欠民工一分钱;⑦加强与农民工沟通。为民工设立绿色通道,民工有意见或事情可以直接找相关单位,并且为其大力解决难题;⑧民工工资发放的法律保障措施。采取"举证责任倒置"办法,即由用人单位负责举证,企业拿不出工资发放证据就视为欠薪,解决农民工讨薪时"举证难"的问题。在目前农民工讨薪难的大环境下,不失为一种方便农民工的行政举措。

3.确保工期的农忙及节假日劳动力保证措施

该工程在施工进度安排时,与劳务人员提供方建立密切的协作关系,根据工程的特点、进度要求确定劳动力供应计划和轮换办法,并由项目部与劳务用工负责人之间签订劳动力保证合同,发放一定数量的节假日补助,确保工程所需劳力,保证施工。做好休假安排,非农业人口安排在非农忙季节休假,农业人口安排在农忙时休假。节假日采用调整轮休或采取补助的办法进行调剂。

(1)根据工程进度要求制定明确的劳动力使用计划,对节假日、寒冷季节人员紧张时期的劳动力人员、数量、工种、技术素质等都做出细致准确的要求。

(2)劳动力的储备提前组织落实,根据历年工程施工规律,在劳动力紧张的时间段之前落实劳动力的保证情况,并根据保证情况进行一定数量的劳动力储备。保证工程正常使用。

(3)冬季加大取暖保温措施:按标准配备保温用品如手套、棉被、火炉等。

三、材料供应保证措施

编制科学合理的总体施工进度计划,运用专业管理软件,对施工计划进行动态控制;并在总计划的基础上分解明确的月及旬计划,项目经理抓住主要矛盾,严格按计划安排组织施工,准确制定材料需求计划。定期检查施工计划的执行情况,及时对施工进度计划进行调整;在施工过程中,根据施工进展和各种因素的变化情况,不断优化施工方案,保证各工序的衔接,材料供应及时、有序。

具体措施如下。

(1)按照总计划及主要材料进出场计划,由项目技术负责人提出计划,由现场专职材料调度人员根据实际工程进度安排提前一旬或两旬将材料进场,保证工程顺利进行。

(2)广泛联系材料供货单位,择优选择,多储备进货单位,确保货源充足。

(3)工程设立单独的账号,做到专款专用,保证工程正常运行,每月由项目部根据工程进展情况,提前一个月提出资金使用计划,由总公司统一调度。

(4)施工组织不断优化。以投标的施工组织进度和工期要求为依据,及时完善施工组织设计,落实施工方案,报监理工程师审批。根据施工情况变化,不断进行设计、优化,使工序衔接,材料进场安排有利于施工生产。

(5)在材料消耗环节上,加强材料定额管理,明确经济责任,加强材料定期核算制度,通过提高各施工配属队伍积极性、减少材料损耗,降低工程造价。

四、其他保证措施

本合同段工程量大,项目部在组织上应有前瞻性,提前进行各方面准备,做好施工计划,合理安排人员、设备、材料的进场,做到打有备之战,顺利完成任务,为确保工期目标的顺利实现,应制定以下保证措施。

(一)动态管理保证措施

(1)保证合同工期并力争早完工是发挥投资效益、降低工程成本的有效途径,也是建设单位与施工企业的共同目标。为此在施工组织设计中,充分考虑了工期的重要性,确定了保证工期的关键线路,充分制定了生产要素的配置和工序安排方案,在实施过程中,我们将积极组织、动态管理,确保计划进度目标的实现。

(2)在保证质量的前提下,为确保工期,在施工过程中必须做好督促检查施工准备,施工计划和工程合同的执行情况；检查和综合平衡劳动力、物资和机械设备的供应；及时发现施工过程中的各种故障和施工中的薄弱环节，及时予以协调和解决；要检查和调整现场总平面管理；要认真仔细地组织好班组之间各工序的衔接关系，确保工序质量，避免返工工序；定期组织调度会议，协调各部门、各班组之间的关系，保证工程进度计划完成。

（3）充分做好施工前的各项准备工作，及时做好图纸会审及技术交底工作，提前做好人员资金和材料组织及机械设备的调配工作。

（4）根据总施工工期的要求合理安排各分项工程项目的施工工期，并在实施过程中适时进行优化，对实际进度与计划进度进行比较和调整，保证计划进度的实施。

（5）做好施工机械设备、原材料和劳动力保障工作，尽可能组织各分项工程采取平行流水作业，以便总工期的控制。

（6）物资供应部门要根据施工现场实际需要提前组织资源，施工人员要提前报送物资需求进场计划，确保施工所需物资的及时供给。

（7）现场的水电供应，拟就近接入当地现有供水供电系统的电源和水源。此外还配备一定数量的储水设备、发电机（车）、水车和加油车，以满足特殊情况的应急需要。

（8）做好后勤保障供应，做好劳力安全保护，做好施工机械的及时维护和检修工作，提高机械的使用率，确保工程施工的顺利进行。

（9）做好特殊条件下施工的防备工作，保证该施工过程的连续性、均衡性和经济性。

（10）要提前做好指导性的试验工作，及时提供各种混合料的配合比通知单和各种材料使用前的检验报告，指导施工。此外还应及时配合监理工程师做好工程施工的验收试验工作，确保施工顺利进行。

（11）做好工程施工过程的验收工作，现场施工人员要与监理工程师紧密配合，及时做好各工序的内业资料和验收交接工作，认真做好施工过程的质量管理，避免因质量问题造成返工而延误工期。

（12）强化施工调度指挥与协调工作，超前布局谋势，密切监控落实，及时解决问题，避免搁置延误。重点项目或工序采取垂直管理、横向强制协调的强硬手段，减少中间环节，提高决策速度和工作效率。

（二）组织保证措施

（1）按照比较成熟的项目法管理体制，实行项目经理责任制，实施项目法施工，对某市政道路工程行使计划、组织、指挥、协调、实施、监督六项基本职能，并选择成建制的，能打硬仗的，并有施工过大型市政业绩的施工队伍组成作业层，承担本施工任务。

（2）根据建设单位的使用要求及各工序施工周期，科学合理地组织施工，形成各分部分项工程在时间、空间上充分利用而紧凑搭接，打好交叉作业仗，从而缩短工程的施工工期。

（3）建立施工工期全面质量管理领导小组，针对主要影响工期的工序进行动态管理，实行 P.D.C.A 循环，找出影响工期的原因，决定对策，不断加快工程进度。

（4）选派施工经验丰富、管理能力较强的同志担任某市政道路工程的项目经理，并直接驻现场抓技术、进度。技术力量和设备由公司统一调配，统一协调指挥现场工作。

（5）选派具有施工经验丰富的，技术力量雄厚的专业作业层参加该工程的施工任务，在建设及有关单位的密切配合下，对施工进度也有较大的促进作用。

（6）加强对各专业作业队伍的管理培训、教育工作，有良好思想作风的队伍，是提高工程质量、保证工期的关键。

（三）制度保证措施

建立生产例会制度，利用电脑动态管理实行三周滚动计划，每星期至少两次工程例会，检查上一次例会以来的计划执行情况，布置下一次例会前的计划安排，对于拖延进度计划要求的工作内容找出原因，并及时采取有效措施保证计划完成。举行与监理建设、设计、质监等部门的联席办公会议，及时解决施工中出现的问题。

（四）计划保证措施

（1）采用施工进度总计划与月、周计划相结合的各级网络计划进行施工进度计划的控制与管理。在施工生产中抓主导工序、找关键矛盾、组织流水交叉、安排合理的施工程序，做好劳动组织调动和协调工作，通过施工网络切点控制目标的实现来保证各控制点工期目标的实现，从而进一步通过各控制点工期目标的实现来确保工期控制进度计划的实现。

（2）倒排施工进度计划，编制总网络进度计划及各子项网络进度计划，月旬滚动计划及每日工作计划，每月工作计划必须 24 号内完成，以确保计划落实。

（3）根据各自的工作，编制更为详尽的层、段施工进度计划，制订旬、月工作计划，以每一个小的段为单体进行组织，保证其按计划完成，以小段单体计划的落实组成整体工程计划的顺利完成。

（4）在确定工期总目标的前提下，分班组、分工种地编制施工组织和方案。并力求工程施工的科学性、规范性、专业性。

（5）在开工前期应组织有关工种班组进行图纸预审工作，认真做好图纸会审方面的准备工作，把差错等消灭在施工前，对加快施工进度有相应的作用。

（6）及时调整不合理因素，并对各专业施工班组落实质量、进度奖罚制度，强调系统性管理和综合管理；施工力量和技术力量两现场项目部统一调度，确保每一个施工组的施工进度，控制在计划工期内竣工。

（7）为保证工期在计划内竣工，实现分项工程在时间上上紧密配合，复式施工。

第三节　冬、雨期施工方案

根据招标文件提供的工程量清单，施工的项目主要为地面道路、桥涵、雨水管线、电力沟、专业管线施工等，施工中根据冬、雨季及农忙季节采取相应措施，保证工程质量及施工顺利进行。

一、冬期施工方案

（一）冬期施工准备

1.技术准备

（1）施工技术措施的制定必须以确保施工质量及生产安全为前提，具有一定的技术可靠性和经济合理性。

（2）制定的施工技术措施中，应具有以下内容：施工部署，施工程序，施工方法，机具与材料调配计划，施工人员技术培训（测温人员、掺外加剂人员）与劳动力计划，保温材料与外加剂材料计划，操作要点,质量控制要点,检测项目等工作的全面部署。

2.生产准备

根据制定的进度计划安排好施工任务及现场准备工作,如现场供水管道的保温防冻、砼结构的保温、场地的整平及临时道路的设置。

3.资源准备

根据制定的计划组织好外加剂材料,保温材料,施工仪表(测温计),职工劳动保护用品等的准备工作。

(二)土方工程冬季施工措施

(1)土方工程应尽量避开在冬期施工,如需在冬期施工,则应制定详尽的施工计划,合理的施工方案及切实可行的技术措施,同时组织好施工管理,争取在短时间内完成施工。

(2)施工现场的道路要保持畅通,运输车辆及行驶道路均应增设必要的防滑措施。

(3)在相邻建筑侧边开挖土方时,要采取对旧建筑物地基土免受冻害的措施。施工时,尽量做到快挖快填,以防止地基受冻。

(4)基坑槽内应做好排水措施,防止产生积水,造成由于土壁下部受多次冻融循环而形成塌方。

(5)开挖好的基坑底部应采取必要的保温措施,如保留脚泥或铺设草袋。

(6)土方回填前,应将基坑底部的冰雪及保温材料清理干净。

(7)基坑或管沟不得使用含冻土块的土回填。回填采用人工回填时,每层铺土厚度不超过20cm,夯实厚度为10~15cm。

(8)回填土工作应连续进行,防止基土或填土层受冻。

(三)道路工程冬季施工措施

1.道路路基冬期施工

(1)冬期填筑路堤,按横断面全宽平填,每层松铺厚度按正常施工减少20%~30%,且最大松铺厚度不得超过30cm。压实度不得低于正常施工时的要求。当天填的土必须当天完成碾压。

(2)当路堤高于路床底面1m时,碾压密实后停止填筑。

(3)挖填方交界处,填土低于1m的路堤都不在冬季填筑。

(4)冬期施工取土坑远离填方坡脚。如条件限制需在路堤附近取土时,取土坑内侧到填方坡脚的距离不得小于正常施工护坡道的1.5倍。

2.道路基层冬期施工

(1)二灰碎石基层、水泥稳定碎石基层严格控制最佳含水量、碾压后及时采取保温措施,避免发生冻害。当气温在0℃至−3℃时,水泥稳定碎石可用掺盐的水搅拌,(指三天内预期最低温度)掺2%(按水重百分比)工业用盐。

(2)道路基层在第一次重冰冻(−5℃~−5℃)到来之前一个月停止施工,以保证其在达到设计强度之前不受冻。在基层施工完成后,立即采用塑料薄膜加毛毡布或棉被进行覆盖保温。完成的路基层采用30cm封层土进行覆盖养护,以保证路面基层不被受冻。

3.沥青砼路面冬期施工保证措施

施工温度在以下或冬期气温虽在5℃以上,但有4级以上大风时按冬期施工处理。

(1)提高混合料的出厂、摊铺和碾压温度,使其符合低温施工要求。

（2）运输沥青混合料的车辆有严密覆盖设备保温。

（3）采用高密度的摊铺机、熨平板及其接触热混合料的机械工具要经常加热,现场准备好挡风、加热、保温工具和设备等。

（4）卸料后用毡布等及时覆盖保温。

（5）摊铺时间在上午9时至下午4时进行,做到三快两及时(快卸料、快摊铺、快搂平、及时找细、及时碾压)。一般摊铺速度掌握一分钟一吨料。

（6）接茬处采取直茬热接。在混合料摊铺前必须保持底层清洁干净且干燥无冰雪。并用喷灯将接缝处加热至60～75℃,摊铺沥青混合料后,用热夯夯实、热烙铁烫平,并用压路机沿缝加强碾压。

（7）碾压次序为先重后轻、重碾先压。先用重碾快速碾压,重轮(主动轮)在前,再用两轮轻碾消灭轮迹。

（8）施工与拌和站密切配合,做到定量定时,严密组织生产,及时集中供料,以减少接缝过多。

（9）乳化沥青及碎石混合料施工的所有工序,包括路面成型及铺筑上封层等,均在冰冻前完成。

（10）对透层、粘层与封层的施工气温不得低于10℃。

此项施工各环节必须连续进行,中间不得间断。

（四）桥涵及构筑物冬期施工措施

1.拌和站冬期施工管理及安排

（1）拌合站冬期管理。冬期期间,在砼拌和站设1台2t柴油蒸汽锅炉,对拌和用水进行加热,拌用砂石料采用大棚封闭保温。专人对拌和设备进行保养、维修。拌和站所用原材料专人严格把关,原材料各项指标符合规范要求。水泥仓及砼运输车辆采用保温被包裹保温。搅拌时按砂石、水、水泥的顺序进行,以免出现假凝现象,使成品砼有一定的初始温度,满足砼冬期施工的要求;拌和时间比常温时加长搅拌时间50%;尽量缩短砼运输时间,确保砼入模温度。

（2）冬期砼配合比设计。冬期施工用砼的配合比严格按照规范要求进行配制。各种外加剂符合现行国家标准《混凝土外加剂》的规定。

（3）砼冬期施工措施及安排。冬期施工现场安设2台普通锅炉,对现场砼工程(墩柱、箱梁)进行加热养生。

2.混凝土的拌制

（1）拌制混凝土用的骨料必须清洁,不得含有冰雪和冻块,以及易冻裂的物质在掺有含钾、钠离子的外加剂时,不得使用活性骨料。在有条件的时候,砂石筛洗应抢在0℃以上温度时做,并用塑料膜、油布盖好。

（2）拌制掺外加剂的混凝土时,如外加剂为粉剂,可按要求掺量直接撒在水泥上面和水泥同时投入。如外加剂为液体,使用时应先配制成规定浓度溶液,然后根据使用要求,用规定浓度溶液配制成施工溶液。各溶液要分别置于有明显标志的容器中,不得混淆。每班使用的外加剂溶液应一次配成。

（3）当施工期处于0℃左右时,可在混凝土中添加早强剂,掺量应符合使用要求及规范规定,且应注意在添加前应做好模拟试验,以核实有关技术措施;对于有限期拆模要求的混凝土,还应适当提高混凝土设计等级。

（4）混凝土中添加防冻剂时，严禁使用高铝水泥。

（5）严格控制混凝土水灰比，由骨料带入的水分及外加剂溶液中的水分均应从拌合水中扣除。

（6）搅拌掺有外加剂的混凝土时，搅拌时间应取常温搅拌时间的 1.5 倍。

（7）混凝土拌合物的出机温度不宜低于 10℃，入模温度不得低于 5℃。

3.混凝土的浇筑

（1）混凝土搅拌场地应尽量靠近施工地点，以减少材料运输过程中的热量损失，同时也应正确选择运输用的容器(包括形状、大小、保温措施)。

（2）灌注桩冬期浇筑。桩基础的轴线引出的距离应适当增加，以免在打桩时受冻土硬壳层的影响，水准点的数量不少于两个。

冬期灌注桩桩基砼的浇筑与常温下相同。砼入模前安排专人测量砼温度，砼温度控制在 10℃ 以上，并尽量缩短浇筑时间。

（3）墩柱(台)、挡墙冬期浇筑。混凝土浇筑前，应清除模板和钢筋上，特别是新老混凝土(如承台、箱梁大体积砼分层浇筑处)交接处的冰雪及垃圾。

当采用商品混凝土时，在浇筑前，应了解商品混凝土中掺入抗冻剂的性能，并做好相应的防冻保暖措施。

分层浇筑混凝土时，已浇筑层在未被上一层的混凝土覆盖前，不应低于计算规定的温度也不得低于 2℃。

上部结构要连续施工的工程，混凝土应采取有效措施，以保证预期所要达到的强度。

现场应留设同条件养护的混凝土试块作为拆模依据，冬期墩柱(台)、挡墙浇筑时，拆模后及时采用两层塑料布及棉被包裹养生。浇筑用的砼掺用引气型外加剂，以提高砼的抗冻性。尽量缩短砼运输时间，砼运输车用防寒被包裹。砼入模前安排专人测量砼温度，砼温度控制在 10℃ 以上，并在保证质量的前提下尽量缩短浇筑时间。当气温较低时，现场搭设暖棚，在暖棚中进行浇筑及养生。当砼已达到设计要求的抗冻强度和拆模强度后，方可拆除模板，加热养护结构的模板和保温层，在砼冷却至以上，方可拆除，拆除后的砼表面应覆盖，使其缓慢冷却。

4.冷接茬部位的预热

在负温度下旧砼接浇新砼时，如果预热不好，易在接头处产生水膜，降低接头砼的强度。新旧砼接触面温差过大，温度应力作用会造成新浇筑砼开裂，所以对旧砼必须采取预热升温措施，采用蒸汽排管加热，确保接头处砼温度不低于 5T，加热深度不低于 30cm，预热长度控制在左右。

5.砼养生

（1）梁体养生。冬期梁体养生在暖棚内进行，暖棚用帆布或质量好的彩条布搭设，搭设暖棚时注意接头处的搭接长度，保证暖棚不漏风，达到保温效果。表面采用底层塑料布覆盖保水，上面覆盖棉被保温。砼浇筑完毕后立即覆盖塑料布和防寒棉被，养生棚内的温度控制在 101 以上，但不允许高于 50℃。当外部气温大于 0℃ 时，暖棚内用火炉烧开水养生。

在砼养生过程中，如果下道工序施工必须临时开棚时，可在保证棚内正温和棚外温差不大于 25℃ 的前提下，选在当天气温较高的 10℃～14℃ 时进行，但尽量减少开棚次数和时间。

（2）砼试件养生。由于暖棚内各部温差较大，加之砼与环境气温不同，所以常规试件很难代表构件本身的强度。因此应多制作试件，分置于各部有利部位进行养生，用于确定张拉时间。确定张拉时间时参考放置在顶板上的试件强度。

（3）降温、砼强度达到设计要求进行张拉、压浆,并且压浆强度达到要求时即可停止养生。棚内开始降温,但禁止温度骤然下降,降温速度不大于100℃/h,且第一个24小时内降温速度不超过每小时1℃,使砼温度逐渐降至外部温度。

砼养生过程中,应安排专人负责温度测试,若发现温度变化异常,立即向技术负责人汇报,以便及时采取措施,避免质量事故发生。

6.钢筋工程冬期施工

（1）钢筋负温冷拉时,可采用控制应力法或控制冷拉率方法。在负温条件下采用控制应力方法冷拉钢筋时,由于伸长率随温度降低而减少,如控制应力不变,则伸长率不足,钢筋强度将达不到设计要求,因此在负温下冷拉的控制应力应较常温提高。

（2）钢筋焊接时尽量选择白天中午气温较高时完成,并在现场焊接施工地点设置挡风防护设施。焊后未冷却的接头,严禁碰到冰雪。

（3）当温度低于负温时,严禁对低合金Ⅱ、Ⅲ级钢筋进行冷弯操作,以避免在钢筋弯点处发生强化,造成钢筋脆断。

（五）管线工程冬期施工措施

（1）雨水管道施工:由于管道采用砂石基础。冬期施工时,砂石基础应用岩棉被覆盖,用以保温防冻。

（2）各种管道开挖后及时清槽,并及时用草帘或岩棉被覆盖,用以保温防冻。冬期施工开槽后用保温材料覆盖,管道不得安放在冻结的地基上;管道安装过程中,防止地基冻胀。

（3）接口材料随拌随用,填充打实抹平后,应及时覆盖保温养护。

（4）沟槽回填应清理干净沟槽中的杂物及积雪,严禁回填冻土,严禁水浸水泡,严格分层夯实。

（六）砌体工程冬期施工措施

（1）砌体工程的冬期施工方法。以外加剂法为主。将砂浆的拌合水预先加热,使砂浆经过搅拌、运输,于砌筑时具有5℃以上正温。在拌合水中掺入氯盐（食盐或氯化钙）,砂浆在砌筑后可以在负温条件下硬化,因此不必采取防止砌体沉降变形的措施。但由于氯盐对钢材的腐蚀作用,在砌体中埋设的钢筋及钢预埋件,应预先做好防腐处理。

（2）对材料的要求:①砌体在砌筑前,应将材料表面污物、冰雪等清除,遭水浸后冻结的砌块不得使用;②砂浆宜优先采用普通硅酸盐水泥拌制;③拌制砂浆所用的砂,不得含有直径大于1cm的冻结块和冰块;④拌合砂浆时,水的温度不得超过80℃,砂的温度不得超过40℃。当水温超过规定时,应将水、砂先行搅拌,再加水泥,以防出现假凝现象;⑤冬期砌筑砂浆的稠度,宜比常温施工时适当增加。

（3）砂浆在搅拌、运输和砌筑过程中的热损失,见表2-1。

表2-1　砂浆搅拌时之热量损失表（℃）

搅拌机搅拌时之温度	10	15	20	25	30	35	40
搅拌时之热损失（设周围温度+5℃）	2.0	2.5	3.0	3.5	4.0	4.5	5.0

（4）冬期搅拌砂浆的时间应适当延长,一般要比常温期增加0.5~1倍。

（5）采取以下措施减少砂浆的搅拌、运输、存放过程中的热量损失。①砂浆的搅拌应在采暖的房间或保温棚内进行,冬期施工砂浆要随拌随运(直接倾入运输车内),不可积存和二次倒运;②在安排冬期施工方案时,应把缩短运距作为搅拌站设置的重要因素之一考虑,搅拌地点应尽量靠近施工现场;③保温槽和运输车应及时清理,每日下班后用热水清洗,以免冻结。

(6)严禁使用已遭冻结的砂浆,不准单以热水掺入冻结砂浆内重新搅拌使用,也不宜在砌筑时向砂浆内掺水使用。

(7)如基土为冻胀性土时,应在未冻的地基上砌筑基础,且在施工时及完工后,均应防止地基遭受冻结,已冻结的地基需开冻后方可砌筑。

(8)每天收工前,应将顶面的垂直灰缝填满,同时在砌体表面覆盖保温材料(如草袋,塑料薄膜等)。

(9)冬期砌筑工程要加强质量控制。在施工现场留置的砂浆试块,除按常温规定要求外,尚应增设不少于两组与砌体同条件养护试块,分别用于检验各龄期强度和转入常温28d的砂浆强度。

(七)工程机械冬期施工安全措施

由于某市政道路工程跨越冬期,工程机械冬期施工安全不容忽视。为工程施工正常进行提供可靠有力的保障,需要做好以下几个方面工作非常重要。

(1)搅拌机等机电设备应设工作棚,棚应具有防雪、防风功能。

(2)运输车辆在泥泞、冰雪道路上行驶时,应降低车速,宜沿前车辙前进,必要时加装防滑链。当水温未达到70℃时,不得高速行驶。行驶中变速时应逐级增减,正确使用离合器,不得强推硬拉,使齿轮撞击发响。前进和后退交替时,应待车停稳后,方可换挡。启动后,应观察各仪表指示值、检查内燃机运转情况、测试转向机构及制动器等性能,确认正常并待水温大道40℃以上、制动气压达到安全压力以上时,方可低挡起步。起步前,车旁及车下应无障碍物及人员。

(3)要根据当地的最低气温选好燃油和润滑油。如最低气温在−10℃以上,可选负10号柴油,低于−10℃时应选更高标号的柴油,避免因低温造成发动机供油不良。同时,机油也要按设备要求换冬期专用油。因冬期气温低,液压油粘度加大,液压泵吸油负压增大,所以也要选用规定型号的液压油。

(4)对发动机来说,低温下启动时因机油粘度大,会造成润滑油短时内不足、不能遍布各润滑点。所以,发动机启动后要怠速运转一段时间,待水温上来后再加负荷。液压系统预热也是如此。温度过低,液压油粘度大,使吸油困难,泵油量不足。同时因液压件润滑也是依靠液压油,因泵油量不足,润滑不良,会大大影响泵和马达的寿命。所以启动发动机后,应先不加负荷使各液压部件运转几次,确保各个液压元件都有液压油经过,避免因控制阀发生卡滞造成施工事故。

(5)气温降低,设备油缸、液压管接头等处密封件会裂化收缩造成密封不严出现泄漏,各传动连接件、螺栓也会受低温影响造成强度、刚度下降。所以要加强检查,及时发现问题,消除隐患。同时也要加强保养工作,黄油更要及时补充。对于水冷发动机,要及时换好防冻液,避免冻裂机体、冷却器的事故发生。每天开工前和收工后要严格检查,避免人为事故的发生,确保设备正常运转,保证冬期施工的正常进行。

(八)冬期施工安全应急措施

1.冬期施工安全措施

(1)进入基坑、沟槽和在边坡上施工应检查边坡土壁稳定状况,设攀登设施,在施工过程中应随时检查,确认安全;施工现场应划定作业区,非作业人员不得入内。

（2）以下几种情况是土方施工中常见的危害安全生产的情况,在施工中遇下列情况之一时应立即停工,必要时可将机械撤离至安全地带,待符合作业安全条件时,方可继续施工。①填挖区土体不稳定,有发生坍塌危险时;②地面涌水冒泥,出现陷车或因雨发生坡道打滑时;③工作面净空不足以保证安全作业时;④施工标志、防护设施损毁失效时。

2.冬期施工应急措施

（1）防止坍塌事故。各类沟道工程,在基坑、沟槽施工时,必须严格按照施工规范规定的放坡系数放坡。坑槽边1.5m范围内严禁堆土及建筑材料。施工现场不具备放坡条件时,必须编制支护方案并采取有效可靠的支护措施,人工开挖基槽(坑)冻土时,严禁在冻土层下进行掏洞开挖。搭设临建工程时,必须基础夯实,不得干码砖墙。在沟槽基坑边搭设工棚及宿舍等应细致观察,采取加固和支护措施,以防冻土溶化后产生不均匀沉降。

（2）防止滑倒摔伤。要对各类脚手架进行全面检查和加固,脚手架外侧必须设防护栏杆和踢脚板并按标准进行立体防护,无论是立网还是水平网均应严密、牢固。脚手架斜道、平台、作业层、通行道路上的霜冻、结冰、积雪,要指定专人随时清除,并铺设防滑草袋、撒炉灰、钉防滑条。

（3）防止火灾事故。冬期风大干燥,火源增多容易失火,各工地要严加控制火源,加强用火管理,建立健全用火审批制度。无论生产和生活用火都应设专人管理,炉旁不准堆放易燃易爆物品,炉火看管人员要坚守岗位,不准擅离职守。烟筒出口应安装弯头或火星遮盖器;烟筒与屋顶衔接处应有适当空隙或用石棉板等防火材料加以隔离对电焊等工种的工人要进行专门的防火安全教育,制定并严格执行防火公约;要教育吸烟职工养成不乱扔烟头的习惯,提高职工防火意识。

工地(包括办公室、民工宿舍等)的消防设备必须齐全,消防道路要通畅,消防水源、水桶、水栓等应有保温措施,以防冻结影响使用。

（4）防止烫伤或灼伤事故。冬期施工的各种热源应严加防护。蒸汽管道和开关阀门的安装应牢固紧密,不得漏气;蒸汽加热的料槽应有良好的隔热措施,操作人员要戴防烫手套。盛放热水的桶、锅等容器应加盖防护;蒸汽大、视线不清时,不得进入暖棚内工作。热水运输和物料加热也应采取防烫隔热措施。

（5）防止中毒事故。冬期施工所用的抗冻早强剂种类较多,这些化学添加剂多数对人体有害,特别是亚硝酸钠类似食盐。因此使用单位一定要对职工加强饮食卫生教育,制定严格的亚硝酸钠等有毒物品运输、存放、保管制度。无论生产或生活取暖炉等必须严密不漏气,要使用带烟筒的密闭合格火炉,严禁使用无烟筒的简易取暖炉或者火盒。作业人员每间隔1～2小时应到室外呼吸一次新鲜空气,防止一氧化碳中毒。对职工宿舍或家属住宅的取暖炉必须经常检查室内要安装风斗,保持室内空气流畅,每晚入睡前应检查炉盖是否盖严,烟筒是否漏烟,发现问题及时解决,以防煤气中毒。

（6）防止冻伤事故。冬期露天作业区应设风墙,在工作区域附近搭设取暖棚,对露天作业的工人应给按规定发放防寒服、棉鞋、棉手套,并供给防冻伤膏等。一旦有人冻伤,应将冻损部位浸泡在38℃～43℃温水中复温,注意不要感染,必要时及时送医院治疗。冬期施工所需的施工设备,特别是垂直运输设备要增加检查和保养次数,要特别注意保护制动装置和安全装置的灵敏度。

（7）防止触电事故。对进行冬期施工的职工进行安全用电教育,采用电加热施工或养护时,应由专业电工安装、检修,并派电气工程师指导,要在电热法施工区域设围栏和警示标志,除测温和电器操作人员外,其他人员一律不准进入电热施工区域。施工现场的电动机械必须有良好的接地接零保护;小型手持移动工具应安装漏电保护器,操作人员必须佩戴绝缘用具;室内、暖棚等潮湿作业场所的照明一律采用12伏安全电压;各种电源必须绝缘良好,不准缠在金属物上,电器设备安装必须符合规范要求

二、雨期施工方案

(一)雨期施工组织

(1)项目部抽调力量组成防汛指挥小组,由项目经理亲自挂帅,统一调度,汛期和暴风雨季间组织昼夜值班,密切注意天气预报和台风暴雨警告,降雨后及时组织采取措施,减少对施工的影响。

(2)安排专人负责收听天气预报,了解天气动向,做到未雨绸缪,早做安排,及时掌握天气变化情况,避免恶劣天气施工。

(3)定期检查各类防雨设施,发现问题及时解决,并做好记录特别是汛前和暴风雨来临之前的检查工作。

(二)物资保证

(1)工程经历雨季,须抽调专门资金用于防汛物资的准备,保证施工中的安全。

(2)施工现场配备足够的抽水设备及救生物品,对施工队伍进行专门的防汛安全教育。

(3)物资准备:雨季施工所需要的各种物资、材料都要有一定的库存量,尤其是一些外加剂、水泥等库房要做好保管与防潮工作,确保雨季的物资供应。

(三)雨期施工安排

市政道路工程施工期如果经过雨期,为确保工程质量,将不利损失降至最小,可制定雨期施工及防汛技术措施。

(1)坚持每天收听天气预报,关注天气情况的变化,合理安排施工。

(2)配备足够的防雨用具。防止连续作业人员遭受雨淋,影响健康。

(3)雨期施工不宜靠房屋墙壁堆土,严禁靠危险墙堆土。

(4)雨期挖槽,应采取如下措施。①沟槽四周应堆集土梗,如下料口等;②在向槽一侧的边坡,应铲平压实,避免雨水冲刷,在雨期,应汇集雨水引向槽边。应30m左右放一泄水口,有计划地将雨水引入槽外。

(5)雨期施工应充分考虑由于挖槽和堆土而破坏天然排水系统,如何排除地面雨水的问题。根据需要,应重新规划排水出路,防止雨水浸泡路基。

(6)在砼浇筑时,尽量避开雨天,如实在无法避开,宜搭设钢管架雨篷,确保顺利施工。

(7)路基工程要贯彻预防为主的方针,在计划安排上要做到两个优先:对因雨易翻浆的地段优先安排施工、对低洼地等不利地段,优先施工。坚持"三完、两及时"的施工方法,即当天挖完、填完、压完,遇雨及时检查、雨后及时检查。发现翻浆,软土要全部挖出处理,一般采用石灰或沙石材料处理。

(四)雨期施工措施

1.雨期施工准备措施

市政道路工程施工期如果经过雨期,为确保工程质量,将不利损失降至最小,可制定雨期施工及防汛技术措施。

雨期施工准备措施如下。

(1)搜集、整理降雨分部情况,拟定科学合理的雨期施工方案和雨期施工应急预案。

(2)施工区内的水流汇集及排水情况,提前疏通排水沟渠,在雨期中派专人进行维护,保证施工区内的排水通畅。

(3)根据工程场地特点,合理布置施工现场,修建排水沟,保证雨后场区内不积水、渍水。现场机械设备按规定配备必要的防护棚。

(4)施工现场配备足够的水泵、棚布、塑料薄膜等防雨用品,保证暴雨后能在较短时间内排除积水。

(5)水泥等防潮防雨材料应架空,仓库屋面防水防漏。堆放钢筋时,采用枕木、地垄等架高,防止沾泥、生锈。

2.土石方雨期施工措施

(1)在路堑段,两侧斜坡上设置截水沟和排水沟,及时将山坡的雨水引走,防止冲刷道路边坡。

(2)避免雨天进行路槽开挖工作,道路路基被水浸泡后,未晒干前禁止机动车辆行使,对翻浆部分要全部挖除换填。

3.道路工程雨期施工措施

(1)路基工程雨期施工措施:①雨期安排施工计划,集中劳力分段突击完成一段再开挖一段,不得在全线大挖大填;②填土地段或取土坑,按原地面排水系统做好临时排水沟,排水沟接入原雨水检查井内,从而使施工地段能及时排出积水,以使施工运输及取得较好的土壤;③填土时留出3%以上的横坡,每日收工前或预报有雨时,将已填土地段碾压,坚持平整,防止其表面积水;④雨后禁止机动车辆在未晒干的路基上行使;⑤若道路路基被水浸泡后翻浆,对翻浆部分要全部挖除并按照设计要求进行换填;⑥备料要堆成大堆,料堆四周挖排水沟;⑦要集中力量摊铺便于及时碾压。摊铺后的基层料,须在当日成活。雨期来不及成活时,须碾压1~2遍,未压部分用防雨布或其他物覆盖;⑧摊铺长度适应缩短,以便能迅速碾压成活。

(2)路面工程雨期施工措施:①道路面层施工时,尽量要避开雷雨天气。施工时必须分好段落,集中力量,重点突击,尽量缩短施工时间。备足防雨篷布,以备雨来时能覆盖好原材料及未成型路段;②加强工地现场与拌和站之间的联系,发现天气即将有变时放慢拌料速度,做到随摊铺随碾压;③运输车和工地备足防雨设施,做好路肩的排水;④沥青路面不允许在下雨时进行施工,一般应在雨期到来以前半个月结束施工。进入雨期施工时,必须采取如下防雨措施。A.注意气象预报,加强工地现场与沥青拌和厂的联系;B.现场应尽量缩短施工路段,各工序要紧凑衔接;C.汽车和工地应备有防雨设施,并做好基层及路肩的排水措施;D.下雨、基层或多层式面层的下层潮湿时,均不得摊铺沥青混合料。对未经压实即遭雨淋的沥青混合料,应全部清除,更换新料。

4.雨水管线雨期施工措施

(1)雨天尽可能不安排沟槽开挖或回填,若必须施工时采用小范围作业,并及时覆盖防雨用品,大雨时不安排施工。

(2)沟槽验收完毕后,及时进行管道基础及管沟垫层施工,避免基底被雨水浸泡。

(3)沟底管道两侧设排水沟,并在一定的距离设置集水坑以便抽水,槽顶两侧根据现场情况设置截水沟。

(4)沟槽浸泡后,及时排除积水,沟槽晾干后方可进行下一工序施工。砌检查井用的砖要集中堆放,雨天要及时覆盖。雨天砂浆在储存和运输过程中要覆盖。收工时井壁上用草帘覆盖,以免雨水将砂浆冲掉。

(5)回填沟槽土方时,对当日不能填筑的填料应大堆存放,以防雨水浸冲,取土坑应做好临时排水设施,避免取土范围积水。

5.桥涵雨期施工措施

(1)在雨期来临前箱梁完成卸架,以满足河道泄洪要求。

(2)合理安排施工工期,在雨期到来之前完成桥涵下部工程的施工,及时拆除围堰,增强泄洪能力。

(3)在桥涵施工现场四周挖好排水沟,在迎水面挖好排洪设施。

(4)雨天作业必须派专人看护基坑,对于未能填土的基坑做好排水及支护工作。在基坑顶两侧做好截水导流沟,将地面水引走,防止进入基坑内。注意监测支护体系的稳定情况,存在险情处在未采取可靠安全措施之前禁止作业。

(5)桥涵基坑施工现场备足抽水设备,降雨后立即清除排水,尽快晾晒,及早恢复生产。

(6)钢筋工程雨期施工措施:①现场钢筋堆放应垫高,以防钢筋泡水锈蚀;②雨天时如必须进行钢筋焊接时,应在防雨棚内进行;③钢筋加工区域内的施工机械,用石棉瓦和塑料薄膜覆盖,雨天不得露天作业,以防触电;④钢筋绑扎时,施工人员的鞋底冲洗干净,方可到钢筋网上作业。不可将泥沙带入现场模板内,影响施工质量;⑤钢筋电渣压力焊不能在雨天进行,如工程要求在雨天进行,施工时要采取遮雨措施。下雨前钢筋用塑料布或苫布覆盖,雨后及时晾晒通风,减少钢筋锈蚀。

(7)模板支架工程雨期施工措施:①方木、面板等怕湿怕潮材料要及时入库,防止受潮变形;②入模后如不能及时浇筑混凝土,应在已支设的模板采取遮雨措施,且应设置排水口,防止模板内积水;③雷雨天气严禁进行支架的搭设作业,亦不可在支架上施工;④模板在大雨过后要重新涂刷脱模剂。

(8)混凝土工程雨期施工措施:

①下雨天不宜露天浇筑混凝土,在安排生产之前首先了解天气预报,避免因为下雨影响浇筑工作;②施工时要有一定数量的遮雨材料(雨布、塑料薄膜等),雨量过大应暂停户外施工。特别是砼浇捣,如一定要浇捣,则须搭设防雨棚,并及时遮盖砼表面,雨过后应及时做好面层的处理工作;③小雨天气浇筑混凝土时,进行浇筑前要将模板内的积水清理干净;④浇筑混凝土过程中突遇大雨,要留好施工缝;⑤混凝土浇筑遇雨时,适当调整配比中含水率,防止混凝土出现离析现象。浇筑完成部分及时覆盖,保证砼质量;⑥承台、桥墩砼初凝前,应采取防雨措施,用塑料薄膜保护。

(9)桥面铺装、桥头搭板及人行道施工时要避开雨天。施工中遇到雨天时,架设棚盖以防雨淋,保证护栏外观质量和桥面铺装的质量。

(10)出现较大降雨时,将河道中的所有机械全部移至岸上地势较高处,以防止出现意外。

(11)下雨天气严禁高空作业,雨停后立即组织人员清扫高架桥上临时通道以及作业面,迅速恢复施工。

(五)施工期雨期及排水措施

在施工期间,应充分估计到雨期带来的危害,积极采取措施,作好防汛抢险准备,把危害减少到最低程度。

（1）项目经理任组长,指定专人负责每天收听天气预报,观察水位情况,并做好详细记录。与当地的水文、气象部门保持密切联系,随时掌握准确、及时的水文和气象情况,对暴雨、洪水的袭击做出正确的分析、判断,提前做好各项防范准备。

（2）查阅以往汛期水文资料,分析汛期特点,了解河流分布,配备足够排水设备,迅速有效进行排水。

（3）汛期期间,所有能用于抢险的工具、设备及人员,均时刻准备投入抢险中去。

（4）组建一支强有力的抢险队伍,落实机械设备及人员,随时做好一切应急准备,确保施工的顺利进行。加强施工人员防汛抢险意识,增强自我保护能力,树立安全第一的思想。

（5）派遣人员在工程沿线 24 小时轮流值班,修复被损坏部分,总结经验教训,作好汛期的抢险准备。以便及时发现险情,及时抢险,尽可能地将险情立即排除。

（6）汛后迅速组织清理、清查水淹损失,尽快恢复生产。

第四节　施工期间交通组织方案

以某高速三期工程为例,阐述施工期间交通组织方案。

一、交通组织的总体指导思想

（1）某市政道路工程施工展开后,新建地面道路施工、管线施工会对道路沿线单位、商铺和居民出行带来不便,同时也会影响到其他社会车辆通行,因此施工期间充分做好交通疏导工作。

（2）积极与交警部门联系,共同协商交通分流方案,既要满足施工要求又要满足施工段的交通流量要求,维护现场原有的交通设施,接受交通管理等有关方面的管理指挥。

（3）交通疏导的总体指导思想是,工程施工过程中采用封闭施工,社会车辆绕行、施工车辆及驻地车辆行人按疏导方案通行。当现场施工与交通有矛盾时,应积极配合交警疏导交通。

（4）施工期间实施开设路口、改变车道位置等方案前均需认真做好交通方案。为方便沿线居民出行,设置安全便道,施工中产生的沟槽处设置防护设施和安全警示标志及夜间警示灯。

（5）某市政道路工程地面道路施工与高架桥施工(已单独组织招标)相互干扰较大,须积极配合高架桥施工单位,采取措施保证周边道路不中断和安全通行。

二、施工过程的交通组织方案

（一）成立交通疏导领导小组

某市政道路工程在施工期间成立交通疏导领导小组,负责协调各管理部门,解决好交通疏导与交通安全的问题。领导小组由项目经理任组长,技术负责人任副组长,确保交通疏导安全、顺利地进行。

交通疏导领导小组主要成员职责如下。

组长:项目经理,总协调、总负责。

副组长:项目技术负责人,负责交通组织方案的编制、报审,监督检查交通组织方案的现场执行。

副组长:项目副经理,负责交通组织方案的落实,按批复的交通组织方案摆放交通标志、搭设施工围挡、路向指示标志、照明装置和警示装置,实施交通疏导方案。

交通协管员和安全员:负责日常交通安全事务检查、监督和管理。

(二)交通组织策划

1.一段交通组织策划

为确保施工的顺利进行,同时确保两侧居民、单位车辆的正常出入,采取分段半封闭施工的整体思路。半封闭施工期间的交通为区域内交通,驻地车辆双向通行,就近交叉路口进行分流。

一段根据外环西路地面道路与现状路相交情况制定交通方案,其中北段有现状路段可作为过往行人及车辆通行道路,中部及南段无现状路段仅做施工便道,不对外部行人及车辆开放。

2.二段交通组织策划

二段全线无现状路,进场后在地面道路处修筑施工便道,作为高架桥施工便道;高架桥施工完毕后,地面道路管网分幅施工。考虑到某市政道路工程沿线无现状道路,因此施工便道不对外部行人及车辆开放。

(三)施工段各施工阶段交通组织

1.一段施工段各施工阶段交通组织

考虑到某市政道路工程一段地面道路与高架桥位置重叠且工期大致相同,相互干扰较大,并且答疑文件明确要求"应考虑高架桥对地面道路施工的影响"的情况,拟将本段划分为 4 个施工阶段:道路土石方及挡墙施工阶段、高架桥上部结构施工阶段、地面道路及管线施工阶段、沥青砼面层及附属施工阶段。具体交通组织如下。

(1)道路土石方施工阶段交通组织。外环西路 K7+800-K8+100 段地面道路与现状路重叠,可利用现状路作为施工便道,在现状路两侧进行路基土石方填筑施工。

(2)高架桥上部结构施工阶段交通组织。桥梁上部结构施工时,因无施工工作面,停止地面道路施工,配合高架桥施工单位做好交通组织工作。

(3)地面道路及管线施工阶段交通组织。高架桥上部结构施工完毕支架拆除后,进行地面道路及管线施工。地面道路及管线施工采取分幅施工,即先进行西半幅地面道路及管线施工,后进行东半幅地面道路施工。①首先进行西半幅原水、燃气管线施工,然后进行西半幅道路结构层施工,此时利用东半幅快车道作为施工便道;②西半幅沥青砼中下面层施工完毕并进行交通改线,利用西半幅新建道路作为施工便道,进行东半幅道路结构层施工。

(4)沥青砼面层及附属施工阶段交通组织。天气回暖后,利用西半幅新建道路作为施工便道,进行东半幅沥青砼中下面层施工;然后统一进行全线沥青砼上面层施工;最后进行边坡防护施工。

2.二段施工段各施工阶段交通组织

考虑到某市政道路工程二段外环西路与文德路相距较远,两个施工区独立组织施工,其中以外环西路地面道路施工为主线。具体交通组织安排如下。

(1)外环西路交通组织:①道路土石方及桥涵施工阶段交通组织。外环西路有高架桥段地面道路位于现状荒地、沟渠处,无现状路,采取封闭施工,外部车辆不得通行。外环西路有高架桥段地面道路位于现状荒地处,无现状路,采取封闭施工。道路土石方施工完毕后,在高架桥下部结构施工过程中,同时完成陡沟桥、陡沟支沟桥及挡土墙,此时利用高架桥两侧已填筑地面道路作为施工便道。②桥梁上部结构施工阶段交通组织。桥梁上部结构施工时,因无施工工作面,停止地面道路施工,配合高架桥施工单位做好交通组织工作。③地面道路及管线施工阶段。高架桥上部结构施工完毕支架拆除后,进行地面道路施工。地面道路施工采取分幅施工,即先进行西半幅地面道路施工,后进行东半幅地面道路施工。

A.高架桥支架拆除后,利用东半幅作为施工便道,进行西半幅道路结构层施工。B.西半幅沥青砼中下面层施工完毕并进行交通改线,利用新建西半幅道路作为施工便道,进行东半幅道路结构层施工。④沥青砼面层及附属施工阶段交通组织。天气回暖后,利用西半幅新建道路作为施工便道,进行东半幅沥青砼中下面层施工;然后统一进行全线沥青砼上面层施工;最后进行边坡防护施工。

(2)文德路施工交通组织。考虑到文德路仅能从现状 G104 进出,而雨水箱涵正好位于从 G104 进入文德路入口处,因此首先集中力量进行雨水箱涵施工;雨水箱涵施工完毕后进行道路管网施工,道路管网按照"先快车道道路管网,后慢行一体道路管网"的顺序施工。①雨水箱涵施工交通组织。雨水箱涵采用跳仓法施工,利用现状 G104 作为施工便道;②快车道道路管网施工交通组织。雨水箱涵施工完毕后,利用两侧非机动车道作为施工便道,进行快车道道路管网施工;③慢行一体道路管网施工交通组织。快车道道路管网施工完毕后,进行交通改线,利用新建快车道作为施工便道,进行慢行一体道路管网施工。

(四)施工区域交通临时标志及设施的设置

为保证施工期间,施工范围内的道路确保畅通,需要根据交警部门的要求设置交通临时标志及设施。

1.交通标志设置

在封闭道路施工期间,在相邻道路及支路入口布设交通标志,提前提醒车辆绕行,以减少施工区域内的交通压力。在施工区域外的相邻道路上设置醒目的交通提示牌,提前通知市民选择绕行的道路,并在地面上设置交通导流标志,减少对交通的影响。

在进行道路车道封闭前应提前对周围市民及单位进行通知,使过往的车辆及行人能提前选择绕行道路,降低该路段的交通压力,减少车辆拥堵现象的发生。

管道施工过程中,给沿线居民预留通行便道,沿线小型出入口在沟槽上架设便桥,方便居民通行。

2.交通设施的设置

(1)施工期间采用硬质施工围挡将施工区与通行区分开,在沿线单位及小区设置出入口,供施工车辆及施工人员进出施工区域,两侧车辆在路口集中导流疏解,保证交通顺畅。

(2)在路口处设置交通协勤岗,每一协勤岗安排 2 名协勤员,在路口前方设置告示牌和交通分流示意图,对行人及过往车辆进行疏导。

(3)根据现场情况,在施工区域与非施工区域设置分隔设施。根据工程文明施工要求,封闭施工,均采用统一高度的围挡。分隔设施做到连续、稳固、整洁、美观。专人值班,确保行人及车辆安全。

(五)交通安全保证措施

(1)施工中坚决贯彻"安全第一、预防为主"的方针。必须严格贯彻执行各项安全组织措施,切实做到安全生产。

在道路交叉口及小型出入口处设置硬质透明围挡,利于车辆驾驶员及行人的有效视野保证车辆及行人的安全。

(2)成立"施工交通管理领导小组",设专职"交通协管员"和"安全员",统一着装,并经相关部门进行专业培训后,持证上岗。

(3)结合以往施工经验,编制切实可行的交通疏导方案,由交通协调部配合专职的"交通协管员"和"安全员"负责交通疏导方案的落实,密切配合相关部门,在需要导行的路口设置交通标志牌和安全施工宣传牌并设专职交通协管员,协助交管部门疏导行人及车辆,确保交通安全和施工安全。

(4)在施工过程中,对于管线沟槽和基坑及时采用围挡进行封闭,并设置防护警示标志,夜间设置警示灯,保障行人及车辆的安全。

第三章 市政桥梁工程

第一节 桥梁结构施工概述

一、桥梁的基本组成

桥梁结构可分为上部结构、下部结构、支座和附属结构物四大部分。

上部结构包括桥跨结构，又称承重结构，以及桥面构造。下部结构又叫支撑结构，包括基础、桥墩和桥台。附属结构物包括伸缩缝、排水系统、照明系统、栏杆等。

(1)跨度。也称跨径，是指桥梁两相邻墩支座间的距离，表示桥梁的跨越能力，对多跨桥，最大跨度称为主跨，是表征桥梁技术水平的重要指标。

(2)计算跨径。桥跨结构的力学计算常常使用计算跨径。桥跨结构两个支点间的距离称为计算跨径。对于梁式桥是指桥跨两端相邻支座中心之间的距离。对于拱式桥是指拱轴线两端点之间的距离，通常用 l 表示。

(3)净跨径。对于梁式桥净跨径是指设计洪水位线上相邻两个桥墩（或桥台）之间的水平净距，而拱式桥是指每孔拱跨拱脚截面内边缘之间的距离。

(4)总跨径。各孔净跨径之和称为总跨径。桥梁的净跨径 L_0 和总跨径 L 是反映桥梁宣泄洪水的能力和通航标准的指标。

(5)标准跨径。对公路梁式桥，标准跨径是指两相邻桥墩中线间的距离，或桥墩中线与桥台台背前缘间的距离；对拱式桥，是指其净跨径。铁路桥常以计算跨径作为标准跨径。

在桥梁工程中，中小跨度的桥梁占的比例非常大。这部分桥梁如果采用标准设计，其工程设计和施工质量将大大提高，其经济效益也是非常可观的，因而我国《公路工程技术标准》中规定，标准设计或新建桥涵跨径在 60m 以下时，均应采用标准跨径。公路桥涵的标准跨径从 0.75m 至 60m，共计 22 种跨径。当单孔跨径<5m 或多孔跨径的全长<8m 时，通常采用涵洞结构。涵洞结构是用来宣泄路堤下水流的构造物，简称涵洞。在涵洞处路堤一般是不中断的。

(6)桥长。对梁式桥，指两桥台侧墙或八字墙之间的距离 L。

桥长是衡量桥梁大小的最简单的技术指标：一般把桥梁两端桥台的侧墙或八字墙尾端点之间的距离称为桥梁全长，简称桥长。

无桥台时，桥梁全长为桥跨结构的行车道板全长距离。桥梁规范中根据桥梁跨径总长 L 和单孔跨径 L_0 划分桥梁的规模大小。

总长是指桥梁两端桥台台背前缘间的距离。桥梁的单孔跨径是指桥墩中线间距离或桥墩中线与桥台背前缘的间距。对于拱式桥是指其净跨径。

(7)桥下净空。桥下净空高度是指设计洪水位或设计通航水位至桥跨结构下边缘之间的距离。该距离应满足安全排洪及通航的要求。

(8)桥梁建筑高度。桥梁建筑高度是指桥上行车路面（或轨顶）与桥跨结构下边缘之间的高差。

通常桥梁建筑高度应小于其容许建筑高度,即桥面标高与通航净空顶部标高之差。

(9)桥梁允许建筑高度。公路桥面或铁路轨底标高减去设计洪水位标高,再减去通航或排洪所要求的梁底净空高度。通常桥梁建筑高度应小于其允许建筑高度。

(10)桥梁高度。桥梁高度是指低水位至桥面的高差。对于跨线桥是指桥下道路路面至桥面的高差。桥高的不同对桥梁施工的要求也不同,其施工的方法和难度会有很大差异。见表3-1。

表3-1 桥梁的分类

分类方式	桥涵类型
按工程规模分	特大桥、大桥、中桥、小桥等
按用途分	铁路桥、公路桥、公铁两用桥、人行及自行车桥、农桥等
按建筑材料分	钢桥、钢筋混凝土桥、预应力混凝土桥、结合桥、圬工桥、木桥等
按结构体系分	梁桥、拱桥、悬索桥、组合体系等
按桥跨结构与桥面的相对位置分	上承式、下承式、中承式
按桥梁的平面形状分	直桥,斜桥、弯桥
按预计使用时间分	永久性桥,临时性桥

表3-2 桥梁涵洞按跨径分类

桥涵分类	公路桥涵		铁路桥涵
	多孔桥跨径总长 L_1(m)	单孔跨径 l(m)	
特大桥	桥长 L_1(m)	$l \geqslant 100$	$L_1 > 500$
大桥	$L_1 \geqslant 100$	$l \geqslant 40$	$100 < L_1 \leqslant 500$
中桥	$30 < L_1 < 100$	$20 \leqslant l < 40$	$20 < L_1 \leqslant 100$
小桥	$8 \leqslant L_1 \leqslant 30$	$5 \leqslant l < 20$	$L_1 \leqslant 20$
涵洞	$L_1 < 8$	$l < 5$	$L_1 < 6m$ 且顶上有填土者

二、桥梁的结构体系

(一)梁桥

梁桥是以梁为承重结构,主要以其抗弯能力来承受荷载,在竖向荷载作用下,其支撑反力也是竖直的,其主要形式有简支梁桥、悬臂梁桥、等截面连续梁桥、变截面连续梁桥和连续刚构。简支的梁部结构只受弯受剪,不承受轴向力,增加中间支撑,可减少跨中弯矩,更合理的分配内力,加大跨越能力。

(二)刚架桥

刚架桥分为门式刚架、T形刚构、斜腿刚构、V形刚构。

（三）拱桥

拱桥的主要承重结构具有曲线外形,在竖向荷载作用下,拱主要承受轴向压力,但也受弯受剪。支撑反力不仅有竖向反力,也承受较大的水平推力。根据其静力学分类,可分为单铰拱、双铰拱、三铰拱和无铰拱。

（四）悬索桥

悬索桥主要由索（又称缆）、塔、锚定、加劲梁等组成,索通常采用高强度钢丝支撑圆形大缆,加劲梁多采用钢桁架或扁平箱梁,桥塔可采用钢筋混凝土或钢构成。结构在竖向荷载作用下,索受拉,塔受压,锚定受拉拔反力。因悬索的抗拉性能得以充分发挥且大缆尺寸基本上不受限制,故悬索桥的跨越能力一直在各种桥型中名列前茅。

（五）斜拉桥

斜拉桥是由梁、塔、斜拉索组成的组合体系,结构形式多样,造型优美壮观。结构在竖向荷载作用下,梁以受弯为主,塔以受压为主,斜拉索则承受拉力。斜拉索通常采用高强钢丝制成,塔多采用钢筋混凝土,梁则采用预应力混凝土梁或钢箱梁。

第二节　桥梁上部结构施工

一、支架就地浇筑法

支架就地浇筑法是在桥位处搭设支架,在支架上浇筑混凝土,待混凝土达到强度后拆除模板、支架的施工方法。

就地浇筑施工无须预制场地,而且不需要大型起吊、运输设备,桥跨结构整体性好。它的缺点主要是工期长,施工受季节性影响大,对预应力混凝土梁,受混凝土收缩、徐变的影响将产生较大的预应力损失,施工中的支架、模板耗用量大,施工费用高,搭设支架影响排洪、通航,施工一期间可能受到洪水和飘流物的威胁。

二、吊机架梁法

预制安装法是在预制工厂或在运输方便的桥址附近设置预制场,采用一定的架设方法进行安装,完成桥体结构。

预制安装法施工的主要特点:采用工场预制,有利确保构件的质量,现场施工工期短,由此也可降低工程造价;主梁构件在安装时一般已有一定龄期,故可减少混凝土收缩、徐变引起的变形;对桥下通航能力的影响视采用的架设方式而定,但此施工方法对施工起吊设备有较高的要求。

三、悬臂施工法

悬臂施工法是从桥墩开始向跨中不断接长梁体构件（包括拼装与现浇）的悬臂架桥法。悬臂施工法在近代桥梁建设中,广泛用于建造预应力混凝土悬臂梁桥、连续梁桥、斜拉桥和拱桥。有平衡悬臂施工和不平衡悬臂施工、悬臂浇筑施工和悬臂拼装施工之分。悬臂施工的主要特点如下。

（1）桥梁在施工过程中,在主梁上将产生负弯矩,桥墩也要承受由施工而产生的弯矩。

（2）对非墩、梁固接的预应力混凝土梁桥，在施工时需采取措施，使墩、梁临时固接，因而在整个桥梁的施工过程中存在着结构体系转换。

（3）悬臂浇筑施工简便，结构整体性好，施工中可不断调整位置。

（4）悬臂拼装施工速度快，桥梁上下部结构可平行作业，但施工精度要求比较高。

（5）悬臂施工法可不用或少用支架，施工不影响桥下通航或交通，节省施工费用，降低工程造价。

（一）悬臂浇筑施工

悬臂浇筑施工是利用悬吊式的活动脚手架（又称挂篮）在墩柱两侧对称平衡地浇筑梁段混凝土（每段 2～5m），每浇筑完一对梁段，待达到规定强度后就张拉预应力筋并锚固，然后向前移动挂篮，进行下一梁段的施工，直到悬臂端为止。

1. 施工挂篮

挂篮是一个能够沿轨道行走的活动脚手架，悬挂在已经张拉锚固与墩身连成整体的箱梁节段上。该结构由底模架、悬吊系统、承重结构、行走系统、平衡重及锚固系统、工作平台等部分组成。挂篮的承重结构可以用万能杆件或采用专门设计的结构。该结构除了应能承受梁段自重和施工荷载外，还要求自重轻、刚度大、变形小、稳定性好、行走方便等。

2. 悬浇施工工艺流程

当挂篮安装就位后，即可在其上进行梁段悬臂浇筑的各项作业。如箱形梁，其每一段的浇筑工艺流程如下。

移动挂篮→装底、侧模→装底、肋板钢筋和预留管道→装内模→装顶板钢筋和预留管道→浇筑混凝土→养护→穿预应力钢筋、张拉和锚固→管道压浆。

在混凝土浇筑之前，必须用硬方木支垫于台车前轮分配梁上，以分布荷载，减小轮轴压力。在浇筑混凝土的过程中，应随时观测挂篮由于受荷而产生的变形。挂篮负荷后，还可能引起新旧梁段接缝处混凝土开裂。尤其是采用两次浇筑法施工，当第二次混凝土浇筑时，第一次浇筑的底板混凝土已经凝结，由于挂篮的第二次变形，底板混凝土就会在新旧梁段接缝处开裂。为了避免这种裂缝，对挂篮可以采取预加变形的方法，如采用活动模板梁等。

悬臂浇筑一般采用由快凝水泥配制的 C40～C60 混凝土，在自然条件下，浇筑后 30～36h，混凝土强度达 30MPa。这样可以加快挂篮的移位。目前每段施工周期大致为 7～10d，视工程量、设备、气温等条件而异。

悬臂浇筑施工的主要优点是：不需要占用很大的预制场地；逐段浇筑，易于调整和控制梁段的位置，且整体性好；不需大型机械设备；主要作业在设有顶棚的挂篮内进行，可以做到不受气温影响；各段均属严密的重复作业，需要施工人员少，工作效率高等。其主要缺点是：梁体部分不能与墩柱平行施工，施工周期较长，而且悬臂浇筑的混凝土加载龄期短，混凝土收缩、徐变影响较大。采用悬臂浇筑法施工的适宜跨径为 50～120m。

（二）悬臂拼装施工

悬臂拼装施工是在工厂或桥位附近将梁体沿轴线划分成适当长度的块件进行预制，然后用船或平车从水上或从已建成部分桥上运至架设地点，并用活动吊机等起吊后向墩柱两侧对称均衡地拼装就位，张拉预应力筋。重复上述这些工序直至拼装完悬臂梁全部块件为止。

1.块件预制

预制块件的长度取决于运输、吊装设备的能力,相关实践中已采用的块件长度为 1.4～6.0m,块件重为 14～170t。但从桥跨结构和安装设备统一来考虑,块件的最佳尺寸应使质量在 35～60t 范围内。

预制块件要求尺寸准确,特别是拼装接缝应密贴,预留孔道对接应顺畅。为此,通常采用间隔浇筑法来预制块件,使得先浇筑好的块件的端面成为浇筑相邻块件的端模。在浇筑相邻块件之前,应在先浇筑块件端面涂刷肥皂水等隔离剂,以便分离出坑。在预制好的块件上应精确测量各块件相对标高,在接缝处做出对准标志,以便拼装时易于控制块件位置,保证接缝密贴,外形准确。

2.块件的运输与拼装

拼装时块件由堆放地点至桥位处的运输方式,一般分为场内运输、块件装船和浮运。当预制块件底座垂直于河岸时,块件的出坑和运输一般由预制场上的龙门吊机担任,块件上船也可以用预制场的龙门吊机进行吊装。当预制块件底座平行于河岸时,场内运输应另备运梁平车进行装运。栈桥上也另设起重吊机供运块件上船。块件装船应在专用码头上进行,采用施工找桥或块件装船吊机装船。装船浮运,应设法降低浮运重心,并以缆索将块件系紧固定,确保浮运安全。

预制块件的悬拼根据现场布置和设备条件采用不同的方法来实现,当靠岸边的桥跨不高且可以在陆地或便桥上施工时,可以采用自行式吊车、门式吊车来拼装。对于河中桥孔,也可以采用水上浮吊进行安装。如果桥墩很高或水流湍急则可以利用各种吊机进行高空悬拼施工。

3.穿束与张拉

(1)穿束:对 T 形刚构桥,其纵向预应力钢筋的布置有两个特点:第一,较多集中于顶板部位,第二,钢束布置对称于桥墩。因此,拼装每一对对称于桥墩块件的预应力钢丝束必须按锚固这一对块件所需长度下料。

明槽钢丝束通常为等间距排列,锚固在顶板加厚的部分(这种板俗称为"锯齿板"),加厚部分预制有管道,穿束时先将钢丝束在明槽内摆放平顺,然后再分别将钢丝束穿入两端管道之内。钢丝束在管道两头伸出长度应相等。

暗管穿束比明槽穿束难度大。相关经验表明,60m 以下的钢丝束穿束一般均可以采用人工推送。较长钢丝束穿入端,可以点焊成箭头状缠裹黑胶布。60m 以上的钢丝束穿束时可以先从孔道中插入一根钢丝与钢丝束引丝连接,然后一端以卷扬机牵引,一端以人工送入。

(2)张拉:钢丝束张拉前应首先确定合理的张拉次序,以保证箱梁在张拉过程中每批张拉合力都接近于该断面钢丝束总拉力重心处。

钢丝束张拉次序的确定与箱梁横断面形式,同时工作的千斤顶数量,是否设置临时张拉系统等因素关系很大。在一般情况下,纵向钢丝束的张拉次序按下述原则确定:第一,对称于箱梁中轴线,钢丝束两端同时张拉;第二,先张拉肋束,后张拉板束;第三,肋束的张拉次序是先张拉边肋,后张拉中肋(若横断面为三根肋,仅有两对千斤顶时);第四,同一肋上的钢丝束先张拉下边的,后张拉上边的;第五,板束的次序是先张拉顶板中部的,后张拉顶板边部的。

悬臂拼装法施工的主要优点是:梁体块件的预制和下部结构的施工可以同时进行,拼装成桥的速度较现浇快,可以显著缩短工期;块件在预制场内集中预制,质量较易保证;梁体塑性变形小,可以减小预应力损失;施工不受气候影响等。其缺点是:需要占用较大的预制场地,移运和安装需要大型的机械设备,如果不用湿接缝,则块件安装的位置不易调整等。

四、顶推法施工

采用顶推法施工时,首先在桥台后面的引道上或刚性好的临时支架上设置制梁场,集中制作(现浇或预制装配)箱梁·一般为等高度的箱形梁段(10～30m一段),待预制2～3段后,安装临时预应力索,然后用水平千斤顶等顶推设备将支承在聚四氟乙烯板与不锈钢板滑道上的箱梁向前推移,推出一段再接长一段,这样周期性地反复操作直到最终位置,进而调整预应力(通常是卸除支点区段底部和跨中区段顶部的部分预应力筋,并且增加和张拉一部分支点区段顶部和跨中区段底部的预应力筋),使其能满足随后施加恒载和活载内力的需要,最后,将滑道支承移置成永久支座。

五、顶推施工方法

由于聚四氟乙烯板与不锈钢板之间的摩擦系数为0.02～0.05,故对于梁重即使达1000t的箱梁,也只需500t以下的力即可推出。顶推法施工可以分为单向顶推和双向顶推以及单点顶推和多点顶推等。顶推设备设在岸边桥台处。在顶推中为了减少悬臂负弯矩,一般要在梁的前端安装一节长度为顶推跨径0.6～0.7倍的钢导梁,导梁应自重轻且刚度大。单向顶椎最适宜于建造跨度为40～60m的多跨连续梁桥。当跨度更大时,就需在桥墩之间设置临时支墩。

对于特别长的多联多跨桥梁,也可以应用多点顶推的方式使每联单独顶推就位。这种情况下,在墩顶上均可设置顶报装置,且梁的前后端都应安装导梁。

第三节　桥梁下部结构施工

一、桥梁墩台、基础及支座的类型与构造

桥梁墩台和基础是桥梁结构的重要组成部分,称为桥梁结构的下部结构,主要由墩台帽、墩台身和基础三部分组成。

(一)桥墩主要类型及构造

桥墩是指多跨(大于或等于三跨)桥梁的中间支承结构,是支承桥跨结构和传递桥梁荷载的结构物。它承受上部结构自重以及作用于其上的车辆、人群荷载作用,并将荷载传到地基上,且还承受流水压力、水面以上风力以及可能出现的冰荷载、船只等漂浮物的撞击力等。

桥墩按其构造可分为实体桥墩、空心桥墩、柱式桥墩等;按其受力特点可分为刚性墩和柔性墩;按其截面形状可分为矩形、圆形、圆端形、尖端形及各种组合形桥墩;按施工工艺可分为就地浇筑墩或砌筑墩、预制安装墩等。

按构造和施工方法不同,桥梁基础类型可分为明挖基础、桩基础、沉井基础、沉箱基础和管柱基础。

1.实体桥墩

实体桥墩是指由一个实体结构组成的桥墩。按其截面尺寸或刚度及重力的不同又可分为重力式桥墩和实体轻型桥墩。

(1)重力式桥墩:重力式桥墩主要依靠自身重力来平衡外力,从而保证桥墩的稳定。它通常由圬工材料修筑而成,具有刚度大、防撞能力强等优点,但同时具有阻水面积大、自重大、对地基承载

力要求高等缺点。适用于荷载较大的大中型桥梁或流冰、漂浮物较多的河流以及砂石料丰富的地区和基岩埋深较浅的地基。

①墩帽:墩帽是桥墩的顶端,它通过支座承托上部结构,并将相邻两跨桥上的荷载传到墩身。由于其受到支座传来的较大集中应力的作用,因此要求它有足够的厚度和强度。其最小厚度一般不小于 0.4m,中小跨径梁桥一般也不应小于 0.1m。墩帽一般要求用强度等级为 C20 以上的混凝土浇筑并加配构造钢筋,小跨径非严寒地区可不设构造钢筋。

②墩身:墩身是桥墩的主体部分,用片石混凝土浇筑或采用浆砌块石、浆砌料石,也可用混凝土预制块砌筑。混凝土墩身多用强度等级不低于 C15 的混凝土浇筑,并可掺入不多于 25% 的片石。石砌桥墩墩身应采用标号不低于 25 的料石,大中桥用强度等级为 M5 以上砂浆砌,桥涵用强度等级不低于 M2.5 的砂浆砌筑,混凝土预制块强度等级不低于 C20。

梁式桥的墩身顶宽,小跨径桥不宜小于 80cm,中跨径桥不宜小于 100cm,大跨径桥根据上部结构类型确定。实体桥墩的截面形式较多,其中圆形、圆端形、尖端形、菱形的导流性好。圆形截面对各方向的水流阻力和导流情况相同,适用于潮汐河流或流向不定的桥位;矩形桥墩主要用于无水的岸墩或高架桥墩。

③基础:基础是桥墩与地基直接接触的部分,其类型与尺寸主要取决于地基条件。最常见的是刚性扩大基础,一般采用 C15 以上片石混凝土或浆砌块石。基础的平面尺寸较墩身底面尺寸略大,四周各放大 20cm 左右。基础可做成单层,也可做成 2~3 层台阶式,台阶的宽度由基础用材的刚性角确定。

(2)实体轻型桥墩:实体轻型桥墩可用浆砌块石、混凝土或钢筋混凝土等材料制成。其中实体钢筋混凝土薄壁墩最典型,该桥墩与重力式桥墩相比圬工体积明显减少,自重较小,抗冲击能力较弱,不宜用于流速较大并夹有大量河沙的河流或可能有船只、冰等漂浮物撞击的河流中,多用于中小跨径的桥梁。

①墩帽:轻型桥墩墩帽多采用强度等级不低于 C15 的混凝土并配有 φ8mm 的构造钢筋制成。墩帽的平面尺寸由墩身顶部尺寸确定,墩帽高度不小于 30cm,墩帽四周挑檐 5cm,周边做成 5cm 倒角。

当桥面的横向排水坡不用三角垫层调整时,可在墩帽顶面从中心向两端倾斜地加筑三角垫层。上部结构与墩身之间用砂浆胶结,并用栓钉锚固,因此在墩帽上要预留栓钉孔,以备埋置栓钉。

②墩身:墩身用强度等级不低于 C15 的混凝土浇筑,也可浆砌块石或砖,石料标号不低于 25号,砂浆强度等级不低于 M5,砖的标号不低于 7.5 号。

墩身的宽度要求需满足上部结构的支承需要,一般不小于 60cm,墩身的长度应满足上部结构宽度的要求。

③基础:基础一般采用强度等级为 C15 的混凝土。其平面尺寸较墩身底面尺寸略大,四周各放大 20cm 左右。基础多做成单层,其高度一般为 50cm。

相邻墩台基础之间的支撑梁一般采用强度等级为 C20 的混凝土,截面尺寸为 20cm×30cm,并配四根 φ12 钢筋和 φ6 箍筋,也可用截面为 40cm×40cm 的素混凝土梁。

2.空心桥墩

空心桥墩有两种形式,一种为中心镂空式桥墩,另一种为薄壁空心桥墩。

(1)中心镂空桥墩是在重力式桥墩基础上镂空中心一定数量的圬工体积,能减少圬工数量,减轻桥墩自重,降低对地基承载力的要求,但镂空有一个前提,即必须保证桥墩强度和刚度足以承担和平衡外力,从而保证桥墩的稳定性。

(2)薄壁空心桥墩是用强度高、墩身壁较薄的钢筋混凝土构筑而成的空格形桥墩。其最大特点是大幅度减小了墩身圬工体积和墩身自重,减小了地基负荷,因此适用于软弱地基。

空心墩按壁厚分为厚壁和薄壁两种,一般用壁厚与墩身中间的直径比来区分,比值小于1/10的为薄壁。

空心墩在构造尺寸上应符合下列规定:墩身最小壁厚,对于钢筋混凝土不小于30cm,素混凝土不小于50cm;墩身内应设横隔板或纵、横隔板以加强墩壁的局部稳定,一般40m以上的墩每6～10m设一横隔板;墩顶应设实体段,实体段高度不小于1～2m;墩身周围应设置适当的通风孔与泄水孔,孔的直径不宜小于20cm,墩顶实体段以下应设置带门的进入洞或相应的检查设备;按计算配筋,一般配筋率在0.5%左右,有时,只按构造或承受局部应力或附加应力配筋即可。

3.柱式桥墩

柱式桥墩是目前公路桥梁中广泛采用的桥墩形式,特别是对于桥宽较大的城市桥或立交桥。该种桥墩节约圬工材料,自重较小,且轻巧美观。

柱式桥墩一般由盖梁、柱式墩身和基础上的承台组成。常用的有单柱式、双柱式、哑铃式和混合双柱式等形式。

盖梁是柱式桥墩的墩帽,一般用C20～C30的钢筋混凝土就地浇筑,也有采用预制安装的。盖梁的横截面形状一般为矩形或T形。盖梁宽度根据上部结构的构造形式、支座间距和尺寸等确定;盖梁高度一般为梁宽的80%～120%;盖梁的长度应大于上部构造两边梁间的距离,并应满足上部构造安装时的要求;设置橡胶支座的桥墩应预留更换支座所需位置,即支座垫石的高度应保证端横隔板底与墩顶面之间能安置千斤顶的要求;盖梁悬臂高度不小于30cm。各截面尺寸与配筋需通过计算确定。墩柱一般采用直径为0.6～1.5m的圆柱或方形、六角形柱。墩柱配筋由计算确定并应符合柱体结构构造要求。

(二)桥台的主要类型及构造

桥台是设置在桥的两端,支承桥跨结构并与两岸接线路堤衔接的构造物。其既要承受桥梁边跨结构和桥台本身结构自重以及作用在其上的车辆荷载的作用,并将荷载传到地基上,又要挡土护岸,而且还要承受台背填土及填土上车辆荷载所产生的附加土侧压力。桥台类型按其形式划分主要有以下几种:重力式桥台、轻型桥台、框架式桥台、组合式桥台和承拉桥台。

1.重力式桥台

重力式桥台一般采用砌石、片石混凝土或混凝土等圬工材料就地砌筑或浇筑而成,主要依靠自重来平衡台后土压力,从而保证自身的稳定。重力式桥台依据桥梁跨径、桥台高度及地形条件的不同有多种形式,常用的类型有U形桥台、埋置式桥台等。

(1)U形桥台,由台身(前墙、两侧翼墙)、台帽与基础组成,在平面上呈U形。台身支承桥跨结构并承受台后土压力。翼墙与台身连成整体承受土压力并起到与路堤衔接的作用。U形桥台构造简单,基础底承压面大,应力较小,但圬工体积大,桥台内的填土容易积水,应注意防水,防止冻胀,以免桥台结构开裂。U形桥台适用于8m以上跨径的桥梁。

(2)埋置式桥台,台身为圬工实体,台帽及耳墙采用钢筋混凝土。台身埋置于台前溜坡内,利用台前溜坡填土抵消部分台后填土压力,不需另设翼墙,仅由台帽两端的耳墙与路堤衔接。埋置式桥台圬工较省,但溜坡对河道有影响,因此仅适用于桥头为浅滩,溜坡受冲刷较小,填土高度在 10m 以下的中等跨径的多跨桥中。

　　2.轻型桥台

　　轻型桥台通常用圬工材料或钢筋混凝土砌筑。圬工轻型桥台只限于桥台高度较小的情况,而钢筋混凝土轻型桥台应用更为广泛。从结构形式上分,轻型桥台有薄壁轻型桥台和支撑梁型轻型桥台。薄壁轻型桥台常用的形式有悬臂式、扶壁式、撑墙式和箱式。其主要特点是利用钢筋混凝土结构的抗弯能力来减少圬工体积从而使桥台轻型化。相对而言,悬臂式桥台的柔性较大,钢筋用量较大,而撑墙式和箱式桥台刚度大,但施工时模板用量多。

　　对于单跨或少跨的小跨径桥,在条件许可的情况下,可在轻型桥台基础间设置 3～5 根支撑梁,成为支撑型桥台,其主要特点是:利用上部结构及下部的支撑梁作为桥台的支撑,防止桥台向跨中移动或倾覆;整个构造物成为四铰刚构系统;除台身按上下较接支承的简支竖梁承受水平土压力外,桥台还应作为弹性地基梁加以验算。

(三)支座的主要类型及构造

　　桥梁支座的作用是将桥跨结构上的恒载与活载反力传递到桥梁的墩台上去,同时保证桥跨结构所要求的位移与移动,以便使结构的实际受力情况与计算的理论图式相吻合。下面是几种常用的支座形式。

　　1.油毛毡或平板支座(石棉板或铅板支座)

　　标准跨径 10m 以内的钢筋混凝土梁(板)桥一般采用油毛毡或平板支座。油毛毡一般在墩台帽支承面上铺垫 2～4 层,厚约 1cm,层间涂热沥青,使梁或板的端部支承在油毛毡垫层上。安设这类支座时,应先检查墩台支承面的平整度和横向坡度是否符合设计要求,否则应凿平整并用水泥砂浆抹平,再铺垫油毛毡、石棉垫板或铅板支座。梁(板)安装后支承面间不得有空隙。

　　2.橡胶支座

　　(1)板式橡胶支座:板式橡胶支座是由数层薄橡胶片与刚性加劲材料黏结而成。桥梁上常用的橡胶支座每层橡胶片厚 5mm,橡胶片间嵌入 2mm 厚的薄钢板。由于钢板的加劲,阻止橡胶片的侧向膨胀,从而提高了橡胶片的抗压能力。板式橡胶支座可用于支承反力为 2940kN 左右的中等跨径桥梁。

　　矩形板式橡胶支座的平面尺寸,目前常用的有 0.12m×0.14m、0.14m×0.18m,0.15m×0.20m,0.15m×0.30m、0.16m×0.18m、0.18m×0.20m、0.20m×0.25m 等。

　　橡胶硬度为 55～60 度(邵式硬度),适用于温度不低于的地区。支座高度根据橡胶支座的剪切位移而采用不同层数组合而成。目前生产的板式橡胶支座厚度有 1.4cm(二层钢板)、2.1cm(三层钢板)、2.8cm(四层钢板)和 4.2cm(六层钢板)等。

　　(2)盆式橡胶支座:盆式橡胶支座的橡胶板置于扁平的钢盆内,盆顶用钢盖盖住。在高压力作用下,其作用如液压千斤顶中的黏性液体,盆盖相当于千斤顶的活塞。由于活塞边缘与盆壁很好地密合,橡胶在盆内是不可能被压缩的,也不可能横向伸长,因此支座能承受相当大的压力。支座在均匀承压应力的情况下,可做微量转动,这就是盆式橡胶支座的工作性质。

　　盆式橡胶支座分为固定支座与活动支座。活动盆式橡胶支座由上支座板、不锈钢板、聚四氟乙烯滑板、圆钢盆、橡胶板、紧箍圈、防水圈和下支座组成。

在大跨径钢筋混凝土梁式桥中已经广泛使用的盆式橡胶支座,承载力在 1000～50000kN,纵桥向位移量为 50～250mm,横桥向位移量为 2～100mm。

对于大跨径、大吨位、大转角的箱梁桥常用球形支座。球形支座特别适用于曲线桥、宽桥和坡道上斜桥,能更好地适应支座大转角的需要,设计转角可达到 0.05rad 以上,且各向转角性能一致。

3.钢支座

(1)平板式支座:平板式支座适用于跨径在 8～12m 的桥梁。该种支座由上下两块平面钢板组成,钢板厚度略小于 20mm,钢板间接触面应经过精制加工,活动端钢板间自由滑动,固定端在钢板间设有栓钉或镶有齿板。

(2)弧形钢板支座:弧形钢板支座适用于跨径 20m 和支承力不超过 500～600kN 的梁桥。该种支座由两大块厚为 40～50mm 的钢垫板构成,上面一块为平板形,下面一块的顶面为圆弧形。用于活动支座时,垫板沿接触面滑动;用于固定支座时,则用穿钉或齿板固定上下两块垫板位置。为使支座能自由转动,穿钉顶端应制成圆弧形。

二、墩台工程施工技术

(一)砌筑墩台施工

石砌墩台具有可就地取材和经久耐用的优点,在石料丰富的地区且施工期限允许情况下可优先考虑砌墩台以节约水泥。

1.石料、砂浆与脚手架

石砌墩台是由片石、块石及粗料石以水泥砂浆砌筑的。石料与砂浆的规格要符合有关规定。浆砌片石一般适用于高度小于 6m 的墩台身、基础、镶面以及各式墩台填腹;浆砌粗料石则用于磨耗及冲击严重的分水体及破冰体的镶面工程以及有整齐美观要求的桥墩、台身等。

将石料吊运并安砌到正确位置是砌石工程中比较困难的工序。当质量小或距地面不高时,可用简单的马凳跳板直接运送;当质量较大或距地面较高时,可采用固定式动臂吊机或桅杆式吊机或井式吊机,将材料运到墩台上,然后再分运到安砌地点。用于砌石的脚手架应环绕墩台搭设用以堆放材料,并方便支撑施工人员砌筑镶面定位行列及勾缝。脚手架一般常用固定式轻型脚手架(适用于 6m 以下的墩台)、简易活动脚手架(适用于 25m 以下的墩台)以及悬吊式脚手架(用于较高墩台),严禁采用建设部淘汰脚手架。

2.墩台砌筑施工要点

(1)墩台放样:在砌筑前应按设计图放出实样,挂线砌筑。砌筑基础的第一层砌块时,如基底为土质,只在已砌石块的侧面铺上砂浆即可,不需坐浆;如基底为石质,应将其表面清洗、润湿后砌石。砌筑斜面墩台时,斜面应逐层放坡,保证规定的坡度。砌块间用砂浆黏结并保持一定的缝厚,所有砌缝要求砂浆饱满。形状比较复杂的工程,应先做出配料设计图,注明块石尺寸;形状比较简单的,也要根据砌体高度、尺寸、错缝等,先行放样配好料石再砌。

(2)砌筑方法:同一层石料及水平灰缝的厚度要均匀一致,每层按水平砌筑,工顺相间,砌石灰缝互相垂直。灰缝宽度和错缝按表 3-3 规定办理,砌石顺序为先角石,再镶面,后填腹。填腹石的分层厚度应与镶面相同;圆端、尖端及转角形砌体的砌筑顺序,应自顶点开,工顺排列接砌镶面。圆端形桥墩的圆端顶点不得有垂直灰缝,砌石应从顶端开始先砌石块,然后应工顺相间排列,安砌四周镶面石;尖端桥墩的尖端及转角处不得有垂直灰缝,砌石应从两端开始,先砌石块,再砌侧面转角,然后工顺相间排列,安砌四周的镶面石。

表3-3 浆砌铺面石灰缝规定

种类	灰缝宽度/cm	错缝(层间或行列间)/cm	三块料石相接处空隙/cm	砌筑行列高度/cm
粗料石	1.5~2	≥10	1.5~2	每层石料厚度一致
半细料石	1~1.5	≥10	1~1.5	每层石料厚度一致
细料石	0.8~1	≥10	0.8~1	每层石料厚度一致

(3)砌体质量要求。

①砌体所有各项材料类别、规格及质量符合要求。

②砌缝砂浆或小石子混凝土铺填饱满,强度符合要求。

③砌缝宽度、错缝距离符合规定,勾缝坚固、整齐,深度和形式符合要求。

④砌筑方法正确。

⑤砌体位置、尺寸不允许偏差。

墩台砌体位置及外形允许偏差见表3-4。

表3-4 墩台砌体位置及外形允许偏差

项次	项目检查	砌体类别	允许偏差/mm
1	跨径	L0	±20
		L0	±L0/3000
2	墩台宽度及长度	片石镶面砌体	+40,-10
		块石镶面砌体	+30,-10
		粗料石镶面砌体	+20,-10
3	大面平整度(2m直尺检查)	片石镶面	50
		块石镶面	20
		粗料石镶面	10
4	竖直度或坡度	片石镶面	0.5%H
		块石、粗料石镶面	0.5%H
5	墩台顶面高程		±10
6	轴线偏位		10

(二)现浇墩台施工

现浇的混凝土施工有两个主要工序:制作与安装墩台模板、墩台混凝土浇筑。

1.制作与安装墩台模板

(1)模板的基本要求。模板是使钢筋混凝土墩台按设计所要求的尺寸成型的模型板,一般用木材或钢材制成。木模板质量轻,便于加工成墩台所需的尺寸和形状,但较易损坏,使用次数少。对于大量或定型的混凝土结构物多采用钢模板。钢模板造价较高,但装拆方便,且可重复使用多次。

模板的设计与施工应符合《公路桥涵施工技术规范》(JTG/TF5D—2011)、《城市桥梁工程施工与质量验收规范》(CJJ 2—2008)的规定。钢筋混凝土对模板的基本要求与预制混凝土受压构件相同,其轮廓尺寸的准确性由制模和立模来保证。墩台模板型式复杂、数量多、消耗大,对桥梁工程的质量、进度、经济技术的可靠性均有直接影响。因此,模板应能保证墩台的设计尺寸;有足够的可靠度承受各种荷载并保证受力后不变形,结构应简单、制造方便、拆装容易。

(2)常用模板类型

①拼装式模板:各种尺寸的标准模板利用销钉连接,并与拉杆、加劲构件等组成墩台所需形状的模板。拼装式模板在厂内加工制造,板面平整、尺寸准确、体积小、质量轻、拆装快速、运输方便,应用广泛。

②整体式吊装模板:将墩台模板水平分成若干段,每段模板组成一个整体,在地面拼装后吊装就位,分段高度可视起吊能力而定。优点是:安装时间短,无须施工接缝,施工进度快、质量高、拆装方便,对建造较高的桥墩较为经济。

③组合型钢模板:以各种长度、宽度及转角标准构件,用定型的连接件将钢模拼成模板,有体积小、质量轻、拆装简单、运输方便、接缝紧密的优点,适用于地面拼装,整体吊装的结构上。

④滑动钢模板。适用于各种类型的桥墩。各种模板在工程上的应用,可根据墩高、墩台形式、设备、期限等条件合理选用。

(3)模板制作与安装的技术标准:模板安装前应对模板尺寸进行检查;安装时要坚实牢固,以免振捣混凝土时引起跑模漏浆;安装位置要符合结构设计要求。模板制作与安装的允许偏差见表3-5~3-7。

表3-5 木模板制作的允许偏差

项次	偏差名称	容许偏差/mm
1	拼合板的长度和宽度与设计尺寸的偏差	5
2	不刨光模板的拼合板,相邻两块板表面的高低差别	3
	刨光模板的拼合板,相邻两块板表面的高低差别	1
3	拼合板中木板间的缝隙宽度	2

表3-6 钢模板制作的允许偏差

项次	偏差名称	容许偏差/mm
1	外形尺寸长和宽	0—1
2	外形尺寸肋高	5
3	面板端偏斜	0.5

续表

项次	偏差名称	容许偏差/mm
4	连接配件的孔眼位置孔中心与板端间距	0.3
5	连接配件的孔眼位置板端孔中心与面板间距	0～0.5
6	连接配件的孔眼位置孔沿板长宽方向的孔	0.6
7	板眼局部不平,板面和板侧挠度	1

表 3-7　模板构件安装允许偏差

项次	偏差名称		容许偏差/mm
1	模板的立柱及撑杆间距与设计规定的偏差		75
2	模板竖向偏差	每1m高度	3
3		在结构全高度内	30
4	模板轴线与设计位置的偏差		20
5	模板横截面与设计位置的偏差		20
6	平板表面的最大局部不平	刨光模板	5
7		不刨光模板	8

2.墩台混凝土浇筑

(1)质量控制要点:墩台混凝土施工前应将基础顶面冲洗干净,凿除表面浮浆,整修连接钢筋。浇筑混凝土过程中,应经常检查模板、钢筋、预埋件的位置和保护层的尺寸以确保不发生变形。施工过程中应确保混凝土的各项技术性能指标满足规范要求,材料选用低流动度的或半硬性的混凝土拌和料,分层分段对称灌注,并应同时灌完一层。灌注过程要连续,以保证施工质量。

(2)施工注意事项

①在混凝土运送过程中,如混凝土数量大、浇筑捣固速度快时,可采用混凝土皮带运输机或混凝土运送泵,运输带速度不应大于 1.2m/s;当混凝土坍落度小于 40mm 时,向上传送最大倾斜角为18°,向下传送最大倾斜角为 12°;当坍落度为 40～80mm 时,向上最大倾斜角和向下传送倾斜角则分别为 15°与 10°。

②墩台是大体积圬工,为避免大体积混凝土浇筑中水化热过高,引起裂缝,可采取如下措施。

A.用改善集料级配、降低水灰比、掺混合材料与外加剂、掺入片石等方法减少水泥用量。

B.采用 C3A、C3S 含量小、水化热低的水泥,如大坝水泥、矿渣水泥、粉煤灰水泥、低强度等级水泥等。

C.较小浇筑层厚度,加快混凝土散热速度。

D.在混凝土内埋设冷却管通水冷却。

③在混凝土浇筑过程中为防止墩台基础第一层混凝土中的水分被基底吸收或基底水分渗入混凝土,对墩台基底处理除应符合天然地基的有关规定外,尚应满足以下要求:基底为非黏性土或干

土时应将其湿润;如为过湿土时,应在基底设计高程下夯填一层 10～15cm 厚片石或碎(卵)石层;基底地面为岩石时,应加以润湿,铺一层厚 2～3cm 水泥砂浆,然后在水泥砂浆凝结前浇筑一层混凝土。

墩、台中钢筋的绑扎应和混凝土的浇筑配合进行。在配置第一层垂直钢筋时应有不同的长度,同一断面的钢筋接头应符合规范,水平钢筋的接头也应内外、上下互相错开。

(三)墩、台帽施工

墩、台帽是用来支撑桥跨结构的,其位置、高程及垫石表面平整度等,均应符合设计要求,以免桥跨结构安装困难,使顶帽、垫石等出现破裂或裂缝,影响墩台的正常使用功能和耐久性。墩、台顶帽的主要施工顺序如下。

1.墩、台帽放样

墩、台混凝土(或砌石)灌注至傲、台帽底下 30～50cm 高度时,即需测出墩台纵横中心线,并开始竖立墩、台帽模板,安装锚栓孔或安装顶埋支座垫板、绑扎钢筋等。台帽放样时,应注意不要以基础中心线作为台帽背墙线,浇筑前应反复核实,以确保墩、台帽中心、支座垫石等位置方向与水平高程等不出差错。

2.墩、台帽模板安装

墩、台帽是支撑上部结构的重要部分,其尺寸位置和水平高程的准确度要求较严,浇筑混凝土应从墩、台帽下 30～50cm 处至墩、台帽顶面一次浇筑,以保证墩、台帽底有足够厚度的紧密混凝土。混凝土桥墩墩帽模板的下面的一根拉杆可以利用墩帽下层的分布钢筋,以节省铁件。台帽背墙模板应特别注意纵向支撑或拉条的刚度,防止浇筑混凝土时发生鼓肚,侵占梁端空隙。

3.钢筋和支座垫板的安设

墩、台帽钢筋绑扎应遵照《公路桥涵施工技术规范》(JTG/TF50～2011)/《城市桥梁工程施工与质量验收规范》(CJJ 2—2008)有关钢筋工程的规定。墩、台帽上支座垫板的安设一般采用预埋支座垫板和预留锚栓孔的方法。前者需在绑扎墩台帽和支座垫石钢筋时将焊有锚固钢筋的钢垫板安设在支座的准确位置上,即将锚固钢筋和墩、台帽骨架钢筋焊接固定,同时用木架将钢垫板固定在墩、台帽模板上。此法在施工时垫板位置不易准确,应经常校正。后者需在安装墩、台帽模板时,安装好预留孔模板,在绑扎钢筋时注意将锚栓孔位置留出。此法安装支座施工方便,支座垫板位置准确。

三、支座安装

油毛毡或平板支座(石棉板或铅板支座)安设时,应先检查墩台支承面的平整度和横向坡度是否符合设计要求,否则应修凿平整并以水泥砂浆抹平,再铺垫油毛毡、石棉垫板或铅板支座。梁(板)就位后与支承面间不得有空隙和翘动现象,否则易发生局部应力集中的现象,使梁(板)受损,也不利于梁(板)的伸缩与滑动。

(一)板式橡胶支座的安设

板式橡胶支座在安装前应进行全面的检查和力学性能检验,包括支座长、宽、厚、硬度、容许荷载、容许最大温差以及外观检查等,如果不符合设计要求,则不得使用。

支座安装时,支座中心应尽可能对准梁的计算支点,必须使整个橡胶支座的承压面上受力均匀,为此应注意以下几点。

(1)安装前应将墩台支座支垫处和梁底面清洗干净,除去油垢,用水灰比 1:3 的水泥砂浆仔细抹平,使其顶面高程符合设计要求。

(2)支座安装尽可能安排在接近年平均气温的季节里进行,以减小由于温度变化过大而引起的剪切变形。

(3)梁(板)安放时必须细致稳妥,使梁(板)就位准确且与支座密贴,勿使支座产生剪切变形,就位不准时必须吊起重新安放,不得用撬杠移动梁(板)。

(4)当墩台两端高程不同,顺桥向或横桥向有坡度时,支座安装必须严格按设计规定办理。

(5)支座周围应设排水坡,防止积水,并注意及时清除支座附近的尘土、油脂和污垢等。

(二)盆式橡胶支座的安设

盆式橡胶支座的顶面、底面面积大,支座下埋设在桥墩顶的钢垫板面积也很大,浇筑墩顶混凝土时必须有特殊设施,使垫板下混凝土能浇筑密实。盆式橡胶支座主要部分是聚四氟乙烯滑板与不锈钢板的滑动面和密封在钢盆内的橡胶垫块,两者都不能有污物和损伤,否则易增大摩擦,降低使用寿命。

1.组装要求

盆式橡胶支座各部件的组装应满足的要求如下。

(1)支座底面和顶面的钢垫板必须埋置牢固,垫板与支座间必须平整密贴,支座四周探测不得有 0.3mm 以上的缝隙。

(2)支座中线水平位置偏差不得大于 2mm。

(3)活动支座的聚四氟乙烯板不得有撞伤、刮伤。

(4)橡胶板块密封在钢盆内,安装时应排除空气,保持密封。

(5)支座组拼要保持清洁。

2.安装施工注意事项

安装施工时应注意下列事项。

(1)安装前应将支座的各相对滑移面和其他部分用丙酮或酒精擦拭干净。

(2)支座的顶板和底板可用焊接或锚固螺栓栓接在梁体底面和墩台顶面的预埋钢板上,采用焊接时,应防止烧坏混凝土,安装锚固螺栓时,其外露螺杆不得大于螺母的厚度,上下支座安装顺序宜先将上座板固定在大梁上,然后根据其位置确定底盆在墩台上的位置,最后进行固定。

(3)安装支座的高程应符合设计要求,平面纵横两个方向水平,支座承压不超过 5000kN 时,其四角高差不得大于 1mm,支座承压超过 5000kN 时,高差不得大于 2mm。

(4)安装固定支座时,上、下各个部件纵轴线必须对正,安装纵向活动支座时,上、下各部件纵轴线必须对正,横轴线应根据安装时的温度与年平均的最高、最低温差由计算确定其错位的距离,支座上下导向挡块必须平行。

(5)桥梁施工期间,混凝土将由于预应力和温差引起弹性压缩、徐变和伸缩而产生位移量,因此,要在安装活动支座时对上下板预留偏移量,使桥梁建成后的支座位置符合设计要求。

第四节 拱桥施工技术

拱桥施工方法按拱圈的制作方式可分为现浇法和预制装配法;按拱圈的架设施工方式可分为有支架施工和无支架施工两类。

有支架施工是拱桥施工的主要方法,尤其是石拱桥和混凝土拱桥,几乎全是采用搭设拱架的方法进行施工的,但这种方法需要耗费大量建筑材料和劳动力,并且工期较长,大大影响了拱桥的推广使用。

拱桥是一种能充分发挥圬工及钢筋混凝土材料抗压性能的合理桥型,其外形美观、维修费用低,具有向大跨度方向发展的优势。为了改善拱桥施工方法落后的状况,目前在施工方法和机具设备方面做了大量改进。

一、混凝土拱桥施工

混凝土拱桥的施工按其主拱圈成型的方法可以分为以下三大类。

(一)就地浇筑法

就地浇筑法就是把拱桥主拱圈混凝土的基本施工工艺流程(立模、扎筋、浇筑混凝土、养护及拆模等)直接在桥孔位置来完成。按照所使用的设备来划分,包括以下两种。

1.有支架施工法

这和梁式桥的有支架施工类似,与其支架类型、主拱圈混凝土浇筑的技术要求以及卸架方式等有关。

2.悬臂浇筑法

悬臂浇筑法把主拱圈划分成若干个节段,并用专门设计的钢桁托架结构作为现浇混凝土的工作平台。托架的后端铰接在已完成的悬臂结构上,其前端则用刚性组合斜拉杆经过临时支柱和塔架,再由尾索锚固在岸边的锚碇上。但是钢桁托架本身较重,转移较难,钢筋骨架和混凝土法的运输需借助缆索吊装设备,施工比较麻烦,拱轴线上各点的高程也较难控制,故目前较少采用这种施工方法。

(二)预制安装法

预制安装法按主拱圈结构所采用的材料可以分为整体安装法和节段悬拼法两种。

1.整体吊装法

这种施工方法适合于钢管混凝土系杆拱的整片起吊安装,钢管混凝土拱肋在未灌混凝土之前具有质量轻的优点。例如某跨径为45m的系杆拱片,经组合后,其吊装质量仅为18.7t,用起重量为20t的浮吊,仅用了一天就把两片拱片全部安装完毕。被起吊的拱片应做以下三点验算。

拱肋从平卧到竖立的翻转过程中,形若一根简支曲梁。因此,应将此两个起吊点视为作用于其上的垂直集中力,来验算此曲梁的强度和刚度。

在竖向吊运过程中,需验算吊点截面的强度。

当两吊点间距较近时,需验算系杆在吊运过程中是否出现轴向压力及其面外的稳定性。应该科学地设计其施工顺序,使设计中对全桥横向稳定有利的杆件先安装或浇筑以尽早发挥作用。例如,先安装肋间横撑,浇筑支承节点和端横梁混凝土,再安装内横梁和沿系杆的纵向分条地安装桥面板直至合龙等。

2.节段悬拼法

节段悬拼法是将主拱圈结构划分成若干节段,先放在现场的地面或场外工厂进行预制,然后运送到桥孔的下面,利用起吊设备提升就位,进行拼接,逐渐加长直至成拱。每拼完一个节段,必须借助辅助设备临时固定悬臂段。这种方法对钢筋混凝土或钢管混凝土主拱圈的施工都适用。常用的起重设备有以下两种。

(1)缆索吊装设备。缆索吊装设备主要由主索、工作索、塔架和锚固装置等四个基本部分组成。其中包括主索、起重索、牵引索、结索、扣索、缆风索、塔架及索鞍、地锚、滑车、电动卷扬机等设备。

(2)伸臂式起重机。伸臂式起重机每拼接好一个节段,即用辅助钢索临时拉住,每拼完三节,便改用更粗的主钢索拉住,然拆除辅助钢索,供重复使用。这种方法适用于特大跨径的拱桥施工。

(三)转体施工法

转体施工法的特点是将主拱圈从拱顶截面分开,把主拱圈混凝土高空浇筑作业改为放在桥孔下面或者两岸进行,并预先设置好旋转装置,待主拱圈混凝土达到设计强度后,再将它就地旋转就位成拱。按照旋转的几何平面又可分为以下三种。

1.平面转体施工法

这种施工方法特点是:将主拱圈分为两个半跨,分别在两岸利用地形作简单支架(或土牛拱胎),现浇或者拼装拱肋,再安装拱肋间横向联系(横隔板、横系梁等),把扣索的一端锚固在拱肋的端部(靠拱顶)附近,经引桥桥墩延伸至埋入岩体内的锚碇中,再用液压千斤顶收紧扣索,使拱肋脱模,借助环形滑道和手摇卷扬机牵引,慢速地将拱肋转体180°(或小于180°),最后再进行主拱圈合龙段和拱上建筑的施工。

2.变向转体施工法

当桥位处无水或水很浅时,可以将拱肋分成两个半跨放在桥孔下面预制。如果桥位处水较深,可以在桥位附近预制,然后浮运至桥轴线处,再用起吊设备和旋转装置进行竖向转体施工。这种方法最适宜钢管混凝土拱桥的施工。因为钢管混凝土拱桥的主拱圈必须先让空心钢管成拱后再灌筑混凝土,故在旋转起吊时,不但钢管自重相对较轻,而且钢管本身强度也高,易于操作。

3.平—竖相结合的转体施工法

这种施工方法综合吸收了上述两种转体施工方法的优点,具体体现在以下几点:利用竖向转体法的优点,变高空作业为地上作业,避免了长、大、重安装单元的运输和起吊;利用平面转体法的优点,将全桥三孔分为两段,放在主河道的两岸进行预制和拼装,将桥跨结构的施工对主航道航运的影响减到最低程度;利用边孔作为中孔半拱的平衡重,使整个转体施工形成自平衡体系,免除了在岸边设置锚碇构造。

二、拱桥的有支架施工

(一)拱架

砌筑石拱桥或混凝土预制块拱桥,以及现浇混凝土或钢筋混凝土拱圈时,需要搭设拱架,以承受全部或部分主拱圈和拱上建筑的重量,保证拱圈的形状符合设计要求。拱架主要有钢桁架拱架、扣件式钢管拱架等。

1.钢桁架拱架

(1)常备拼装式桁架形拱架。常备拼装式桁架形拱架是由标准节段、拱顶段、拱脚段和连接杆等用钢销或螺栓连接的,拱架一般采用三铰拱,其横桥向由若干组拱片组成,每组的拱片数及组数由桥梁跨径、荷载大小和桥宽决定,每组及各组间拱片由纵、横连接系联成整体。

(2)装配式公路钢桥桁架节段拼装式拱架。在装配式公路钢桥桁架节段的上弦接头处加上一个不同长度的钢铰接头,即可拼成各种不同曲度和跨径的拱架,在拱架两端应另加设拱脚段和支座,构成双铰拱架。拱架的横向稳定由各片拱架间的抗风拉杆、撑木和风缆等设备保证。

(3)万能杆件拼装式拱架。万能杆件拼装式拱架是用万能杆件补充一部分带铰的连接短杆,拼装时,先拼成桁架节段,再用长度不同的连接短杆连成不同曲度和跨径的拱架。

(4)装配式公路钢桥桁架或万能杆件桁架与木拱盔组合的钢木组合拱架。装配式公路钢桥桁架或万能杆件桁架与木拱盔组合的钢木组合拱架是由钢桁架及其上面的帽木、立柱、斜撑、横梁及弧形木等杆件构成。

2.扣件式钢管拱架

扣件式钢管拱架一般有满堂式钢管拱架、预留孔满堂式钢管拱架、立柱式扇形钢管拱架等几种形式。

扣件式钢管拱架的基础可以采用在立柱下端垫上底座,使立柱承重后均匀沉降并有效地将荷载传递给地基。但由于立柱数量较多,分散面宽,每根立柱所处的地基不相同,除按一般基础处理外,还可采取分别确定立柱管端承载能力的方法,使各立柱承载后的不均匀沉降控制在允许的范围内。

(二)模板

1.拱圈棋板

拱圈模板(底模)的厚度应根据弧形木或横梁间距的大小而定,一般有横梁时为 40mm～50mm,直接搁置在弧形木上时为 60mm～70mm 有横架时为使顺向放置的模板与拱圈内弧线圆一致,可预先将木板压弯,但 40m 以上跨径拱桥的模板可不必事先压弯。

混凝土和钢筋混凝上拱圈模板在拱顶处应铺设一段活动模板,在间隔缝处应设间隔缝模板并在底模或侧模上留置孔洞,待分段浇筑完后再堵塞孔洞,以便清除杂物。拱轴线与水平面倾角较大地段,须设置顶面盖板,以防混凝土流失。

2.拱肋模板

拱肋模板的底模基本上与混凝土和钢筋混凝土拱圈相同,在拱肋间及横撑间的空档可不铺设底模。拱肋侧面模板一般先按样板分段制作,然后拼装于底模之上,并用拉木、螺栓拉杆及斜撑等固定。在安装时,应先安置内侧模板,等钢筋入模后再安置外侧模板,且应在适当长度内设置一道变形缝。拱肋盖板设置于拱轴线较陡的拱段,随浇筑进度装订。

(三)拱架卸落

1.拱架卸落的程序和方法

拱架卸落的过程,就是由拱架支撑的拱圈的重力逐渐转移给拱圈自身来承担的过程,为了对拱圈受力有利,拱架不能突然卸除,而应按一定的卸架程序和方法进行。在卸架中,只有达到一定的卸落量时,拱架才能脱离拱圈体并实现力的转移。下面以满布式拱架为例,简述卸落程序。

拱架所需的卸落量 h 为拱圈体弹性下沉量与拱架弹性回升量之和,可通过计算得出。该卸落量 h 为拱顶卸落量,拱顶两侧各支点的卸落量按直线比例分配。为了使拱圈体逐渐均匀降落和受力,各支点和各循环之间分成几次和几个循环逐步完成。各次和各循环之间要有一定间歇。间歇后将松动的卸落设备顶紧,使拱圈体落实。满布式拱架可根据算出和分配的各支点的卸落量,从拱顶开始,逐步同时向拱脚对称卸落,横向的几个沙筒同时放沙,速度一致、统一指挥。要检视拱圈边棱,用两组水准仪测量拱顶及 1/4 点处的高程变化。

2.卸杂设备

为保证拱架能按设计要求均匀下落,必须设置专门的卸架设备。卸架用的设备在拱架安装时已预先就位,满布式拱架卸落设备则放在拱脚铰的位置。卸架设备常用木楔、木凳(木马)、沙筒(沙箱)等几种。

(1)木楔。木楔可分为简单木楔和组合木楔。简单木楔由两块 1:6～1:10 斜面的硬木楔组成。落架时,用锤轻轻敲击木楔小头,将木楔取出,拱架即可下落。它的构造最简单,但缺点是敲击时振动大,易造成下落不均匀。一般可用于中、小跨径拱桥。组合木楔由三块楔形木和拉紧螺栓组成。卸架时,只需扭松螺栓,则楔木徐徐下降。组合木楔的下落较均匀,可用于 40m 以下的满布式拱架或 20m 以下的拱式拱架。

(2)木凳(木马)。木凳是另一种形式简单的卸架设备。卸架时,只要锯去木凳的两个边角,在拱架自重作用下,木凳被压陷,拱架也随之下落。一般适用于跨径在 5m 以内的拱桥。

(3)沙筒。沙筒是由内装沙的金属(或木料)筒及活塞(又名顶心木,为木制或混凝土制)组成。适用于跨径大于 30m 的拱桥。卸落时靠沙从筒的下部预留泄沙孔流出。因此,要求沙干燥、均匀、清洁,沙筒与活塞间用沥青填塞,以免沙受潮。由于沙泄出量可以控制拱架卸落的高度,这样就能通过泄沙孔的开与关,分数次进行落架,使拱架均匀下降而不受振动。

第五节　斜拉桥施工技术

斜拉桥的施工包括索塔施工、主梁施工、斜拉索的制作三大部分。由于斜拉桥属于高次超静定结构,所采用的施工方法和安装程序与成桥后的主梁线形、结构恒载内力有密切的联系;在施工阶段随着斜拉桥结构体系和荷载状态的不断变化,结构内力和变形亦随之不断变化。因此,需要对斜拉桥的每一施工阶段进行详细分析、验算,求得斜拉索张拉吨位和主梁挠度、塔柱位移等施工控制参数的理论计算值。对施工的顺序做出明确规定,并在施工中加以有效管理和控制。

一、斜拉桥主要结构体系

斜拉桥是一种桥面体系受压,支承体系受拉的桥梁,它主要由上部结构的主梁(加劲梁)、桥塔和斜拉索以及下部结构的墩台组成。斜拉桥桥面体系用加劲梁构成,支承体系由斜拉索构成。斜拉桥的结构体系可根据主梁、斜拉索、索塔和桥墩的不同形式结合,形成 4 种不同的结构体系,下面作简要介绍。

(一)漂浮体系——塔墩固结、塔梁分离

主梁除两端有支承外,其余全部由拉索作为支承,成为在纵向可稍作浮动的一根具有多点弹性支撑的单跨梁。地震烈度较高的地区优先采用这种体系。

（二）半漂浮体系——塔墩固结、塔梁分离

在桥墩处主梁下设竖向支撑，半漂浮体系的主梁成为在跨内具有多点弹性支承的连续梁或悬臂梁。在经济上和美观上都优于漂浮体系。

（三）塔梁固结体系——塔梁固结、塔墩分离

塔梁固结并支承在桥墩上，主梁相当于顶面用拉索加强的一根连续梁或悬臂梁，主梁与塔内的内力和挠度同主梁和塔柱的弯曲刚度比值直接相关。该体系一般适用于小跨径斜拉桥。

（四）刚构体系——主梁、索塔、桥墩三者互为固结

梁、塔、墩固结，主梁成为在跨内具有多点弹性支承的刚构。该体系适用于地震烈度较低且无抗风要求的地区。

二、斜拉桥施工

（一）主塔施工

1.钢主塔施工

钢主塔施工，应对垂直运输、吊装高度、起吊吨位等施工方法作充分考虑。钢主塔在工厂分段立体试拼装合格后方可出厂。主塔在现场安装，常常采用现场焊接接头、高强度螺栓连接、焊接和螺栓混合连接的方式。

经过工厂加工制造和立体式拼装的钢塔，在正式安装时，应予以测量控制，并及时用填板或对螺栓孔进行扩孔，调整轴线和方位，防止加工误差、受力误差、安装误差、温度误差、测量误差的积累。

钢主塔的防锈措施，可用耐候钢材，或采用喷锌层。但绝大部分钢塔都采用油漆涂料，一般可保持的使用年限为10年。油漆涂料常采用两层底漆，两层面漆。其中三层由加工厂涂装，最后一道面漆由施工安装单位最终完成。

2.混凝土主塔施工

混凝土桥塔主要采用就地浇筑法，模板和支架的做法常采用支架法、滑模法、爬模法和大型模板构件法等。

3.主塔施工测量控制

斜拉桥主塔一般由基础、承台塔座、下塔柱、下横梁、中塔柱、上横梁、上塔柱（拉索锚固区）、塔顶建筑等八大部分或其中几部分组成。由于主塔的建筑造型千姿百态，断面形式各异，在主塔各部位的施工过程中，除了应保证各部位的几何尺寸正确之外，更重要的是应该进行主塔局部测量系统的控制，并与全桥总体测量系统接轨。

主塔局部测量系统的控制基准点，应建立在相对稳定的基准点上，如选择在主塔的承台基础上，进行主塔各部位的空间三维测量定位控制。测量控制的时间，一般应选择当天 22:00 至次日 7:00 日照之前的时段内，以减少日照对主塔造成的变形影响。

此外，随着主塔高度不断升高，也应选择风力较小的时机进行测量，并对日照和风力影响予以修正。在主塔八大部位的相关转换点上的测量控制极为重要，以便根据实际施工情况及时进行调整，避免误差的累计。

主塔局部测量系统的量测，一般常采用三维坐标法或天顶法。若主塔局部测量系统的基点选

择在相对稳定的承台基础上,随着主塔高度增高及混凝土收缩、徐变、沉降、风荷载、温度等因素的影响,基准点必然会有少量的变化。为此应该在上述八大部位的相关转换点上,与全桥总体测量坐标系统接轨,以便进行总体坐标的修正,进行测量的系统控制。

(二)主梁施工

1.主梁施工方法

斜拉桥主梁施工方法包括顶推法、平转法、支架法和悬臂法。四种施工方法的特点及适用性简述如下。

(1)顶推法。顶推法的特点是施工时需在跨间设置若干临时支墩,顶推过程中主梁反复承受正、负弯矩。该法较适用于桥下净空较低、修建临时支墩造价不大、支墩不影响桥下交通、抗压和抗拉能力相同、能承受反复弯矩的钢斜拉桥主梁的施工。对混凝土斜拉桥主梁而言,由于拉索水平分力能对主梁提供预应力,如在拉索张拉前顶推主梁,临时支墩间距又超过主梁负担自重弯矩能力时,为满足施工需要,需设置临时预应力束,在经济上不合算。所以,斜拉桥主梁的施工迄今国内尚无用顶推法修建的实例。

(2)平转法。平转法是将上部构造分别在两岸或一岸顺河流方向的矮支架上现浇,并在岸上完成所有的安装工序(落架、张拉、调索)等,然后以墩、塔为圆心,整体旋转到桥位合龙。平转法适用于桥址地形平坦、墩身矮和结构系适合整体转动的中小跨径斜拉桥。我国四川马尔康地区的金川桥是一座跨径为 68m+37m,采用塔、梁、墩固结体系的钢筋混凝土独塔斜拉桥,塔高 25m,中跨为空心箱梁,边跨是实心箱梁,该桥是采用平转法施工的。

(3)支架法。支架法是在支架上现浇、在临时支墩间设托架或劲性骨架现浇、在临时支墩上架设预制梁段等几种施工方法。其优点是施工简单方便,既能确保结构满足设计线形,又适用于桥下净空低、搭设支架不影响桥下交通的情况。

(4)悬臂法。悬臂法可以是在支架上修建边跨,然后中跨采用悬臂拼装法和悬臂施工的单悬臂法;也可以是对称平衡方式的双悬臂法。悬臂施工法分为悬臂拼装法和悬臂浇筑法两种悬臂拼装法,一般是先在塔柱区现浇一段放置起吊设备的起始梁段,然后用各种起吊设备从塔柱两侧依次对称安装节段,使悬臂不断伸长直至合龙。悬臂浇筑法,是从塔柱两侧,用挂篮对称逐段就地浇筑混凝土。我国大部分混凝土斜拉桥主梁都采用悬臂浇筑法施工。

综上所述,支架法和悬臂施工法是目前混凝土斜拉桥主梁施工的主要方法,前者适用于城市立交或净高较低的岸跨主梁施工;后者适用于净高很大的大跨径余桥主梁的施工。

2.斜拉桥主梁施工特点

(1)结构设计由施工内力控制。斜拉桥与其他梁桥相比,主梁高跨比很小、梁体十分纤细、抗弯能力差。由于挂篮重量大,当采用悬臂施工时,如果仍采用梁式桥传统的挂篮工方法,梁、塔和拉索将由施工内力控制设计,很不经济。因此,考虑施工方法,必须充分利用斜拉桥结构本身特点,在施工阶段充分发挥斜拉索的效用,尽量减轻施工荷载,使结构在施工阶段和运营阶段的受力状态基本一致。

(2)横截面浇筑方法。对于单索面斜拉桥,一般都需采用箱形断面。若全断面一次浇筑,为减少浇筑重量,要在一个索距内纵向分块,并需额外配置承受施工荷载的预应力束。所以,一般做法是将横断面适当地分解为三部分,即中箱、边箱和悬臂板。

先完成包含主梁锚固系统的中箱,张拉斜拉索,形成独立稳定结构,然后以中箱和已浇节段的边箱为依托浇筑两侧边箱,最后用悬挑小挂篮浇筑悬臂板,使整体箱梁按品字形向前推进。对于双索面斜拉桥,主梁节段在横断面方向分为两个边箱和中间车行道板三段,边箱安装就位后就张拉斜拉索,利用预埋于梁体内的小钢箱来传递斜拉索的水平分力,使边箱自重分别由两边拉索承担,从而降低了挂篮承重要求,减轻了挂篮自重,最后安装中间桥面板并现浇纵横接缝混凝土。

(3)塔梁临时固结。为了保证大桥在整个梁部结构架设安装过程中的稳定、可靠、安全,要求施工安装时采取塔梁临时固结措施,以抵抗安装钢梁桥面板及张拉斜拉索过程中可能出现的不平衡弯矩和水平剪力。

(4)中孔合龙。为保证大桥中孔能顺利合龙,根据以往斜拉桥的成功经验,一般选择自然合龙的方法。以上海杨浦大桥为例,需要考虑以下几个方面。

①合龙温度的确定。大桥能否在自然状态下顺利合龙,关键是要正确选择合龙温度。该温度的持续时间能满足钢梁安装就位及高强螺栓定位所需的时间。

②全桥温度变形的控制。由于大桥跨度大,温度变形对中跨合龙段长度的影响相当敏感。因此,在整个施工过程中,应对温度变形进行监测,特别是对将接近合龙段时的中孔梁段和温度变形更应重点量测,找出温度变形与环境湿度的关系,为确定合龙段钢梁长度提供科学依据。

③合龙段钢梁长度的确定。设计合龙段长度原定为 5.5m,在实际施工时再予以修正。其实际长度应为合龙湿度下设计长度加减温度变形量。

④合龙段的安装。合龙段钢梁的安装是一个抢时间、抢速度的施工过程,必须在有限的时间里完成,因此,在合龙前必须做好一切准备工作。钢梁应预先吊装就位,一旦螺孔位置平齐,即打入冲钉,施拧高强螺栓,确保合龙一次成功。

⑤临时固结的解除。中孔梁一旦合龙,必须马上解除临时固结,否则由于温度变化所产生的结构变形和内力,会使结构难以承受。因此,在合龙段钢梁高强螺检施拧完后,应立即拆除临时固结。

(三)斜拉索施工

成形斜拉索由钢丝或钢绞线组成的钢索和两端的锚具组成。不同种类和构造的斜拉索两端需配装合适的锚具后才能成为可以承受拉力的斜拉索。斜拉索的锚具目前常用的有以下四种:热铸锚、墩头锚、冷铸墩头铺和夹片群锚。

配装热铸锚、冷铸锚、镦头锚(统称为拉锚式锚具)的斜拉索,可以事先将锚具装固到钢索两端,预制成斜拉索。

斜拉索可以在专门的工厂制作,然后盘运到桥梁工地,或在桥梁工地现场制作,拖拉到桥位直接进行挂和张拉。余啦索有单股钢绞式钢缆,半平行钢铰线索,半平滴丝索,平行钢丝索及平行钢丝股索等。这类斜拉索可称作预制索或成品索。

我国已建有专门化、机械化生产热挤塑聚乙烯护套扭绞形钢丝索的工厂,可生产的最大规格为 421φ7、长度 350m 的钢丝索,可满足 600m 以上大跨径斜拉桥对斜拉索的需要,斜拉索的制作水平已达到国际先进水平。

配装夹片群锚的斜拉索,张拉时直接张拉钢丝,待张拉结束后锚具才发挥作用。因此,配装夹片群锚的平行钢筋索及平行钢绞线索必须在桥梁现场架设过程中制作,故可称为现制。

1.斜拉索的制作

制索工艺流程一般为:钢丝除锈→调直→应力下料→防护漆→穿锚→镦头→浅锚→烘锚拉索防护→超张拉→标定。

2.斜拉金的防护

(1)临时防护。钢丝或钢绞线从出厂到开始做永久防护的一段时间内,所需要的防护称为临时防护。国内目前采用的临时防护法一般是钢丝镀锌,即将钢丝纳入聚乙烯套管内,安装锚头密封后喷防护油,并充氨气,以及涂漆、涂油、涂沥青膏处理等。

具体实施可根据防锈蚀效能、技术经济比较、设备条件及材料种类决定。通常在钢丝或钢绞线穿入套管前,每根钢丝或钢绞线应在水溶性防腐油中浸泡或喷一层防腐油剂。在临时防护中,镀锌钢丝的锌层应均匀连续,附着牢固,不允许有裂纹、裂痕和漏块。此外,不镀锌处理的钢丝,在储存和加工期间应进行其他涂漆、涂油等临时防护措施。

(2)永久防护。从斜拉索钢材下料到桥梁建成的长期使用期间,应做永久防护。永久防护应满足防锈蚀、耐日光曝晒、耐老化、耐高温、涂层坚韧、材料易得、价格低廉、生产工艺成熟、制作运输安装简便、更换容易等要求。永久防护包括内防护与外防护,内防护是直接防止斜拉索锈蚀,外防护是保护内防护材料不致流出、老化等。

内防护所用的材料一般有沥青砂、防锈脂、凡士林、聚乙烯塑料泡沫和水泥浆等,这些材料各有优缺点。

外防护所用的材料亦各有优缺点,聚氯乙烯管质脆,抗冻和抗老化性能差,易破裂失效;铝管则需注水泥浆,而水泥浆的碱性作用易使铝管腐蚀;钢管作外套时本身尚需防腐蚀且笨重;多层玻璃丝布缠包套,目前效果尚可,但价格高,施工烦琐。

我国目前一般采用炭黑聚乙烯。在塑料挤出机中旋转挤包于斜拉索上而成的熟挤索套防护斜拉索方法,即PE套管法。所用高密度聚乙烯(PE)与其他方法所用材料相比有以下优点。

在设计寿命期限内能抵抗循环应力引起的疲劳,在聚乙烯树脂中加炭黑有效抵抗紫外线的侵蚀,与灌浆材料和钢材无化学反应,在运输、装卸、制造、安装和灌注时能抗损坏,能防止水、空气和其他腐蚀物质的入侵,徐变特性低;对周围环境有一定的适应性。

同时,黑色PE管的热膨胀系数大约是水泥浆和钢材的6倍。因此,为了控制温度变化并减小可能导致PE管损坏的不均匀应力,通常在PF管上缠绕或嵌套一层浅色胶带或PK面层。采用热挤索套不像PE管压浆工艺那样,存在斜拉索钢丝早期锈蚀,它可在很短的时间内完成防腐、索套制作、拉索密封等工艺。

总之,斜拉索防护绝大多数是在生产制作过程中完成的,与生产材料、工艺以及生产标准、管道等密切相关。故此,要做好斜拉索的防护工作,就必须严格控制生产的各个环节、工序,以确保斜拉索的质量。

3.科拉条的姿装

(1)放索及索的移动。

①放索。为方便运输及运输过程中对索的保护,斜拉索起运前通常采用类似电缆盘的钢结构盘将拉索卷盘,然后运输。对于短索,也有采取自身成盘,捆扎后运输的情况。根据斜拉索不同的卷盘方式,现场放常用的有立式转盘放索和水平转盘放索两种方式。

立式转盘放索:钢结构索盘放索时设置一个立式支架,在索盘轴空内穿上圆轴,徐徐转动索盘将索放出。

水平转盘放索:对于自身成盘的索,设置一个水平转盘,将索盘放在转盘动边将索放出。

在放索过程中,由于索盘自身的弹性和牵引产生的偏心力,会使转盘转动加速,导致散盘,危及施工人员的安全。所以,一般情况下,要对转盘设制动装置,或者以钢丝绳作尾索,用卷扬机控制放索。

②索在桥面上的移动。在放索和挂索过程中,要对斜拉索进行拖移,由于索自身弯曲,或者与桥面直接接触,在移动中就有可能损坏斜拉索的防护层或索股,为避免这些情况的发生,一般采取以下方法,移动时的对索进行保护。

若索盘是水上由驳船运来,对于短索一般直接将索盘吊到桥面上,利用放索支架放索,对于长索一般直接在船上设置放索支架放索。采用前者要在梁上放置吊装装备,采用后者则需要梁端设置转向装置以利于索的移动。对于现浇梁,转向装置设在施工挂篮上,若是拼装结构则设在主梁上,并且要求转向装置的半径不小于索盘半径,与梁体保持一定的距离。

辊筒法:在桥面上设置一条辊筒带,当索放出以后,沿辊筒运动。制作辊筒时,要根据斜拉索的布置及刚柔程度,选择适宜的辊轴半径,以免辊轴弯折、摩阻增加。平辊之间要保持合理的间距,防止斜拉索与桥面接触。辊筒可与桥面固结,也可与斜拉索套筒固结,具体方法依施工现场情况而定。

移动平车法:当斜拉索上桥后,每隔一段距离垫一个平车,由平车载索移动。梁体顶面凹凸不平时会导致平车运动不便,所以平车的轮子不宜太小。与辊筒法一样,平车也要保持合理的间距,避免斜拉索与桥面接触。

导索法:在索塔上部安装一根斜向工作悬索,当斜拉索上桥后,前端连接牵引索,每隔一段距离放置一个吊点,使斜拉索沿着导索运动。这种方法能省去大型牵索设备,可安装成卷的斜拉索。

垫层法:对于一些索径小、自重轻的斜拉索,可在梁面放索线上敷设麻袋、草包、地毯等柔软的垫层,就地拖移。

(2)斜拉索的塔部安装。

单吊点法:斜拉索上桥面后,从索塔孔道中放下牵引绳,连接斜拉索的前端,离锚具下方一定距离设一个吊点,索塔吊架用型钢组成支架,配置转向滑轮。

当锚头提升到锁孔位置时,采用牵引绳与吊绳相互协调,使锚头尺寸准确。牵引至索塔孔道后,穿入锚头固定。单吊点法施工简便、安装迅速,缺点是起重索所需的拉力大,斜拉索在吊点处弯折角度较大,故一般适用较柔软的短斜拉索。

多吊点法:同前述导索法。只要将导索法中的牵引索从预穿索孔中引出即可。多吊点法吊点分散、弯折小,在统一操作指挥下,可使斜拉索均匀起吊。因吊点较多,易保持索呈直线状态,两端无须用大吨位千斤顶牵引。

起重机安装法:采用索塔施工时的提升起重机,用特制的扁担梁捆扎拉索起吊。拉索前段由索塔孔道内伸出的牵引索,引入索塔斜拉索锚空内,下端用移动式起重机提升。起重机法操作简单快速,不易损坏拉索,但要求起重机有较大的起重能力,故一般适用于重量不大的短索安装。

分步牵引法:根据斜拉索在安装过程中索力递增的特点,分别采用不同的工具,将斜拉索安装到位。第一,用大吨位的卷扬机将索张拉端从桥面提升到预留孔外;第二,用穿心式千斤顶将其牵引至张拉锚固面。

在这个阶段前半部分,采用柔性张拉杆一钢绞线束,利用两套钢绞线夹具,系统交替完成前半部分牵引工作;牵引阶段的后半部,应根据索力逐渐增大的情况,采用刚性张拉杆分步牵引到位。分步牵引法的特点是牵引功率大、辅助施工少、桥面无附加荷载、便于施工。

总之,在以上各种挂索过程中,各种构件连接处较多,如锚头与拉杆、牵引头的连接滑轮与塔柱斜拉索的连接等。任何一处发生问题,就会发生事故,在施工中,应特别注意各处连接的可靠性。

(3)斜拉索的梁部安装步骤。

同塔部安装,基本方法有如下两种。

吊点法:在梁上放置转向滑轮,牵引绳从套筒中伸出,用起重机将索吊起后,随锚头逐渐牵入套筒,缓缓放下吊钩,向套筒口平移,直至将锚头牵入套筒内。

拉杆接长法:对于梁部为张拉端的斜拉索安装,采用拉杆接长法比较方便。先加工长度均为1.0m左右的短拉杆与主拉杆连接(张拉杆连接),使其总长度超过斜拉索套筒加张拉千斤顶的长度。利用千斤顶多次运动,逐渐将张拉端拉出锚固面,并逐渐拆掉多余的短拉杆,安装锚固螺母。运用拉杆接长法,要加工一个组合螺母(张拉杆连接螺母)。采用这个螺母逐步锚固拉杆,直到将锚头拉出锚板后拆除。

4.斜拉索调索张拉

根据目前的技术水平,国内外斜拉索锚具、千斤顶、斜拉索的设计吨位已达到"千吨"级水平,人吨位斜拉索整体张拉工艺已经十分成熟。无论是一端张拉还是两端张拉,一般情况下,都需在斜拉索端头接上张拉连接杆,之后使用大吨位穿心式千斤顶实施斜拉索的张拉调索。为方便施工,张拉杆都采用分节接长,而非整根通长。拉锚式斜拉索张拉索主要步骤包括以下几点。

第一,对张拉千斤顶和配置液压泵进行标定,同时,对预计的调整值划分级别。根据标定得出的张拉值和液压表读数之间的直线关系,计算并列出每级张拉值的相应的油表读数。

第二,对索力检测仪器进行标定。

第三,计算各级调整值并列出相应的延伸量。

第四,做好索力检测和其他各种观测的准备工作;将张拉工具、设备一一就位。

第五,先将千斤顶撑架用手拉葫芦等固定在斜拉索锚固面上,然后将千斤顶用螺栓连接支承在撑架上;将张拉杆穿过千斤顶和撑架,旋转在斜拉索锚头端,再将长拉杆上的后螺母从张拉杆尾端旋转穿进;将千斤顶与液压泵用油管接好,开动液压泵,使千斤顶活塞空升少许,如调索要求降低索力,可根据情况多升一定量;接着将后螺母旋至与活塞接触紧密处。如调索是在斜拉索锚头还未被牵出锚固面的情况下进行的,则上述过程已在牵索过程完成;如索力检测采用测量张拉杆拉力的方式,则应在张拉杆后螺母间安装穿心式压力传感器,测量张拉力。需要先将传感器从张拉杆后端插入,再将张拉杆后螺母旋入。

第六,按预定级别的相应张拉力,通过电动液压泵进油逐级调整索力。如果是降低索力,则先进油拉动斜拉索,使锚环能够松动,在旋开锚环后可回油使斜拉索索力降低。在调索过程中,如千斤顶达到行程允许伸长量,即可将斜拉索锚头的锚环旋紧,使其临时支承于锚固支承面上,这时千斤顶可回油并进行下一行程的张拉。如果调索是在斜拉索锚头还未牵出其锚固面的情况下进行的,则临时锚固由叠撑在锚环上的张拉杆前螺母,即两半边螺母承担临时铺固张拉调索过程中,应以检测、校核数据,配合液压表读数,共同控制张拉力,并对结果随时观测,以防不正常情况发生。

第四章 城市轨道交通工程

本章主要结合宁市轨道交通的特点,以轮轨接触式运输中普遍采用的钢轮钢轨系统为着眼点,对轨道的作用、特点、基本结构、运营条件与轨道的关系、轨道结构部件及其合理配套等进行系统地介绍。

第一节 概述

一、轨道的作用

轨道是行车的基础、有轨交通的基本标志、城市轨道交通的主要技术装备之一,它的作用是引导车辆的运行,直接承受由车轮传来的荷载,并将荷载传递至路基或桥隧等结构物。因此,轨道结构应具有足够的强度、稳定性和耐久性,并保持固定的几何形位,保证车辆安全、平稳、不间断地运行。

早在 16 世纪,欧洲为了解决矿业开采中矿石的运输问题,制造木制轨道,由人力或畜力拉着矿车沿木轨行走。英文"railway"中"rail"的本意就是木栅栏或木栅的意思,复合词"raiway"确切地讲应该是木轨路。随着冶炼技术的进步,铁价越来越便宜,铁条被用来加强曲线和容易破坏地段的轨道。大约在 18 世纪中期,出现了铸铁铁轨轨道。为了限制车辆因横向运动而脱离轨道,采用了在车辆的车轮上设置轮缘的方法,并被沿用至今。19 世纪 40 年代,在铁轨下铺设了与之垂直的木轨枕,用来连接两根铁轨。木轨枕的应用较好地保持了铁轨之间的相对位置,减小了轨枕下地面的应力。减小地面应力的另一个有效措施是在地面上轨枕下铺设一层碎石组成的道床。同时,碎石道床还提高了轨道的弹性和排水性能,使轨道便于维修。1865 年,钢轨代替了铁轨,建成的轨道具有了现代轨道的基本结构形式,称为传统轨道或经典轨道。可见,最初的木轨和车轮的形状经过长期的演变才形成现在的钢轮钢轨系统。

现代轨道结构可分为传统有砟轨道结构和新型无砟轨道结构两种形式。传统有砟轨道结构由钢轨、轨枕、道床、道岔、联结零件及轨道加强设备组成,具有铺设方便、造价低、容易维修等优点,是世界铁路轨道的主要结构形式。但有砟轨道散体道床石砟在振动的冲击作用下容易磨损、粉化,道床容易变形,列车速度越高,石砟道床的变形越快,道床几何形位不易保持,轨道的维修工作量大。针对有砟轨道的缺点,本着"免维修、少维护"的思想,无砟轨道用钢筋混凝土结构取代了散粒石砟道床,轨道的累积变形小,可持久保持轨道几何形位,大幅减少养护维修工作量。无砟轨道虽然建设成本高,但具有高稳定性、高平顺性的优点,在城市轨道交通中应用较为广泛。值得注意的是,无砟轨道结构一旦出现损伤,维修比较困难。

二、轨道的特点

(一)轨道的结构特点

轨道结构自上而下由钢轨、轨枕、碎石道床或钢筋混凝土、砂浆和隔离层等力学性能和理化性能不同的材料组成,钢轨之间用接头联结零件联结或焊接,钢轨和轨枕用扣件联结,在站场还有用于车辆转线运行的道岔,因此,轨道结构具有组合性和散体性。此外,轨道结构是长大的工程结构物,跨越不同下部基础、各种地质条件和气候环境,受到的外界环境影响因素多,故而从空间分布上来看,轨道结构又具有竖向分层、纵向各异的特点。

为了保证车辆安全、平稳地运行,轨道必须为车轮提供一个连续平顺的滚动表面,这就要求轨道保持固定的几何形位(如轨距、高低、水平、轨向等),轨道几何形位的偏差俗称为轨道不平顺。轨道结构的特点决定了轨道几何形位很难精确控制,轨道不平顺是客观存在的。

实际上,轨道不平顺可分为静态不平顺和动态不平顺。静态不平顺主要是指无载情况下轨道结构体系的空间位置、几何形状和尺寸相对其理想状态的偏差,如钢轨轨面不平顺、不连续(接头、道岔)和几何形位偏差等;由轨道层状结构体系的性能和状态决定、车载作用时方能显现出来的称为动态不平顺,如轨下基础弹性不均匀、层间脱空或变形不协调、轮轨关系不良、扣件失效和轨下支承失效等。

(二)轨道的荷载特点

轨道所承受的荷载具有重复性和随机性的特点。

荷载的重复性表现在两个方面,一是指不同的车辆通过时荷载的反复作用;二是指每辆车通过时每个车轮荷载的反复作用。

相对轨道某一断面而言,车轮由远处而来、接近、离开,将车辆自重传递给钢轨及轨下基础,使轨道发生沉陷、变形,形成一条以车轮和钢轨接触点为中心的位移变形曲线,钢轨及轨下基础承受由小到大再变小的荷载作用,并激起轨道各部分振动。车轮依次通过该断面,轮群对轨道该断面的荷载还具有周期性,轨道在轮群周期性荷载作用下作强迫振动。

车辆在轨道上运行时,由于不可避免存在的轨道不平顺、车轮不圆顺、车辆的蛇行运动等原因,使轮轨系统产生冲击和振动。轨道不平顺是轮轨系统的激振源,不平顺的波长、波幅、出现位置都有很大的不确定性,因此振动及振动产生的荷载是随机的。

由于轨道荷载的重复性和随机性,轨道及其各部件长期处于交变应力状态。交变应力产生于轮轨系统振动引起的动力循环和每通过一个车轮的一次应力循环。

(三)轨道的工作特点

轨道结构经过制造、运输、铺设等过程已不可避免地携带了一定初始误差,进入运营期后,在车辆动力作用下,在风、沙、雨、雪和温度变化等自然条件影响下,必然会产生一系列的变形,从而形成轨道不平顺。轨道不平顺不仅会影响行车平稳和旅客舒适,还会进一步加剧轮轨系统振动并加速轨道状况恶化,当积累到一定程度后,将大大削弱轨道的强度和稳定性,严重时甚至造成脱轨,威胁行车安全。同时,轨道及其部件因长期承受振动和交变应力的作用而出现疲劳损伤,疲劳损伤累积到一定程度导致的结构破坏称作疲劳破坏,其破坏形式与静荷载下发生的强度破坏截然不同。金属材料的疲劳破坏过程可分为疲劳裂纹形成、扩展和脆断三个阶段,其疲劳寿命主要由应力循环中的平均应力、应力幅和循环次数三个因素控制。轨道各部件的损伤破坏主要表现为疲劳损伤破坏,是交变应力作用下损伤逐渐积累的结果。因此,当轨道结构几何状态或服役性能劣化达到了一定容许限度值,为延缓其劣化速率或尽可能恢复其性能和状态就必须进行轨道的养护和维修。轨道结构及其部件从上线服役至破坏下线始终处于劣化一缓解一恶化的过程中,故而维护管理贯穿轨道结构的整个生命周期。

由此可见,轨道是一种需要边工作边维修的工程结构物,其工作特点是维修的经常性和周期性。轨道的维修周期受到运营条件的影响显著。

三、运营条件与轨道的关系

轨道的任务是为运输旅客和货物提供平顺、稳定、均匀、可靠的行车基础,并尽可能降低其自身的运营成本。为了满足运输要求,轨道结构必须与运营条件相适应。运营条件可用行车速度、轴重和运量三个参数来描述,它们从不同的侧面影响着轨道结构。

(一)行车速度与轨道的关系

行车速度对轨道的影响主要表现在动力作用方面。行车速度越高,机车车辆和轨道的振动强度越大,作用于轨道上的动荷载越大,轨道的几何形位越难保持,轨道及其各部件交变应力幅度和振动加速度越大。所以,行车速度越高,轨道结构的性能劣化及部件损伤破坏越快。

从理论上讲,当车轮圆顺的列车在平顺的轨道上行驶时,轨道承受的动轮载与静轮载相比增加很少,速度的影响不大。但由于客观存在的轨道不平顺和车轮不圆顺等因素,动力作用会随行车速度的增加而明显增加,严重时,可比静轮载大两倍多。

轨道横向水平力也随行车速度的提高而增大。横向力产生的主要原因是机车车辆的蛇行运动和机车车辆曲线通过的导向力。过大的横向力容易造成车轮脱轨、钢轨侧面磨耗,还会引起轨道框架横向位移,增加无缝线路失去稳定的可能性。

此外,提高行车速度引起车辆振动速度和加速度提高,影响旅客乘坐舒适度。试验证明,人体可以适应较大的速度变化,但对加速度的变化却是非常敏感的。

因此,行车速度越高对轨道平顺性的要求越高,客运线路要求轨道有高平顺性。要使轨道具有高平顺性,不但要严格控制轨道几何形位,还要强化轨道结构,控制动力作用下轨道的变形。

(二)轴重与轨道的关系

轴重是指一个轮对承受的机车或车辆重量。轴重反映了轨道承受的静荷载强度,它决定了各部件交变应力的平均应力水平。轴重的一半称为静轮重。轴重越大,轨道承受的荷载也就越大,各部件的交变应力水平随轴重增加而增大,所能承受的荷载循环次数大为减少,使用寿命缩短,轨道疲劳损伤破坏速度加快。

研究结果表明,钢轨头部伤损几乎全是疲劳伤损,而且都是由超载引起的。钢轨折损率随轴重的增加而增加。除钢轨外,其他轨道部件也同样出现这种情况。由于各种疲劳现象而导致的钢轨折损,以及轨道几何形位的破坏,都与轴重有关。重载车辆,即使运行速度不高,其对轨道的破坏往往要比一般车辆对轨道的破坏程度大。如果轴重与行车速度同时增加,钢轨折损率的增长规律将更趋复杂。

(三)运量与轨道的关系

运量是一定时期内运送旅客或货物的数量,以人次或吨来表示。它是机车车辆轴重及其通过次数的乘积,是反映轴重、速度、行车密度的一项综合指标。行车速度和轴重决定了轨道结构的荷载强度,以及各部件交变应力的应力幅和平均应力;行车密度决定了荷载和应力作用的频率。钢轨的磨耗和损伤、轨道永久变形积累、轨枕的破坏以及联结零件的伤损都和累计运量有直接的关系:

运量越大,行车密度越大,车辆荷载作用越频繁,单位时间内应力循环次数越多,整个轨道的永久变形积累及其部件的疲劳损伤越快,轨道的维修周期越短。同时,运量越大,可用以维修的作业时间越少。

运营条件的轴重、行车速度和运量三个参数基本上可以和作用于轨道上的平均应力、应力幅度、循环次数三个因素相对应:轴重与平均应力对应;行车速度与应力幅度对应;运量与循环次数对应。运输的发展就是提高输送能力。轨道运输的发展方向是高速、重载、高密度。为了满足运输要求,轨道只能从提高轨道结构整体强度和轨道平顺性两方面入手,以降低疲劳应力幅度,延长轨道服役寿命,减少轨道维修工作,保证行车平稳和安全。

综上所述可知,由于轨道结构材料的多样性、结构分布的空间效应、服役过程的长时效应、多场多因素的耦合效应、结构损伤的多尺度效应,如何准确把握其性状特征及时空演化行为,确保其始终处于良好的服役状态,是本学科门类国际公认的难题之一。

第二节　城市交通轨道结构

轨道结构应具有足够的强度、稳定性、耐久性、绝缘性和适量弹性,而又由于轨道结构的组合性,其各个部件均应具有足够的强度、稳定性和耐久性并合理配套。轨道结构设计应根据车辆运行条件确定轨道结构的承载能力,并应符合"质量均衡、弹性连续、结构等强、合理匹配"的原则。钢轨是轨道结构中最重要的部件,确定轨道结构类型时,应先确定钢轨类型,然后从技术经济角度出发,确定与之配套的轨枕类型和铺设数量,以及道床的材料与断面尺寸,使之组成一个等强度的整体结构,充分发挥各部件的作用。

城市轨道交通虽然在系统制式和运营管理等方面与国家铁路存在较大区别,但轨道仍是其运营的基础设施,同样直接承受车辆荷载并引导车辆运行。以城市轨道交通中普遍采用的钢轮钢轨系统为例,轨道结构仍主要由钢轨、联结零件、轨枕、道床、道岔及其他附属设备组成,其特性和要求并无太大的区别。但是,由于城市轨道交通一般跨越人口密集的市区,要求车辆运行安全平稳、舒适性好,同时,对环境振动和噪声控制的要求大大高于国家铁路的要求。此外,由于城市轨道交通的行车密度大,维修天窗时间短,因而,需要轨道结构具有较好的耐磨性,能够减少维修和养护。城市轨道交通对轨道结构的基本要求如下。

(1)结构简单、整体性强,具有足够的稳定性、耐久性、均衡性等特点,确保行车安全、平稳、舒适、准点。

(2)具有足够的强度和适量且均匀的弹性,便于施工,易于管理,可靠性高,使用寿命长,可以避免维修或尽量能减少维修,并利于日常的清洁养护,降低运营成本。

(3)要求钢轨耐磨性高,扣件系统的强度高、弹性好。

(4)采用成熟的新材料、新工艺、新技术,满足绝缘、减振降噪和减轻轨道结构自重等需求,尽可能符合城市环境、景观等要求。

一、钢轨

(一)概述

钢轨是轨道结构最重要的组成部件,它为车轮的滚动提供连续且阻力最小的接触面,用于引导列车运行,直接承受列车的荷载,并将所承受的荷载分布传递于轨枕。为了保证车辆的平稳、安全运行,钢轨必须具有以下三个基本功能。

(1)钢轨必须为车轮提供连续、平顺和阻力小的滚动表面,以引导车辆顺利前行。钢轨顶面阻力的大小是相对而言的,对于动力机车,要求钢轨顶面具有一定的粗糙度,使车轮与钢轨之间产生足够的摩擦力能够提供充分的牵引力;对于拖车,则要求钢轨有一个相对光滑的滚动表面,以获得较小的滚动阻力,避免不必要的能耗。

(2)由于钢轨所处的工作环境复杂多变,它不仅承受来自车轮垂向、横向和纵向力的作用,还要受到温度变化、基础沉降等其他因素的影响,因此上述因素的长期综合作用势必造成钢轨自身产生较大的内力与变形,这就要求钢轨具有足够的强度和韧性来承受弯曲与接触应力,还要有足够的刚度来抵抗弯曲与扭转变形,同时也要有足够的硬度以缓解磨耗。此外,为了减轻车辆对钢轨的动力冲击作用,防止车辆走行部分及钢轨的折损,要求钢轨本身也需具有一定的弹性,这一特性与前述高硬度、高韧性、高刚度的要求是矛盾的,需要针对不同的运营条件正确处理。

(3)钢轨还要兼做轨道电路之用。

(二)钢轨的类型

城市轨道交通的钢轨根据不同指标可分为不同的类型,通常情况下按照重量、标准长度、断面型式对其进行划分。

1.按每米大致质量(kg)数

钢轨的分类习惯上按照每米大致的质量数来表示。目前我国家铁路上的钢轨类型主要有43kg/m(过去常用,现已基本淘汰)、50kg/m、60kg/m 和 75kg/m。每延米质量越大,断面尺寸也越大,钢轨强度等力学指标也越大。城市轨道正线一般地段宜采用 60kg/m 钢轨的无缝线路。个别路段可依据近、远期规划,经技术经济比较也可采用 50kg/m 钢轨。

2.按钢轨标准长度

按照钢轨长度可分为 12.5m 和 25m 的标准轨,见表 4-1。为了使曲线内外股钢轨接头位置尽量设置在同一个断面上,还针对不同标准长度钢轨提供了缩短 20cm,40cm 等的缩短轨。

表 4-1　钢轨长度(m)

标准轨定尺长度	曲线缩短轨				短尺轨			
12.5	12.46	12.42	12.38	9.0	9.5	11.0	11.5	12.0
25.0	24.96	24.92	24.84	21.0	22.0	23.0	24.0	24.5

3.按断面型式

(1)标准轨。采用具有最佳抗弯性能的 H 型断面,由轨头、轨腰、轨底三部分组成,有利于提高钢轨的承载能力,因此为国家铁路、地铁及轻轨等轨道交通系统所普遍采用。60kg/m 钢轨及50kg/m 钢轨的断面特性见表 4-2。

（2）非标准断面。这种类型不同于平底轨，因为其轨腰厚度要大些，可满足道岔、交叉及伸缩装置等部件的制作要求。

（3）槽型钢轨。槽型钢轨多用于街道上的有轨电车，路面与钢轨面一般在同一水平面上，如我国香港屯门的有轨电车。

（4）块式轨是 Nikex 结构的一个组成部分。起重轨用于支承重载起重机。为了降低钢轨辐射噪声，目前已开发了一种非常紧凑的新型钢轨，来作为无砟轨道内的嵌入式钢轨。

表 4-2　钢轨断面尺寸及特性

项目	单位	钢轨类型（kg/m）	
		60	50
每米质量 M	kg	60.64	51.514
断面积 F	cm²	77.45	65.8
重心距轨底面距离 y_1	mm	81	71
对水平轴的惯性矩 J_x	cm⁴	3217	2037
对竖直轴的惯性矩 J_y	cm⁴	524	377
下部断面系数 W_1	cm³	396	287
上部断面系数 W_2	cm³	339	251
轨底横向挠曲断面系数 W_y	cm³	70	57
轨头所占面积 A_h	％	37.47	38.68
轨腰所占面积 A_w	％	25.29	23.77
轨底所占面积 A_b	％	37.24	37.55
钢轨高度 H	mm	176	152
钢轨底宽 B	mm	150	132
轨头高度 h	mm	48.5	42
轨头宽度 b	mm	73	70
轨腰厚度 t	mm	16.5	15.5

（三）钢轨材质和机械性能

从材质的角度看，主要是 U71Mn、U74 以及近年开发使用的 PD2、PD3、稀土钢轨以及合金轨。其中 PD3 钢轨在强度、硬度和使用寿命上都占优势，近年来得到广泛应用。

钢材的化学成分是影响其力学性能、焊接性能和其他使用性能的基本要素，也是钢轨材质纯净度的指标。

钢轨钢的化学成分主要为铁（Fe），其他还含有碳（C）、锰（Mn）、硅（Si）、磷（P）、硫（S）等元素。

（1）碳对钢轨的性质影响最大。提高钢轨的含碳量，其抗拉强度、耐磨性及硬度都迅速增加。

但含碳量过高,会使钢轨的伸长率、断面收缩率和冲击韧性显著下降。因此,一般含碳量不超过0.82%。

(2)锰可以提高钢轨的强度和韧性,去除有害的氧化铁和硫夹杂物,其含量一般为0.6%~1.0%。锰含量超过1.2%者称中锰钢,其抗磨性能较好。

(3)硅易与氧化合,故能去除钢中气泡,增加密度,使钢质密实细致。在碳素钢中,硅含量一般为0.15%~0.30%。提高钢轨的含硅量,也能提高钢轨的耐磨性能。

(4)磷与硫在钢中均属有害成分。磷过多(超过0.1%),会使钢轨具有冷脆性,在冬期严寒地区,易突然断裂。硫不溶于铁,不论含量多少均生成硫化铁,在985℃时,呈晶态结晶析出。这种晶体性脆易溶,使金属在800℃~1200℃时发脆,在钢轨轧制或热加工过程中容易出现大量废品,所以磷、硫的含量必须严格加以控制。

(5)在钢轨的化学成分中适当增加铬(Cr)、镍(Ni)、钼(Mo)、铌(Nb)、钒(V)、钛(Ti)和铜(Cu)等元素,制成合金钢轨,可有效提高钢轨的抗拉和疲劳强度,以及耐磨和耐腐蚀性能。

我国用于轧制钢轨的主要钢种化学成分、力学性能及使用范围见表4-3。

表4-3　钢轨的化学成分、力学性能及使用范围

| 钢号 | 化学成分(%) | | | | | | 力学性能 | | 使用范围(钢轨类型,kg/m) |
	C	Si	Mn	Cu	P	S	抗拉强度 σ_b (MPa)	伸长率 δ_5 (%)	
U71	0.64~0.77	0.13~0.28	0.60~0.90		≤0.040	≤0.050	785	10	50
U74	0.67~0.80	0.13~0.28	0.70~1.00		≤0.040	≤0.050	785	9	50、60、75
U71 Cu	0.65~0.77	0.15~0.30	0.70~1.00	0.10~0.40	≤0.040	≤0.050	785	9	50
U71 Mn	0.65~0.77	0.15~0.35	1.10~1.50		≤0.040	≤0.040	883	8	50、60、75
U70 MnSi	0.65~0.75	0.85~1.15	0.85~1.15		≤0.040	≤0.040	883	8	50

续表

| 钢号 | 化学成分(%) | | | | | | 力学性能 | | 使用范围(钢轨类型, kg/m) |
	C	Si	Mn	Cu	P	S	抗拉强度 σ_b (MPa)	伸长率 δ_5(%)	
U71 MnSiCu	0.65~0.77	0.70~1.10	0.80~1.20	0.10~0.40	≤0.040	≤0.040	883	8	50
PD2	0.74~0.82	0.15~0.35	0.70~1.00		≤0.040	≤0.040	1175*	8	50、60、75
PD3	0.70~0.78	0.50~0.70	0.75~1.05	0.04~0.08 **	≤0.035	≤0.035	980	8	50、60、75
BNbRE	0.70~0.82	0.60~0.90	0.90~1.30	0.02~0.05 ***	≤0.040	≤0.040	980	8	
UIC 900A	0.60~0.80	0.30~0.90	0.80~1.30		≤0.040	≤0.040	880	10	

注:＊为PD2全长淬火钢轨;＊＊为PD3中微钒的含量;＊＊＊为U7bNbRE中RE的含量。

(四)钢轨接头联结零件

为了将定长的钢轨连接成连续的轨线,在两根定长的钢轨之间,需要用夹板联结,即为钢轨接头联结零件。在城市交通的轨道结构中已大量采用无缝线路,钢轨接头数量大大减少,但是在无缝线路的缓冲区、轨道电路的绝缘区、有道岔的线路区段中,钢轨接头仍不可避免。《地铁设计规范》(GB50157—2013)规定正线有缝线路地段的钢轨接头应采用对接,曲线内股应采用厂制缩短轨;配线和车场线半径不大于 200m 的曲线地段钢轨接头应采用错接,错接距离不应小于 3m;不同类型的钢轨应采用异型钢轨连接。

1.钢轨接头的分类

(1)按接头联结形式相对于轨枕的位置划分,可分为悬空式和承垫式两种。线路上大部分采用悬空式的接头,承垫式只是在绝缘接头处使用。

(2)按两股钢轨接头相互位置划分,可分为相对式和相错式两种。在我国一般采用相对悬空式为标准形式,即两段钢轨接头左右对齐,同时位于两接头轨枕间。这种接头联结方式,无论对铺轨还是受力,都是比较有利的。

(3)按接头联结的用途及工作性能划分,可分为普通接头、异形接头、导电接头、绝缘接头、冻结接头和尖轨接头等。

①普通接头。用于前后同类型钢轨的正常联结,是线路上使用最多的接头。

②异形接头。用于联结两种不同断面的钢轨,异形夹板的一半应与一端同型钢轨断面相吻合,另一半则与另一端钢轨断面相吻合。联结时,应使两钢轨工作面轨距线与轨顶最高点水平线都相吻合。

③导电接头。用于铁路自动闭塞区段及电力牵引地段,供传导轨道电流或作为牵引电流的回路之用。两根钢轨间传导联结装置用左右两根 5mm 的镀锌铁丝组成。

④绝缘接头。用于自动闭塞区段闭塞分区两端的钢轨接头上,以隔断电流,防止漏电。绝缘的方法是在夹板与钢轨、螺栓之间及螺孔四周与轨端之间用绝缘材料加以隔离构成。绝缘材料采用高强度尼龙绝缘层,它可承受 $900N \cdot m$ 的螺栓扭矩,轨缝几乎没有什么变化。在新建的城市轨道交通中已采用无绝缘接头的轨道电路,在正线范围内已不再使用这种绝缘接头。

⑤冻结接头。用高强度的胶黏剂将夹板与钢轨胶结,再用高强度螺栓拧紧,其剪切荷载可达 1800kN,起到了"冻结"钢轨的作用。它用于无砟桥上有钢轨伸缩调节器的钢梁温度跨度范围内,钢梁横梁顶上及道口处,近来也有用于道岔的接头上。

⑥尖轨接头。尖轨接头又称为钢轨伸缩调节器,用于联结轨端伸缩量相当大的普通轨道及温度跨度大于 100m 的桥上轨道的钢轨接头。

2.钢轨接头的联结零件组成

钢轨接头的联结零件包括夹板、螺栓、螺母、弹簧垫圈等。

(1)接头夹板。钢轨夹板的作用是夹紧钢轨。夹板以双头对称式(对称度在 10% 以内)为最常用。目前,我国标准钢轨用夹板均为斜坡支撑型双头对称式夹板。夹板的上下两面均有斜坡,使能楔入轨腰空间,但不贴住轨腰。这样,当夹板稍有磨耗,以致联结松弛时,仍可重新旋紧螺栓,保持接头联结的牢固。每块夹板上有螺栓孔 6 个,圆形孔与长圆形孔相同,孔径较螺栓直径略大。

(2)接头螺栓、螺母及弹簧垫圈。接头螺栓、螺母是用来夹紧夹板和钢轨的配件,弹簧垫圈是为了防止螺栓松动。螺栓根据其机械性能分级,我国螺栓划分为 8.8 和 10.9 级两个等级,其抗拉强度相应为 830MPa 和 1040MPa。接头螺栓的扭矩应达到表 4-4 规定,扭矩不得低于规定值 $100N \cdot m$ 以上。

表 4-4 接头螺栓扭矩

项目	单位	25m 长钢轨						12.5m 长钢轨	
		最高、最低轨温差>85℃			最高、最低轨温差≤85℃				
轨型	kg/m	60 及以上	50	43	60 及以上	50	43	50	43
螺栓等级	—	10.9	10.9	8.8	10.9	8.8	8.8	8.8	8.8
扭矩	N·m	700	600	600	500	400	400	400	400
C 值	mm	6			4			2	

(3)预留轨缝。为适应钢轨热胀冷缩的需要,在钢轨接头处要预留轨缝。预留轨缝应满足如下的条件:当轨温达到当地最高轨温时,轨缝应大于或等于零,使轨端不受挤压力,以防温度压力太大而胀轨跑道;当轨温达到当地最低轨温时,轨缝应小于或等于构造轨缝,使接头螺栓不受剪力,以防止接头螺栓拉弯或拉断。

构造轨缝是指受钢轨、接头夹板及螺栓尺寸限制,在构造上能实现的轨端最大缝隙值。

普通线路预留轨缝按式(101)计算。

$$a_0 = aL(t_z - t_0) + \frac{1}{2}a_g \quad (10-1)$$

式中 a_0:换轨或调整轨缝时的预留轨缝(mm)。

a:钢轨钢线膨胀系数,取 0.0118mm/℃。

L:钢轨长度(m)。

t_z:当地中间轨温(℃)。

$$t_z = \frac{1}{2}(T_{max} + T_{min}) \quad (10-2)$$

其中,T_{max},T_{min} 当地历史最高、最低轨温(℃)。

t_0:换轨或调整轨缝时的轨温。

a_g:构造轨缝,43kg/m、50kg/m、60kg/m、75kg/m 钢轨均采用 $a_g = 18$mm。

对于年轨温差小于 85℃的地区,为了减小冬天的轨缝,预留轨缝可以按式(10-1)计算得到的结果再减小 1~2mm。

由于构造轨缝以及接头和基础阻力的限制,不是所有地区都能铺设 25m 长的钢轨。根据轨温 —轨缝变化规律,在确定的 a_g 和 C 值情况下,以 T_{max} 时轨缝 $a_{min} = 0$,T_{min} 时轨缝 $a_{max} = a_g$ 为条件,可以得到允许铺轨的年轨温差为〔ΔT〕的地区。

$$\Delta T = \frac{a_g + 2C}{aL} \quad (10-3)$$

式中〔ΔT〕:允许铺轨年轨温差(℃)。

C:接头阻力和道床阻力限制钢轨伸缩量(mm),参考表 4-4。

由式(10-3)计算可知,对于 12.5m 长钢轨,铺设地区不受年轨温差的限制;对于 25m 长钢轨,〔ΔT〕=101.7℃,近似地只能在年轨温差 100℃以下地区铺设,对于年轨温差大于 100℃的地区应个别设计。

在允许铺轨的最大年温差〔ΔT〕范围内,并不是在所有的轨温下都能铺设,在年轨温差〔ΔT〕大的地区,当接近了 T_{max}(或 T_{min})的轨温下铺轨后,轨温达到 T_{min}(或 T_{max})时,轨缝就不能满足 $a_{max} \leq a_g$(或 $a_{min} \geq 0$)的要求,因此必须限制其铺轨温度。为此,可用式(10-1)中 a_0 作为预留轨缝,并在铺轨后为检查轨缝计算方便,将铺轨轨温上、下限定为

允许铺轨轨温上限$[t_{0s}] = t_z + \dfrac{a_g}{2aL} \quad (10-4)$

允许铺轨轨温下限$[t_{0x}] = t_x + \dfrac{a_g}{2aL}$

(五)钢轨伤损及合理应用

作为城市轨道交通,地铁运营线路具有行车密度大和安全要求高的特点,城市轨道因其车辆轴重轻、车种单一,轨道结构及运营条件明显有别于国家铁路,其钢轨伤损与国家铁路相比有其自身明显的特点。在城市轨道列车运行的过程中,启动、制动、加载和卸载因区间长度短呈现频率高的特点,每天的行车时间均保持在 12~18h,长时间内频繁的急开、急停,使钢轨、轮对均长期处在运行极限状态下,更容易导致钢轨产生裂纹。

城市轨道交通常见的钢轨伤损类型如下所述。

1.钢轨锈蚀

城市轨道交通中大多数采用线路地下铺设的模式,隧道结构占有相当大的比重。在我国南方地区,地下水位高、水资源丰富,隧道结构漏水相对普遍,因此轨道结构常处于隧道阴暗潮湿的环境中,钢轨锈蚀就成为南方地区城市轨道交通中比较普通的伤损,其中包括钢轨在隧道风洞模式下的普通表面锈蚀及酸碱地下水情况下的电腐蚀。

对于钢轨锈蚀伤损,主要采取定期频繁涂刷防锈漆的预防措施,对部分电腐蚀严重区域,可尝试采用轨下放置绝缘镀锌板的方式,减小钢轨电腐蚀的程度。从隧道结构专业上出发,及时有效的解决结构渗漏水和疏排问题,才是解决钢轨锈蚀严重的关键。

2.钢轨接触疲劳损伤

钢轨接触疲劳伤损随着线路通过总重、通过总列次的不断增加,在轮轨重复作用下,钢轨表面淬火层逐渐磨损,在隧道潮湿环境下,钢轨表面极易出现锈蚀,导致轨头强度降低,就出现表面裂纹称为轮轨接触疲劳裂纹,俗称"鱼鳞伤损";钢轨表面的疲劳裂纹没有及时的进行处理,在列车荷载与振动的作用下,出现局部的掉块称为剥离掉块;当剥离裂纹发展到较大尺寸并导致踏面局部塌陷,表面呈暗斑状时,称为表面缺陷;剥离裂纹也分为水平裂纹和纵向裂纹,水平裂纹和纵向裂纹都是由于钢轨制造工艺不良,留下疲劳源,在轨头中就会形成水平裂纹或者纵向裂纹。轮轨接触应力超过钢轨的接触疲劳强度是钢轨接触疲劳伤损萌生和发展的条件。轮轨接触应力的大小与线路曲线半径、列车轴重、运行速度、轮轨接触状态等多种因素有关,钢轨的强度级别偏低、轨头表面质量及冶金质量差等,也将影响钢轨的接触疲劳强度。

目前,主要对易产生钢轨疲劳纹地段进行预防性打磨,打磨深度保持在 0.1mm 以内,消除具有初期症状的疲劳裂纹,此外还有进行涂油处理、整正曲线矢度、加强线路几何尺寸的养护力度等。

3.轨头核伤

核伤分为黑核和白核,国际上称为轨头横断面裂纹。多数发生在钢轨轨头内,它是各类伤损中危害最大的钢轨伤损。钢轨在电客车作用下会突然断裂,严重影响行车安全,其产生的主要原因是钢轨内部存在裂纹或者缺陷,在电客车重复荷载作用下,轨头内部产生极为复杂的应力组合,使细小裂纹成核然后向四周发展,直到核伤周围的钢料不足以提供足够的抵抗,钢轨就会在毫无征兆的情况下产生断裂。所以内部材质缺陷是内因,外部重复荷载是外因,从而促使核伤的发展。

为确保设备安全,要定期进行钢轨探伤作业。

4.螺孔裂纹

螺孔裂纹是伤损中的第一位,因车轮作用在钢轨接头上的最大惯性力要比其他部位大 60%,致使螺孔周边局部应力过高而产生裂纹,尤其是列车经常制动地段、绝缘接头及隧道地段,都易产生裂纹。螺孔裂纹主要来自钻孔时产生的微小裂纹,而养护不当又促进了裂纹的形成和发展。

为防止螺孔周边应力集中,应该把螺孔周边镗光得很好。

5.钢轨磨耗

钢轨磨耗主要包括垂直磨耗、侧面磨耗和波形磨耗等。

(1)垂直磨耗与作用在钢轨上的垂直压力、轮轨之间滑动摩擦有关,它随着通过质量的增加而增大,在直线或曲线上都存在垂直磨耗。当超过允许的垂直磨耗量,钢轨必须更换,所以,在正常情况下垂直磨耗是确定钢轨使用寿命的重要依据。我国把磨耗钢轨按轨头磨耗程度分为轻伤和重伤两类,见表 4 - 5。

表 4-5 钢轨磨耗限度

钢轨类型(kg/m)	垂直磨耗(mm)		侧面磨耗(mm)	
	重伤	轻伤	重伤	轻伤
60 及以上	11	9～10	19	14～16
50	10	8～9	17	12～14

（2）侧面磨耗主要发生在小半径曲线的外股钢轨上，从摩擦学的角度来看，侧面磨耗属于塑性变形磨损、黏着磨损和疲劳磨损的综合磨损。伴随曲线外轨侧面磨耗的同时，在曲线内轨上出现轨头压溃、轨头压偏和宽度增加等现象。钢轨侧面磨耗的严重性，在钢轨伤损中已居突出位置，是目前曲线钢轨伤损的主要类型之一。在城市轨道交通中，困于地面建筑物限制，线路走向选线设计更多的会采用小半径曲线，这就导致小半径曲线的钢轨侧面磨耗在城市轨道交通钢轨伤损中更显突出、重要。侧面磨耗钢轨按磨耗程度分为轻伤和重伤两类，见表 4-5。

侧面磨耗也有来自于轨道交通车辆方面的因素，与转向架的类型有关。轮对因受转向架的约束不能自由地居于径向位置，通过曲线时对外股钢轨产生较大的轮缘力（或称为导向力）和冲角。

侧面磨耗来自于轨道方面的因素为外轨超高、轨距、曲线的圆顺度及轨底坡等轨道几何形状。

减少侧面磨耗的措施有采用径向转向架；采用耐磨轨；合理设置超高、轨距和轨底坡，加强曲线的养护维修，保持良好的曲线圆顺度和方向性；曲线润滑，在曲线外轨侧面涂以润滑剂，润滑效果的好坏取决于润滑方法和润滑剂的类型，我国目前采用的润滑方法有在动车上装置润滑器或在车尾装置润滑器和地面自动润滑装置两种，润滑剂的种类也分为润滑油和润滑脂两种。

（3）波形磨耗是指钢轨轨头踏面沿长度方向出现周期性的不均匀塑性变形和磨耗，使钢轨全长呈现波浪形状的不平顺，波形磨耗的波幅处有明显的塑性变形，使踏面辗宽或出现辗边，波形磨耗易出现在小半径曲线外股钢轨。波形磨耗依据其波长可分为两大类：波长 30～80mm、波深 0.1～0.5mm，光亮的波峰和黑暗的波谷规则地排列在轨面上的波形磨耗称为短波浪型磨耗，又称为波纹磨耗；波长 150mm 及以上、波深 0.5～5mm，波浪界限分明但不规则、不均匀，波峰和波谷有均匀光泽的波形磨耗称为长波浪型磨耗。

波形磨耗形成的原因十分复杂，解释其成因的理论不下数十种，归纳起来大致可以分为两类：一类为非动力成因理论，主要从钢材性能、残余应力、不均匀磨损腐蚀、不均匀塑性流动、接触疲劳及轮轨几何形状匹配等方面去研究成因；另一类为动力类成因理论，主要从轮轨接触共振、轮轨垂向振动、轮对横向振动、扭振及弯曲振动等理论去研究成因。从最近几年来的研究表明，轮轨系统振动理论比较能够解释波形磨耗的发生和发展。

防止和减缓波形磨耗的措施如下。

①提高轨道的弹性和阻尼，减少轨道交通车辆垂向振动对轨道影响，对延缓波形磨耗发展速率是有利的。

②合理设置曲线外轨超高。实践表明，设置小于计算超高的外轨超高对减缓波形磨耗是有利的。

③提高钢轨材质强度及耐磨性能。

④钢轨打磨。国外经过 30 余年的实践，打磨已发展成为多功能的现代化养护维修技术。钢轨打磨后的使用[寿命可延长 0.1～1 倍。

二、扣件

(一)概述

钢轨与轨枕间的联结是通过中间联结零件实现的。中间联结零件也称扣件,它的功用在于可以长期有效地保持钢轨与轨枕的可靠联结,阻止钢轨相对于轨枕的移动,并能在动力作用下充分发挥其缓冲减振性能,延缓轨道残余变形积累。扣件应具备如下性能。

1.足够的扣压力

这是钢轨和轨枕联结的重要保证。足够的扣压力是指当钢轨弯曲和转动时,不致使轨底沿垫板发生纵向位移,即要求扣件的纵向阻力大于道床的纵向阻力。当然扣压力也不宜太大,否则会使扣件弹性急剧下降,影响扣件使用寿命。

2.适当的弹性

适当的弹性可减小荷载对道床的压力,减小簧下振动加速度,延长部件使用寿命。扣件弹性主要由橡胶垫板和弹条等部件提供。对混凝土枕线路,其弹性较木枕差许多,因而混凝土枕线路在垂直和水平方向的弹性主要由扣件提供。

3.具有一定的轨距和水平调整量

为适应轨面高程及轨距变化的需要,钢轨扣件应在各个方向上具有充分的调整量。尤其在混凝土枕轨道和无砟轨道中,钢轨扣件的调整量问题更为突出。

此外,钢轨扣件还应构造简单,便于安装及拆卸,并具有足够的耐久性和绝缘性能。

(二)扣件分类及结构形式

1.普通扣件

城市轨道交通地面线使用的钢轨扣件基本上是铁路定型扣件,但是为了满足城市轨道交通地下线、高架线的不同要求,需自行设计专用扣件。在城市轨道交通地下线、高架线上一般铺设混凝土整体道床,整体道床刚度大,轨道弹性主要依靠扣件及橡胶垫板提供,因此扣件应具有较好的弹性,以减少列车荷载冲击。扣件垂向静刚度一般在 $20\sim50$ kN/mm 之间,其中地面线碎石道床扣件垂向静刚度为 $30\sim50$ kN/mm,高架线与地下线扣件垂向静刚度为 $20\sim40$ kN/mm,并且动静刚度比要求被控制在 1.4 以下。

(1)DTⅠ型扣件。1967 年在北京地铁一期、二期工程中采用 DTⅠ型扣件,属于弹性分开的弹片式扣件。DTⅠ型扣件扣压力较强,使用轨距块调整轨距,四边形调整块的轨距调整量为 $+4\sim-8$ mm,六边形调整块的轨距调整量为 $+8\sim-12$ mm,高低调高量为 $+10\sim-5$ mm。轨下设一层 10mm 厚的沟槽型橡胶垫板,铁垫板下设一层 8mm 厚塑料垫板,它的垂向静刚度为 $40\sim60$ kN/mm,减振效果一般。

(2)DTⅢ型扣件。DTⅢ型扣件是有挡肩、弹性分开式、有 T 形螺栓的扣件,多用于减振要求一般地段的轨枕埋入式整体道床之。轨枕设有挡肩,可承受 70% 左右的横向力,这样螺旋道钉所受的横向力大大减少,有利于保持轨距。扣压件采用国家铁路 1 型 013mm 的 w 弹条,弹性好,扣压力大,单个弹条初始扣压力为 8kN,弹程 10mm,铁垫板上设 10mm 厚,下设两层 10mm 厚的橡胶垫板,垂向静刚度为 $20\sim30$ kN/mm。轨距调整量为 $+8\sim-12$ mm,高低调整量为 $+30\sim-5$ mm。此外,通过振动试验对比发现,DTⅢ型扣件较北京地铁 DTⅠ型扣件减少 $5\sim10$ dB,适用于一般减振要求。目前在上海地铁1、2号线长枕埋入式整体道床地段上使用效果良好。

（3）DTⅢ2型扣件。DTⅢ2型扣件是无挡肩、弹性分开式、有 T 形螺栓的扣件，弹条为 013mmw 型的国家铁路Ⅰ型弹条，初始扣压力 8kN，弹程 10mm，轨下设一层 10mm 厚橡胶垫板，铁板下设一层 12～16mm 厚橡胶垫板，其垂直静刚度 20～40kN/mm，轨距可调＋8～－12mm，高低可调＋30～－5mm。DTHI2 型扣件多被应用于 60kg/m 钢轨的地下线，在上海 4、6、8、9 号线均有铺设。

（4）DTⅥ型扣件。DTⅥ型扣件是有挡肩、弹性分开式、无 T 形螺栓的扣件，弹条为 018mme 型 DⅠ弹条扣件，初始扣压力 8kN，弹程 10.5mm，其垂直静刚度 20～40kN/mm，轨距可调＋12～－12mm，高低可调＋30mm，多被应用于 60kg/m 钢轨的地下线，在北京地铁复八线有铺设。

（5）DTⅥ1 与 DTⅥ2 型扣件。DTⅥ1 与 DTⅥ2 型扣件均是无挡肩、弹性分开式、无 T 形螺栓的扣件，弹条为 018mme 型 DⅠ弹条扣件，其中 DTⅥ2 型扣件具有较大的轨距和高低调整能力，因此它在地铁交通地下线中的用量较大。它们的初始扣压力 8.25kN，弹程 10.5mm，垂直静刚度为 20～40kN/mm。两类扣件所不同的是，DTⅥ2 型扣件具有较大的轨距（＋8～－12mm）和高低（＋30mm）调整能力，以适应整体道床轨道弹性差、施工后很难调整的特点。DTⅥ1 型扣件主要适用于 60kg/m 钢轨的木枕碎石道床，在天津地铁 1 号线上有铺设；DTⅥ2 型扣件用量较大，主要用于北京、上海、天津、南京、杭州、沈阳、大连、哈尔滨、青岛等地铁地下线短轨枕整体道床上。

（6）DTⅥ3 型扣件。DTⅥ3 型扣件是无挡肩、弹性不分开式、无 T 形螺栓的扣件，弹条为 018mmDⅠ弹条扣件，其结构形式类似于 DTⅥ1 和 DTⅥ2 型扣件。轨距可调量为＋4～－8mm，高低不可调，垂直静刚度为 30～50kN/mm，多用于地面线混凝土轨枕碎石道床上，例如北京地铁 13 号线和八通线。

（7）DTⅦ与 DTⅦ2 型扣件。DTⅦ型扣件是无挡肩弹性分开式扣件结构，是为上海地铁 2 号线高架线路设计的。扣件静刚度一般是 40～50kN/mm，但为增加弹性，提高其减振性能，铁垫板下垫层由 6mm 厚改为 12mm 厚的橡胶垫板。

DTⅦ2 型扣件与 DTⅦ型扣件基本组成结构相同，它的钢轨扣压件是专为地铁研制的 DⅢ弹条（013mm，w 型），弹程 11mm，单根弹条的扣压力为 4kN。采用螺旋道钉将铁垫板与预埋尼龙套管的短轨枕联结。DTⅦ2 型扣件的弹性分别由轨下橡胶垫板和铁板下橡胶垫板提供。为与常用于隧道内 DTⅥ2 型扣件的垂直刚度保持一致，轨下橡胶垫板垂直静刚度设为 30～50kN/mm，铁垫板下 12mm 厚橡胶垫板的垂直静刚度设为 60～70kN/mm，其组合垂直静刚度则可控制在 20～40kN/mm。轨距调整范围是＋8～－16mm，其中主要是利用钢轨两侧不同规格的绝缘轨距垫及铁垫板倒边分别实现轨距＋8～－4mm 和 0～－12mm 的调整量；高度可调量为＋40mm，可通过分别在轨下垫 10mm 厚的调高垫板和在铁垫板下垫 30mm 厚的调高垫板来实现。目前主要应用于北京地铁八通线、上海地铁 2 号线东延伸段等高架线路。

（8）WJ－2 和 WJ－3 型扣件。WJ－2 型扣件是无挡肩、小阻力弹性分开式、有 T 形螺栓的 w 形弹条扣件，它是在国家铁路Ⅲ型弹条基础上开发的，主要用于地铁交通高架线，在我国最早用于上海明珠线高架桥短轨枕式整体道床的无缝线路上，之后上海地铁 1 号线北延伸段、莘闵 9 号线等高架段亦采用这种扣件形式。其主要技术指标是 013mm 弹条扣压力 4kN，弹程为 14mm，调高量为＋40mm，若采用无级调距的扣板，轨距调整量可达＋24～－28mm，垂直静刚度一般为 40～60kN/mm，减振效果小于 3dB。

与 WJ-2 型扣件的结构型式相似，WJ-3 型扣件主要适用于 60kg/m 钢轨的地下线。WJ-3 型扣件是弹性、无挡肩、分开式、有 T 形螺栓的扣件。弹条采用 013mm 的 w 形国家铁路 DⅠ型弹条，初始扣压力 9kN，垂直静刚度 35～50kN/mm，轨距可调量＋8～－12mm，高低可调量＋15mm。主要适用于 60kg/m 钢轨的地下线，在深圳地铁一期工程中有使用。

（9）单趾弹簧扣件。单趾弹簧扣件是无挡肩、弹性分开式、无 T 形螺栓的扣件，所采用的弹条为 PR 弹条。

单趾弹簧扣件弹条先后有三代弹条，第一代是单趾弹簧扣件所使用的 PR 弹条，由于其材料性能欠佳，现已基本淘汰；第二代是 e 型弹条，正在国内外大量使用；第三代是 Fast 弹条，虽然性能较好，但是其配件结构复杂，国内还未有成熟的应用经验。

城市轨道交通中常用扣件类型见表 4-6。

表 4-6　城市轨道交通中常用扣件类型一览表

扣件类型	扣件形式	轨距可调量（mm）	高低可调量（mm）	垂向静刚度（kN/mm）	适用线路情况	应用线路情况
DTⅠ	有挡肩；弹性分开式；有 T 形螺栓；w 形 Ø13mm 国家铁路I型弹条	＋4～－12	＋10～－5	40～60	一般减振路段	1967 年应用在北京地铁一期、二期工程
DTⅢ	有挡肩；弹性分开式；有 T 形螺栓；w 形 Ø13mm 国家铁路I型弹条	＋8～－12	＋30～－5	20～40	较 DTⅠ型扣件减少 5～10dB，适用于 60kg/m 钢轨的地下线	上海地铁 1、2 号线长枕埋入式整体道床
DTⅢ2						上海地铁 4、6、8、9 号线
DTⅥ	有挡肩；弹性分开式；无 T 形螺栓；e 形 18mmD Ⅰ型弹条	＋8～－12	＋30	20～40	60kg/m 钢轨的地下线	北京地铁复八线
DTⅥ1	无挡肩；弹性分开式；无 T 形螺栓；e 形 Ø18mmD Ⅰ型弹条	＋4～－8	不可调	20～40	60kg/m 钢轨的木枕碎石道床	天津地铁 1 号线
DTⅥ2		＋8～－12	＋30	20～40	60kg/m 钢轨的地下线	北京、上海、天津、南京、杭州、沈阳、大连、哈尔滨、青岛等地铁地下线短轨枕整体道床

扣件类型	扣件形式	轨距可调量(mm)	高低可调量(mm)	垂向静刚度(kN/mm)	适用线路情况	应用线路情况
DTⅥ3	无挡肩;弹性不分开式;无T形螺栓;e形Ø18mmDⅠ型弹条	+4～-8	不可调	30～50	地面线混凝土轨枕碎石道床	北京13号线和八通线
DTⅦ2	无挡肩;弹性分开式1有T形螺栓;w形Ø13mmDⅢ弹条	+8～-12	+40	20～40	高架线	北京地铁八通线、上海地铁2号线东延伸段等高架线路
WJ-2	无挡肩;小阻力弹性分开式;有T形螺栓;国家铁路Ⅲ型弹条基础上研发的w形Ø13mm弹条	+24～-28	+40	40～60	高架线	最早用于上海明珠线高架桥短轨枕式整体道床上,之后用于上海地铁1号线北延伸段、莘闵9号线等高架路段
WJ-3		+8～-12	+15	35～50	60kg/m钢轨的地下线	深圳地铁一期
单趾弹簧扣件	无挡肩;弹性分开式;无T形螺栓;e形Ø20mm的PR弹条	+24～-28	+30	50～60	60kg/m钢轨的地下线	广州地铁1、2号线

2.特殊扣件

目前世界上所使用的高等减振扣件主要有科隆蛋(Cologne-Egg)高弹减振器、先锋(Vanguard)扣件、黏结垫板减振扣件与GJ-Ⅲ型双层非线性减振扣件。

(1)科隆蛋高弹减振器。1978年,德国研制出了科隆蛋高弹减振器,并于1979年首次用于科隆地铁,因其外形呈蛋形,故称科隆蛋扣件。科隆蛋高弹减振器由钢轨扣压件、铁垫板(椭圆形)、橡胶支座和底座(椭圆形)四部分组成。钢轨通过扣压件固定在一块椭圆形铸铁板(垫板)上,铁板用硫化橡胶环(橡胶支座)固定在一个铸铁框架(底座)内,框架则用螺栓固定在隧道底板上的纵向混凝土轨枕上。其主要技术参数是初始扣压力大于等于15kN,轨距可调量＋4～－16mm,高低可调量＋30～－5mm,垂向静刚度11～13kN/mm,动静比不大于1.4,适用振动超标3～10dB的区段。美国LORD公司生产的低刚度LORD黏结垫板减振扣件的减振效果与科隆蛋相当。

科隆蛋扣件的减振机理是利用橡胶的剪切和压缩组合变形提供高弹性,而且不过量地降低其横向稳定性,其中的减振元件是橡胶支座(椭圆形硫化橡胶环)。橡胶为高分子聚合物,是一种黏弹性阻尼材料。在列车动荷载作用下,橡胶支座产生剪切和压缩组合变形。一方面由于橡胶支座的高弹性缓冲,减少了来自列车的动载作用;另一方面,又由于橡胶材料的应变滞后于应力,消耗了一部分振动能量,即从微观角度分析,它在承受周期变形时,橡胶高分子之间产生内摩擦,使一部分机械能转化为热能,这样即可减小传到轨下基础的振动和噪声。科隆蛋扣件在上海地铁1、2号线,北京地铁4、5、13号线,南京地铁与大连快速轨道交通3号线的运营初期具有较好减振性能。

(2)黏结垫板减振扣件。黏结垫板减振扣件将承载板、橡胶和底板硫化为整体,利用橡胶压缩变形减振,其垂向静刚度分为两种,分别是低刚度扣件10～16kN/mm和中刚度扣件17～52kN/mm,低刚度扣件减振效果与科隆蛋扣件相当,均可达5～10dB。目前在美国华盛顿、芝加哥、纽约、旧金山、洛杉矶地铁和我国的上海地铁4、6、8、9号线均有应用。

(3)先锋(Vanguard)扣件。2001年,英国开发出了先锋扣件,包括两种类型,一是嵌入式,可以直接预埋在混凝土轨枕或轨枕块中;二是底板式,利用螺纹道钉、一般道钉或螺栓固定到轨枕上。这两类扣件的大部分关键部件是相同的,主要包括弹性楔块,用于支撑钢轨;侧板,用于固定位置并传递载荷;锁紧楔块,用于固定侧板;挡肩,提供扣件所受到支撑力的反作用力,安装在两侧的挡肩可保证长期安全而可靠的运行;以及锁紧弹条和防撞垫块。系统的安装与拆卸可通过专用夹具进行。

先锋扣件的减振原理是通过弹性部件扣紧轨头与轨腰,而不是扣在轨底,钢轨悬浮于轨下基础之上,这种扣紧系统可提供非常低的竖向刚度(6～10kN/mm),允许钢轨产生较大的垂向位移(3～4mm),并能有效抑制钢轨的横向翻转,从而达到显著的减振效果。广州地铁1号线铺设的先锋扣件试验段测试结果表明,先锋扣件较单趾弹簧扣件可减16dB;此外,嵌入式先锋(Vanguard)扣件轨距调整量为＋5～－5mm,高低调整量为＋15mm,而底板式先锋(Vanguard)扣件轨距调整量＋20～－20mm,高低调整量为＋45mm。目前该类减振扣件在伦敦地铁,香港地铁,广州地铁3、4、5号线,北京地铁4、5号线中被广泛使用。

(4)GJ－Ⅲ型双层非线性减振扣件。2002年,中国自主研发出了GJ－Ⅲ型双层非线性减振扣件。这项专利产品是一种新型高效、造价较低、性价比较高的地铁轨道减振扣件,在广州地铁应用较多。GJ－Ⅲ型双层非线性减振扣件主要由轨下胶垫、上铁垫板、中间橡胶垫板、下铁垫板和自锁机构等组成,其中橡胶垫板与铁件分离,可实现独立部件单独更换,但是中层橡胶垫板及自锁缓冲尼龙垫需加强其耐候性能,避免其异常老化;此外,由于上、下铁垫板与环境接触面积增大,建议对金属件采取防腐措施,加强现场工装工艺,保证上下层铁垫板和橡胶密贴,避免积水及粉尘进入,影响其正常使用功能。

GJ－Ⅲ型双层非线性减振扣件主要利用两层橡胶垫板的非线性压缩变形来实现扣件减振,属于压缩型减振扣件。落锤试验表明,其减振效果约为10dB,实际减振指标折减20％计算,减振指标为8dB,能够满足部分地段的减振需求。GJ－Ⅲ型双层非线性减振扣件主要技术指标是初始扣压力13～15kN,垂向静刚度9～14kN/mm,轨距可调量＋19～－23mm,高低可调量＋35～－3mm。另外,它的主要优势是其整体尺寸紧凑、重量轻,组装与更换均很方便。

三、轨枕

(一)概述

轨枕是轨下支承部件之一,其功能是支承钢轨,保持轨距和方向,并将钢轨对它的各种压力传递到道床上。轨枕的性能除与轨枕本身的构造有关外,还与扣件的性能及道床支承状态有关,其强度和结构的变化影响整体轨道结构及其他部件的工作状态。

因此,轨枕应具有一定的坚固性、耐久性,并能便于固定钢轨和扣件,具有抵抗道床纵向和横向位移的能力。

我国城市轨道交通20世纪60年代开始兴建,在最早设计的北京地铁1号线,整体道床采用钢筋混凝土短枕,车辆段地面线、正线道岔采用木枕。此后,钢筋混凝土短轨枕在国内轨道交通地下线、高架线整体道床中大量采用。20世纪90年代,结合上海地质情况,上海地铁在地下线采用预应力混凝土长轨枕。目前,城市轨道交通工程基本形成了以钢筋混凝土短轨枕、预应力混凝土长轨枕为主,木枕、树脂枕为辅的轨枕类型。

(二)我国常用轨枕分类

1.按构造及铺设方法分类

轨枕按其构造及铺设方法可分为横向轨枕、纵向轨枕、短轨枕和宽轨枕等。

(1)横向轨枕。横向轨枕与钢轨垂直间隔铺设,是最常用的轨枕。

(2)纵向轨枕。纵向轨枕沿钢轨方向铺设,值得注意的是,纵向布置的钢轨和轨枕之间的连接还是采用定距离配置螺栓、扣件的形式,即还是"点支撑"的传力形式。纵向轨枕在我国的线路中较少使用。

(3)短轨枕。又称为支撑墩,是在左右两股钢轨下分开铺设的轨枕,只用于混凝土整体道床上。短轨枕有使用木质材料的,但在我国普遍使用钢筋混凝土材料,钢筋混凝土短轨枕采用C30混凝土,宜在工厂预制,以期保证质量。

(4)宽轨枕。宽轨枕因其底面积比横向轨枕大,减小了对道床的压力和道床的永久变形。

2.按使用部位分类

轨枕按其使用部位可分为用于区间线路的普通轨枕、用于道岔上的岔枕和用于无砟桥上的桥枕。

3.按材料分类

轨枕按其材料可分为木枕、混凝土轨枕和钢枕等,现钢枕不被采用。

(1)木枕。木枕又称为枕木,是铁路上最早采用而且到目前为止依然被采用的一种轨枕。木枕主要的优点是弹性好,易加工,运输、铺设、养护维修方便,绝缘性能好;其缺点是易于腐朽和机械磨损,使用寿命短,且木材资源缺乏,价格比较昂贵,所以木枕已逐渐被混凝土轨枕所代替。但是在道岔、停车场等站线部位由于要求不等长的轨枕,混凝土轨枕尚难取代木枕。

(2)混凝土轨枕。目前的混凝土轨枕均采用预应力式轨枕,已得到各国的广泛采用。混凝土轨枕优点是材源较多,规格统一,轨道弹性均匀,稳定性高,具有较高的道床阻力,对提高无缝线路的横向稳定性有利,使用寿命长,不受气候、腐朽、虫蛀及失火的影响;主要的缺点是质量大,弹性差,受力大。同时,列车通过不平顺的混凝土枕线路时,轨道附加动力增大,故对轨下部件的弹性提出了更高的要求,以提高线路减振性能。混凝土轨枕按结构形式可分为整体式、组合式和短枕式。整体式轨枕整体性强,稳定性好,制作简便,是目前广泛使用的一种类型。组合式轨枕由两个钢筋混凝土块使用一根钢杆连接而成,其整体性不如前者,但钢杆承受正负弯矩的能力比较强,我国没有使用这种轨枕,但在欧洲使用得很广泛。轨枕间距也是轨道设计中的重要参数之一,其大小与每千米铺设的轨枕数量有关。《地铁设计规范》(GB50157—2013)规定,无砟道床地段应采用预制钢筋混凝土轨枕,有砟道床地段宜采用预应力混凝土枕。

4.城市轨道交通常用轨枕

(1)地面线路。城市轨道交通(指钢轮/钢轨系统如地铁、轻轨、现代有轨电车等)地面线路碎石道床用轨枕,一般与国家铁路一致,采用三轨授电方式时,需每隔 4 根轨枕加长 1 根(或在轨枕上安装支架),以便设置三轨。

(2)地下线路和高架线路。地下线路和高架线路整体道床一般采用短轨枕,也有用长轨枕,均根据具体工况(扣件、界限、授电方式等)另行设计。在地下线路整体道床铺设的轨枕,有带挡肩和无挡肩两种形式。长轨枕采用预应力钢筋混凝土制造,轨枕立面有 5 个预留孔,以便道床纵向钢筋通过,加强轨枕与道床的连接,其道床整体性较好,全长为 2100mm。短轨枕(亦称支撑墩)有带挡肩和无挡肩两种形式,采用钢筋混凝土制造,底部伸出钢筋钩,加强与道床的结合,全长为 450~500mm。

(3)减振地段。在减振地段铺设弹性短轨枕及弹性长轨枕,弹性轨枕由短轨枕(长轨枕)、枕下微孔橡胶垫板、橡胶减振套靴组成,可大幅降低道床应力,减少振动 8~15dB。

(三)轨枕技术发展趋势

目前,我国轨道交通的轨枕主要以混凝土轨枕为主,木枕为辅。其中整体道床主要使用混凝土短轨枕和预应力钢筋混凝土枕,碎石道床主要使用国家铁路新Ⅱ型预应力钢筋混凝土枕,部分道岔使用木岔枕。

混凝土枕的大量铺设对轨道交通的发展有重要意义,同时,在使用中也发现一些需要改进的问题,一是需要增加混凝土轨枕类型;二是开发研究新材料轨枕,克服既有轨枕硬度大、弹性差、脆性大的不足。在今后一个阶段轨枕技术的发展将重点在以下几个方面。

1.开发和丰富混凝土轨枕类型

目前我国生产的混凝土轨枕类型比较单一,没能按不同运营条件、线路条件配置不同要求的轨枕,如没有小半径曲线和直线之分。因此,常常发生在钢轨接头处轨枕承受冲击力较大,小半径曲线地段轨枕承受水平力较大。从而,在特殊部位轨枕过早失效,增加养护维修作业工作量。

另外,混凝土枕一般按铺设在有砟道床设计,无砟道床用混凝土枕、短轨枕、弹性短轨枕尚无定型产品,给设计、施工带来不便,从工程需要出发,应增加混凝土轨枕类型,满足不同铺设条件的需要。

2.研究开发新材料轨枕

(1)复合式弹性轨枕。有关部门利用再生橡胶粉、废塑料、废油漆混合塑化,化废为宝研制出新材料轨枕,该轨枕相较于木枕强度高、弹性好、耐腐蚀、易加工,比混凝土枕自重轻,可适用于高速、重载线路。目前已列入"国家鼓励发展的资源节约综合利用和环境保护 260 项技术",进一步研究开发。

(2)纤维混凝土枕。在混凝土中掺入一定量的纤维(按材质分钢纤维、碳纤维、玻璃纤维等,按形状有平直型、波浪型、钩型等),以提高轨枕的抗冲击韧性和抗裂、抗拉、抗剪、抗弯、抗疲劳等性能。目前有关部门经研制、试铺已取得一定结果。

(3)玻璃长纤维强化塑料发泡体合成轨枕。该轨枕为玻璃长纤维强化塑料发泡体,通过压缩粘结成型,具有重量轻、弹性好、耐腐蚀、绝缘性能好、抵抗机械损坏、便于现场锯切、施工简便等特点。但该轨枕因成本较高,仅在特殊情况下选用。如上海地铁 M8 线人民广场站与既有 1 号线接轨转换铺道岔(施工不能间断行车)设计采用了该轨枕。

(4)塑料轨枕。欧美及日本等国家采用聚氨酯为原材料制成塑料轨枕,塑料轨枕寿命长、自重轻、耐腐蚀、抗紫外线,并具有良好的绝缘和减振降噪性能,使用寿命达 50 年。

四、道床

(一)概述

道床是轨道的重要组成部分,是轨道框架的基础,具有以下功能。

(1)承受来自轨枕的压力并均匀地传递到路基面上。

(2)提供轨道的纵横向阻力,保持轨道的稳定。

(3)提供轨弹性,减缓和吸收轮轨的冲击与振动。

(4)提供良好的排水性能,以提高铬基的承载能力和减少基床病害。

(5)便于轨道养护维修作业,校正线路的平纵断面。

(二)道床类型

1.有砟道床

在城市轨道交通发展的初期即采用了石砟铺筑而成的道床作为轨排的基础,巴黎、纽约等城市早期修建的地铁,无论在隧道中或高架上,均采用了这种有砟道床。从造价、轨道弹性、阻尼、易于维修恢复轨道几何形位等方面有砟道床均优于无砟道床。但有砟道床存在自重大、不易保持轨道几何形态、维修工作量大、易脏污等缺陷,在新建的高架、地下轨道交通线路中已不采用,目前只在轨道交通的地面线、站场线中使用。

有砟道床的材料应满足质地坚韧,吸水度低,排水性能好,耐冻性强,不易风化,不易压碎、捣碎和磨碎,不易被风吹动和被水冲走的要求。可以用作道床材料的有碎石、熔炉矿渣、筛选卵石、粗砂和中砂等;一般来说,应以就地取材为原则。在我国首选的道床材料是碎石道砟,且多采用双层道床,上面是面砟层,下面是底砟。同时《地铁设计规范》(GB50157—2013)规定,地面线无缝线路地段在线路开通前,正线有砟道床的密实度不得小于 $1.7t/m^3$,纵向阻力不得小于 10kN/枕,横向阻力不得小于 9kN/枕。

道床断面尺寸包括道床厚度、顶面宽度和边坡坡度。道床厚度是直线上钢轨或曲线上内轨中轴线下轨枕底面至路基顶面的距离,与道床弹性、脏污增长力、垫砟层和路基面承载能力有关。道床顶面宽度与轨枕长度和道床肩宽有关,道床宽出轨枕两端的部分称为道床肩宽,影响轨排横向稳定,一般 40~50cm。道床边坡坡度取决于内摩擦角、黏聚力和道床肩宽,趋向于采用较大的肩宽和较陡的边坡,考虑散粒体自然坡脚和列车振动影响,坡度均为 1:1.75。

道床变形包括弹性变形和塑性变形两部分。弹性变形部分可以恢复,而塑性变形部分则成为永久变形,或称残余变形,残余变形累积后将引起轨道下沉,其本质原因是道砟颗粒相互错位、重新排列,以及颗粒破碎、粉化等。道床下沉阶段分为初期急剧下沉和后期缓慢下沉两个阶段。

2.长(短)枕埋入式整体道床

长枕埋入式整体道床是将长轨枕埋在混凝土道床内使之形成整体。这类道床坚固稳定,但比短枕埋入式整体道床造价高,施工也较困难。长枕埋入式整体道床主要采用轨排法施工,以加快铺设进度。长轨枕一般采用 C50 预应力钢筋混凝土,横截面呈梯形。虽然道床受力较小,但是考虑到基础结构下沉,所以道床往往采用 C30 混凝土,并在其中布置钢筋。混凝土道床中间设有800mm 宽的人行道,排水沟设在道床两侧,边墙渗水可直接流入水沟。轨道超高采取外轨抬高一半,内轨降低一半的办法,以缩减隧道净空高度。

短枕埋入式整体道床轨道建筑高度一般为 550mm 左右,轨枕下道床厚度一般不小于 160mm,一般设中心排水沟。短枕埋入式整体道床稳定、耐久,结构比较简单,施工方法简便,进度较快。我国北京地铁、南京地铁地下工程大多铺设这种道床,经多年运营,使用状态良好。

3.无枕式点支承整体道床

无枕式点支承整体道床是隧道净空受限情况下特殊设计的一种轨道型式,它需要将钢轨下面的隧道底板混凝土凿去一部分,再把联结扣件的玻璃钢套管埋在结构底板内部,现浇成承轨台,在上海地铁 1、6 和 8 号线个别路段上有应用,自上而下具体为钢轨扣件、轨下垫片、锚固螺栓、预埋套管和混凝土道床板。

相对于轨枕式道床,无枕式整体道床直接承受由钢轨传递的动荷载,并向下传给隧道结构,受力模式发生改变。因此为减少轨道应力与振动,往往需要采用减振性能更好的轨道减振器。

4.纵向承台式整体道床

纵向承台式整体道床是轨下采用混凝土浇筑承台来支承钢轨的一种道床形式,用承轨台代替传统概念上的整体道床。这样可有效减轻轨道重量,降低轨道建筑高度。纵向承台式整体道床可分为无枕纵向承台式整体道床和纵向支承块加承台式整体道床,后者在城市地铁高架路段使用较多。

无枕纵向承轨台式整体道床也称无砟无枕式整体道床,是一种与基础连成一体并纵向铺设在每股钢轨下面的条形钢筋混凝土结构。承轨台分段断开,上面设预留孔,锚入扣件联结件,钢轨通过扣件联结到承轨台上。

纵向支承块加承轨台式整体道床是把支承块和承轨台结合在一起的结构形式,即将预制的钢筋混凝土支承块(每块支承块顶面预留 2 只锚固螺栓孔)在相邻两股钢轨下各垫一块铁垫板,用锚固螺栓及扣件将钢轨与支承块连在一起,并将预制好的支承块置入混凝土道床中。承轨台为一种与桥梁梁部连成一体的沿纵向铺设在每股钢轨下面的条形钢筋混凝土结构。

支承块承轨台轨道的优点是轨下基础和梁部紧密联结,具有很高的强度和稳定性,排水性好,符合城市景观要求,维修量小,轨道建筑高度低,桥梁荷载较小;缺点是施工精度要求较高,施工难度较大,尤其在梁跨较大时,由于梁部顶面的徐变难以控制,会影响承轨台的制作和顶面的高程,同时还存在台体与梁体施工不同步问题,二次混凝土浇筑施工复杂,承轨台表面抹平费时费工,而且一旦损坏,维修困难。

5.弹性短轨枕式整体道床

在减振要求较高的路段上,可铺设弹性短轨枕式整体道床,它与普通短轨枕式整体道床结构基本相同。所不同的是,为提高道床的减振性能,短轨枕底部设计为平面,在短轨枕四周及底部包上橡胶套靴,橡胶套靴可提供纵、横向弹性,短轨枕下设微孔橡胶垫板作为减振垫层。通过双层弹性垫板刚度的合理选择,使轨道的组合刚度接近有砟轨道的刚度,以提高无砟轨道的弹性。减振垫层的静刚度一般为 $20\sim25kN/mm$,减振效果可达 $6\sim10dB$。经过 20 多年的运营使用,技术状态良好,可满足较高的减振要求。目前在北京与上海地铁,广州地铁 2、3、8 号线,武汉轻轨 1 号线一期工程中使用。

6.梯形轨枕式整体道床

梯形轨枕式整体道床是基于纵向轨枕理论开发的,由混凝土纵梁作为固定并连续支承钢轨的结构,同时在左、纵梁之间用钢管或钢筋混凝土进行横向刚性连接,组成"梯子式"的一体化结构。为具备良好的减振效果,轨枕分别设有减振材料和缓冲材料,枕下减振材料设计静刚度为 $15\sim18kN/mm$,两侧缓冲材料刚度为 $42.5kN/mm$,系统固有频率为 $25\sim30Hz$,其减振效果可达 $7\sim18dB$。

根据轨道线路的具体情况,在不同轨道地段分别采用不同形式梯形轨枕。高架桥路段采用 L 型支座式梯形轨枕,暗埋段整体道床段采用铸铁支座式梯形轨枕,敞开段碎石道床段采用有砟道床式梯形轨枕。目前在北京地铁 4、5 号线,上海地铁 2、7、11 号线,广州地铁 2 号、8 号线以及深圳地铁 2 号线均有应用。

城市轨道交通高架桥上,L 型支座式梯形轨枕轨道结构高度为 $520mm$,预应力纵枕截面为 $460mm\times185mm$,轨道长度可根据需要进行调整,并在支座上、纵梁下以一定间隔布置减振垫,形成弹性点支承的梯形轨枕轨道系统。针对高架桥特点,对侧向挡墙进行局部加强,且在与梁面结合部位采取植筋措施,从而提高结构整体稳定性能。

7.浮置板式整体道床

在对减振有极高要求的地段,建议采用减振效果更好的橡胶支承式或钢弹簧隔振器式浮置板轨道。浮置板轨道结构一般由钢筋混凝土板、弹性支座、混凝土底座及配套扣件组成。该结构是用扣件把钢轨固定在钢筋混凝土板上,板置于可调的弹性支座上,形成一种质量-弹簧隔振系统,其基本原理就是在轨道和基础间插入固有频率远低于激振频率的线性谐振器,通过足够的惯性质量来抵消车辆产生的动载荷,从而只有静荷载和少量残余动荷载可通过橡胶或螺旋钢弹簧等弹性元件传至基础结构。

浮置板轨道自 1965 年首次在德国使用以来,先后应用于德国柏林、科隆地铁,韩国高速铁路,美国华盛顿地铁,以及英国伦敦等地铁之中,其良好的减振降噪性能逐渐被认可并大量应用于城市轨道交通之中。目前,我国在城市轨道交通建设的特殊路段也普遍采用浮置板轨道结构。例如:北京地铁 4、5、9、10 和 13 号线的特殊地段均采用了钢弹簧浮置板轨道;香港地铁,广州地铁 1、2 号线采用橡胶浮置板轨道;广州地铁 4 号线采用钢弹簧浮置板轨道;深圳地铁一期工程,上海地铁 1、2、4、6、8、9 号线采用橡胶或钢弹簧浮置板轨道;南京和成都地铁采用钢弹簧浮置板轨道等。

对于橡胶浮置板轨道而言,其固有频率为 $12\sim16Hz$,所以在 $20\sim250Hz$ 频段内振动加速度级可减小 $18\sim20dB$。但由于以下问题的存在,影响了它的进一步推广。一是橡胶易老化,检修困难;二是横向刚度较低,阻尼较小,列车运行至隔振地段时车内振动噪声明显增大;三是钢轨内侧面磨耗损加剧;四是对于软土地基及低频振动敏感地段的隔振效果不理想;五是造价不低。

钢弹簧浮置板轨道采用螺旋弹簧支承浮置板道床,其减振效能更好,多用于医院、研究院、博物馆、音乐厅等对减振降噪有特殊要求的场合。因其固有频率低,对中、高频振动有较好的减振效果,所以在对减振有特殊要求的工程中倍受推崇。它的优点主要包括固有频率低(一般为4～8Hz),隔振效果好,可减振25～40dB;寿命长,使用寿命达30～50年;同时具有三维弹性,水平方向位移小,无须附加限位装置;施工简单、可现场浇筑;检查或更换十分方便,不用拆卸钢轨,不影响地铁列车运行;基础沉降造成的高度变化可通过增减调平钢板厚度来实现。但是,它的主要缺点是造价太高。此外,目前市场上的钢弹簧浮置板轨道主要有两类支承方式,分别是内置式和侧置式所示。

第三节　轨道结构新技术

城市轨道交通通过提高列车行车速度、缩短发车间隔、改善车辆承载能力等措施,不断满足日益增长的客流需求,但同时也加剧了对车辆和轨道结构的破坏作用,减少了轨道部件的使用寿命,增加了养护维修成本。因此,通过对传统轨道结构的整体或部分进行优化改进或重大革新,改善轮轨相互作用及轨道结构各组成部分的应力应变分布状态,使各组成部分匹配良好,整体结构具有足够的强度和稳定性,从而保证车辆按照规定的最高速度,安全、平稳和不间断地运行,达到延长设备使用寿命,推迟养护维修周期等目的。通过多年的理论和技术研究,轨道结构技术取得了一系列的创新成果,轨道工程的设计、施工与维护管理技术水平大幅提升,为城市轨道交通的快速健康发展奠定了坚实的基础。

一、高等有砟轨道

采用合适的道床和轨道结构型式,可以增加轨道弹性,减小振动。对于地面线路和高架线路而言,轨道的道床型式主要有两种:有砟轨道和无砟轨道。有砟轨道是一种传统的铁路轨道形式,具有建设成本低、周期短、振动和噪声传播范围小、出现病害或损伤破坏时宜修复、自动化和机械化维修频率高等优点,在国内外已经取得广泛应用。从轨道交通减振效果的角度来看,采用碎石道床的有砟轨道较混凝土整体道床无砟轨道可降低振动和噪声5～8dB。但传统有砟轨道也具有残余变形积累快、稳定性差、自重较大、轨道建筑高度大、道床易污染等缺点,在运营过程中,存在易产生不均匀下沉,轨道几何形位较难长期保持,维修工作量大等缺点。此外,高速行车时所产生的振动和气动作用会造成道砟飞散,对列车、轨道结构及周围环境构成损伤和危害,甚至可能危及行车安全。

为了满足行车平稳与安全的需要,在轨道结构选型时要发挥有砟轨道的竞争优势,就要求有砟轨道结构应具有更高、更严的部件性能和维护标准,要保证轨面的高平顺性和高稳定性,确保旅客的舒适度和减少维护工作,对钢轨、混凝土轨枕、扣件、道砟的材质和道床断面尺寸等也均比传统有砟轨道严格得多。如为深入了解有砟道床的力学行为、劣化机理与变形规律,国内外许多学者从细观力学特征出发开展级配碎石的细观接触力学行为研究;为减小枕下作用荷载和增加轨道横向阻力,提高无缝线路的横向稳定性和轨道强度,出现了重型轨枕和宽轨枕结构;为增大轨枕纵向支撑的连续性,采用宽轨枕、框架轨枕和纵向轨枕;为提高轨道的弹性,在轨下、枕下和道砟下采用弹性垫层等措施;为解决小半径曲线高架桥上无缝线路稳定性问题,提出了护轨横撑桁架等加强措施;为解决有砟轨道稳定性差、养护维修工作量、道砟飞散等问题,开发出聚氨酯固化道床技术;为进一步控制有砟轨道的振动噪声,在道床和轨枕底面设置了弹性垫层;为准确把握有砟无缝线路的状态演变规律,正在逐步发展考虑轨道部件非线性弹塑性特性的无缝线路变形控制技术。

二、新型无砟轨道

在运输密度大、维修天窗时间短的轨道交通网络中,需要经常维护是有砟轨道结构发展和推广应用过程中无法回避的难题。无砟轨道结构与有砟轨道结构的根本区别在于轨道变形小且变形累积缓慢、整体性强、耐久性好的钢筋混凝土或沥青砂浆材料代替了有砟轨道中容易磨耗、粉化和破碎的道砟材料。与有砟轨道相比,无砟轨道具有一系列优点:良好的稳定性、平顺性、耐久性;混凝土承载层对荷载分散作用大,基底应力均匀;结构高度低、自重轻,可降低隧道开挖面积,减少桥梁二期恒载;道床整洁美观,可消除列车运行时的道砟飞溅;轨道塑性变形积累缓慢,可大幅减少养护维修工作量。无砟轨道也存在明显的缺点:初期投资费用高;轨道弹性主要由扣件提供,导致变形适应性差、振动噪声较大;一旦发生损坏,其维修或整治困难。

无砟轨道在世界范围内的发展和推广应用迅速,但其作为行车基础,结构常年暴露在复杂的自然环境中,承受着水、温度梯度和列车荷载持续不断的考验,并伴随有施工质量、技术缺陷等多种问题,产生各种塑性变形、伤损病害是难以避免的,而无砟轨道变形和伤损严重威胁着轨道交通的运营安全和设备的使用寿命。为准确识别无砟轨道结构伤损以便于维修,发展出各类无砟轨道伤损检测技术,如曲率模态与冲击回波相结合的检测技术、超声导波无损检测技术等;另外,如果把超声导波技术与非接触式激光超声激励技术和检测技术结合起来,将提供一种非接触式、能实现较大范围轨道伤损监测的可行性方法;无砟轨道定位精度要求高,而其在运营过程中的几何形位控制仅能依靠扣件调整来实现,为消除轨道不平顺,研制出无砟轨道精测精调技术;为解决运营过程无砟轨道结构局部损伤失效的问题,开发了针对不同伤损类型的多种高分子修补材料及其快速施工工艺。为最大限度地减少轨道交通产生的振动与噪声危害,城市轨道交通除了需要合理规划外,轨道工程中还开发了各种减振型的轨下基础,如弹性支承块式、弹性轨枕埋入式、浮置板轨道、钢轨嵌入式板式轨道等新型无砟轨道结构,将弹性材料与无砟轨道基础相结合,获得到了良好的减振降噪效果。目前,随着磁流变阻尼技术的发展及其在轨道结构中的应用,传统的钢弹簧浮置板轨道结构也有了新的发展。采用磁流变阻尼半主动隔振的浮置板轨道不仅能够显著降低轨道最大垂向振动位移,而且将有助于改善浮置板轨道的乘车舒适性,并可进一步改善浮置板轨道的低频减振效果。另外,静音钢轨也具有减振降噪的效果,静音钢轨是在钢轨两侧和轨底设置由高阻尼材料和约束层组成的阻尼复合板,其原理是将钢轨的振动能量转化为热能,从而吸收消耗振动能量,达到减振降噪效果。

三、高性能钢轨和扣件

近年来,伴随着我国高速、重载和城市轨道交通的迅猛发展,对轨道新技术的需求愈加强烈,高性能钢轨和扣件技术水平也大幅提升。

在高速、重载铁路和城市轨道交通中,钢轨直接承受着车轮的碾压和冲击,极易产生变形弯曲、磨耗、压溃、损伤,甚至断裂。因此,为延长设备使用寿命、降低运营成本,要求钢轨具有足够的抗弯刚度、抗冲击韧性和耐磨性能。为使轮轨型面匹配更为合理,钢轨廓形优化和打磨技术已引起了越来越多的关注;通过钢轨材质改善和表面涂敷强化处理等技术来提升钢轨强韧性和耐磨性,可适应更为复杂苛刻的运营环境,如在道岔中采用合金钢辙叉、尖轨表面涂敷提高其强度和耐磨性。

应用在有砟轨道上的扣件,将钢轨和轨枕连接成轨排,抵抗列车荷载和温度变形;应用在无砟轨道上的扣件,更是影响轨道整体弹性和几何形位调整能力的关键部件。城市轨道交通要求扣件在各类运营条件下均能够良好地固定钢轨,并具备保持轨道几何形位能力强、弹性好、减振、具有足够的防爬能力、结构简单、少维修、寿命长、可调能力好等特点。

扣件系统由多个零部件组成,减振、防腐、防松是当前扣件技术的主要发展方向。对扣件减振技术的研发侧重于两个方面,一是从改变扣件的结构设计入手,采用黏结铁垫板的结构,利用减振材料将上、下铁垫板黏结,这样可有效过滤轨道振动,研究的重点是黏结材料的减振性能及耐久性;二是寻求探索新的减振材料,如热塑性弹性体材料的研究应用,新材料的研究重点是改善传统的橡胶减振材料的动静比、材料的回收翻新使用、提高材料的耐久性等,这有利于环保。城市轨道交通所用扣件的防腐、防锈尤为重要,浸油、喷漆等传统防腐技术均不能长效防锈,目前达克罗、聚浮脂漆表面涂覆和多元气体共渗等防腐新技术已得到迅速推广应用。扣件的功能要求其必须有效固定钢轨,其主要的失效形式是在轨道交通周期性荷载作用下的疲劳和松动,故而扣件防松技术亦成为业界共同关注的热点,目前常用的防松方法有摩擦防松、机械防松和永久防松三种。此外,目前城市轨道交通扣件品类繁多,一条线路上就同时存在着多种扣件结构,故而扣件系统的统一标准化也是未来的主要发展方向之一。

四、跨区间无缝线路

普通轨道是将每根 12.5m 或 25m 长的钢轨联结而成,故每隔 12.5m 或 25m 就会有一个接头。钢轨接头处留有一道轨缝,其目的是为了防止钢轨在热胀冷缩时产生的温度力和变形过大。最早在 1915 年,欧洲就已开始在有轨电车轨道上使用焊接长钢轨,焊接轨条长度为 100~200m。钢轨接头轨缝的减少,消除了车辆通过接头区的冲击力,从而减少了行车阻力,降低了振动和噪声。20 世纪 30 年代,世界各国开始在铁路上进行铺设试验,到了 50~60 年代,由于焊接技术的发展,无缝线路得到推广应用和迅速发展。据统计,无缝线路与普通线路相比,至少能节省 15% 的经常维修费用,延长 25% 的钢轨使用寿命。

早期的无缝线路长度受闭塞分区和道岔的限制,轨道上还存在少量的接头,称为普通无缝线路。随着胶接绝缘和无绝缘轨道电路技术的发展与应用,无缝线路的长度突破了闭塞分区的限制,仅在车站两端道岔处不焊接,这样的线路称为区间无缝线路。随着无缝道岔设计、焊接与铺设问题的解决,使轨条与道岔直接连接,实现了跨区间无缝线路的铺设。2002 年 12 月建成的秦沈客运专线是我国首次一次性铺设跨区间无缝线路,其铺轨作业模式与常规铺轨方法完全不同。跨区间无缝线路,由于消灭了钢轨接头轨缝,保证了行车平稳,降低了机车车辆及轨道维修费用和工作量,延长了设备使用寿命,适合于高速行车,是铁路轨道现代化一项重要技术措施,也是现代轨道交通的主要标志之一,现已逐渐成为世界各国轨道工程中钢轨铺设的主要趋势。我国《地铁设计规范》(GB50157—2013)规定,地下线的直线和曲线半径不小于 300m 地段、高架线及地面线无砟道床的直线和曲线半径不小于 400m 的地段、有砟道床的直线和曲线半径不小于 600m 地段、试车线等应按照无缝线路设计。

近年来,伴随着我国轨道交通基础网络逐步形成,无缝线路技术取得了一系列创新性成果,成功解决了不同号码道岔的无缝化设计问题、无缝线路与长大桥梁的适应性问题、无缝道岔群与高架站的适应性问题、无砟轨道无缝线路关键技术问题、跨区间无缝线路检算及评估问题、无缝线路的长期监测技术问题等。目前,国内外对复杂条件下无缝线路质量状态演变机理、规律及控制的认识尚存有不足,钢轨伸缩调节器的设计与设置尚不够合理,不断完善无缝线路设计理论、检/监测技术、施工和养护维修标准是无缝线路技术的主要发展方向。

五、高技术道岔

道岔是轨道交通线路的交叉点及薄弱环节,因其结构与轮轨界面的关系复杂,是影响行车平稳性与安全性的关键基础设施。道岔同时集成了轨道系统中各类结构部件与技术特征,被公认为是反映轨道工程行业技术水平的重要标志。

世界各国轨道交通道岔均经历了比较长的发展过程,基本遵循与铁路正线运行速度相适应的模式。以日本新干线和法国 TGV 为代表的高速铁路成功运营,有力地促进了道岔技术的发展,道岔总体水平才有了质的飞跃,特别是法国和德国的道岔技术达到很高的水平。自 2004 年起,我国开始进行大规模高速客运专线的建设,在大量的理论和试验研究基础上,研制出一系列能够适应提速及高速运营要求的新型道岔结构,并已广泛铺设于我国提速及高速铁路线上。2010 年在沪杭线铺设的我国自主研发的 18 号无砟道岔,创造了 410km/h 的过岔记录。系列新型道岔均经过上道试验,列车通过时的平稳性、舒适性良好,铺设至今总体状态良好,说明我国在高速铁路道岔的设计理论、关键结构、制造工艺和维护技术等方面均取得了显著的进步。在道岔部件选型与结构设计理念、列车－道岔耦合动力分析理论、不同线下基础道岔无缝化设计方法、合理刚度及均匀化设计方法、长大轨件转换计算理论、关键联结部件动静力强度分析、动力学性能测试技术、道岔侧股平面线型与结构设计、制造与铺设、维护与管理等诸多方面已达到与德、法等国一致的世界先进水平。

普通铁路道岔就有多种类型,常用的有单开道岔、对称道岔、三开道岔、复式交分道岔、菱形道岔、单渡线、交叉渡线和线路交叉等。城市轨道交通中的道岔,按系统制式不同,功能需求和结构差异更是显著。目前,国内地铁所采用的道岔以小号码道岔为主,但各城市地铁线上使用的小号码道岔未形成统一标准,且技术标准较低,基本上未采用高速、重载道岔中的新技术,且结构不统一,型号多达数百种,导致道岔的养护维修工作量较大、故障率较高,特别是折返线上的道岔因转换频繁、行车密度大,尖轨等薄弱部件伤损严重,使用寿命极短,正常使用半年至一年就需更换,是线路养护维修的重点及难点。因此,允许通过速度提升与全生命周期成本控制是当前城市轨道交通道岔的热点问题。通过道岔允许通过速度提升技术研究,可满足市郊铁路及快速轨道交通的运行工况需求,缩短列车折返时间,提高列车运行速度和对运量的储备,为实现轨道交通道岔的标准化提供基础技术支撑;通过道岔平面线型、轮轨关系及部件材质优化,可提高道岔尖轨的粗壮度及耐磨性,延长使用寿命,减少养护维修工作量,并提高其行车安全储备,满足缩短列车运行间隔的要求,提升运能,从而实现轨道交通道岔全生命周期成本降低,有益于提升轨道交通系统的整体技术水平。道岔集成了轨道结构的所有薄弱环节与技术特征,涉及铁道工程、土木工程、机械工程、电气工程、控制工程、信息工程、材料、力学及检测等学科领域,是轨道交通建设和发展中的核心技术之一。根据"一带一路"、"中国制造 2025"先进轨道交通装备,以及未来轨道交通技术发展等国家和行业战略需求,道岔技术体系面临着新的挑战,如更高速度道岔在复杂环境下的适应性、全寿命周期设计、轮轨匹配与车－岔动态性能优化、新材料和结构的研发与应用、状态实时获取与性能评估、健康管理及故障预测、能效保持等问题,需要深度融合先进材料与制造、智能与自动化、大数据与云计算、精密测控与效能提升等前沿技术,着力提升我国道岔技术领域的原始创新能力,服务于轨道交通国家战略和行业科技进步。

第四节　有砟轨道施工

有砟轨道是城市轨道交通车辆段广泛采用的轨道结构形式,城市轨道交通有砟轨道施工在借鉴国家大型铁路施工方法上,结合城市轨道结构特点来完成。

一、施工准备

施工准备主要包括与轨道施工有关的施工调查与审核,编制实施性施工组织设计,轨道部件的质量检测,施工人员培训及机械准备,检测施工设备和线路基桩设置等工作。

(一)施工调查与审核

技术人员应该熟悉已批准的地铁施工设计文件(含变更文件),接收轨道施工工程资料及变更设计资料,并进行核对分析、技术交底。

(二)编制实施性施工组织设计

技术人员应深入了解、研究设计文件和合同文件,在对拟建工程的自然、技术经济条件进行进一步调查分析的基础上,对施工文件进行会审。

(三)轨道部件的质量检验

使用的轨道部件在投入使用前,按规定的安全技术标准进行检测、验收,确认部件状况符合安全规定后方可投入使用。

(四)检测施工设备

施工前应根据质量控制需要设置经认证的检测机构,并配置相应的检测设备。检测设备主要包括有砟道床状态参数指标检测设备、轨道几何尺寸检测设备、轨温计等。

(五)线路基桩设置

在地铁轨道铺设前,对移动观测桩进行布置纵向钢轨,进行隧道结构净空限界检测和轨道线路中线及水平贯通测量,调整偏差闭合。

二、施工工艺

(一)施工设备

目前我国城市轨道交通车辆段施工采用一次铺设无缝线路施工方法,并在铺轨中使用适合城市轨道交通施工的轻型铺轨机铺轨。轻型铺轨机普遍应用于城市轨道交通工程中铺轨作业,具有双向作业能力,可以满足各种铺轨作业要求。并且,可以根据施工方的条件和需要,配合倒装龙门吊、机动平车进行作业,或配合机车推动滚轮列车组作业。轻型铺轨机主要由吊轨门吊、主梁、主机、摆头机构、吊轨扁担、平衡重、柴油发电机组、电气系统及液压系统组成。

(二)施工方法

底层和面层道砟均采用汽车拉运,人工配合机械摊铺、整平,钢轨用汽车配合吊车运卸至施工现场拨移至线路两侧,轨枕及扣件用汽车拉运至现场分段卸散,然后人工完成布枕、连接钢轨、上扣件等作业。整道作业采用人工配合小型机械完成。

(三)施工流程

摊铺道砟→碾压→排摆轨枕→锚固道钉→连接钢轨→散放扣件→上扣件→线路维修及第一遍整道→线路第二遍整道→整修及验收。

(四)施工要点

1.摊铺道砟

道床道砟采用自卸汽车拉运到现场后,按要求的道床厚度和宽度拉挂弦绳进行控制,人工配合推土机摊开并整平、压实。

2.卸散钢轨、轨枕及扣件

汽车将钢轨运至现场后,利用吊车按轨节表所标注的钢轨长度,顺序配对将钢轨吊放至对应铺设地点,并按上、下股拨移到线路路肩两侧。钢轨在存料场提前逐根检尺并标识在轨头上。

轨枕及扣件运至现场后,按轨节表中注明的每节轨节轨枕根数及所需扣件数量,均匀散布,并按线路中线桩将轨枕粗排整齐。

3.钢筋混凝土轨枕锚固

钢筋混凝土轨枕螺旋道钉锚固。在作业区安设两口铁锅轮流熔制硫磺砂浆,每锅熔制量约50kg,硫磺砂浆熔制好后,即可人工挑浆进行锚固作业,熔浆锅随锚固进程随之迁移。

熔制锚固砂浆时,按选定的配合比,先倒入砂子加热至 $100℃～200℃$ 时,将水泥倒入加热至 $130℃$,最后加入硫磺石蜡,继续加热到 $160℃$,熔浆由变稠成液胶状时即可保温待用,同时要不断搅拌,使砂浆不致离析;锚固时采用的模板要随时清理,使轨枕承轨槽与模板密贴,以防漏浆;螺旋道钉要保持干燥并倒入钉孔内,灌浆量控制在覆盖孔内道钉不小于 20mm。

4.连接钢轨

人工用撬棍将钢轨由线路两侧拨移到轨枕承轨轨槽或铁垫板槽内,安装鱼尾板、螺栓及垫圈,并按规定力矩扭紧螺帽。

5.散放扣件

按照轨节表中所注明的轨枕间距,用粉笔在轨面上划出间距印,并用白油漆在轨腰上打上正式点位,然后用起道机顶起钢轨,将轨枕放正,放入轨下绝缘垫板(木枕时放正铁垫板),落下起道机,再把扣件或道钉按规定规格、数量散放在钢轨两侧的轨枕上。

6.上扣件

混凝土轨枕上扣件前先细放轨枕、摆正轨下绝缘垫板,铲除承轨槽残渣,然后将各种扣件依次放入承轨槽内,用小撬棍将扣件拨正落槽,最后用梅花扳手扭紧螺帽。

7.线路维修及第一遍整道

线路铺好后,应进行初步整修,按线路中线桩拨至设计位置、串砟捣鼓、消除硬弯"鹅头"、三角坑和反超高现象。

将道砟均匀地填充到轨道内,不足部分用小平车推卸补充,用起道机将每节轨在几个点抬高并用道砟垫实,抬高后的轨面应大致平顺,没有明显的凹凸和反超高,并立即向轨枕下面串砟捣鼓密实,不得有空吊板。然后将线路拨到设计位置,达到直线顺直,曲线圆顺。最后填轨枕盒内道砟使其饱满,以便进行第二次整道作业。

8.第二遍上砟整道

基本作业与第一遍上砟整道相同。将轨道抬高至设计高程,并略加高 10～30mm 的沉落量,曲线外股按规定设置超高。整道后的轨道前后高低、左右水平均须符合规范要求。钢轨两侧 40～50cm 范围内串满道砟并将轨枕盒内道砟填充饱满,钢轨外侧 40cm、内侧 50cm 范围内捣鼓密实,轨枕中部 60cm 范围内严禁捣实。最后补充轨枕盒内道砟,拍实道床边坡及顶面,使之保持稳定。

9.整修及验收

对已铺砟整道的线路,进行全面检查,钢轨、轨枕及扣件应符合本书设计要求,各种扣件安装齐全、位置正确,各部尺寸均应控制在《铁路轨道施工及验收规范》范围以内,所有项目经整修后均需达标。

10.隧道内整体道床轨道施工

城市轨道交通工程施工中,隧道内整体道床轨道施工作为其重要组成部分,其施工质量直接关系着整个工程质量和运行安全。隧道内整体道床轨道施工是按《地下铁道工程施工及验收规范》来执行的。

目前,在我国城市轨道交通隧道内线路广泛采用支撑块式的整体道床系统。在道床施工前道床基面必须采用风镐凿毛,浇筑前应将浮渣和杂物清洗干净,排干积水;其次,根据施工图要求及线路调线、调坡资料,设置控制基标和加密基标,在直线上每 120m、曲线上每 60m、缓圆点、圆缓点、道岔起止点等处设置为控制基标;在控制基标的基础直线上每 6m、曲线上每 5m 设点为加密基标。基标应采用与道床同级混凝土埋设牢固,按距离方向在钢筋桩上锯划十字线,并编号和标志。

其中,对于支撑块式的整体道床结构施工和钢轨调整一般采用的是钢轨支撑架施工法或墩架结合施工法两种。

三、钢轨支撑架施工法

钢轨支撑架施工法是用钢轨支撑架将钢轨架起并固定在设计位置上,然后将支撑块按照设计间距用扣件悬挂在钢轨上,经过细致的调整,使线路中线、轨距、水平处于正确的位置后,再灌注道床混凝土的施工方法。

用该方法施工,12.5m 长的一对钢轨需 4～5 套支撑架。另外施工时根据支撑架支撑钢轨的不同方式,又分为上承式支撑架和下承式支撑架。

上承式支撑架的结构形式,两股钢轨平行架于支撑架横梁的两端。横梁由左右两端的支柱支撑于基岩表面,可以通过旋转立柱使横梁上下移动,调节钢轨的高程。横梁上设有轨卡螺栓,用来使钢轨左右移动,使钢轨的位置符合线路方向和轨距的要求。上承式支撑架横梁上下移动的可调范围是 250mm;左右移动钢轨的调节范围为 34mm。

上承式支撑架施工整体道床,能方便实现轨道几何形位的调整;由于横梁和立柱均设在道床宽度范围内,施工时,对其他交通运输没有干扰。

下承式支撑架将钢轨悬挂在支撑架横梁下。横梁长度大于道床宽度。整个支撑架可分为两层,上层为两调整螺栓及定距杆,调整轨道时两螺栓一松一紧带动定距杆实现钢轨的水平位移,对轨道起粗调的作用;下层为连接定距杆的拖式卡口,每个卡口的两轨卡螺栓可调整钢轨的水平位移,还可以实现对轨距的少量调整,完成对轨道的精调。钢轨由插板托起,在丝杆的作用下实现高度的变化。

下承式支撑架横梁上下移动的可调范围为100mm,钢轨左右移动的调整范围为24mm。为保证整体道床的施工精度需要采用控制标桩。

四、墩架结合施工法

墩架结合施工法是在支撑架施工法的基础上发展改进的一种施工方法,其主要特点是:先用钢轨支撑架将施工钢轨架起,悬挂支承块,并调整轨道。然后,按一定的间隔在基底与支承块之间立模,就地灌注混凝土支撑墩,把相应的支承块固定起来。待支撑墩混凝土具有一定强度后,拆除钢轨支撑架,由支撑墩支承轨节,并进行道床的灌注。

这种方法优点如下。

(1)在道床灌注前,支承块的位置由混凝土支撑墩固定,轨节状态不易变动,从而减少施工中的调轨工作。

(2)灌注混凝土时,钢轨支撑架已全部拆除,有利于提高灌注速度和质量。

(3)加快钢轨支撑架的周转使用,一般情况下可比支撑架施工法节省支撑架50%~70%,也避免了支撑架的污损。道床中也不会留下凹槽和圆孔。

但是,这种方法增加了支撑墩的灌注、立模等工序,可能会使支撑墩和道床出现混凝土的新旧连接问题,影响道床的整体性。因此,一般不使用这种方法。

支撑墩采用C30混凝土灌注。支撑墩台大小应保证与支承块牢固结合在一起,尽可能灌注小一点。由于本身体积不大,灌注混凝土采用的碎石粒径不大于60mm。支撑块表面也得保证粗糙,使得道床能良好连接。

上述两种施工方法,整体道床的灌注和钢轨的铺设是同时进行的。道床混凝土采用C30商品泵送混凝土。混凝土按伸缩段分层、水平、分台阶浇筑,对支撑块(短岔枕)周围应加强捣实,严禁触及支撑架和钢轨;混凝土初凝前及时进行面层和水沟抹面,并将钢轨、支撑块(短岔枕)、扣件上的灰浆清理干净。抹面平整度为3mm,高程为(0,-5mm)。

混凝土终凝后及时养护,强度未达到70%时,道床上不得行驶车辆和承重;每浇筑100m应取两组试件,一组在标准条件下养护,另一组与道床同条件养护;用钢丝刷将扣件上的灰浆清除、涂油保养;根据隧道内的最高和最低气温的代数平均值来确定设计锁定轨温。按设计轨温对轨道重新调整,达到标准后锁定。当锁定轨温偏离设计规定值时,应先进行应力放散再重新锁定。

对于钢轨的铺设有换铺法和直铺法两种方法。

换铺法首先用工具轨铺设整体道床,永久轨在隧道外焊接成长轨后,再运至隧道内换铺。该方法钢轨焊接除联合接头外均在铺轨基地进行,焊接质量易保证,同时避免了隧道内的空气污染,减少了施工干扰,各施工单位均有成熟经验,但工具轨的铺设与拆除需增加工程投资,施工周期相对较长。

直铺法不用工具轨,一次铺设无缝线路,即用25m标准长度钢轨,按照换轨铺设法用工具轨铺设整体道床的施工工艺要求,铺设整体道床,所有钢轨接头在隧道内进行焊接。地铁隧道内整体道床长轨排法一次铺设,是借鉴国内外高速铁路的铺轨经验,可最大限度减少洞内焊接,无需替换轨,一次铺设成型,提高了铺轨质量和速度。但是,在隧道内焊接钢轨易造成空气污染,施工干扰大,需做好施工组织设计,减少窝工,减少工程投资,施工周期相对较短。该工法重点要解决好长轨排在小曲线、大坡度的运输问题以及铺设过程中龙门吊组的同步问题。

第五节　高架线路整体道床轨道施工

由于城市轨道交通大部分线路处于高架上,与地下铁道不同,其轨道结构的实施要考虑钢轨温度力的影响,桥梁、车站不均匀沉降的影响,大跨度预应力桥梁徐变及对城市环境的影响等,这使得高架线路整体道床轨道施工技术尤为重要。

目前,在我国城市轨道交通工程高架桥结构上采用较为广泛的一种形式是支承块加承轨台式轨道结构。该结构形式可以减少桥梁荷载,轨道养护维修,而且在施工精度和施工进度上也有所保证。在对噪声和振动控制要求较高的城内地段,还可考虑采用浮置板式轨道结构。

一、一般施工方法

支承块式承轨台道床结构,即将预制的钢筋混凝土短枕块(每块支承块顶面预留 2 只锚固螺栓孔),在相邻两股钢轨下各垫一块,用锚固螺栓及扣件将钢轨与支承块连在一起,并将预制好的支承块置入混凝土道床中。承轨台则为一种与桥梁梁部连成一体的一种沿纵向铺设在每股钢轨下面的条形钢筋混凝土结构。

高架线路上整体道床一般采用钢轨支撑架法施工,即墩架结合法,钢轨的铺设采用换铺法。正线设计为区间无缝线路,高架线路上道岔均采用特殊设计道岔,道床采用无砟整体道床,一般地段采用普通支承块式承轨台结构,振动和噪声敏感地段采用弹性支承块式轨道结构。

钢轨支撑架法整体道床主要施工工艺及操作要点:

(一)基底处理

在整体道床施工时,必须对混凝土桥面承轨台宽度范围内的基底进行凿毛处理,人工清理后用水或高压风清除浮杂物,清理桥面油渍,并对桥面预埋连接钢筋进行调整和除锈,必要时在承轨台宽度范围内加涂一层界面剂。同时应做好施工排水,确保工作面无流动水和积水。基底处理后经监理按隐蔽工程检查认定。

(二)基标测设

1.控制基标测设

桥面施工单位完成主体施工任务后,轨道施工前将移交的基标控制点、水准控制点进行贯通测量,测量仪器采用不低于 2"级全站仪和不低于 DS1 级水准仪。控制基标密度直线段不大于 120m,曲线段不大于 60m,直线段夹角与 180°较差应小于 8",实测距离与设计距离较差应小于 10mm,曲线段控制基标间夹角与设计值较差应小于 5"。两控制基标间距测量相对误差在直线段为 1/5000,曲线段为 1/10000。高程测量实测值与设计值较差<2mm。

2.加密基标设置

在控制基标的基础上进行基标测设,加密基标间距为直线 6m,曲线 5m。距离测量的误差在直线段小于 6mm,曲线段应小于 5mm,横向误差相对于两控制基标不大于 2mm。相邻两基标间实测高程相对误差不大于 1mm,每个加密基标的高程实测误差不大于 2mm。

(三)作业面施工材料及设备吊运

根据现场条件,在具备道床施工地段利用公路将支承块、工具轨、扣件、钢轨等料具运至桥下,再用 20t 吊车分别吊到桥面上,然后用施工单位运轨车将工具轨运至作业面,支承块、钢筋、扣件及模板等采用人工搬运散布至作业面。

(四)长轨放送

长轨列车到长轨放送位置后作好防溜措施,立龙门吊架,散放滚筒,滚筒间距纵、横向分别为 6m、1.5m,人工散布木枕,间距为 1.2m。解除长轨锁定装置,拆除前端挡铁(放一对拆除一对)。用放送装置的卷扬机牵引长轨前进(放送顺序为从平板车两侧向中间依次放送),使长轨前端喂入放送装置内部,解除牵引钢丝绳,启动长轨推送装置左右股同时向前推进。

(五)工具轨连接架设、挂枕及轨道状态调整

用拖拉机牵引炮车转向架运输 25m 标准轨,每次运输 4 根,工具轨采用龙门吊散布后,用鱼尾板连接并扭紧螺栓,工具轨架设采用下承式支撑架。支撑架在直线上每隔 3m,曲线上每隔 2.5m 设置一个,但在与轨枕或预留管沟重合时要调整钢轨支撑架位置。支撑架在直线段应垂直于线路方向,曲线地段应垂直线路切线方向,并将各部螺栓扭紧,不得虚接。

将支承块按设计间距用扣件与钢轨连接,间距允许偏差 10mm。将预制好的支承块吊装上桥放置在绑扎好的钢筋笼的轨枕盒内,上好铁垫板。

根据线路加密桩和控制桩,用万能道尺、直角道尺、锤球调整轨道的轨距、水平、高程、方向,使之达到规范要求。曲线地段还须用 10m 或 20m 弦线检查曲线外股正矢,并通过钢轨支承架螺旋构件精确调整轨道几何状态。

(六)承轨台钢筋绑扎和立模

根据设计文件进行每片梁、每个承轨台模板线的弹设,若桥梁长度有误差,可在整片梁范围内的承轨台结构缝处进行调整。依据所弹设的模板线进行承轨台钢筋笼绑扎,绑扎钢筋笼时注意道床的防杂散电流要求,并按之进行相应处理。

根据桥面已弹设墨线架立承轨台模板,对曲线段外轨超高较大或特殊承轨台时要制作特殊模板,模板安装必须平顺,位置正确牢固。用支墩法施工时,在直线上可贯通立模,中间用木板隔离或设计间隙缝;在曲线上和不打支墩施工时须分块立模。在支立模板时,每隔 80cm 须用方木支撑,特殊地段可适当加密,以防浇筑混凝土时跑模、胀模。施工规范中对立模位置、不垂直度、表面不平整度和高程误差做出了相应规定。

(七)支墩混凝土灌注

当承轨台长度大于 3.5m 时,需用支墩法施工整体道床,支墩应设在支承架附近,设置间距为 2.5~3.5m。支墩设于支承块下方,支墩尺寸弹性支承块为 700mm×500mm×170mm,普通支承块为 600mm×500mm×170mm,使支墩内、外侧灌筑砂架厚不小于 40mm。支墩沿线路中线对称设置,并拆除钢轨支架。

(八)道床混凝土施工

用插入式振捣棒振捣密实,并不得碰撞钢轨、支承块、模板、支承架。每一处振捣时间按30～40s控制。振捣完成后对道床混凝土进行抹面处理,抹面须经3遍～4遍方能完成,轨底至承轨台顶面的间距须做模具,再抹面时严格控制,并不得出现反坡,以免影响排水。

混凝土浇筑2～4h后(视气温而定)松开钢轨扣件,使钢轨能自由伸缩而不带动支承块,以免温差较大,钢轨带动支承块使整体道床产生裂纹。混凝土初凝前按设计位置预设无缝线路位移观测桩。

(九)混凝土拆模及养生

混凝土强度达到5MPa以上后方可拆模,拆模时要均匀用力,避免用铁锤集中敲击一处而使模板变形。承轨台拆模后,要对不慎造成的掉角掉块情况进行处理,用混凝土界面剂进行修补,既可达到设计强度,又不会引起修补表面的裂纹。

由于承轨台上表面带有2%的设计排水坡度,故混凝土养护宜采取麻袋润湿后覆盖养护,既可保留住水分,又可节约施工用水和劳动强度。混凝土浇筑12h后,应覆盖麻袋开始浇水养护,要保持混凝土处于湿润状态,养生时间不得少于7d。

(十)轨道状态检验

(1)混凝土强度应符合设计规定,并应无蜂窝、麻面和漏振。表面清洁,平整度容许偏差3mm,变形缝直顺,在全长范围内容许偏差为10mm。

(2)支承块、预埋件位置正确。

(3)轨道扣件、接头夹板螺栓应扭紧并涂油。

二、冬期施工方法

(一)冬期施工特点

(1)冬期施工由于施工条件及环境不利,是工程质量事故的多发季节,尤以C50支承块工程居多。

(2)质量事故出现的隐蔽性、滞后性。即工程是冬天干的,大多数在春季才开始暴露出来,因而给事故处理带来很大的难度,轻者进行修补,重者返工处理,不仅给工程带来损失,而且影响工程的使用寿命。

(3)冬期施工的计划性和准备工作时间性强。这是由于准备工作的时间短,技术要求复杂。往往有一些质量事故的发生,都是由于这一环节跟不上,仓促施工造成的。

(二)冬期施工保温措施

1.保温棚法

保温棚根据农业大棚的原理,采用♯0mm钢管弯制底宽3.6m、高1.75m等半圆形骨架,纵向采用3根∅30mm钢管穿插在骨架内侧3个套环内,将大棚骨架串联,大棚上覆盖一层1mm厚塑料布,塑料布上覆盖保温阻燃帆布。棚内设置低压照明线路,每隔10m安装一处照明灯。每隔60m设置一处通风口和安全出口。

大棚采用半圆形设计,结构稳定,防风防雪效果好,减小了棚内空间,有利于棚内升温。同时搬运轻便,拆除组装速度快,不影响棚内其他施工作业。一般单作业面8人即可完成大棚的安装、拆除工作,根据施工进度单作业面配置 400m 大棚倒用,采用左右线同时施工的作业组织方式,可以减少材料机具的倒运距离。

2.蓄热法

蓄热法是以保温覆盖为主,利用水泥水化热,并根据需要适当将水和砂石预热,满足热工计算要求的养护方法,采用该方法,应结合降低水灰比、减少用水量,采用低流动性或干硬性混凝土。并应采用机械搅拌和机械振捣,或增加搅拌时间,使水泥颗粒与水进行充分水化作用,以促进水泥热量的增加。混凝土浇筑振捣后,在其表面用保温材料加以覆盖,以减少热量损失和混凝土的冷却速度,保证混凝土在正温度环境下达到预定强度。

(三)冬期混凝土施工工艺

1.混凝土搅拌、运输

工程采用商品混凝土,为保证冬期混凝土浇筑满足两个作业面同时施工,需要保证混凝土运输速度快,浇筑时间短。

冬施期间于混凝土中掺加防冻剂,要求搅拌站提前两周提供防冻剂的使用说明书和混凝土配比单,并经试验是合格的产品。

要求混凝土供应商对搅拌站进行冬期暖封闭,提供热搅拌混凝土,并保证出机温度不低于 15℃,入模温度不低于 10℃。混凝土中掺加早强减水剂,使混凝土提前达到临界抗冻能力。

要求供应的混凝土应连续浇筑,间断时间不能超过 30min。

2.混凝土的浇筑

浇筑混凝土应避开寒流天气,尽量选择上午 10 点~下午 4 点进行,避免大风大雪天施工,现场管理人员随时掌握天气变化情况,确保浇筑后的混凝土不受寒流影响。

混凝土入模前,应用塑料布覆盖待浇筑道床,把模板内及钢筋上冰雪、杂物清除干净。混凝土浇筑前实验人员对混凝土的性能指标进行检测,测量并记录混凝土入模温度、塌落度等。

混凝土入模后及时完成振捣、抹面工作,对浇筑完保温棚未搭设完成的道床进行临时覆盖。

冬期施工混凝土试件留置:混凝土试件除按规定留置三组外,应增加两组与结构同条件养护的试件,用于检查临界强度。

3.混凝土测温

(1)测温孔设置。测温孔的设置应选择温度变化较大,容易散失热量,易于受冻的部位设置。一般情况测温孔设置在道床面轨枕之间,孔深 150mm,直径能放进测温计为宜,每 15m 设置一对。

(2)冬期施工测温范围及次数。大气温度、环境温度每昼夜 6 次。

混凝土出罐温度,入模温度,每工作班 2~4 次。

混凝土养护测温:采用蓄热法时至少每 4h1 次,对掺入防冻剂的混凝土,在强度达到 3.5MPa以前,每 2h 测定 1 次,达到以后每 6h 测定 1 次。

温度计布设要求,测大棚内温度时,温度计水银底端离混凝土高度 150mm。

测量测温孔孔内温度时,将测温计放入孔内,孔口用棉花堵塞,3min 后取出读数。

4.混凝土养护时间

由正温转入负温养护前,对现场留置的同条件临界强度试块进行试压,抗压强度不应低于设计强度的 40%。(暖棚法一般为 3~4 天左右。)

养护期间应测量棚内湿度,混凝土不得有失水现象。当有失水现象时,应及时采取增湿措施或在混凝土表面洒养护剂养护。

第六节　浮置板轨道结构施工

根据振动理论可知,当一个振动体在一个外部激振动力的作用下,该振动体产生振动,但振动体振动的振动频率与振动质量的开方成反比,与振动体的刚度的开方成正比。而加速度的大小是与振动频率的平方成正比,即与质量成反比,与刚度成正比。浮置板就是利用这一原理,增大振动体的振动质量和增加振动体的弹性,利用其惯性力吸收冲击荷载,从而起到隔振作用。

所以,浮置轨道结构是降低传振和传声的很有效的方法,这一方法与房屋中隔绝机座振动噪声的浮置板相同。这种隔振系统在共振频率下的放大倍数很低,所以减振效果非常显著。浮置板轨道结构系统采用三层水平垫板(钢轨下橡胶垫板、铁垫板下橡胶垫板、板下橡胶垫板)和一层侧向垫板。

一、浮置板结构的特点

我国第一次采用浮置板轨道结构的城市轨道交通线路是广州地铁一号线,随后在北京、上海等地铁中均采用了这种减振型轨道结构。

这种结构特点如下。

(1)减振效果最好。据联邦德国测试,有道砟下垫层和浮置板式的轨道结构其阻尼效应可达30dB,且在垂直荷载20%～100%变化范围内其隔振效果几乎保持不变。

(2)轨道绝缘性能强。由于轨道结构四周基本上同绝缘的橡胶支座与混凝土底座隔离,可有效防止轨道迷流的发生。

(3)体积庞大,施工与维修不方便。由于浮置是采用有意增大轨下参振质量和有效阻尼的方法来控制噪声和振动,故一般而言,浮置板体积较大,需大型机械施工。维修时,若需要更换支座,在隧道内将造成不便。

(4)由于采用橡胶支座,故造价较高。

二、浮置板施工工艺

目前,浮置板的施工方法主要有人工散铺法、预制钢筋笼法和预制短板法。

(一)人工散铺法

散铺法施工的主要施工流程为:施工准备→基底施工→铺设隔离层→铺设水沟盖板→钢筋笼现场绑扎→立模→剪力铰安装→灌注混凝土及混凝土养护→隔振器安装及顶升→架设钢轨→检查工作。

该施工方法对隧道内施工误差的适应能力较强,浮置板道床质量、刚度可以根据现场情况进行现场控制;但是在施工过程中,须在隧道内进行预制龙骨绑扎及轨排拼装作业,因场地狭小而工作环境差;同时大量施工材料需要人工运输,提高了工作强度,减缓了施工速度;道床面质量难以控制,钢弹簧浮置板施工采用扣件模板替代法,扣件需要二次换铺;采用隔离膜、横向限位装置、预埋隔振器套筒等措施,造成大量材料浪费,降低施工效率,提高了工程造价。

(二)预制钢筋笼法施工

预制钢筋笼法施工的主要施工流程为:施工准备→基底施工→铺设隔离层→铺设水沟盖板→钢筋笼现场就位→立模→剪力铰安装→浇筑混凝土及混凝土养护→隔振器安装及顶升。

预制钢筋笼法施工和散铺法施工的不同点在于绑扎钢筋笼的地点不同。预制钢筋笼法施工是在地面上对钢筋笼进行绑扎,再对绑扎完整的钢筋笼进行吊装,然后通过轨道车将其运输到隧道中的预定位置,再进行混凝土的浇筑过程。该方法的主要优点是:通过将现场绑扎钢筋改为基地绑扎钢筋,其施工流程可与铺轨同时进行,因此节省了在现场绑扎钢筋的时间;同时突破了在隧道内现场绑扎钢筋受工作面狭小的限制,为后续施工赢得了时间。但是,在隧道施工偏差较大时,钢筋笼可能需要进行调整,隔振器可能会位于钢轨下面,造成维修不便。

两种施工方毕存在的共同问题。

(1)钢弹簧浮置板施工工序复杂繁多,施工工序的增加不仅仅会增加施工时间,而且还会受到其他轨道专业施工的制约。例如,在施工过程中,如果工程车辆要经过浮置板施工地段,浮置板的施工将会受到影响。

(2)在钢弹簧浮置板设计中,因断面、配筋复杂等因素,造成相关设计也较为复杂,无法进行通用设计,影响设计效率。

(3)钢弹簧浮置板轨道大多采用现场浇筑施工,由于浮置板体量大,配筋复杂,施工受到隧道内作业空间限制,施工精度和作业效率较低,大大影响施工进度。

(4)在隧道偏差较大时,钢弹簧浮置板的配筋结构要重新设计并进行强度校核,同时隔振器套桶将不得已被调整到钢轨下面,这不便于今后的检修维护。

(三)预制短板法

预制短板施工,采用在工厂内进行预制短板预制生产,加工成型的成品被运送至铺轨基地,在铺轨基地将预制短板吊装到平板车上,再通过轨道车运送至施工作业面,然后在现场进行预制短板铺设、轨道几何尺寸调整等作业。

预制短板法施工的主要流程为:隧道结构尺寸偏差限界测量→铺轨门吊安装→基底钢筋绑扎→基底伸缩缝、模板安装→基底混凝土浇筑养生→基标测量放线→轨道板高程、前后、左右精调→内置隔振器安装→扣件组装→浮置板剪力铰安装。

与前面两种施工方法相比,预制短板法具有如下明显优势。

"建筑工业化"模式组织施工:与国内外传统轨道施工相比,预制短板采用"预制装配式"结构,按照"建筑工业化"的模式组织施工,构件设计标准化、生产工厂化、施工机械化和管理科学化。

缩短工程建设工期:预制短板的施工采用"工厂标准化预制、现场机械装配"相结合的方式,实现"工厂预制、预制板运输、现场铺设安装"的三阶段平行流水作业,提高了劳动生产率,缩短了施工工期,加快了工程建设进度。其原因是控制浮置板施工进度的现场环节,转移到了工厂预制和运输环节中。

降低现场劳动强度:"预制装配"浮置板轨道大大减少了繁重、复杂的手工作业和现场混凝土的浇筑工作量,降低了劳动者的现场作业强度,改善了现场一线施工人员作业环境。

提高浮置板轨道质量:预制短板生产采用工厂标准化、专业化预制,现场机械配合拼装,减少了现场施工中人的因素、技术因素、环境因素等对工程质量的影响,有效地提高了浮置板轨道的施工质量。

施工简便灵活：预制短板拼装施工，不需拆轨二次换铺，不需顶升施工，易于实现轨道形位的精确调整，为后续施工赢得宝贵的时间。预制短板结构尺寸小，可根据实际工程情况灵活选择下料口，洞内运输的路线选择余地大。

第五章　城市给水排水工程

第一节　室外给水工程

一、给水系统的分类与组成

(一)给水系统分类

给水系统是保证城市、工矿企业等用水的各项构筑物和输配水管网组成的系统。根据系统的不同性质,可分类如下。

1.按水源种类可分为

地表水给水系统(江河、湖泊、蓄水库、海洋等)和地下水给水系统(浅层地下水、深层地下水、泉水等)。

2.按供水方式可分为

自流供水系统(重力供水)、水泵供水系统(压力供水)和混合供水系统。

3.按使用目的可分为

生活给水系统、生产给水系统和消防给水系统。

4.按服务对象可分为

城市给水系统和工业给水系统。工业给水系统中,按用水方式又可以分为循环系统和复用系统。

水在人们生活和生产活动中占有重要地位。在现代化工业企业中,为了生产上的需要及改善劳动条件,水更是必不可少,缺水将会直接影响工业产值和国民经济发展速度。因此,给水工程成为城市和工矿企业的重要基础设施。给水系统必须保证足够的水量、合格的水质和必要的水压,供给生活用水、生产用水和其他用水,而且,不仅要满足近期的需要,还要兼顾到今后的发展。

(二)给水系统的组成

给水系统的任务是从水源取水,按用户对水质的要求进行处理,然后将水输送到用水区域,并按照用户所需的水压向用户供水。给水系统一般由下列工程设施组成。

1.取水构筑物

用以从选定的水源(地表水或地下水)取水。

2.水处理构筑物

用以将取水构筑物取来的原水进行处理,使其符合各种使用要求。水处理构筑物一般集中布置在水厂内。

3.泵站

用以将所需水量提升到使用要求的高度(水压)。可分为提升原水的一级取水泵站、输送清水的二级取水泵站以及设置于管网中的加压泵站等。

4.输水管渠和管网

输水管渠是将原水送至水厂的管渠,管网则是将处理后的水送至各个用水区的全部管道。

5.调节构筑物

用以储存和调节水量。包括各种类型的储水构筑物,如清水池、水塔、高地水池等。

泵站、输水管渠、管网和调节构筑物等总称为输配水系统,是给水系统中投资最大的子系统。

二、给水系统的布置及影响因素

(一)给水系统的布置

最为常见的以地表水为水源的给水系统布置。一般给水系统中,取水构筑物从河流取水,经一级泵站送往水处理构筑物,处理后的清水贮存在清水池中,二级泵站从清水池取水,经管网供应用户。有时,为了调节水量和保持管网的水压,可根据需要建造水库泵站、高地水池和水塔。通常,以上环节中,从取水构筑物至二级泵站都属于水厂的范围。

给水系统的布置不一定要包括取水构筑物、一级泵站、水处理构筑物、清水池、二级泵站主要组成部分,根据不同的状况可以有不同的布置方式。例如,以地下水作为水源的给水系统,由于水源水质良好,一般可以省去水处理构筑物而只需加氯消毒,使给水系统大为简化。水塔并非必须,视城市规模大小而定。

在城市给水中,工业用水量往往占较大的比例。当用水量较大的工业企业相对集中,并且有合适水源可以利用时,经经济技术比较可独立设置工业用水给水系统的,即可考虑按水质要求分系统(分质)给水。分系统给水,可以是同一水源,经过不同的水处理过程和管网,将不同水质的水供给各类用户;也可以是多水源,例如,地表水经简单沉淀后,供工业生产用水,地下水经过消毒后供生活用水,采用多水源供水的给水系统宜考虑在事故时能互相调度。也有因地形高差大或者城市管网比较庞大,各区相隔较远,水压要求不同而分系统(分压)给水,由同一泵站内的不同水泵分别供水到水压要求高的高压管网和水压要求低的低压管网,以节约能量消耗。

当水源地与供水区域有地形高差可以利用时,应对重力输配水与加压输配水系统进行技术经济比较,择优选用;当给水系统采用区域供水,向范围较广的多个城镇供水时,应对采用原水输送或清水输送管路的布置以及调节池、增压泵站等的设置,做多方案的技术经济比较后确定。

采用统一给水系统或者分系统给水,要根据地形条件、水源情况、城市和工业企业的规划,水量、水质和水压要求,并考虑原有给水工程设施条件,从全局出发,通过技术经济比较确定。

(二)给水系统布置的影响因素

给水系统布置必须考虑城市规划,水源条件,地形,用户对水量、水质、水压的要求等各方面因素。

1.城市规划的影响

给水系统的布置,应密切配合城市和工业区的建设规划,做到通盘考虑、分期建设,既能及时供应生产、生活和消防给水,又能适应今后发展的要求。

水源选择、给水系统布置和水源卫生防护地带的确定,都应以城市和工业区的建设规划为基础。城市规划与给水系统设计的关系极为密切。例如,根据城市规划人数,房屋层数、标准及城市现状、气候条件等可以确定给水工程的设计规模;根据当地农业灌溉、航运、水利等规划资料及水文、水文地质资料可以确定水源和取水构筑物的位置;根据城市功能分区、街道位置、城市的地形条件、用户对水量、水压和水质的要求,可以选定水厂、调节构筑物、泵站和管网的位置及确定管网是否需要分区供水或分质供水。

2.水源的影响

任何城市,都会因水源种类、水源与给水区的距离、水质条件的不同,影响到给水系统的布置。

给水水源分地下水和地表水两种。

当地下水比较丰富时,则可在城市上游或就在给水区内开凿管井或大口井,井水经消毒后,由泵站加压送入管网,供用户使用。

如果水源处于适当的高程,能借重力输水,则可省去一级泵站或二级泵站或同时省去一建造泉室供水的给水系统最为简单经济。取用蓄水库水时,也有可能利用高程以重力输水,输水能量费用可以节约。

以地表水为水源时,一般从流经城市或工业区的河流上游取水。城市附近的水源丰富时,往往随着用水量的增长而逐步发展成为多水源给水系统,从不同部位向管网供水。它可以从几条河流取水,或从一条河流的不同部位取水,或同时取地表水和地下水,或取不同地层的地下水等。这种系统的特点是便于分期发展,供水比较可靠,管网内水压比较均。虽然随着水源的增多,设备和管理工作相应增加,但是与单一水源相比,通常仍比较经济合理,供水的安全性大大提高。

随着国民经济发展,用水量越来越大,水体污染日趋严重,很多城市或工矿企业因就近缺乏水质较好、水量充沛的水源,必须采用跨流域、远距离取水方式来解决给水问题。这不仅增加了给水工程的投资,而且增加了工程的难度。

3.地形的影响

地形条件对给水系统的布置有很大影响。中小城市如地形比较平坦,而工业用水量小、对水压又无特殊要求时,可用同一给水系统;大中城市被河流分隔时,两岸工业和居民用水一般先分别供给,自成给水系统,随着城市的发展,再考虑将两岸互相沟通,成为多水源的给水系统;取用地下水时,考虑到就近凿井取水的原则,可采用分地区供水的系统。这种系统投资省,便于分期建设;地形起伏较大或城市各区相隔较远时比较适合采用分区给水系统和局部加压给水系统。

三、工业给水系统

(一)工业给水系统的分类

城市给水系统的组成和布置原则同样适用于工业企业。在一般情况下,工业用水常由城市管网供给。但是由于工业企业给水系统比较复杂,不仅工业企业门类多,系统庞大,而且对水压、水质和水温有不同要求。有些企业用水量虽大,但是对水质要求不高,使用城市自来水不经济,或者限于城市给水系统规模无法供应大量工业用水,或者工厂远离城市给水管网等,这时不得不自建给水系统;有些工业用水如电子、医药工业、火力发电、冶金工业等,用水量虽小,但是对水质要求远高于生活饮用水,必须自备给水处理系统,将城市自来水水质提高到满足生产用水水质的要求。

工业用水量很大,从有效利用水资源和节省抽水动力费用着眼,工业用水应尽量重复利用,根据工业企业内水的重复利用情况,可将工业用水重复利用的给水系统分成循环和复用级、二级泵站。城市附近山上有泉水时,给水系统两种。采用这类系统是城市节水的主要内容。

1.循环给水系统

循环给水系统是指使用过的水经适当处理后再行回用。循环给水系统最适合于冷却水的供给。在冷却水的循环使用过程中会有蒸发、飘洒、渗透和排污等水量损失,须从水源取水加以补充。

2.复用给水系统

复用给水系统是指按照各用水点对水质的要求不同,将水顺序重复使用。例如,先将水源水送到某些车间,使用后或直接送到其他车间,或经冷却、沉淀等适当处理后,再到其他车间使用,然后排放。

为了节约工业用水,在工厂和工厂之间,也可以考虑采用复用给水系统。

工业给水系统中,水的重复利用,不仅是解决城市水资源缺乏的一种措施,而且还可以减少使城市水体产生污染的废水排放量,是生态工业建设的必由之路。因此,工业用水的重复利用率是节约城市用水的重要指标。所谓重复利用率是指重复用水量在总用水量中所占的百分数。目前我国工业用水重复利用率仍然较低,和一些工业发达国家相比,我国在工业节水方面还有很大的潜力。

(二)工业用水的水量平衡

在大中型工业企业内,为了做到水的重复利用、循环使用,节约用水,就必须根据企业内各车间对水量和水质的要求,做好水量平衡工作,并绘制出水量平衡图。为此应详细调查各车间的生产工艺、用水量及其变化等情况。在此基础上找出节约用水的可能性,并制定出合理用水和减少排污水量的计划。

所谓水量平衡就是保证工业水系统每个车间的给水排水量平衡,整个循环系统的给水、回水和补充水量平衡,这对于了解工厂用水现状,采取节约用水措施,健全工业用水计量仪表,减少排水量,合理利用水资源以及对厂区给水排水管道的设计都很有用处。为此必须做到了解工业水系统总循环水量、各车间冷却用水量、损耗水量、循环回水量和不出水量等情况。

进行工业企业水量平衡的测定工作时,应先查明水源水质和取水量,各用水部门的工艺过程和设备,现在计量仪表的状况,测定每台设备的用水量、耗水量、排水量、水温等,按厂区给水排水管网图核对,对于老的工业企业还应测定管道和阀门的漏水量。然后根据测定结果,绘出水量平衡图。

四、给水管道材料与配件

给水管道的根本任务是向用户提供清洁的饮用水,连续供应有压力的水,同时降低供水费用。为此,给水管网作为供水系统的重要环节,对于它的硬件有以下 5 点要求。

第一,封闭性能高。供水管网是承压的管网,管道具有良好的封闭性,才是连续供水的基本保证。

第二,输送水质佳。自来水从水厂到用户,要经过较长的管道,往往需要几个小时乃至几天。管网实际上是一个大的反应器,出厂水未完成的化学反应将在管网中继续进行,并且含氯水与管壁发生新的接触,有可能产生新的反应,这些反应有生物性的、感官性的以及物理化学性的,因此要求管道内壁既要耐腐蚀性,又不会向水中析出有害物质。

第三,设备控制灵。一个大城市的供水管网,管道总长度少的有数百千米,多的达数千千米,在这样的大型供水管网中有成千上万个专用设备,维持着管网的良好运行。

在管网上的专用设备包括:阀门、消火栓、通气阀、放空阀、冲洗排水阀、减压阀、调流阀、水锤消除器、检修孔、伸缩器、存渣斗、测流测压装置等。这些设备的完好是保证管网运行畅通、避免污染的前提。

第四,水力条件好。供水管道的内壁不结垢、光滑、管路畅通,才能降低水头损失,确保服务水头。

第五,建设投资省。供水管网的建设费用通常占供水系统建设费用的 50%～70%,因此如何通过技术经济分析确定供水管网的建设规模,恰当选用管材及设备是管网合理运行的保证。

(一)给水管道材料

给水管材常可以分为金属管材料、非金属管材料两大类。

1.金属管

目前常用的金属管主要有钢管和铸铁管。

(1)钢管:钢管分为焊接钢管和无缝钢管两大类。

焊接钢管也称焊管,是用钢板或钢带经过卷曲成型后焊接制成的钢管。焊接钢管生产工艺简单,生产效率高,品种规格多,设备投资少,但一般强度低于无缝钢管。焊接钢管按焊缝的形式分为直缝焊管和螺旋焊管。

直缝焊管生产工艺简单,生产效率高,成本低,发展较快。螺旋焊管的强度一般比直缝焊管高,能用较窄的坯料生产管径较大的焊管,还可以用同样宽度的坯料生产管径不同的焊管。但是与相同长度的直缝管相比,焊缝长度增加 30%～100%,而且生产速度较低。因此,较小口径的焊管大都采用直缝焊,大口径焊管则大多采用螺旋焊。

无缝钢管是用钢锭或实心管坯经穿孔制成毛管,然后经热乳、冷乳或冷拔制成。

国内过去小口径管道上,主要使用的是镀锌钢管(白铁管),但因锈蚀问题,影响水质及使用年限,近年多数城市已不再使用。薄壁不锈钢管不存在锈蚀与材质老化的问题,使用寿命长,外形美观,它在小口径管材中将是竞争力很强的品种。

钢管用焊接或者法兰接口,小口径的可用丝扣连接。所用配件可用钢板卷焊而成,或直接用标准铸铁配件连接。

优点是强度高、抗震性能好、重量比铸铁管轻、接头少、内外表面光滑、容易加工和安装;缺点是抗腐蚀性能差。

(2)铸铁管:用铸铁浇铸成型的管子。铸铁管用于给水、排水和煤气输送管线,劳动强度小。铸铁管材质可分为灰铸铁管和球墨铸铁管。

①灰铸铁管:灰铸铁管有较强的耐腐蚀性,以往使用最广,但由于连续铸管工艺的缺陷,质地较脆,抗冲击和抗震能力较差,重量较大,且经常发生接口漏水、水管断裂和爆管事故,给生产带来很大的损失。灰铸铁管的性能虽相对较差,但可用在直径较小的管道上,同时采用柔性接口,必要时可选用较大一级的壁厚,以保证安全供水。

②球墨铸铁管:球墨铸铁管具有灰铸铁管的许多优点,而且机械性能有很大提高,其强度是灰铸铁管的多倍,抗腐蚀性能远高于钢管,因此是理想的管材。球墨铸铁管的重量较轻,很少发生爆管、渗水和漏水现象,可以减少管网漏损率和管网维修费用。球墨铸铁管采用推人式楔形胶圈柔性接口,也可用法兰接口,施工安装方便,接口的水密性好,有适应地基变形的能力,抗震效果好。

球墨铸铁管在给水工程中已有 50 多年的使用历史,在欧美发达国家已基本取代了灰铸铁管。

近年来,随着工业技术的发展和给水工程质量要求的提高,我国已开始推广和普及使用球墨铸铁管,逐步取代灰铸铁管。据统计,球墨铸铁管的爆管事故发生率仅为普通灰铸铁管的1/16。球墨铸铁管主要优点是耐压力高,管壁比非铸铁管薄30%～40%,因而重量较灰铸铁管轻,同时,它的耐腐蚀能力大大优于钢管,使用寿命长。据统计,球墨铸铁管的使用寿命是灰铸铁管的1.5～2.0倍,是钢管的3～4倍。已经成为我国城市供水管道工程中的推荐使用管材。

铸铁管接口有两种形式:承插式和法兰式。水管接头应紧密不漏水且稍带柔性,特别是沿管线的土质不均匀而有可能发生沉陷时。

承插式接口适用于埋地管线,安装时将插口接入承口内,两口之间的环形空隙用接头材料填实,接口时施工麻烦,劳动强度大。接口材料一般可用橡胶圈、膨胀性水泥或石棉水泥,特殊情况下也可用青铅接口。当承插式铸铁管采用橡胶圈接口时,安装时无须敲打接口,可减轻劳动强度,加快施工进度。

法兰接口的优点是接头严密,检修方便,常用以连接泵站内或水塔的进、出水管。为使接口不漏水,在两法兰盘之间嵌以3～5mm厚的橡胶垫片。

优点是耐腐蚀性能强、使用寿命长、价格低;缺点是性脆、重量大、长度小。

2.非金属管

在给水工程建设中,有条件时宜以非金属管代替金属管,对于加快工程建设和节约金属材料都有现实意义。

(1)塑料管材:塑料管一般是以塑料树脂为原料、加入稳定剂、润滑剂等,以塑的方法在制管机内经挤压加工而成。由于它具有质轻、耐腐蚀、外形美观、无不良气味、加工容易、施工方便等优点,但是管材的强度较低,膨胀系数较大,用作长距离管道时,需考虑温度补偿措施,例如伸缩节和活络接口。

塑料管有多种,如硬聚氯乙烯管(UPVC管)、聚乙烯管(PE管)、聚丁烯管(PB管)、交联聚乙烯(PEX)管、聚丙烯共聚物PP－R、PP－C管等。

其中,硬聚氯乙烯(UPVC)管是一种新型管材,力学性能和阻燃性能力好,价格较低,因此应用较广。其工作压力宜低于2.0MPa,用户进水管约常用管径为DN25和DN50,小区内为DN100～DN200。管径一般不大于DN400。为了推广应用,还须开发质量高、规格齐全的管配件和阀门。管道接口在无水情况下可用胶合剂粘接,承插式管可用橡胶圈柔性接口,也可用法兰连接。塑料管在运输和堆放过程中,应防止剧烈碰撞和阳光曝晒,以防止变形和加速老化。

与铸铁管相比,塑料管的水力性能较好,由于管壁光滑,在相同流量和水头损失情况下,塑料管的管径可比铸铁管小;塑料管相对密度在1.4左右,比铸铁管轻,又可采用橡胶圈柔性承插接口,抗震和水密性较好,不易漏水,既提高了施工效率,又可降低施工费用。可以预见,塑料管将成城市供水中中小口径管道的一种主要管材。

(2)预应力和自应力钢筋混凝土管

①预应力钢筋混凝土管:用于给水的预应力混凝土管道,目前国内使用的有两种:一种是预应力钢筋混凝土管,另一种是钢套筒预应力混凝土管(PCCP管)。其特点是造价低,抗震性能强,管壁光滑,水力条件好,耐腐蚀,爆管率低,但重量大,不便于运输和安装。

预应力钢筋混凝土管在设置阀门、弯管、排气、放水等装置处,须采用钢管配件。预应力钢筒混凝土管是在预应力钢筋混凝土管内放入钢筒,其用钢量比钢管省。接口为承插式,承口环和插口环均用扁钢压制成型,与钢筒焊成一体。

预应力钢筋混凝土管在我国是应用相当广泛的供水管材之一,并制定了完善的管道产品标准和工程设计、安装规范。它比钢铁管节约钢材,价格比铜管便宜,在输水的过程中不结水垢,管径变化不大,送水能力及水质不变。安装预应力钢筋混凝土管只要在插口端套上密封橡胶圈,然后把它插进另一根管的承口端就行了,不需要打口,管道可整切,开孔相配管件,操作方便,安装速度快。

预应力钢筋混凝土管主要缺点是管材质量不稳定,承插口加工精度差,多存在漏水现象,另外管材还存在表层混凝土脱落钢筋骨架外露腐蚀等情况,管材使用寿命短。在已建的管道中出现过爆管事故,漏水现象时有发生。

近年引进国外技术生产的钢套筒预应力混凝土管,管道管身中央有 $1\sim2mm$ 的钢板,钢板卷成管状,经过打压试验,可保证其不渗漏。接U采用钢环承插口,钢环与管身钢管焊接。钢环承插口的加工精度较高。承插口嵌入橡胶圈,可防止渗漏。多用于大口径管道。钢筒混凝土管兼有钢管和混凝土管的抗爆、抗渗及抗腐蚀性,钢材用量约为铸铁管的 $1/3$,使用寿命可达 50 年以上,管道综合造价较低,价格与普通铸铁管相近,是一种极有应用前途的管材。我国目前生产的管径为 $600\sim3400mm$,管长 5m,工作压力为 $0.4\sim2.0MPa$。

②自应力管:自应力管是用自应力混凝土并配置一定数量的钢筋制成的。制管工艺简单,成本较低。制管用的预应力水泥是 425 号或 525 号普通硅酸盐水泥、325 号或 425 号矾土水泥和二水石膏,按适当比例加工制成,所用钢筋为低碳冷拔钢丝或钢丝网。但由于容易出现二次膨胀及横向断裂,目前主要用于小城镇及农村供水系统中。

③玻璃钢管:玻璃钢管是一种新型管材,以玻璃纤维和环氧树脂为基本原料预制而成,它耐腐蚀性强,不结垢,能长期保持较高的输水能力,强度高,粗糙系数小。在相同使用条件下,重量只有钢材的 $1/4$ 左右,是预应力钢筋混凝土管的 $1/5\sim1/10$,因此便于.运输和施工;但价格较高,几乎和钢管相接近,可考虑在强腐蚀性土壤处采用。

在玻璃钢管的基础上发展起来的玻璃纤维增强塑料夹砂管(简称玻璃钢夹砂管或 RPM 管),增加玻璃钢管的刚性和强度,在我国给水管道中也开始得到应用。RPM 管用高强度的玻纤增强塑料作内、外面板,中间以廉价的树脂和石英砂做芯层组成夹芯结构,以提高弯曲刚度,并辅以防渗漏和满足功能要求(例如达到食品级标准或耐腐蚀)的内衬层形成一复合管壁结构,满足地下埋设的大口径供水管道和排污管道使用要求。

(二)给水配件

在管线转弯、分支、直径变化以及连接其他附属设备处,须采用各种标准水管配件。例如,承接分支用三通;管线转弯处采用各种角度的弯管;变换管径处采用渐缩管;改变接口形式处采用短管,如连接法兰用承盘短管;还有修理管线时用的配件,接消火栓用的配件等。

水管及配件是安装给水管网的主要材料,选用时应综合考虑管网中所承受的压力、敷设地点的土质情况、施工方法和可取得的材料等因素。输配水管网的造价占整个给水工程投资的大部分,一般约为 $50\%\sim70\%$。正确地选用管道材料,对工程质量、供水的安全可靠性及维护保养均有很大关系。因此,给水工程技术人员必须重视和掌握水管材料的种类、性能、规格、使用经验、价格和供应情况,才能做到合理选用水管材料,做出正确的设计。

五、管网附件

给水附件指给水管道上的调节水量、水压、控制水流方向以及断流后便于管道、仪器和设备检修用的各种阀门。具体包括：闸阀、止回阀、球阀、安全阀、浮球阀、水锤消除器、过滤器、减压孔板等。

（一）阀门

阀门是用以连接、关闭和调节液体、气体或蒸汽流量的设备，是市政管道系统的重要组成部分。在自来水管网的运行中，阀门起着对流体介质的开通、截断和调节流量、压力和改变流向的控制作用，阀门的这些作用是保证管网中自来水畅通输配，以及配合管网维修改造施工的必要条件，因此阀门的功能实现，将直接影响正常供水和安全供水，关系到自来水公司的服务质量。

安装阀门的位置，一是在管线分支处，二是在较长管线上，三是穿越障碍物时。因阀门的阻力大，价格昂贵，所以阀门的数量应保持调节灵活的前提下尽可能的少。

配水干管上装设阀门的距离一般为 400～1000m，且不应超过三条配水支管，主要管线和次要管线交接处的阀门常设在次要管线上。阀门一般设在配水支管的下游，以便关闭阀门时不影响支管的供水。在支管上也应设阀门，配水支管上的阀门间距不应隔断 5 个以上消火栓。承接消火栓的水管上要接阀门。

阀门的口径一般和水管的直径相同，但当管径较大阀门价格较高时，为降低造价可安装 0.8 倍水管直径的阀门。

1.闸阀

用闸板作启闭件并沿阀座轴线垂直方向移动，以实现启闭动作的阀门。闸阀的启闭件是闸板，闸板的运动方向与流体方向相垂直，闸阀只能做全开和全关，不能做调节和节流。因为当闸阀处于半开位置时，闸板会受流体冲蚀而使密封面破坏，还会产生振动和噪声。

闸阀的主要优点是流道通畅，流体阻力小，启闭扭矩小；主要缺点是密封面易擦伤，启闭时间较长，体形和重量较大。闸阀在管道上的应用很广泛，适于制造成大口径阀门。按密封面配置可分为楔式闸板式闸阀和平行闸板式闸阀。按阀杆的螺纹位置划分，可分为明杆闸阀和暗杆闸阀两种。明杆是阀门启闭时，阀杆随之升降，因此易掌握阀门启闭程度，适宜于安装在泵站内。暗杆适用于安装和操作空间受到限制之处，否则当阀门开启时阀杆上升而妨碍工作。

大口径的阀门，在手工开启或关闭时，很费时间，劳动强度也大。所以直径较大的阀门有齿轮传动装置，并在闸板两侧接以旁通阀，以减小水压差，便于启闭。开启阀门时先开旁通阀，关闭阀门时则后关旁通阀。或者应用电动阀门以便于启闭。安装在长距离输水管上的电动阀门，应限定开启和闭合的时间，以免因启闭过快而出现水锤现象使水管损坏。

2.蝶阀

蝶阀的作用和一般阀门相同。但结构简单，开启方便，旋转 90°就可全开或全关。蝶阀宽度较一般阀门为小，但闸板全开时占据上下、游管道的位置，因此不能紧贴楔式和平行式阀门旁安装。蝶阀可用在中、低压管线上，例如水处理构筑物和泵站内。

（二）止回阀

止回阀又称单向阀，它用来限制水流朝一个方向流动。一般安装在水泵出水管，用户接管和水塔进水管处,以防止水的倒流。通常,流体在压力作用下使阀门的阀瓣开启,并从进口侧流向出口侧。当进口侧压力低于出口侧时,阀瓣在流体压力和本身重力的作用下自动地将通道关闭,阻止流体逆流,避免事故的发生。按阀瓣运动方式不同,止回阀主要分为升降式、旋启式和蝶式3类。

止回阀安装和使用时应注意以下3点。

(1)升降式止回阀应安装在水平方向的管道上,旋启式止回阀既可安装在水平管道上,又可安装在垂直管道上。

(2)安装止回阀要使阀体上标注的箭头与水流方向一致,不可倒装。

(3)大口径水管上应采用多瓣止回阀或缓闭止回阀,使各瓣的关闭时间错开或缓慢关闭,以减轻水锤的破坏作用。

(三)水锤消除设备

水锤是供水装置中常见的一种物理现象,它在供水装置管路中的破坏力是惊人的,对管网的安全平稳运行是十分有害的,容易造成爆管事故。水锤的消除通常可以采用以下一些设备。

1.采用恒压控制设备

采用自动控制系统,通过对管网压力的检测,反馈控制水泵的开、停和转速调节,控制流量,进而使压力维持一定水平,可以通过控制微机设定机泵供水压力,保持恒压供水,避免了过大的压力波动,使产生水锤的概率减小。

2.采用泄压保护设备

(1)水锤消除器:水锤消除器能在无须阻止流体流动的情况下,有效地消除各类流体在传输系统可能产生的水锤和浪涌发生的一六角头不规则水击波震荡,从而达到消除具有破坏性的冲击波,起到保护之目的。

水锤消除器的内部有一密闭的容气腔,下端为一活塞,当冲击波传入水锤消除器时,水击波作用于活塞上,活塞将往容气腔方向运动。活塞运动的行程与容气腔内的气体压力、水击波大小有关,活塞在一定压力的气体和不规则水击双重作用下,做上下运动,形成一个动态的平衡,这样就有效地消除了不规则的水击波震荡。

(2)泄压保护阀:该设备安装在管道的任何位置,和水锤消除器工作原理一样,只是设定的动作压力是高压,当管路中压力高于设定保护值时,排水口会自动打开泄压。

3.采用控制流速设备

(1)采用水力控制阀,一种采用液压装置控制开关的阀门,一般安装于水泵出口,该阀利用机泵出口与管网的压力差实现自动启闭,阀门上一般装有活塞缸或膜片室控制阀板启闭速度,通过缓闭来减小停泵水锤冲击,从而有效消除水锤。

(2)采用快闭式止回阀,该阀结构是在快闭阀板前采用导流结构,停泵时,阀板同时关闭,依靠快闭阀板支撑住回流水柱,使其没有冲击位移,从而避免产生停泵水锤。

4.安装排气阀

在管路中各峰点安装可靠的排气阀也是必不可少的措施。

(四)消火栓

消火栓有地上消火栓和地下消火栓。地上消火栓适用于气温较高的地方,地下消火栓适用于较寒冷的地区。

地上式消火栓,一般布置在交叉路口消防车可以驶近的地方,并涂以红色标志,适用于不冰冻地区,或不影响城市交通和市容的地区。地下式消火栓用于冬期气温较低的地区,须安装在阀门井内,不影响市容和交通,但使用不如地上式方便。

(五)排气阀和泄水阀

1.排气阀

管道在运行过程中,水中的气体将会逸出在管道高起部位积累起来,甚至形成气阻,当管中水流发生波动时,隆起的部位形成的气囊,将不断被压缩、扩张,气体压缩后所产生的压强,要比水被压缩后所产生的压强大几十倍甚至几百倍,此时管道极易发生破裂。这就需要在管网中设置排气阀。

排气阀安装在管线的隆起部分,使管线投产时或检修后通水时,管内空气可经此阀排出。长距离输水管一般随地形起伏敷设,在高处设排气阀。排气阀分单口和双口两种。单口排气阀用在直径小于300mm的水管上,口径为水管直径的1/2~1/5。双口排气阀口径可按水管直径的1/8~1/10选用,装在直径400mm以上的水管上。排气阀放在单独的阀门井内,也可和其他配件合用一个阀门井。

2.泄水阀

为了排除管道内沉积物或检修放空及满足管道消毒冲洗排水要求,在管道下凹处及阀门间管段最低处,施工时应预留泄水口,用以安装泄水阀。确定泄水点时,要考虑好泄水的排放方向,一般将其排入附近的干渠、河道内,不宜将泄水通向污水渠,以免污水倒灌污染水源。

泄水阀和排水管的直径,由所需放空时间决定。放空时间可按一定工作水头下孔口出流公式计算。为加速排水,可根据需要同时安装进气管或进气阀。水平横管宜有0.002~0.005的坡度坡向泄水阀。

六、给水管道附属构筑物

(一)阀门井

地下管线及地下管道(如自来水管道等)的阀门为了在需要进行开关操作或者检修作业时方便,就设置了类似小房间的一个井,将阀门等布置在这个井里,这个井就叫阀门井。

管网中的附件一般应安装在阀门井内。为了降低造价,配件和附件应布置紧凑,阀门井的平面尺寸,取决于水管直径以及附件的种类和数量,但应满足阀门操作和安装拆卸各种附件所需的最小尺寸。井的深度由水管埋设深度确定,但是,井底到水管承口或法兰盘底的距离至少为0.1m,法兰盘和井的距离宜大于0.15m,从承口外缘到井壁的距离,应在0.3m以上,以便于接口施工。

阀门井一般用砖砌,也可用石砌或钢筋混凝土建造。

阀门井的形式根据所安装的附件类型、大小和路面材料而定。例如直径较小、位于人行道上或简易路面以下的阀门,可采用阀门套筒,但在寒冷地区,因阀杆易被渗漏的水冻住,因而影响开启,所以一般不采用阀门套筒,安装在道路下的大阀门。位于地下水位较高处的阀门井,井底和井壁应不透水,在水管穿越井壁处应保持足够的水密性。阀门井应有抗浮的稳定性。

(二)管道支墩

承插式接口的管线,在弯管处、三通处、水管尽端的盖板上以及缩管处,都会产生拉力,接口可能因此松动脱节而使管线漏水,因此在这些部位须设置支墩以承受拉力和防止事故。

1.支墩的类型

根据异形管在管网中布置的方式,支墩有以下几种常用类型。

(1)水平支墩。又分为弯头处支墩、堵头处支墩、三通处支墩。

(2)上弯支墩。管中线由水平方向转入垂直向上方向的弯头支墩。

(3)下支墩。管中线由水平方向转入垂直向下方向的弯头支墩。

2.设计原则

(1)当管道转弯角度小于 10°时,可以不设置支墩。

(2)管径大于 600mm 管线上,水平敷设时应尽量避免选用 90°弯头,垂直敷设时应尽量避免使用 45°以上的弯头。

(3)支墩后背必须为原形土,支墩与土体应紧密接触,倘若有空隙需用与支墩相同材料填实。

(4)支撑水平支墩后背的土壤,最小厚度应大于墩底在设计地面以下深度的 3 倍。

(三)给水管道穿越障碍物

当给水管线通过铁路、公路和河谷时,必须采用一定的措施。

管线穿过铁路时,其穿越地点、方式和施工方法,应严格按照铁路部门穿越铁路的技术规范。根据铁路的重要性,采取以下措施:穿越临时铁路或一般公路,或非主要路线且水管埋设较深时,可以不设套管,但应尽量将铸铁管接口放在两股道之间,并用青铅接头,钢管则应有相应的防腐措施;穿越较重要的铁路或交通频繁的公路时,水管须放在钢筋混凝土套管内,套管直径根据施工方法而定,大开挖施工时应比给水管直径大 300mm,顶管法施工时应比给水管的直径大 600mm。穿越铁路或公路时,水管管顶应在铁路路轨底或公路路面以下 1.2m 左右。管道穿越铁路时,两端应设检查井,井内设阀门或排水管等。

管线穿越河川山谷时,可利用现有桥梁架设水管,或敷设倒虹管,或建造水管桥,应根据河道特性、通航情况、河岸地质地形条件、过河管材料和直径、施工条件选用。

给水管架设在现有桥梁下穿越河流最为经济,施工和检修比较方便,通常水管架在桥梁的人行道下。

若无桥梁可以利用,则可考虑设置倒虹管或架设管桥。倒虹管从河底穿越,其优点是隐蔽,不影响航运,但施工和检修不便。倒虹管设置一条或两条,在两岸应设阀门井。阀门井顶部标高应保证洪水时不致淹没。井内有阀门和排水管等。倒虹管顶在河床下的深度,一般不小于 0.5m,但在航道线范围内不应小于 1m。倒虹管一般用钢管,并须加强防腐措施。当管径小、距离短时用铸铁管,但应采用柔性接口。倒虹管直径按流速大于不淤流速计算,通常小于上、下游的管线直径,以降低造价和增加流速,减少管内淤积。

大口径水管由于重量大,架设在桥下有困难时,或当地无现成桥梁可利用时,可建造水管桥,架空跨越河道。水管桥应有适当高度以免影响航行。架空管一般用钢管或铸铁管,为便于检修可以用青铅接口,也有采用承插式预应力钢筋混凝土管。在过桥水管或水管桥的最高点,应安装排气阀,并且在过桥管两端设置伸缩接头。在冰冻地区应有适当的防冻措施。

钢管过河时,本身也可作为承重结构,称为拱管,施工简便,并可节省架设水管桥所需的支承材料。一般拱管的矢高和跨度比约为 1/6~1/8,常用的是 1/8。

拱管一般由每节长度为 1~1.5m 的短管焊接而成,焊接的要求较高,以免吊装时拱管下垂或开裂。拱管在两岸有支座,以承受作用在拱管上的各种作用力。

七、调节构筑物

调节构筑物用来调节管网内的流量,有水塔和水池等。建于高地的水池其作用和水塔相同,既能调节流量,又可保证管网所需的水压。当城市或工业区靠山或有高地时,可根据地形建造高地水池。如城市附近缺乏高地,或因高地离给水区太远,以致建造高地水池不经济时,可建造水塔。中小城镇和工矿企业等建造水塔以保证水压的情况并不少见。

(一)水塔

多数水塔采用钢筋混凝土或砖石等建造,但以钢筋混凝土水塔或砖支座的钢筋混凝土水柜用得较多。

钢筋混凝土水塔的构造主要由水柜(或水箱)、塔架、管道和基础组成。进、出水管可以合用,也可分别设置。进水管应设在水柜中心并伸到水柜的高水位附近,出水管可靠近柜底,以保证水柜内的水流循环。为防止水柜溢水和将柜内存水放空,须设置溢水管和排水管,管径可和进、出水管相同。溢水管上不应设阀门。排水管从水柜底接出,管上设阀门,并接到溢水管上。

和水柜连接的水管上应安装伸缩接头,以便温度变化或水塔下沉时有适当的伸缩余地。为观察水柜内的水位变化,应设浮标水位尺或电传水位计。水塔顶应有避雷设施。

水塔外露于大气中,应注意保温问题。因为钢筋混凝土水柜经过长期使用后,会出现微细裂缝,浸水后再加冰冻,裂缝会扩大,可能因此引起漏水。根据当地气候条件,可采取不同的水柜保温措施:或在水柜壁上贴砌 $8\sim10cm$ 的泡沫混凝土、膨胀珍珠岩等保温材料;或在水柜外贴砌一砖厚的空斗墙;或在水柜外再加保温外壳,外壳与水柜壁的净柜不应小于 $07m$,内填保温材料。

水柜通常做成圆筒形,高度和直径之比约为 $0.5\sim1.0$。水柜过高不好,因为水位变化幅度大会增加水泵的扬程,多耗动力,且影响水泵效率。有些工业企业,由于各车间要求的水压不同,而在同一水塔的不同高度放置水柜;或有将水柜分成两格,以供应不同水质的水。

塔体用以支承水柜,常用钢筋混凝土、砖石或钢材建造。近年来也采用装配式和预应力钢筋混凝土水塔。装配式水塔可以节约模板用量。塔体形状有圆筒形和支柱式。

水塔基础可采用单独基础、条形基础和整体基础。

砖石水塔的造价比较低,但施工费时,自重较大,宜建于地质条件较好地区。从就地取材的角度,砖石结构可和钢筋混凝土结合使用,即水柜用钢筋混凝土,塔体用砖石结构。

(二)水池

给水工程中,常用钢筋混凝土水池、预应力钢筋混凝土水池和砖石水池等,其中以钢筋混凝土水池使用最广。一般做成圆形或矩形。

水池应有单独的进水管和出水管,安装地位应保证池内水流的循环。此外应有溢水管,管径和进水管相同,管端有喇叭口,管上不设阀门。水池的排水管接到集水坑内,管径一般按 2h 内将池水放空计算。容积在 $1000m^3$ 以上的水池,至少应设两个检修孔。为使池内自然通风,应设若干通风孔,高出水池覆土面 0.7m 以上。池顶覆土厚度视当地平均室外气温而定,一般在 $0.5\sim1.0m$,气温低则覆土应厚些。当地下水位较高,水池埋深较大时,覆土厚度需按抗浮要求决定。为便于观测池内水位,可装置浮标水位尺或水位传示仪。

预应力钢筋混凝土水池可做成圆形或矩形,它的水密性高,大型水池可较钢筋混凝土水池节约造价。

装配式钢筋混凝土水池近年来也有采用。水池的柱、梁、板等构件事先预制，各构件拼装完毕后，外面再加钢箍，并加张力，接缝处喷涂砂浆使不漏水。

砖石水池具有节约木材、钢筋、水泥，能就地取材，施工简便等特点。我国中南、西南地区，盛产砖石材料，尤其是丘陵地带，地质条件好，地下水位低，砖石施工的经验也丰富，更宜于建造砖石水池。但这种水池的抗拉、抗渗、抗冻性能差，所以不宜用在湿陷性的黄土地区、地下水位过高地区或严寒地区。

八、管网及输水管渠布置

(一)管网布置形式

给水管网的布置应满足以下要求。

第一，按照城市规划平面图布置管网，布置时应考虑给水系统分期建设的可能，并留有充分的发展余地。

第二，管网布置必须保证供水安全可靠，当局部管网发生事故时，断水范围应减到最小。

第三，管线遍布在整个给水区内，保证用户有足够的水量和水压。

第四，力求以最短距离敷设管线，以降低管网造价和供水能量费用。

尽管给水管网有各种各样的要求和布置，但不外乎两种基本型式：树状网和环状网。树状网一般适用于小城市和小型工矿企业，这类管网从水厂泵站或水塔到用户的管线布置成树枝状。显而易见，树状网的供水可靠性较差，因为管网中任一段管线损坏时，在该管段以后的所有管线就会断水。另外，在树状网的末端，因用水量已经很小，管中的水流缓慢，甚至停滞不流动，因此水质容易变坏，有出现浑水和红水的可能。

环状网中，管线连接成环状，这类管网当任一段管线损坏时，可以关闭附近的阀门使其和其余管线隔开，然后进行检修，水还可从另外管线供应用户，断水的地区可以缩小，从而供水可靠性增加。环状网还可以大大减轻因水锤作用产生的危害，而在树状网中，则往往因此而使管线损坏。但是环状网的造价明显的比树状网要高。

一般在城市建设初期可采用树状网，以后随着给水事业的发展逐步连成环状。实际上，现有城市的给水管网，多数是将树状网和环状网结合起来。在城市中心地区，布置成环状网，在郊区则以树状网形式向四周延伸。供水可靠性要求较高的工矿企业须采用环状网，并用树状网或双管输水到个别较远的车间。

给水管网的布置既要求安全供水，又要贯彻节约投资的原则。而安全供水和节约投资之间不免会产生矛盾，为安全供水以采用环状网较好，要节约投资最好采用树状网，在管网布置时，既要考虑供水的安全，又尽量以最短的路线埋管，并考虑分期建设的可能，即先按近期规划埋管，随着用水量的增长逐步增设管线。

(二)管网定线

1.城市管网

城市给水管网定线是指在地形平面图上确定管线的走向和位置。定线时一般只限于管网的干管以及干管之间的连接管，不包括从干管到用户的分配管和接到用户的进水管。干管管径较大，用以输水到各地区。分配管的作用是从干管取水供给用户和消火栓，管径较小，常由城市消防流量决定所需最小的管径。

由于给水管线一般敷设在街道下,就近供水给两侧用户,所以管网的形状常随城市的总平面布置图而定。

城市管网定线取决于城市平面布置,供水区的地形,水源和调节水池位置,街区和用户特别是大用户的分布,河流、铁路、桥梁等的位置等,考虑的要点如下。

定线时,干管延伸方向应和二级泵站输水到水池、水塔、大用户的水流方向一致,如图3—3中的箭头所示。循水流方向,以最短的距离布置一条或数条干管,干管位置应从用水量较大的街区通过。干管的间距,可根据街区情况,采用500～800m。从经济上来说,给水管网的布置采用一条干管接出许多支管,形成树状网,费用最省,但从供水可靠性着想,以布置几条接近平行的干管并形成环状网为宜。

干管和干管之间的连接管使管网形成了环状网。连接管的作用在于局部管线损坏时,可以通过它重新分配流量,从而缩小断水范围,较可靠地保证供水。连接管的间距可根据街区的大小考虑在800～1000m左右。

干管一般按城市规划道路定线,但尽量避免在高级路面或重要道路下通过,以减小今后检修时的困难。管线在道路下的平面位置和标高,应符合城市或厂区地下管线综合设计的要求,给水管线和建筑物、铁路以及其他管道的水平净距,均应参照有关规定。

考虑了上述要求,城市管网将是树状网和若干环组成的环状网相结合的型式,管线大致均匀地分布于整个给水区。

管网中还须安排其他一些管线和附属设备,例如:在供水范围内的道路下需敷设分配管,以便把干管的水送到用户和消火栓。分配管直径至少为100mm,大城市采用150～200mm,主要原因是通过消防流量时,分配管中的水头损失不致过大,以免火灾地区的水压过低。

城市内的工厂、学校、医院等用水均从分配管接出,再通过房屋进水管接到用户。一般建筑物用一条进水管,用水要求较高的建筑物或建筑物群,有时在不同部位接入两条或数条进水管,以增加供水的可靠性。

2.工业企业管网

工业企业内的管网布置有它的特点。根据企业内的生产用水和生活用水对水质和水压的要求,两者可以合用一个管网,或者可按水质或水压的不同要求分建两个管网。即使是生产用水,由于各车间对水质和水压要求不完全一样,因此在同一工业企业内,往往根据水质和水压要求,分别布置管网,形成分质、分压的管网系统。消防用水管网通常不单独设置,而是由生活或生产给水管网供给消防用水。

根据工业企业的特点,可采取各种管网布置型式。例如,生活用水管网不供给消防用水时,可为树状网,分别供应生产车间、仓库、辅助设施等处的生活用水。生活和消防用水合并的管网,应为环状网。

生产用水管网可按照生产工艺对给水可靠性的要求,采用树状网、环状网或两者相结合的型式。不能断水的企业,生产用水管网必须是环状网,到个别距离较远的车间可用双管代替环状网。大多数情况下,生产用水管网是环状网、双管和树状网的结合型式。

大型工业企业的各车间用水量一般较大,所以生产用水管网不像城市管网那样易于划分干管和分配管,定线和计算时全部管线都要加以考虑。

工业企业内的管网定线比城市管网简单,因为厂区内车间位置明确,车间用水量大且比较集中,易于做到以最短的管线到达用水量大的车间的要求。但是,由于某些工业企业有许多地下建筑物和管线,地面上又有各种运输设施,以致定线比较困难。

(三)输水管渠定线

从水源到水厂或水厂到相距较远管网的管、渠叫作输水管渠。当水源、水厂和给水区的位置相近时,输水管渠的定线问题并不突出。但是由于需水量的快速增长以及水源污染的日趋严重,为了从水量充沛、水质良好、便于防护的水源取水。就需有几十千米甚至几百千米外取水的远距离输水管渠,定线就比较复杂。

输水管渠在整个给水系统中是很重要的。它的一般特点是距离长,因此与河流、高地、交通路线等的交叉较多。

输水管渠有多种型式,常用的有压力输水管渠和无压输水管渠。远距离输水时,可按具体情况,采用不同的管渠型式。用得较多的是压力输水管渠,特别是输水管。

多数情况下,输水管渠定线时,缺乏现成的地形平面图可以参照。如有地形图时,应先在图上初步选定几种可能的定线方案,然后到现场沿线踏勘了解,从投资、施工、管理等方面,对各种方案进行技术经济比较后再做决定。缺乏地形图时,则需在踏勘选线的基础上,进行地形测量,绘出地形图,然后在图上确定管线位置。

输水管渠定线时,必须与城市建设规划相结合,尽量缩短线路长度,减少拆迁,少占农田,便于,管渠施工和运行维护,保证供水安全;选线时,应选择最佳的地形和地质条件,尽量沿现有道路定线,以便施工和检修;减少与铁路、公路和河流的交叉;管线避免穿越滑坡、岩层、沼泽、高地下水位和河水淹没与冲刷地区,以降低造价和便于管理。这些是输水管渠定线的基本原则。

当输水管渠定线时,经常会遇到山嘴、山谷、山岳等障碍物以及穿越河流和干沟等。这时应考虑:在山嘴地段是绕过山嘴还是开凿山嘴;在山谷地段是延长路线绕过还是用倒虹管;遇独山时是从远处绕过还是开凿隧洞通过;穿越河流或干沟时是用过河管还是倒虹管等。即使在平原地带,为了避开工程地质不良地段或其他障碍物,也须绕道而行或采取有效措施穿过。

输水管渠定线时,前述原则难以全部做到,但因输水管渠投资很大,特别是远距离输水时,必须重视这些原则,并根据具体情况灵活运用。

路线选定后,接下来要考虑采用单管渠输水还是双管渠输水,管线上应布置哪些附属构筑物,以及输水管的排气和检修放空等问题。

为保证安全供水,可以用一条输水管渠而在用水区附近建造水池进行流量调节,或者采用两条输水管渠。输水管渠条数主要根据输水量、事故时需保证的用水量、输水管渠长度、当地有无其他水源和用水量增长情况而定。供水不许间断时,输水管渠一般不宜少于两条。当输水量小、输水管长,或有其他水源可以利用时,可考虑单管渠输水另加调节水池的方案。

输水管渠的输水方式可分成两类:第一类是水源低于给水区,例如,取用江河水时,需要采用泵站加压输水,根据地形高差、管线长度和水管承压能力等情况,有时需在输水途中再设置加压泵站;第二类是水源位置高于给水区,例如,取用蓄水库水时,有可能采用重力管渠输水。

根据水源和给水区的地形高差及地形变化,输水管渠可以是重力式或压力式。远距离输水时,地形往往有起有伏,采用压力式的较多。重力管渠的定线比较简单,可敷设在水力坡线以下并且尽量按最短的距离供水。

远距离输水时，一般情况往往是加压和重力输水两者的结合形式。有时虽然水源低于给水区，但个别地段也可借重力自流输水；水源高于给水区时，个别地段也有可能采用加压输水。

为避免输水管渠局部损坏时，输水量降低过多，可在平行的2条或3条输水管渠之间设置连接管，并装置必要的阀门，以缩小事故检修时的断水范围。

输水管的最小坡度应大于1∶5D，D为管径，以mm计。输水管线坡度小于1∶1000时，应每隔0.5～1km装置排气阀。即使在平坦地区，埋管时也应人为地做成上升和下降的坡度，以便在管坡顶点设排气阀，管坡低处设泄水阀。排气阀一般以每千米设一个为宜，在管线起伏处应适当增设。管线埋深应按当地条件决定，在严寒地区敷设的管线应注意防止冰冻。

第二节　室外排水工程

在城市居民的生活、工业生产和各种公共建筑中，每天都要产生大量的污水和废弃物，需要及时妥善地排除、处理或利用，否则将会影响人们的正常生活。在现代城市发展进程中，城市区域不透水地表比例较大，从而破坏了原有的自然降雨径流过程，使径流量变大。若不及时排除降雨和融雪产生的径流，不仅会给城市的生产和生活带来不便，而且可能造成洪涝灾害，引起严重后果。因此，城市需要建设一整套的工程设施来收集、输送、处理和利用污水或排放设施。

排水系统设计应综合考虑下列因素。

第一，污水的再生利用，污泥的合理处置。

第二，与邻近区域内的污水和污泥的处理和处置系统相协调。

第三，与邻近区域及区域内给水系统和洪水的排除系统相协调。

第四，接纳工业废水并进行集中处理和处置的可能性。

第五，适当改造原有排水工程设施，充分发挥其工程效能。

一、排水工程

（一）排水工程的任务及意义

1.排水工程的任务

现代城市需要采用排水管网系统收集、输送生活与生产过程中产生的污水和降雨的径流，减轻或消除由此造成的灾害。收集、输送、处理和利用污水等一整套的工程设施称为排水工程，包括污水管网、雨水管网、合流制管网、污水处理厂及排放设施、城市内河与排洪设施等。

排水工程的基本任务是保护环境免受污染，以促进工农业生产的发展和保障人民的健康与正常生活，主要内容包括以下两方面。

（1）收集各种污水并及时地将其输送至适当地点。

（2）妥善处理后排放或再利用。城市排水管网系统的作用是及时可靠地排除城市区域内产生的生活污水、工业废水和降水，使城市免受污水之害和免受暴雨积水之害，从而给城市创造一个舒适安全的生存和生产环境，使城市生态系统的能量流动和物质循环正常进行，维持生态平衡，实施可持续发展。

2.排水工程的意义

排水工程在我国经济社会发展中具有十分重要的意义,主要表现在环境保护、卫生和经济方面。

从环境保护方面讲,排水工程有保护和改善环境,消除污水危害的作用。保护水环境是进行经济建设必不可少的条件,是保障人民健康和造福子孙后代的大事。随着现代工业的发展和城市人口的集中,产生的污水量日益增加,污水成分也日趋复杂。我国水环境问题总体形势依然严峻,有些地方环境污染十分严重,环境污染事件频繁发生,如沱江特大污染事故、松花江水污染事件、珠江北江水污染事件、湘粤边界跨省镉、砷污染事故。湖泊富营养化严重的有:滇池,水质总体为劣 V 类,主要污染指标为总磷和总氮,草海处于重度富营养状态,外海处于中度富营养状态;巢湖,水质总体为 V 类,主要污染指标为总磷、总氮和石油类,西半湖处于中度富营养状态,东半湖处于轻度富营养状态;太湖,水质总体为劣 V 类,主要污染指标为总氮和总磷,湖体处于轻度富营养状态。在现代化建设中,应注意研究和解决好污水的治理问题,建设和管理好排水工程,减少或者禁止向地表水体中排放超过水体环境容量的污染物质,充分发挥排水工程在水环境环保中的积极作用。

从卫生上讲,排水工程的兴建对保障人民的健康具有深远的意义。通常,污水污染对人体健康的危害有两种形式:一种是污染后,水中含有致病微生物而引起传染病的蔓延,如霍乱病。1970 年苏联伏尔加河口重镇阿斯特拉罕爆发的霍乱病,主要原因是伏尔加河水质受到污染引起的。另一种是被污染的水中含有毒物质,引起人们急性或慢性中毒,甚至引起癌症或其他各种"公害病"。某些引起慢性中毒的毒物对人类的危害甚大,因为它们常常通过食物链而逐渐在人体内富集,开始只是在人体内形成潜在危害,不易发现,一旦爆发,不仅危及一代人,而且影响几代人。兴建完善的排水工程,将污水进行妥善处理,对于预防和控制各种传染病、癌症或"公害病"有着重要的作用。

从经济上讲,排水工程也具有重要意义。首先,水是非常宝贵的自然资源,对国民经济发展具有关键性作用,土地、资源和水是我国经济发展的主要限制因素。目前,一些国家和地区已出现因水源污染不能使用而引起的"水荒",被迫不惜付出高昂的代价从远处进行调水或海水淡化,以取得足够数量的淡水。现代排水工程的建设和实施正是保护水体,防治公共水体污染,是经济效益的基本方式之一。同时,城市污水资源化,可重复利用于城市或工业,是节约用水和解决淡水资源短缺的一种重要途径。其次,污水的妥善处置,以及雨雪水的及时排除,是保证工农业生产正常运行的必要条件之一。在发展中国家,由于工业废水和生活污水未能有效妥善地处置,造成周围环境或水域的污染,使农作物大幅度减产甚至枯死和工厂被迫停产,特别是有些地方还污染城市和农村的饮用水水源,造成部门城市和农村出现饮水困难。同时,废水能否妥善处置,对工业生产新工艺的发展也有重要的影响。如原子能工业,只有在含放射性物质的废水治理技术达到一定的生产水平后,才能大规模投入生产,发挥经济效益。此外,污水利用本身也有很大的价值,如有控制地利用污水灌溉农田,减少农业生产用水,可以将节省下来的淡水用于其他方面提高经济效益。

(二)污水的分类

水在使用过程中受到不同程度的污染,改变了它原来的化学成分和物理性质,这些被污染的水称为污水或废水,包括来自人们生活和生产活动排出的水及被污染的初期雨水和冰雪融化水。

按其来源的不同,污水可分为生活污水、工业废水和降水等 3 类。

1.生活污水

生活污水是指人们在日常生活中排出的废水,包括从厕所、浴室、厨房、食堂和洗衣房等。它来自住宅、公共场所、机关、学校、医院、商店以及工厂中的生活区部分。生活污水含有大量腐败性的有机物,如蛋白质、动植物脂肪、碳水化合物、尿素等。还含有许多人工合成的有机物如各种肥皂和洗涤剂等,以及常在粪便中出现的病原微生物,如寄生虫卵和肠系传染病菌等。此外,生活污水中也含有为植物生长所需的氮、磷、钾等肥分。这类污水需要经过处理后才能排入水体、灌溉农田或再利用。

2.工业废水

工业废水是指在工业生产中排出的废水,来自车间或矿场。由于各种工厂的生产类别、工艺过程、使用的原材料以及用水成分的不同,工业废水的性质变化很大。工业废水按照污染程度的不同,可分为生产废水和生产污水两类。

生产废水是指在使用过程中受到轻度污染或水温稍有增高的水。如冷却水便属于这一类,通常经简单处理后即可在生产中重复使用,或直接排放水体。

生产污水是指在使用过程中受到较严重污染的水。这类水多具有危害性。例如,有的含大量有机物,有的含氰化物、铬、汞、铅、镉等有害和有毒物质,有的含多氯联苯、合成洗涤剂等合成有机化学物质,有的含放射性物质等。这类污水大都需经适当处理后才能排放,或再生产中使用。废水中有害或有毒物质往往是宝贵的工业原料,对这种废水应尽量回收利用,为国家创造财富,同时也减轻污水的污染。

工业废水按所含主要污染物的化学性质,可分为以下 3 类。

(1)主要含无机物的,包括冶金、建筑材料等工业所排出的废水。

(2)主要含有机物的,包括食品工业、炼油和石油化工工业等废水。

(3)同时含大量有机物和大量无机物的废水,包括焦化厂、化学工业中的氮肥厂、轻工业中的洗毛厂等废水。

工业废水按所含污染物的主要成分分类,如酸性废水、碱性废水、含氰废水、含汞废水、含油废水、含有机磷废水和放射性废水等主要污染物的成分。这种分类明确地指出了废水中主要污染物的成分。在不同的工业企业,由于产品、原料和加工过程不同,排出的是不同性质的工业废水。

3.降水

降水即大气降水,包括雨水和冰雪融化水。降落雨水一般比较清洁,但其形成的径流量大,若不及时排泄,则将积水为害,妨碍交通,甚至危及人们的生产和日常生活。目前,在我国的排水体制中,认为雨水较为洁净,一般不需处理,直接就近排入水体。

天然雨水一般比较清洁,但初期降雨时所形成的雨水径流会挟带大气中、地面和屋面上的各种污染物质,使其受到污染,所以初期径流的雨水,往往污染严重,应予以控制排放。有的国家对污染严重地区雨水径流的排放做了严格要求,如工业区、高速公路、机场等处的暴雨雨水要经过沉淀、撇油等处理后才可以排放。近年来由于水污染加剧,水资源日益紧张,雨水的作用被重新认识。长期以来雨水直接径流排放,不仅加剧水体污染和河道洪涝灾害,同时也是对水资源的一种浪费。

(三)污水量及其污染程度的表示

污水量是以 L 或 m^3 计量的,单位时间(s、h、d)的污水量称污水流量,通常以 L/S 或 m^3/h 或

m^3/d 计。污水中的污染物质浓度,是指单位体积污水中所含污染物质的数量,通常以 mg/L 或 g/m^3 计,用以表示污水的污染程度。生活污水量和用水量接近,且所含污染物质的数量和成分相对比较稳定,通常以 BOD_5、COD_{Cr}、COD_{Mn} 来表示污水中有机污染物浓度。工业废水的水量和污染物质的浓度差别很大,随工业生产的性质和工艺过程而定。

(四)污水的最终处置

污水的最终处置或者是返回到自然水体、土壤;或者是经过人工处理,使其再回用到生产和生活中去;或者采取隔离措施。自然环境具有容纳污染物质的能力,但有一定的界限,超过这种界限,就会造成污染,环境的这种容纳界限称为环境容量。若排出的污水不超过水体的环境容量时,可不经过处理直接排入水体,否则应处理后再排放。

根据不同的要求,经过处理后的污水其最后出路有:排入水体、灌溉农田、重复使用。排放水体是污水的自然归宿。自然水体对污水在物理、化学和微生物等作用下,具有一定的稀释与净化能力,这是最常用的一种处置方法。

灌溉农田是污水利用的一种方式,也是污水处理的一种方法,称为污水的土地处理法。但是灌溉农田的污水必须符合相应的国家标准,否则污水会对土壤造成污染,一旦土壤被污染修复起来非常困难。因为不仅污染土壤,而且会污染地下水,选择时要慎重。

重复使用是一种合适的污水处置方式。污水的治理由通过处理达到无害化后排放,发展到处理后重复使用,这是控制水污染、保护水资源的重要手段,是节约用水的重要途径,特别是提高工业用水的重复使用率效果比较明显。城市污水重复使用的方式有自然复用、间接复用和直接复用。

二、排水系统

(一)排水系统的体制

城市排出的废水按来源不同通常分为生活污水、工业废水和雨水 3 种类型,当采用一个排水管网系统排除,或者采用两个或两个以上各自独立的排水管网系统排除,废水的这种不同的排除方式所形成的排水系统,称为排水系统的体制(简称排水体制)。排水系统的体制,一般分为合流制和分流制两种基本方式。

1.合流制排水系统

合流制排水系统是指用同一种排水管网系统收集和输送生活污水、工业废水和雨水的系统。根据污水汇集后的处置方式不同,又可把合流制分为下列 3 种情况。

(1)直排式合流制:直排式合流制排水系统是最早出现的排水系统,是将排除的混合污水(包括生活污水、工业废水和雨水)用同一种排水管网系统,不经处理直接就近排入水体,国内外很多老城市在早期几乎都是采用这种合流制排水系统。这种排水方式往往是在工业尚不发达,城市人口较少,生活污水和工业废水量不大,地表水体的净化能力较强的情况下,直接排入水体,导致的环境卫生和水体污染问题还不是很明显。但是,随着现代化城镇和工业企业的建设和发展,人口增加和生活水平不断提高,生活污水和工业废水量增加,水质日趋复杂,造成的水体污染比较严重。因此,目前直排式合流制排水系统在室外排水设计规范中已经被禁止使用,老城区的也逐渐进行改造。

(2)截留式合流制:由于污水未经处理就排放,使受纳水体遭受严重污染。现在常采用的是截流式合流制排水系统,这种系统建造一条截流干管,在合流干管与截流干管相交前或相交处设置溢流井,并在截留干管下游设置污水处理厂。晴天和降雨初期时,所有污水都输送至污水处理厂,经处理后排入水体,随着降雨量的增加,雨水径流增大,当混合污水的流量超过截流管的输水能力后,以雨水占主要比例的混合污水经溢流井溢出,直接排入水体。截流式合流制排水系统仍有部分混合污水未经处理直接排放,使水体遭受污染。然而,由于截流式合流制排水系统在旧城市的排水系统改造中比较简单易行,节省投资,并能大量降低污染物质的排放。因此,在国内外老城市排水系统改造时经常采用。

(3)完全合流制:完全合流制排水系统是将生活污水、工业废水和雨水集中于一种排水管网系统进行排除,并全部输送到城市污水处理厂。显然,这种排水体制的卫生条件较好,对保护城市水环境非常有利,在街道下管道综合也比较方便,但工程量较大,初期投资大,污水处理厂的处理负荷不均匀,污水量波动幅度很大,给污水处理厂的运行管理带来不便。同时,水厂的工程造价和运行费用较高,显然不经济。因此,目前在国内采用很少。

2.分流制排水系统

将生活污水、工业废水和雨水分别在两套或两套以上排水管网系统内排放的排水系统称为分流制排水系统。排除城市生活污水或工业废水的管网系统称为污水管网系统;排除雨水的管网系统称为雨水管网系统。根据雨水的排除方式不同,分流制又分为下列 3 种情况。

(1)完全分流制:在同一排水区域内,既有污水管网系统,又有雨水管网系统。生活污水和工业废水通过污水排水管网系统送至污水处理厂,经处理后再排入水体、雨水是通过雨水排水管网系统直接排入水体。这种排水体制比较符合环境保护的要求,但城市排水管网的一次性投资较大。

(2)不完全分流制:不完全分流制排水系统,是指只有污水排水系统,没有完整的雨水排水系统。各种污水通过污水排水系统送至污水处理厂,经过处理后排入水体。雨水沿着地面、道路边沟、明渠和小河进入水体。如城镇的地势适宜,不易积水时,在城镇建设初期,可先解决污水的排水问题,待城镇进一步发展后,再建雨水排水系统,最后形成完全分流制排水系统。这样可以节省初期投资,有利于城镇的逐步发展。

(3)截流式分流制:截流式分流制,又称为半分流制排水系统,是在完全分流制的基础上增设雨水截流井,把初期雨水引入截流干管与污水一并送至污水处理厂,中期以后的雨水则经雨水干管直接排入水体。由于降雨初期雨水污染比较严重,必须进行处理才能排放,因此在雨水截流干管上设置溢流井或雨水跳跃井,把初期降雨引入污水管道系统,送至城市污水处理厂一并处理和利用。这种排水体制,可以更好地保护水环境,但工程费用和运行费用较大。在一些工厂由于地面污水严重,初期雨水水质污染严重,应进行处理才能排放,在这种情况下,可以考虑采用截流式分流制排水系统。实施中需注意初期雨水量的确定,可在截流井中设置流量控制设施,需注意系统中雨水、污水和截流干管的高程条件,在截流井中设置止回阀,避免污水回流进入雨水系统。

在工业企业中,一般采用分流制排水系统。然而,由于工业废水的成分和性质往往很复杂,不但与生活污水不宜混合,而且彼此之间也不宜混合,否则将造成污水和污泥处理复杂化,并给废水重复利用和回收有用物质造成很大困难。所以,在多数情况下,采用分质分流、清污分流的几种管道系统来分别排除。但如生产污水的成分和性质同生活污水类似时,可将生活污水和生产污水用同一管道系统排放。水质较清洁的生产废水可直接排入雨水管网或循环重复使用。

在一座城市中,有时是混合排水体制,即既有分流制也有合流制的排水系统。在大城市中,因各区域的自然条件以及城市发展可能相差较大,因地制宜在各区域采用不同的排水体制也是合理的。

(二)排水体制的选择

1.排水体制选择的主要影响因素

合理地选择排水系统的体制,是城市和工业企业排水系统规划和设计的重要问题。它不仅从根本上影响排水系统的设计、施工、维护管理,而且对城市和工业企业的规划和环境保护影响深远,同时也影响排水系统工程的总投资、初期投资以及维护管理费用。通常,排水系统体制的选择应满足环境保护的需要,根据当地条件,通过技术经济比较确定。而环境保护应是选择排水体制时所考虑的主要问题。排水体制选择的主要影响因素,包括城镇规划、环境保护、工程投资和维护管理,需要综合考虑才能确定。

(1)城镇规划:合流制仅有一套排水管网系统,地下建筑相互间的矛盾较小,占地少,施工方便,但是这种排水体制不利于城市的分期发展。分流制管线多,地下建筑的竖向规划矛盾较大,占地多,施工复杂,但这种体制便于城市的分期发展。

(2)环境保护:直排式合流制不符合卫生要求,新建的城镇和小区已不再使用。如果采用合流制将城市生活污水、工业废水和雨水全部截流送往污水处理厂进行处理,然后再排放,从控制和防止水体的污染来看,是较理想的;但这时截流主干管尺寸很大,污水处理厂容量也要增加很多,建设费用相应地提高。采用截流式合流制时,在暴雨径流之初,原沉淀在合流管渠的污泥被大量冲起,经溢流井送入水体。同时雨天时有部分混合污水溢入水体。实践证明,采用截流式合流制的城市,水体污染日益严重。应考虑将雨天时溢流出的混合污水予以储存,待晴天时再将储存的混合污水全部送至污水处理厂进行处理,或者将合流制改建成分流制排水系统等。

分流制是将城市污水全部送至污水处理厂处理,但初期雨水未加处理就直接排入水体,对城市水体也会造成污染,这是它的缺点。近年来,国内外对雨水径流水质的研究发现,雨水径流特别是初期雨水径流对水体的污染相当严重。分流制虽然具有这一缺点,但它比较灵活,比较容易适应社会发展的需要,一般又能符合城市卫生的要求,所以在国内外获得了广泛的应用,而且也是城市排水体制的发展方向。

(3)工程投资:排水管网工程占整个排水工程总投资的比例很大,一般在 $60\%\sim80\%$,所以排水体制的选择对基建投资影响很大,必须慎重考虑。根据国内外经验,合流制排水管网的造价比完全分流制一般要低 $20\%\sim40\%$,但是合流制的泵站和污水处理厂却比分流制的造价要高。从初期投资看,不完全分流制因初期只建污水排水管网,因而可节省初期投资费用,又可缩短施工期,发挥工程效益快。因为合流制和完全分流制的初期投资均比不完全分流制要大,所以我国过去很多新建的工业基地和居住区在建设初期经常采用不完全分流制排水系统。

(4)维护管理:在合流制管渠内,晴天时污水只是部分充满管道,雨天时才形成满流.因而晴天时合流制管内流速较低,易于产生沉淀。但经验表明,管中的沉淀物易被暴雨冲走,这样合流管道的维护管理费用可以降低。但是,晴天和雨天时流入污水处理厂的水量变化很大,增加了合流制排水系统污水处理厂运行管理中的复杂性。而分流制排水系统可以保持管内的流速,不致发生沉淀;同时,流入污水处理厂的水量和水质比合流制变化小得多,污水处理厂的运行易于控制。

混合制排水系统的优缺点,介于合流制和分流制排水系统两者之间。

总之,排水系统体制的选择是一项既复杂又很重要的工作,需要考虑的因素很多。应根据城镇及工业企业的规划、环境保护的要求、污水利用情况、原有排水设施、水量、水质、地形、气候和水体状况等因素,在满足环境保护的前提下,通过技术经济比较综合确定。新建地区一般应采用分流制排水系统。但在特定情况下采用合流制可能更为有利。

2.排水体制选择的原则

我国《室外排水设计规范》(GB50014—2006)规定,排水制度(分流制或合流制)的选择,应根据城镇的总体规划,结合当地的地形特点、水文条件、水体状况、气候特征、原有排水设施、污水处理程度和处理后出水利用等综合考虑后确定。同一城镇的不同地区可采用不同的排水制度。新建地区的排水系统宜采用分流制。合流制排水系统应设置污水截流设施。对水体保护要求高的地区,可对初期雨水进行截流、调蓄和处理。在缺水地区,宜对雨水进行收集、处理和综合利用。

镇区的排水制度应因地制宜地选择。新建地区宜采用分流制;现有合流制排水地区,可随镇区的改造和发展以及对水环境要求的提高,逐步完善排水设施;干旱地区可采用合流制。村排水宜采用雨、污分流制,干旱、半干旱地区应收集利用雨水。

三、排水系统的组成

排水系统是指排水的收集、输送、水质处理和排放等设施以一定方式组合而成的总体,通常由污水管道系统(或称排水管网)和污水处理系统(即污水处理厂)组成。污水管道系统的作用是收集、输送污水至污水处理厂或出水口,由排水设备、管渠、污水泵站等设施组成。污水处理系统的作用是将管道输送来的污水进行处理和利用,由各种污水(污泥)处理构筑物和除害设施组成。城市排水管网系统按照污(废)水来源不同,通常分为城镇污水排水管网系统、工业废水排水管网系统和雨水排水管网系统。

(一)城镇污水排水系统

城市污水包括排入城镇污水管网的生活污水和工业废水,污水排水管网系统承担污水的收集、输送或压力调节和水量调节任务.起到防止环境污染的作用。城镇污水排水管网系统一般由污水收集设施、排水管网、水量调节池、提升泵站、污水输送管(渠)和排放口等构成。

1.污水收集设施

污水收集设施是排水系统的起始点,生活污水收集主要是由室内各种卫生设备完成的,然后由室内排水管道送往室外排水系统。在住宅及公共建筑内,各种卫生设备既是人们用水的设施,也是承受污水的容器,还是生活污水排水系统的起端设备。生活污水从卫生设备经水封管、支管、竖管和出户管等室内排水管道系统直接流入到窨井,通过连接窨井的排水支管将废水收集到排水管道系统中,在每一单元出户管与室外居住小区排水管道相接的连接点设检查井,供检查和清通管道之用。

2.排水管网

排水管网指分布于排水区域内的排水管道(渠道)网络,其功能是将收集到的污水、废水和雨水等输送到处理地点或排放口,以便集中处理或排放。

排水管网由支管、干管、主干管等构成,一般顺沿地面高程由高向低布置成树状网络。排水管网中设置雨水口、检查井、跌水井、溢流井、水封井、换气井等附属构筑物及流量等检测设施,便于系统的运行与维护管理。由于污水含有大量的漂浮物和气体,所以污水管网的管道一般采用非满管流,以保留漂浮物和气体的流动空间。雨水管网的管道一般采用满管流。工业废水的输送管道是采用满管流或者非满管流,则应根据水质的特性决定。

3.排水调节池

排水调节池是指具有一定容积的污水、废水或雨水储存设施。用于调节排水管网流量与输水量或处理水量的差值。通过水量调节池可以降低其下游高峰排水流量,从而减小输水管渠或排水处理设施的设计规模,降低工程造价。

水量调节池还可在系统事故时储存短时间排水量,以降低造成环境污染的危险。水量调节池也能起到均和水质的作用,特别是工业废水,不同工厂或不同车间排水水质不同,不同时段排水的水质也会变化,不利于净化处理,调节池可以中和酸碱,均化水质。

4.提升泵站

提升泵站指通过水泵提升排水的高程或使排水加压输送。排水在重力输送过程中,高程不断降低,当地面较平坦时,输送一定距离后管道的埋深会很大(例如,当达到5m以上时),建设费用很高,通过水泵提升可以降低管道埋深以降低工程费用。另外,为了使排水能够进入处理构筑物或达到排放的高程,也需要进行提升或加压。污水系统中根据提升泵站设置的位置分为中途泵站、局部泵站、总泵站。中途泵站指当管道的埋深超过最大允许埋深时,应设置泵站以提高下游管道的管位,一般位置主要在干管或主干管中途。局部泵站指地形复杂的城市,往往需要将地势较低处的污水抽升至地势较高地区的污水管道中,这时需要设置提升泵站,一般在局部低洼地区。总泵站,又称为终点泵站,指污水管道系统终点的埋深一般都很大,而污水处理厂的第一个处理构筑物一般埋深较浅,或设在地面以上,这就需要将管道系统输送来的污水抽升到第一个处理构筑物中,需要设置提升泵站,一般在污水处理厂起端。提升泵站根据需要设置,较大规模的管网或需要长距离输送时,可能需要设置多座泵站。

5.污水输水管(渠)

污水输水管(渠)指长距离输送污水的压力管道或渠道。为了保护环境,排水处理设施往往建在离城市较远的地区,排放口也选在远离城市的水体下游,都需要长距离输送。

6.污水排放口

排水管网系统的末端是污水排放口,与接纳污水的水体连接。为了保证排放口部的稳定,或者使污水能够比较均匀地与接纳水体混合,需要合理设置排放口。排放口有多种形式,其中较为常见的有岸边式排放口和分散式排放口。岸边式排放口具有较好的防止冲刷能力,分散式排放口可使污水与接纳水体均匀混合。事故排放口是指在排水管网系统发生故障时,把污水临时排放到天然水体或其他地点的设施,通常设置在某些易于发生故障的构筑物前面。

(二)工业废水排水系统

工业废水排水系统的任务是在工业企业中用管道将厂内各车间所排出的不同性质的废水收集起来,送至废水回收利用和处理构筑物。经回收处理后的水可再利用、排入水体或排入城市排水管网系统。

工业废水排水管网系统,由下列几个主要部分组成。

1.车间内部排水管道系统和设备

车间内部管道系统和设备用于收集各生产设备排出的工业废水,并将其送至车间外部的厂区管道系统中。

2.厂区排水管道系统

厂区排水管道系统敷设在工厂内、用以收集并输送各车间排出的工业废水的管道系统。厂区工业废水的排水管道系统,可根据具体情况设置若干个独立的管道系统。

3.废水处理站

废水处理站是厂区内回收和处理废水与污泥的场所。

若所排放的工业废水符合《污水排入城市下水道水质标准》(CJ3082—1999)的要求,可不经处理直接排入城市排水管网中,和生活污水一起排入城市污水处理厂集中处理。工业企业位于城区内时,应尽量考虑将工业废水直接排入城市排水系统,利用城市排水系统统一排除和处理,这样较为经济,能体现规模效益。当然工业废水排入应不影响城市排水管渠和污水处理厂的正常运行,同时以不影响污水处理厂出水以及污泥的排放和利用为原则。当工业企业远离城区,符合排入城市排水管道条件的工业废水,是直接排入城市排水管道或是单独设置排水系统,应根据技术经济比较确定。

一般来说,对于工业废水,由于工业门类繁多,水质水量变化较大。原则上,应先从改革生产工艺和技术革新入手,尽量把有害物质消除在生产过程之中,做到不排或少排废水。同时应重视废水中有用物质的回收。

(三)雨水排水系统

雨水排水系统的任务是收集并输送地面径流的雨水并将其排至水体,主要由下列几个主要部分组成。

1.建筑物的雨水管道系统和设备

建筑物的雨水管道系统和设备主要是收集工业、公共或大型建筑的屋面雨水,将其排入室外的雨水管渠系统中。雨水的收集是通过设在屋面的雨水由雨水口和天沟,并经雨落管排至地面;收集地面的雨水经雨水口流入雨水排支管中,然后进入雨水排水管网系统。

2.小区或厂区雨水管渠系统

小区或厂区雨水管渠系统主要包括敷设在小区或厂区道路下的雨水管渠及其附属构筑物。

3.街道雨水管渠系统

街道雨水管渠系统主要包括敷设在街道下的雨水管渠及其附属构筑物。

4.附属构筑物

附属构筑物主要包括雨水口、检查井、跌水井、倒虹管等。

5.雨水泵站

因为雨水径流量较大,一般应尽量不设或少设雨水泵站,但在必要时也需设置,如上海、武汉等城市设置雨水泵站,用以抽出部分或全部雨水。

6.出水口

出水口是设在雨水排水系统终端的构筑物。

合流制排水系统的组成与分流制相似,同样有室内排水设备、室外居住小区以及街道管道系统。雨水经雨水口进入合流管道,在合流管道系统的截流干管处设有溢流井。

当然,上述各排水系统的组成不是固定不变的,须结合当地条件来确定排水系统内所需要的组成部分。

四、排水管渠系统的规划和布置型式

(一)排水工程规划

1.排水工程规划依据

排水工程是城市和工业企业基本建设的一个重要组成部分,同时也是控制水污染、改善和保护环境的重要措施。在进行排水工程规划时,必须认真贯彻执行国家及地方政府颁布的《中华人民共和国城市规划法》《中华人民共和国环境保护法》《中华人民共和国水污染防治法》《中华人民共和国海洋环境保护法》《中华人民共和国城市水法》《中华人民共和国水污染防治法实施细则》《城市排水工程规划规范》《室外排水设计规范》(GB50014—2013)等法律、法规及国家标准与设计规范。

排水工程设计应以批准的城镇的总体规划和排水工程专业规划为主要依据,从全局出发,根据规划年限、工程规模、经济效益、社会效益和环境效益,正确处理城镇中工业与农业、城镇化与非城镇化地区、近期与远期、集中与分散、排放与利用的关系。通过全面论证,做到确能保护环境、节约土地、技术先进、经济合理、安全可靠,适合当地实际情况。排水工程的设计对象是需要新建、改建或扩建排水工程的城市、工业企业和工业区,它的主要任务是规划设计、收集、输送、处理和利用各种污水的一整套工程设施和构筑物,即排水管道系统和污水处理厂的规划与设计。

村镇排水工程建设应以批准的村镇规划为主要依据,任何组织和个人不得擅自改变。村镇排水工程建设应从全局出发,根据规划年限、工程规模,综合考虑经济效益和环境效益;应正确处理近期与远期、集中与分散、排放与利用的关系;应充分利用现有条件和设施,因地制宜地选择安全可靠、运行稳定的排水技术。位于地震、湿陷性黄土、膨胀土、多年冻土以及其他特殊地区的村镇排水工程建设,应符合国家现行相关标准的规定。村镇排水工程建设的基本任务是根据建设工程的要求,对建设工程所需的技术、经济、资源、环境等条件进行综合分析、论证,因地制宜,充分利用现有条件和设施,凡是能利用的或经过改造能利用的设施都应加以利用,充分体现节地、节水、节能和节材的原则,选择安全可靠、运行稳定的排水技术。

2.排水工程规划内容和原则

城市排水工程规划的主要内容应包括:划定城市排水范围、预测城市排水量、确定排水体制、进行排水系统布局;原则确定处理后污水污泥出路和处理程度;确定排水枢纽工程的位置、建设规模和用地。

城市排水工程规划期限应与城市总体规划期限一致。在城市排水工程规划中应重视近期建设规划,且应考虑城市远景发展的需要。城市排水工程规划应贯彻"全面规划、合理布局、综合利用、保护环境、造福人民"的方针。排水工程设施用地应按规划期规模控制,节约用地,保护耕地。城市排水工程规划应与给水工程、环境保护、道路交通、竖向、水系、防洪以及其他专业规划相协调。

排水工程的规划主要应遵循下列原则。

(1)排水工程的规划应符合区域规划以及城市和工业企业的总体规划,并应与城市和工业企业中其他单项工程建设密切配合,互相协调。如总体规划中的设计规模、设计期限、建筑界限、功能分区布局等是排水工程规划设计的依据。又如城市和工业企业的道路规划、地下设施规划、竖向规划、人防工程规划等单项工程规划对排水工程的规划设计都有影响,要从全局观点出发,合理解决,构成有机的整体。

(2)排水工程的规划与设计,要与邻近区域内的污水和污泥的处理和处置协调。一个区域的污水系统,可能影响邻近区域,特别是影响下游区域的环境质量,故在确定规划区的处理水平的处置方案时,必须在较大区域范围内综合考虑。

根据排水规划,有几个区域同时或几乎同时修建时,应考虑合并起来处理和处置的可能性,即实现区域排水系统。因为它的经济效益可能更好,但施工期较长,实现较困难。

(3)排水工程规划与设计,应处理好污染源治理与集中处理的关系。城市污水应以点源治理与集中处理相结合,以城市集中处理为主的原则加以实施。

工业废水符合排入城市下水道标准的应直接排入城市污水排水系统,与城市污水一并处理。个别工厂或车间排放的含有有毒、有害物质的应进行局部除害处理,达到标准后排入城市污水排水系统。生产废水达到排放水体标准的可就近排入水体。

(4)城市污水是可贵的淡水资源,在规划中要考虑污水回用方案。城市污水回用于工业用水是缺水城市解决水资源短缺和水环境污染的可行之路。在条件允许情况下,可以考虑城市和小区中水工程设施。

(5)排水工程应全面规划,按近期设计,考虑远期发展有扩建的可能。并应根据使用要求和技术经济的合理性等因素,对近期工程做出分期建设的安排。排水工程的建设费用很大,分期建设可以更好地节省初期投资,并能更快地发挥工程建设的作用,分期建设应首先建设最急需的工程设施,使它能尽早地服务于最迫切需要的地区和建筑物。

(6)在规划与设计排水工程时,必须认真贯彻执行国家和地方有关部门制定的现有有关标准、规范或规定。同时,也必须执行国家关于新建、改建、扩建工程,实行把防治污染设施与主体工程同时设计、同时施工、同时投产的"三同时"规定,这是控制污染发展的重要政策。

3.排水工程建设的基本程序

排水工程基本建设程序可归纳为下列,5个阶段。

(1)可行性研究阶段:论证基建项目在经济、技术等方面是否可行。

(2)计划任务书阶段:计划任务书是确定基建项目、编制设计文件的主要依据。

(3)设计阶段:设计单位根据上级有关部门批准的计划任务书进行设计工作,并编制概(预)算。

排水工程设计工作,可分为三阶段(初步设计、技术设计和施工图设计)设计和两阶段设计(初步设计或扩大初步设计和施工图设计)。中小型基建项目,一般采用两阶段设计,重大项目和特殊项目,根据需要,可增加技术设计阶段。

①初步(扩大)设计:应明确工程规模、建设目的、投资效益、设计原则和标准、选定设计方案、拆迁、征地范围及数量、设计中存在的问题、注意事项及建议等。设计文件应包括设计说明书、图纸、主要工程数量、主要材料设备数量及工程概算。初步设计文件应能满足审批、控制工程投资和作为编制施工图设计、组织施工和生产准备的要求。对采用新工艺、新技术、新材料、新结构、引进国外新技术、新设备或采用国内科研新成果时,应在设计说明书中加以详细说明。

②施工图设计:施工图应能满足施工、安装、加工及施工预算编制要求,设计文件应包括说明书、设计图纸、材料设备表、施工图预算。

(4)组织施工阶段:建设单位采用施工招标或其他形式落实施工工作。

(5)竣工验收交付使用阶段:建设项目建成后,竣工验收交付生产使用是工程施工的最后阶段。

排水工程设计应全面规划,按近期设计,考虑远期发展的可能性。并根据使用要求和技术经济的合理性等因素,对工程做出合理的安排。

(二)排水管网系统布置原则及影响因素

1.排水管网系统布置原则

(1)按照城市总体规划和排水工程专业规划为主要依据,结合当地实际情况布置排水管网,要进行多方案技术经济比较。

(2)先确定排水区域和排水体制,然后布置排水管网,应按从干管到支管的顺序进行布置。

（3）充分利用地形,采用重力流排除污水和雨水,并使管线最短、埋深最小。

（4）协调好与其他管道、电缆和道路等工程的关系,考虑好与企业内部管网的衔接。

（5）规划时要考虑到使管渠的施工、运行和维护方便。

（6）远近期规划相结合,考虑发展,尽可能安排分期实施。

2.排水管网布置的影响因素

（1）城市规划:一般城市的规划范围就是排水管网系统的服务范围;规划人口数影响污水管网的设计标准;城市的铺砌程度影响雨水径流量的大小;规划的道路是管网定线的可能路径。因此,城市规划是城市排水管网系统平面布置最重要的依据,排水管网规划必须与城市总体规划一致,并作为城市总体规划的一个重要组成部分。

（2）城市地形:在一定条件下,地形是影响管道定线的主要因素。定线时应充分利用地形,使管道的走向符合地形趋势,一般宜顺坡排水。在整个排水区域较低的地方,如积水线或河岸低处敷设主干管及干管,便于支管接入,而横支管的坡度尽可能与地面坡度一致。在地形平坦地区,应避免小流量的横支管长距离平行等高线敷设,注意让其尽早接入干管。要注意干管与等高线垂直,主干管与等高线平行。由于主干管管径较大,保持最小流速所需坡度小,因此与等高线平行较合理。当地形向河道的坡度很大时,主干管与等高线垂直,干管与等高线平行。

（3）污水处理厂及出水口位置:污水处理厂及出水口的位置决定了排水管网总的走向,所有管线都应朝出水口方向铺设并组成枝状管网。有一个出水口或一个污水处理厂就有一个独立的排水管网系统。

（4）水文地质条件:排水管网应尽量敷设在水文地质条件好的街道下面,最好敷设在地下水位以上。如果不能保证在地下水位以上铺管时,在施工时应注意地下水的影响和向管内渗水的问题。

（5）道路宽度:管道定线时还需要考虑街道宽度及交通情况。排水干管一般不宜敷设在交通繁忙而狭窄的街道下。如街道宽度超过 40m 时,为了减少连接支管的数目和减少与其他地下管线的交叉,可考虑设置两条平行的排水管道。

（6）地下管线及构筑物的位置:在现代化的城市和工厂的街道下,有各种地下设施:各种管道一给水管、污水管、雨水管、煤气管、供热管等;各种电缆电线一电话电缆、动力电缆、民用电缆、有线电视电缆、电车电缆等;各种隧道一人行横道、地下铁道、防空隧道、工业隧道等。设计排水管道在街道横断面上的位置(平面位置和垂直位置)时,应与各种地下设施的位置联系起来综合考虑,并应符合室外排水设计规范的有关规定要求。

由于排水管道是重力流,管道(尤其是干管)的埋设深度较其他种类的管道大,并且有很多连接支管。如果位置安排不当造成和其他管道交叉,就会增加排管上的困难,所以在管道综合时,通常是首先考虑排水管道在平面和垂直方向上的位置。

（三）排水系统的布置型式

排水管渠系统应根据城镇总体规划和建设情况统一布置,分期建设。排水管渠断面尺寸应按远期规划的最高日最高时设计流量设计,按现状水量复核,并考虑城镇远景发展的需要。排水管渠系统的设计,应以重力流为主,不设或少设提升泵站。当无法采用重力流或重力流不经济时,可采用压力流。雨水管渠系统设计可结合城镇总体规划,考虑利用水体调蓄雨水,必要时可建人工调蓄和初期雨水处理设施。

1.排水管网定线原则

在总体规划图上确定排水管网的位置和走向,称为排水管网系统的定线。正确的定线是合理、经济的设计排水管网的先决条件,是排水管网系统设计的重要环节。管网定线一般按主干管、干管、支管顺序依次进行。定线应遵循的主要原则是:尽可能地在管线较短和埋设较小的情况下,让最大区域的雨、污水能自流排出。为了实现这一原则,在定线时必须很好地研究各种条件,因地制宜地利用其有利因素而避免不利因素。定线时通常考虑的几个因素是:地形和竖向规划、排水体制和线路数目、污水处理厂和出水口位置、水文地质条件、道路宽度、地下管线及构筑物的位置、工业企业和产生大量污水的建筑物的分布情况等。

2.排水管网的布置型式

排水管网一般布置成树状网,根据地形、竖向规划、污水处理厂的位置、土壤条件、河流情况以及污水种类和污染程度等多种因素,以地形为主要考虑因素的布置形式主要有:正交式、截流式、平行式、分区式、分散式和环绕式 6 种。在实际情况下,单独采用一种布置型式较少,通常是根据当地条件,因地制宜地采用综合布置型式较多。

(1)正交式及截流式:在地势适当向水体倾斜的地区,各排水流域的干管以最短距离沿与水体垂直相交的方向布置,称正交式布置。正交布置的特点是干管长度短,管径小,较经济,污水排出也迅速。由于污水未经处理就直接排放,会使水体遭受严重污染,影响环境。这种布置形式在现代城市中仅用于排除雨水。若沿河岸再敷设主干管,并将各干管的污水截流送至污水处理厂,这种布置形式称截流式布置,所以截流式是正交式发展的结果。截留式布置对减轻水体污染,改善和保护环境有重大作用,它适用于分流制污水排水系统,将生活污水及工业废水经处理后排入水体;也适用于区域排水系统,区域主干管截流各城镇的污水到区域污水处理厂进行处理。

(2)平行式:在地势向河流方向有较大倾斜的地区,为避免因干管坡度及管内流速过大,使管道受到严重冲刷,可使干管与等高线及河道基本上平行、主干管与等高线及河道成一定角度敷设,称为平行式布置。平行式布置特点是保证干管较好的水力条件,避免因干管坡度过大以至于管内流速过大,使管道受到严重冲刷或跌水井过多。平行式布置适用于地形坡度大的地区。

(3)分区式:在地势高低相差很大的地区,当污水不能靠重力流流至污水处理厂时,可采用分区布置形式。这时,可分别在高区和低区敷设独立的排水管道系统。高区的污水靠重力流直接流入污水处理厂,而低区的污水用水泵抽送至高区干管或污水处理厂。这种布置只能用于个别阶梯地形或起伏很大的地区,它的优点是充分利用地形排水,节省电力,如果将高区的污水排至低区,然后再用水泵一起抽送至污水处理厂是不经济的。

(4)环绕式及分散式:当城市周围有河流,或城市中心部分地势高并向周围倾斜的地区,各排水流域的干管常采用辐射状分散布置,各排水流域具有独立的排水系统。这种布置具有干管长度短、管径小、管道埋深可能浅、便于污水灌溉等优点,但污水处理厂和泵站(如需要设置时)的数量将增多。在地形平坦的大城市,采用辐射状分散布置可能是比较有利的。近年来,由于建造污水处理厂用地不足,建造大型污水处理厂的基建投资和运行费用比相应规模的小型污水处理厂经济,效益较小型污水处理厂好,管理起来比小型污水处理厂方便,污水回用的潜力较大,所以倾向于建造规模大的污水处理厂。因此,沿四周布置主干管,将各干管的污水截流送往污水处理厂集中处理,这样就由分散式发展成环绕式布置型式。

3.区域排水系统

区域是按照地理位置、自然资源和社会经济发展情况划定的,可以在更大范围内统筹安排经济、社会和环境的发展关系。区域规划有利于对污水的所有污染源进行全面规划和综合整治,有利于建立区域(或流域)性排水系统。

将两个以上城镇地区的污水统一排除和处理的系统,称为区域(或流域)排水系统。这种系统是以一个大型区域污水处理厂代替许多分散的小型污水处理厂,可以降低污水处理厂的基本建设和运行管理费用,而且能有效地防止工业和人口稠密地区的地面水污染,改善和保护环境。实践证明,生活污水和工业废水的混合处理效果以及控制的可靠性,大型区域污水处理厂比分散的小型污水处理厂高。所以,区域排水系统是由局部单项治理发展至区域综合治理,是控制水污染、改善和保护环境的新发展。要解决好区域综合治理,应运用系统工程学的理论和方法以及现代计算技术,对复杂的各种因素进行系统分析,建立各种模拟试验和数学模拟方法,寻找污染控制的设计和管理的最优化方案。

(1)区域排水系统优点

①污水处理厂数量少,处理设施大型化集中化,每单位水量的基建和运行管理费用低,因而比较经济。

②与相应规模的分散式污水处理厂占地面积小,节省土地。

③水质、水量变化小,比较稳定,有利于运行管理。

④河流等水资源利用与污水排放的体系合理化,而且可能形成统一的水资源管理体系。

(2)区域排水系统的缺点

①当排入大量工业废水时,有可能使污水处理发生困难。

②工程设施规模大,组织与管理要求高,而且一旦污水处理厂运行管理不当,对整个河流影响较大。

③因工程设施规模大,产生效益慢。

在排水系统规划时,是否选择区域排水系统,应根据环境保护的要求,通过技术经济比较确定。

第六章　市政生活垃圾收运系统

第一节　概述

生活垃圾收运系统是生活垃圾处理系统的第一环节,也是整个垃圾处理系统中耗资最大的环节之一,占整个垃圾处理开支的60%～70%,一些大型城市的收运费用可达300元/t。在制订收运计划时,应在满足环境卫生要求、考虑后续处理工艺的前提下,提高收运效率,使整个垃圾处理系统的总费用最低。

通常生活垃圾收运系统分为两个子系统,即生活垃圾收集系统和生活垃圾转运系统。生活垃圾收集是生活垃圾从产生源送至贮存容器或集装点,环卫车辆沿一定路线收集垃圾桶或其他贮存容器中的垃圾,并运至附近的垃圾中转站或就近送至垃圾处理处置场的过程;生活垃圾转运是指在中转站将垃圾转载至大容量运输工具上,运往处理处置场的过程。

一、发展历程

根据收运装备属性和作业方式,届内生活垃圾收运系统由人力运输、敞开式运输向机械化、密闭化、压缩减容化方向发展,由收集后直接运输向收集后中转运输方向发展。

(一)人力运输

20世纪60年代之前,我国城市生活垃圾主要依靠人力和畜力收运。环卫工人使用人力垃圾车每天定时去居民区或居民垃圾的倾倒点收集生活垃圾,然后运到城市附近(郊区)垃圾排放点堆置或焚烧处理。人力运输是一种较为原始的垃圾收运方式,收运作业一般敞开进行,对沿途造成污染,垃圾在倾倒点滞留时间较长,蚊蝇滋生。但由于当时城市规模不大、人口不多、生活水平也较低,生活垃圾处理的矛盾并不突出。

(二)敞开式机械化运输

20世纪60年代,国民经济有了一定的发展,城市规模逐渐扩大,城市人口大量增加导致生活垃圾收运量随之增加,垃圾收运车逐步由原来的人力和畜力车改为拖拉机、机动三轮垃圾车和栏板自卸货车,但垃圾装卸主要依靠人力完成。

20世纪70年代后期,随着城市生活垃圾收运工作的开展,国内大中城市生活垃圾收运系统的机械化水平和收运效率有了进一步提高。一些城市开始运用装载机等机械代替人力进行装卸作业,垃圾屋在许多城市得到推广,配合自卸车进行运输,使环卫工人劳动强度有所减轻,同时在一定程度上改善了居民生活区的环境。

(三)密闭式机械化运输

进入20世纪80年代,环卫部门开始尝试生活垃圾密闭化运输。在收集设施方面,垃圾收集容器由固定式的垃圾箱发展为可以被移动的垃圾桶和集装箱。在收集车辆方面,大量采用专用的侧装自装卸式垃圾车,生活垃圾收运系统从此由敞开式机械化运输开始向密闭式机械化运输方向发展。

专用垃圾收集车的车厢针对固体垃圾,密封性较好,机械化水平较高,工人劳动强度明显降低,一定程度上减少了垃圾运输过程中的飞扬和洒落现象,但污水滴漏现象非常普遍。

(四)压缩减容化运输

进入 20 世纪 90 年代,随着生活水平的不断提高,生活垃圾的成分也在发生变化,垃圾中煤灰等无机物含量明显下降,有机物含量不断增长,含水率增大,垃圾容重降低,压缩式垃圾车在国内得到迅速应用和发展。压缩式垃圾车具有垃圾的收集、压缩、运输及卸料等功能,自动化程度高、密闭性好,收运效率和装载量比以往收运方式和运输车有很大的提高,工人劳动强度得到进一步降低,作业环境得到进一步改善。随着国外先进技术的引进,压缩式垃圾车整车性能得到迅速提高,车厢密闭性能满足了固液混合体垃圾的运输要求,许多产品已经接近或达到国际先进水平。与此同时,与压缩式垃圾车相配套的收集设施和收集方式也得到了改进和发展。垃圾的袋装化或桶装化使收集点的环境得到改善。

这一时期垃圾压缩收集站的应用推广也推进了生活垃圾压缩减容化运输。垃圾压缩收集站的应用为减少生活垃圾收集点的数量、提高垃圾收集效率、综合整治生活垃圾收集过程的环境问题提供了一种较为有效的方式。生活垃圾被收集后,集中送到垃圾压缩收集站,压缩装入密封的集装箱后用车厢可卸式车辆运往生活垃圾处理处置场或下一级转运站。

(五)集装化转运

随着城市规模的进一步扩大,生活垃圾处理处置场距离城市越来越远,一有关研究表明,生活垃圾直运距离超过 30km 时,运输成本过高,经济方面不予考虑。为提高生活垃圾运输效率和运输经济性,集装化的生活垃圾转运站在我国城市得到较快的推广和应用。按照《环境卫生设施设置标准》(CJJ 27—2012),服务范围内垃圾运输平均距离超过 10km,就应设置垃圾转运站。

通过生活垃圾压缩转运站,把中小型垃圾收集车上的垃圾转装到大型垃圾转运车再运往垃圾处置场,垃圾经过压缩,含水率降低,有关研究表明,通过转运站的压缩,垃圾成分中 5% 左右的水分能够排出,有效实现了垃圾的减量减容;同时,可以实现封闭化、大运量的长途运输,减少了垃圾长途运输中的二次污染,提高了垃圾长途运输的经济性,改善了道路交通的合理性。

集装箱是实现垃圾集装化转运的基础,贯穿于系统的全过程。为便于不同交通工具之间的转换和保证装卸料的高效,生活垃圾转运一般采用国际标准尺寸集装箱。目前国际标准集装箱的长度主要有 6058mm、9125mm,12192mm 标准规格。

二、国内现状

目前国内的环卫收运系统在规划、建设、运行方面存在的主要特点如下:

(一)缺少规划保障,设施落地存在困难

目前我国环卫行业规划处于整个城市设施规划链的末端,而垃圾收运系统的建设又处于环卫设施建设的末端,垃圾收运的实际需求在做城市规划时很难得到体现,出现垃圾收运系统缺少规划或规划无法落实等"先天缺陷",致使收运设施再选址配建时遭遇选址困难、施工困难,只能再谋其他方法。如杭州城区在推广建设小型垃圾压缩收集站时就遭受巨大阻力,最终只能改用垃圾收集车直运方式进行垃圾收运。

(二)大型城市和中小城市收运系统差距较大

我国城市收运车辆密闭化程度、机械化程度增长较快,2013年,全国城市生活垃圾清运量达17239万t,密闭化清运量达到15503.74万t,密闭化清运率从2006年的55.63%升至89.93%,平均年增长率达到5%。2002—2013年,环卫专用车辆总数平均年增长率为7.56%,环卫作业机械化水平持续稳步提高,垃圾收集过程中产生的环境污染得到有效控制。其中小城市生活垃圾收运车辆的配备呈现不足,密闭压缩式垃圾运输车辆缺乏,非压缩密闭运输车数量较多,压缩运输比例低、亏载严重、机械化程度低,造成作业人员劳动强度大、收运效率低、收运成本高,且在收运的过程中易造成环境的二次污染,如产生的臭味、沿途洒落的垃圾、产生的渗滤液等易污染环境。

(三)生活垃圾混合收运,垃圾分类正在试行

目前我国各市县生活垃圾基本上为混合收运,除了"拾荒大军"的作用外,基本没有经过系统的分类就运往垃圾处理场处理。混合收集不仅使可回收物受到污染而难以再度回收利用,同时容易混入危险废物,如废电池、日光灯管和废油等,不利于对危险废物的特别处理,同时也增大了生活垃圾无害化处理的难度。

自2000年中华人民共和国建设部(2008年改名为"中华人民共和国住房和城乡建设部")确定将北京、上海、广州、深圳、杭州、南京、厦门、桂林等八个城市作为垃圾分类收集试点以来,国内许多大型城市陆续开展了生活垃圾分类试点工作,垃圾分类收运系统作为分类系统的一个重要部分,也同步建设。北京、广州、上海、杭州等城市在总结前几年试点经验的基础上,陆续确定了"大分流小分类""干湿分类"的垃圾分类模式,并配套采购、建设了餐厨垃圾运输车辆、湿垃圾压缩转运站等相应的收运设施。

(四)环卫车市场呈增长态势

2009—2013年,在我国城镇化建设和人们对美好环境诉求的双重带动下,市政环卫车市场发展迅猛。中国汽车技术研究中心机动车合格证数据显示,2009—2012年我国市政环卫车每年的总产量分别为1.85万辆、2.80万辆、3.54万辆和3.56万辆,见彩图2.6。从年度产量数据来看,2009—2012年环卫车市场稳定增长。2011年,在国家宏观调控、相关政策退出、城市限购等多重因素影响下,中国汽车市场进入了调整期,汽车产销增速大幅回落,环卫车市场在经历了前几年的高速增长后,2012年也出现大幅回落,年增长率仅为0.54%。

与汽车以及其他专用汽车行业总体形势不同的是,环卫车由于其用途和使用环境的特殊性,较其他车型所受宏观经济环境的影响略小,尽管我国经济增长下行压力较大,但是在国家结构调整的背景下,城市环境越来越受到重视,同时由于国家城镇化进程加快等,2013年环卫车产量达到6.83万辆,同比实现增长91.85%,增长幅度远大于我国汽车产业平均增幅和GDP增幅。

第二节　生活垃圾收集系统

一、收集方式

生活垃圾收集是收集设备、设施和收集作业方式等要素的组合,是生活垃圾从源头向处理场、处置场或转运站转移的全过程。

（一）露天堆放收集

目前露天堆放收集的方式在我菌一些中小城市的郊区和部分农村地区仍然存在,主要有散装堆放收集和垃圾池散装堆放收集两种方式,清运车辆多为敞开式自卸式垃圾运输车。散装堆放的弊端十分明显,经常造成污水遍地、恶臭四溢等污染现象,成为区域范围内的主要污染源。

（二）垃圾房收集

垃圾房收集是一种以垃圾房为基本设施的垃圾收集系统,主要分为散装垃圾房收集和桶装垃圾房收集两种形式。散装垃圾房内部设置有垃圾堆放平台,垃圾的装车主要由人力完成,散装垃圾房内工作环境差,工人工作效率低,并容易造成对周边环境的污染。桶装垃圾房由于内部设置有垃圾桶,装车一般由垃圾车完成,实现了垃圾的不落地收集,对周边环境污染较少。

1.散装垃圾房收集方式

生活垃圾袋装后由居民送入放置于住宅楼下或进出道路两侧的小型垃圾桶内或投放点,清洁工将垃圾送至垃圾房,垃圾一般散堆在垃圾房的垃圾池内。运输时一般由人工装入垃圾车内,然后运往垃圾处理场或中转站。由于垃圾一般散堆在垃圾池内,时间稍长就会产生臭气,滋生蚊蝇。在实际操作中,大部分散装垃圾房已改为定时垃圾收集站。散装垃圾房清扫困难,加大了环卫工人的劳动强度,且容易造成二次污染。

2.桶装垃圾房收集方式

生活垃圾袋装后由居民在指定时间送入放置于住宅楼下或进出道路两侧的垃圾桶内,清洁工按时将垃圾送至桶装垃圾房,然后由垃圾车运往垃圾处理场或中转站。

目前桶装垃圾房普遍存在面积过小、垃圾容器配备不足的现象,环卫部门每天需进行数次垃圾清运,增加了垃圾车的运输作业频率。

桶装垃圾房收集是一种以桶装垃圾房和垃圾桶为基本设施的密闭化垃圾收集系统。这种垃圾收集系统便于管理,不易造成二次污染。

（三）垃圾车收集

垃圾车收集也称垃圾车流动收集,是指垃圾收集专用车沿居民区街道定时收集居民生活垃圾或者收集居民在某一时间段内放置在路旁的袋装垃圾。采用这种方式收集垃圾,一般要在路边设置垃圾收集容器。居民小区内的垃圾一般由居民送入放置于住宅楼下或进出道路两侧的垃圾桶内,清洁工在指定时间将垃圾桶运送至路边方便垃圾车装车的地点,然后由垃圾车装车后运往垃圾处理场或中转站。

垃圾收集车主要有两种形式:具有自装卸功能的侧装式垃圾车和具有压缩功能的后装压缩式垃圾车,后一种垃圾车因其具有压缩功能,装载量较大,收运效率高,是今后垃圾收集车发展的方向。按吨位分类,目前常用的垃圾收集车有小型(2～3t级)、中型(5～6t级)及大型(8t级或以上)。垃圾车吨位选择应考虑道路情况、收集范围、运输距离等因素。

（四）收集站收集

目前国内各城市收集站的名称不一致,例如有收集站、小型压缩转运站、小型中转站等各种称谓。收集站的规模也不确定,规模一般在几吨到上百吨之间,没有明确的界限。在设计建设过程中,规模较大的收集站参考中转站的相关标准,较小的收集站主要是考虑满足厂家设备的要求。这里主要介绍上海常用的小型压缩收集站的收集方式。

小型压缩收集站(简称收集站)是 20 世纪 90 年代发展起来的环卫收集设施,这种设施的使用减少了居民生活垃圾收集点数量,提高了垃圾收运效率,实现了垃圾运输的集装化,改善了居民生活区环境质量。

目前小型压缩收集站主要分布在新建的居民住宅小区和成片改造的旧城居住区,通常,站内配备有一台压缩机和一个或多个垃圾收集集装箱。其作业流程为:居民将垃圾袋放置在指定的地点或收集容器内,清洁工收集后送到收集站,将垃圾投入压缩装置装料口(或料斗),压缩装置将垃圾压入匹配的集装箱以达到装箱和压缩减容目的,装载完毕后,用车厢可卸式垃圾车将集装箱运送到垃圾处理场或转运站。这种收集方式与前述的收集方式相比,收集服务范围大,减少收集点,有利于集装化运输系统的发展,其缺点为建设和管理成本相对较高。

(五)垃圾管道收集

1.重力垃圾管道收集系统

重力垃圾管道收集是指生活垃圾由居民从设置在每层楼内的垃圾倾倒口投入垃圾管道内,垃圾依靠自重下落到垃圾管道底部,由清洁工装上垃圾收集车,送往垃圾处理场或垃圾转运站。

重力垃圾管道曾经是我国广泛采用的高层及多层住宅垃圾收集设施。清运垃圾时,清洁工将垃圾出口闸门打开后,垃圾直接进入垃圾收集车内。但在这种垃圾收集过程中轻质物和灰尘四处飘扬,由于没有垃圾渗滤液收集导排系统,垃圾道出口附近污水聚集,天热时臭气扩散,容易成为蚊蝇滋生地和虫鼠藏身地。

由于垃圾收集过程中的二次污染严重,近年来,新建的住宅楼大都取消了垃圾管道,采用其他方式收集垃圾。2007 年起,上海用三年时间,对本市住宅小区高层住宅楼现存的 788 道垃圾管道实行全部封闭改造。

2.气力垃圾管道收集系统

气力垃圾管道收集,是指通过预先铺设好的管道系统,利用负压技术将生活垃圾抽送至中央垃圾收集站,再由压缩车运送至垃圾处理场的过程。它是国外发达国家近年来发展的一种高效、卫生的垃圾收集方法。它主要适用于高层公寓楼房、现代化住宅密集区、商业密集区及一些对环境要求较高地区。

(1)优点

①垃圾流密封、隐蔽,和人流完全隔离,有效地杜绝了收集过程中的二次污染,如臭味、蚊蝇、噪声和视觉污染。

②显著降低垃圾收集劳动强度,提高收集效率,优化环卫工人劳动环境。

③取消手推车、垃圾桶、箩筐等传统垃圾收集工具,基本避免了垃圾运输车辆穿行于居住区,减轻了交通压力和环境污染。

④垃圾收集、压缩可以全天候自动运行,垃圾成分不受雨期影响,有利于填埋场、焚烧厂的稳定运行。

⑤可利用一套公共管道收集系统分别收集可回收和不可回收垃圾。

(2)缺点

①一次性投资大。

②对系统的维护和管理要求较高。

从上述我们可以看出,由于气力垃圾管道收集系统建设和运行费用昂贵,目前在国内的应用范围十分有限,但它在开发区、奥运村、高层住宅小区、别墅群、飞机场、大型游乐场等地区应用优势明显。

二、作业方式

(一)上门收集和定点收集

作业方式按收集的场所可分为上门收集和定点收集。

1.上门收集

上门收集指由小区清洁工在楼层和单元口进行收集,或作业单位沿街店铺上门收集,送至垃圾房或小型压缩收集站(或居民小区综合处理站),主要特点是以密集型劳动力代替密集型收集点,减少了污染点。

2.定点收集

定点收集包括固定式垃圾池收集、露天垃圾容器点收集、垃圾房收集等

(二)定时收集和随时收集

作业方式按收集的时间可分为定时收集和随时收集。

1.定时收集

这是一种以垃圾定时收集为基本特征的垃圾收集方式。作业单位定时到垃圾产生源收集,采用标准的人力封闭收集车送至标准的小型压缩收集站,或采用标准的人力封闭收集车送至转运站、处理场。这种方式主要存在于早期建成的住宅区。其特点是取消固定式垃圾箱,在一定程度上消除了垃圾收集过程中的二次污染。但由于垃圾必须在指定时间收集并装入垃圾收集车内,在实际操作过程中,常出现垃圾排队等车的现象。

2.随时收集

随时收集是根据垃圾产生者的要求随时收集。对垃圾产生量无规律的区域,适于采用随时收集的方法。

三、常用收集设备

(一)小型垃圾收集车

小型垃圾收集车按动力可分为人力车、机动车辆和电动车辆。早期,我国的垃圾收集主要是靠人力推车或人力三轮垃圾收集车来实现,这些人力收集车每天定时去居民楼的垃圾通道口或是居民区内的垃圾倾倒点收集垃圾,然后将垃圾运至固定的垃圾堆放点。现在,出于灵活便利和经济等原因,一些地方仍在使用人力三轮车,例如小区内垃圾收集及用于街道和居民区保洁等,作业范围较小。

(二)自卸式垃圾车

自卸式垃圾车工作原理跟自卸式货车相同,厢体可以自卸,如同翻斗车、自卸车。装载垃圾时需要人力操作,运输到垃圾倾倒点,车辆液压顶升起后将垃圾从厢体后部直接倾倒即可。自卸式垃圾车按车厢类型可分为密封自卸式垃圾车和敞开自卸式垃圾车。

密封式垃圾车通过车厢加盖的方式进行密封,装卸垃圾时厢盖开启,运输时厢盖关闭。厢盖的

开启主要有厢盖前移、厢盖左右侧折叠和厢盖前后折叠等方式。加盖式自卸垃圾车在国内大型城市目前得到了广泛应用,它具有如下优点:

(1)密闭性能好,保证在运输过程中不会造成扬尘或泄漏,这是安装厢盖系统的基本要求。

(2)安全性能好,密闭厢盖不能超出车体过多影响正常驾驶,形成安全隐患。应减少对整车的改动,保证车辆装载时重心不变。

(3)使用方便,厢盖系统能在较短的时间内正常打开和收起,货物装卸过程不受影响。

(4)体积小,自重轻,尽量不占用厢体内部空间,自重也不过大,不会造成运输效率下降或超载。

(5)可靠性好,减少整个密闭厢盖系统使用寿命和维护费用的影响。

(三)自装卸式垃圾车

自装卸式垃圾车是由密封式垃圾厢、液压系统、操作系统组成,与专用垃圾桶配套使用,实现一车与多个垃圾桶联合作业,厢体上的液压升降装置可将垃圾桶吊上、放下,上下升降,上下一次工作循环时间为50s。密封式厢环保卫生,可避免二次污染。其自装式的挂桶装置可直接挂置路边的垃圾桶,用提升机直接倾倒于垃圾厢内,垃圾桶再复位,省去了人工装垃圾的工作量。

自装卸式垃圾车具有整体结构设计合理紧凑,装卸垃圾自动化,使用效率高,厢体采用轻量化设计、运载量大、封闭性能好,安全、节能、环保等优点。自装卸式垃圾车可以实现机械化自动装卸垃圾、密封化运输垃圾,有效地防止垃圾对人和环境的污染,提高汽车的运载效率,是一种安全、节能、环保、高效的新型环卫专用车。

(四)摆臂式垃圾车

摆臂式垃圾车常用于国内中小城市的垃圾收集和运输,特点是垃圾厢能与车体分开,实现一车与多个垃圾厢的联合使用。摆臂垃圾车底盘加装统一配套液压举升装置,通过左右两臂装运,可一车多斗,带自卸功能,安全稳定,性能可靠。垃圾斗厢体分为摆臂式和地坑地面两用式,须配置不同形式的垃圾斗。其垃圾斗装载量大,装载方便。与该车匹配的垃圾厢一般是顶部敞开式,为了避免运输中的垃圾飘洒,一般用篷布将顶部盖住,也可改装成密封式垃圾斗。

用摆臂式垃圾车时,一般垃圾不经过压缩,车辆易亏载,运载效率低,同时生活垃圾中的污水和臭气容易外泄,因此该车较适宜在一些无腐蚀、无放射性的干性工业垃圾或建筑垃圾收集作业中使用。

(五)压缩式垃圾车

压缩式垃圾车由密封式垃圾厢、液压系统、操作系统组成,整车为全密封型,自行压缩、自行倾倒,压缩过程中的污水全部进入污水厢,较为彻底地解决了垃圾运输过程中的二次污染问题,避免了给人们带来不便;关键部件采用进口部件,具有压力大、密封性好、操作方便、安全等优点;可选配后挂桶翻转机构或垃圾斗翻转机构。压缩式垃圾车具有如下优点:

(1)收集方式简便:一改城市满街摆放垃圾桶的脏乱旧貌,避免二次污染。

(2)压缩比高、装载量大:最大破碎压力达12t,装载量相当于同吨级非压缩垃圾的两倍半。

(3)作业自动化:采用电脑控制系统,全部填装排卸作业中需司机一人操作,可设定全自动和半自动两种操作模式,不仅减轻环卫工人的劳动强度,而且大大改善了工作环境。

(4)经济性好:专用设备工作时,电脑控制系统自动控制油门。

(5)双保险系统:作业系统具有电脑控制和手动操纵双重功能,大大地保障和提高车辆的使用率。

(6)翻转机构:可选装配置垃圾桶(斗)的翻转机构。

（六）车厢可卸式垃圾车

随着小型压缩收集站的建设和垃圾收集中转技术的发展,与之配套的运输车辆——车厢可卸式垃圾车得到了快速的发展。

它同时具备垃圾自卸和厢体自动装卸(整装整卸)两种功能,一般用于无地面举升装置的垃圾收集、中转站内垃圾集装箱的装运,也可用于放置在指定地点的机箱连体式垃圾压缩收集集装箱的转装运。

车厢可卸式垃圾车主要由拉臂车与垃圾厢组成,垃圾厢可分为移动式垃圾压缩设备和固定式垃圾压缩设备,两者的区别是垃圾厢内是否带压缩头,移动式垃圾压缩设备比固定式垃圾压缩设备使用更方便、更普及、更广泛。移动式垃圾压缩设备由压缩头、厢体、后门锁紧及密封、液压系统和电器系统组成,具有很高的性价比。

第三节　生活垃圾转运系统

一、转运模式

根据中转的次数,转运模式可分为直接收运模式、一次转运模式、二次转运模式和复合转运模式。

（一）直接收运模式

该种模式主要特点是通过收集车辆将分散于各收集点(垃圾厢、垃圾桶、果皮箱等)的垃圾直接装车运往生活垃圾最终处理、处置设施。收集车辆主要分为压缩收集车和非压缩收集车两种。该种模式在小型城市或运距较近的城区较为常见。

（二）一次转运模式

该种模式主要特点是通过收集车辆将分散于各收集点(垃圾厢、垃圾桶、果皮箱等)的垃圾直接装车运往垃圾收集站,收集后运至生活垃圾最终处理处置设施。收集站分为压缩式收集站和非压缩式收集站两种。该种模式在中型城市或部分大型城市的局部地区较为常见。

（三）二次转运模式

该种模式主要特点是通过收集车辆将分散于各收集点(垃圾厢、垃圾桶、果皮箱等)的垃圾直接装车运往垃圾收集站,收集后运至大型生活垃圾转运站进行压缩处理,由转运车运至生活垃圾最终处理处置设施。该种模式在运距较远的大中型城市中较为常见。

（四）复合转运模式

该种模式指的是在同一城市里上述三种模式中有两种或两种以上共存的转运模式。该种模式是大中城市中最为常见的一种模式。

二、转运站

国内外生活垃圾转运站的形式是多种多样的,它们的主要区别是站内中转处理垃圾的设备及其工作原理和对垃圾处理的效果(减容压实程度)不同。

(一)按转运规模分类

按转运规模,转运站可分为大、中、小型三大类或Ⅰ、Ⅱ、Ⅲ、Ⅳ、Ⅴ五小类,见表6-1。

表6-1 转运站按转运规模分类

类型		设计转运量(t/d)
大型	Ⅰ类	1000～3000
	Ⅱ类	450～1000
中型	Ⅲ类	150～450
小型	Ⅳ类	50～150
	Ⅴ类	≤50

(二)按垃圾压实程度划分

1.直接转运式

垃圾由小型垃圾收集车从居民点收集后,运到转运站,经称重计量,驶上卸料平台,直接卸料进入大型垃圾运输车的车厢内。此大型垃圾运输车容积较大,可达60～80m³,一般是敞顶式。有些转运站卸料平台上还配置有机械臂式液压抓斗(类似于挖掘机),用来将车厢内的垃圾扒平整,并略做压实。此时,大型垃圾运输车一般做成半挂拖车式,由牵引车拖带进行运输。在运输途中,一般对敞顶集装箱用篷布覆盖,以防止途中垃圾的飞扬。

2.推入装箱式

垃圾由小型垃圾收集车从居民点收集后,运到转运站,经称重计量后,驶上卸料平台,将垃圾卸入垃圾槽。垃圾槽内配有送料机构,将垃圾送入装箱机的储料仓内,液压推料机构将将垃圾由仓内推入与仓出料口对接的大型垃圾运输车的车厢(集装箱)内,随着厢内垃圾容量的增加,推料机构对厢内垃圾有一定的压缩功能,提高了厢内垃圾的密实度,并且车厢的实际有效容积保证大型垃圾运输车可满载运行,从而保证了大型垃圾运输车实现封闭、满载、大运量运行。推入装箱式转运站按工艺可以分为以下两种类型。

(1)不带固定式装箱机的转运站:此时,小型垃圾收集车将居民垃圾收集来后,运到转运站,经料斗直接卸入带有压缩系统的半挂车内。半挂车一般是标准集装箱改装的,在集装箱内设有一套液压压缩推料机构,该压缩推料机构由一个发动机驱动的液压系统或拖车上专用液压装置提供动力。

垃圾从集装箱顶部的进料口进入厢内,压缩推料机构将垃圾从集装箱前部移向后部,随着垃圾量的不断增加,对垃圾产生一定的挤压,起到压缩垃圾作用。集装箱的后部一般做成凸形后门,以增加厢内垃圾容量。

(2)固定式装箱机的转运站:此种形式转运站的作业区内设置有一台以上的固定式装箱机,大型垃圾集装箱内可以不设置压缩推料机构。在转运站作业时,牵引拖车和半挂式集装箱可以分离,这样一辆牵引车可以配置2～3台半挂式集装箱,使站内设备配置更合理。

此时,小型垃圾收集车进站后,经称重计量,驶上卸料平台,将垃圾卸入垃圾贮存槽内。由于垃圾槽有一定的容积,卸料区有一定的宽度,允许几辆小型垃圾收集车同时卸料,而且收集车的卸料与装箱机储料仓的进料不直接相连,使收集车的卸料作业调度与装箱机的装箱作业更易组织。

3.预压缩装箱式

垃圾由小型垃圾收集车(人力三轮车或机动三轮车)从居民点收集后,送到转运站,经称重计量后卸到垃圾压实机的压缩腔内,在液压油缸的作用下,利用压实机压头进行减容压实(再打包)成形(块),再装上运输车运到处置场地卸载。

垃圾由人力三轮车或机动三轮车收集运至转运站内,卸入位于地平面下的混凝土构造的压缩腔。压缩腔的顶部敞开,内置一钢制垃圾容器。垃圾容器的前后侧及顶部敞开,与压缩腔吻合;容器的顶部与一金属框架固定在一起,金属框架位于垃圾压缩腔的外部边缘的地面上,框架的四角有触臂与压缩腔周围的四根钢立柱相连,并可沿立柱上下移动。压块装置共有 2 个油缸,一为压块用,另一为推料用。压缩腔内的容器装满垃圾后,位于压缩腔上方的压块在油缸推动下向下运动,将垃圾压实,压力为 610kN。垃圾压实后体积减小,使压缩腔上部留出部分空间,然后再往压缩腔内卸入垃圾,装满后再压缩,如此反复几次,压实后的垃圾块充满整个容器。这时,用链条把压块与垃圾容器上部边沿的框架连接,压块向上运动,带动垃圾块及其容器上升至装车高度。随后,启动推料装置,垃圾块被推入车厢内,运至处置场处置。压缩后的垃圾块体积为 $1.8m\times1.6m\times0.8m=2.304m^3$,重量一般为 2t 左右,最大可达 2.5t。压缩过程中产生的渗滤液从压缩腔底部排出后进入城市污水管道。

(三)按压实设备运动方向划分

1.水平压缩方式

转运站内采用水平式压缩机。主要包括预压缩式、直接压入式、预压打包式、螺旋压缩打包式、开顶直接装载式等几种基本形式,而其中最常用的是水平直接推入装箱式和水平预压缩装箱式两种方式。

(1)水平直接推入装箱式转运站:垃圾收集车完成垃圾收集作业后先进站称重计量,然后驶向二层卸料口卸料,卸料口配置了专用快速自动卷帘门,可以通过自动感应收集车的有无,进行自动开启和关闭,用以隔离臭气和逸散的灰尘。卸料的同时喷淋降系统及除臭系统可以通过自动检测收集车的有无,进行自行启动和关闭。

卸料槽中的垃圾首先通过半潜推头推入压缩机的压缩腔,然后通过压缩机使松散垃圾被压缩减容并压入垃圾集装箱。垃圾集装箱在装满后由大吨位拉臂钩车将垃圾转运到最终的垃圾处置场处理。同时,为提高垃圾压缩处理效率,还增设平移换箱机构来缩短换箱时间。

整个站内转运站作业通过自动控制系统进行监控。

(2)水平预压缩装箱式转运站。垃圾收集车辆到达转运站内,先将垃圾卸到地坑内,通过送料机构将垃圾送进压缩机进料腔内,然后压缩机将垃圾压进压缩料腔内,在压缩腔内预压成块,最终形成密实的垃圾包,然后被一次性或分段推入垃圾集装箱中,集装箱装满后,再通过转运车或船转运到垃圾处置场。

2.竖直压缩方式

转运站采用上下移动的压头,将垃圾垂直方向压缩装入垃圾集装箱(容器)的压缩机,主要包括直接推入装箱式和预压缩装箱式两种方式,其中国内最常用的为直接推入装箱式。

垃圾收集车进入转运站,经称重计量后进入卸料大厅,将垃圾卸入竖直放置的容器,然后由位于容器上方的压实器对容器内垃圾进行压实,直至容器满载,后由转运车将容器取出泊位,运往垃圾处置场。

三、转运设备

垃圾转运车辆形式的选择取决于垃圾成分、垃圾收集方式及城市道路情况。目前国内外可供选择的垃圾转运车有很多种类,按装车方位可分为后装式、前装式、侧装式;按装车方式可分为固定车厢式和车厢可卸式;按功能可分为压缩式和非压缩式;按压缩设备与箱体是否一体化分为分体固定式垃圾压缩转运站配套设备和移动式连体压缩转运站配套设备。

(一)分体固定式垃圾压缩转运站配套设备

分体固定式垃圾压缩转运站配套设备,由压缩系统、压缩箱、勾臂车组成,采用压缩机头固定在站内。压缩箱(勾臂车转运)分离的方式,不仅适用于市区繁华商业区、人口密集的街区的大中型垃圾转运站(100t/d 以上),同时也适用于乡镇的垃圾回收转运站。该设备具有能够实现垃圾压缩箱绝对密封,隔绝臭气、污水等污染,防止蚊蝇和病菌滋生;全自动操作,环卫工人不需直接接触垃圾,管理方便且其外形美观;工作效率高,占地面积小,建设及维护费用低等优点。

(二)移动式连体压缩转运站配套设备

移动式连体压缩转运站配套设备,压缩机头与箱体合二为一的连体机,在收集、压缩及转运垃圾的过程中不分离。它适合日产生垃圾 100t 以下的环保型中小型垃圾转运站,如村委会、街道办垃圾站,中小型住宅区,以及独立工业区、经济开发区、写字楼、商住楼、广场、街市等,不需要特定的地基,既节省了土建的成本和时间,又争取了更多的使用空间,其美观大方的外形也美化了周边环境。该设备还具有压缩力大、噪声小、配套设施简单、运营成本低等特点,并且具有很高密封性能,垃圾在收集、压缩、转运过程中不会产生臭气,100%防污水渗漏,避免二次污染,设备尺寸多样化。

第四节　生活垃圾收运规划

城市生活垃圾收运是一种特殊的物流,故而可以从物流系统的角度来研究垃圾收运系统,并对城市生活垃圾物流系统的发展进行规划和设计。城市生活垃圾收运系统的规划应当与城市发展战略和总体规划相统一,并与城市发展现状相适应,必要时还可依据地方环境和需要来确定规划期限;短期规划是期望经过 2~5 年垃圾收运状况有一个实质性的改变;长期规划则为总体规划,一般为 5~20 年。

一、生活垃圾收运规划的考虑因素

城市生活垃圾收运模式的设计是在以下条件下进行的:生活垃圾处理的方针、政策已明确;生活垃圾处理方法及处理地点已确定;对生活垃圾的产量及成分有准确的摸底和预测。衡量一个收运系统的优劣应从以下几个方面进行:

(一)与系统前后环节的配合

收运系统的前部环节为垃圾的产生源,如居民家庭、企事业单位、饭店等。合理的收运系统有利于垃圾从产生源向处理系统的转移,而且具有卫生、方便、省力的特点。垃圾收运车辆需与处理场(厂)卸料点配合,即垃圾处理场(厂)卸料点的条件与垃圾收运(或转运)车辆的形式(包括卸料方式)相符合。

(二)环境影响

垃圾收运系统的环境影响有对外部环境的影响和对内部环境的影响之分。应严格避免系统对外部环境的影响,包括垃圾的二次污染(如垃圾的抛洒滴漏等)、嗅觉污染(如散发臭气)、噪声污染(主要在机械设备作业过程中产生)和视觉污染(如不整洁的车容、车貌)等,对系统内部环境的影响主要指恶劣的作业环境。

(三)劳动条件的改善

一个合理的收运系统应能够最大限度地解放劳动力、降低人的劳动强度、改善人的劳动条件。因此,合理的垃圾收运系统应具有较高的机械化、自动化和智能化水平。

(四)经济性

经济性是衡量一个收运系统优劣的重要指标,其量化的评价指标是单位量垃圾的收运费用,简称单位收运费用。单位收运费用由两部分组成,即固定投资的折旧费和日常运行费。对于收运系统而言,如果前后环节或其本身发生变革,可能就会大大延长其折旧年限,使单位收运费减少。因此,一个技术先进、适应未来发展要求的收运系统,可能比投资较少但只满足当前要求的收运系统更为经济。

二、收运系统规划的一般步骤

收运系统的规划内容包括:确定采用有中转收运模式或无中转收运模式,即直运还是转运;确定生活垃圾收集方式,即上门收集还是定点定时收集、流动车辆收集还是收集站收集;配置系统硬件(包括车辆配置、中转站布点及设备选型等);制定收运作业规程。

收运系统规划的一般步骤如下:进行城市生活垃圾产量、成分、分布统计及预测;根据城市生活垃圾处理规划,确定生活垃圾收集方式,确定是否采用中转;配置系统硬件;综合制定收运作业规程。收运系统模式设计一般需要有一个反复的过程,通过各种因素的比较和权衡,最后获得最佳的生活垃圾收运模式。

(一)确定垃圾产生量

为保证城市生活垃圾收运系统规划的科学合理性和可实施性,城市生活垃圾现状的调查和规划期内城市生活垃圾产生规律的预测是一项不可缺少的基础工作。调查内容包括:确定城市生活垃圾产生源的分布情况,生活垃圾产生量、组成、物化特性及收运物流系统现状,城市生活垃圾收运设备、设施,城市生活垃圾中可再回收利用物资的回收系统,城市生活垃圾收集方式是否可能会发生变化。

在半径为 r 的垃圾房服务区域内居民的生活垃圾产生量为:

$$Q_{区域} = Q \cdot d \cdot \pi r^2 \times 10^{-3}$$

式中,$Q_{区域}$:区域内垃圾日产生量,t/d;

Q:人均日生活垃圾产生量,kg/(人·d);

d:区域内人口密度,人/km²;

r:服务区域半径,m。

垃圾产生量确定后,可通过垃圾的容重得出实际收集、运输需要的设备量。垃圾容重就是堆积密度或表现密度,即自然堆积、未经外力作用压实的单位体积的垃圾量。我国垃圾堆积密度多为

$400\sim700\mathrm{kg/m^3}$。垃圾的容重因垃圾成分不同差异较大。一般说,若垃圾中纸张、塑料、罐头盒等松散物较多而湿度较小时,其堆积密度较小;而垃圾中灰土瓦砾较多、湿度较大时,堆积密度较大。随着我国城市生活水平的提高,垃圾中塑料、纸张的含量逐渐升高,垃圾容重值呈现减少的趋势。

(二)确定生活垃圾的收集与运输方式

垃圾的收集与运输方式与整个城市的规模、人口密度、发展定位、垃圾处理布局都有很大的关系,一般说来:

(1)垃圾收集车直运的方式适合于垃圾产生量分散、垃圾含水率较小、运距较短的地区,如工业区、较分散的居住区及商业区。在运输距离较短、垃圾收集量不大的区域,采用垃圾压缩车收集后直运到处理处置厂,可以减少垃圾转运次数,减少因转运造成的二次污染,降低垃圾收运成本。

(2)垃圾转运方式适合于垃圾产量较大较集中的地区,如较集中的居民生活区及商业区,根据运距情况可采用一次转运或二次转运。对于收集密度较大、运输距离大于 10km 的城市市区和郊区,采用小型压缩式转运站(收集站)较合适;对于运输距离超过 30km 且垃圾产生量较大的区域,可采用二级或多级转运方式,即经由数个小型垃圾转运站转运至 1 个大中型转运站,再集中运往垃圾处理处置厂。

(3)真空管道垃圾收集系统在国外已有应用,且技术相对成熟,在发达国家的卫星城、世博会、体育运动村等应用较多。但运行费用较高、对垃圾成分有一定的要求,不适合于垃圾含水率较高、有机质含量较高且垃圾量大的居民区。

(三)转运站的设置

转运站的设置要确定转运站的规模、选址、转运工艺,并对装箱设备、集装箱、运输车、垃圾贮存容器乃至收集车辆进行设计。具体设计可参照相关标准进行。目前与转运站设置相关的标准有《生活垃圾转运站工程项目建设标准》(建标 117—2009)、《生活垃圾转运站技术规范》(CJJ 47—2006)、《生活垃圾转运站压缩机》(CJ/T 338—2010)、《生活垃圾转运站评价标准》(CJJ/T 156—2010)等。

(四)收运路线规划

在城市垃圾收运模式、收运车辆类型、收集劳动力配额、收集频次和作业时间确定以后,可着手设计收运路线。

一条完整的收集清运路线大致由收集路线和运输(转运)路线组成。在研究探索较合理的实际路线时,需考虑以下几点:

(1)单条作业路线尽量限制在一个地区,尽可能紧凑,没有断续或重复的线路。

(2)工作量相对平衡,使每个作业、每条路线的收集和运输时间都合理地大致相等,这样可使整体效率最高。

(3)每个工作日每辆车收集路线的出发点从车库开始。

(4)考虑交通繁忙、单行道等因素。

三、城市生活垃圾收运系统优化的常用方法和基础理论

收运系统的优化是一个多领域的综合问题。收运效率和费用的高低主要取决于下列因素:

(1)清运操作方式(固定式还是拖曳式)。

（2）收运车辆数量、装载量及机械化装卸程度（影响单位作业时间）。

（3）收运频次、工作时间段及劳动强度。

（4）收运路线的优化程度。另外还受到社会、环境、经济等诸多因素交互影响。由于城市生活垃圾的收运其实是一种特殊的物流问题，是一个产生源高度分散、处置相对集中的"倒物流"系统，因此，借鉴物流系统理论来指导垃圾收运"倒物流"系统的规划是可行的。

目前，对垃圾收运系统的优化大致可分为3个层次：

（1）收集、运输路线（包括配置）的优化。

（2）转运站、处置场规模及选址的优化。

（3）收运系统的整体优化。综观常用的各种优化模型，多数是以运筹学理论为基础的，从优化方法上看，包括线性规划（LP）、混合整数规划（MIP）（包括0-1整数规划）、动态规划（DP）、多目标规划、随机规划、区间或灰色规划、模糊规划、图论等，大量运筹学优化技术被广泛用于垃圾线路的优化模型当中。

国外早在20世纪70年代就开始通过运用数学模型加运筹学、物流理论等对垃圾收运系统进行优化研究，并取得了很多研究成果。国内对垃圾收运的研究起步较晚，但研究人员通过充分吸收国外的经验，并结合GIS、建模仿真、群集智能等现代科学方法，在垃圾收运系统优化研究等方面也取得了一定的成果。

（一）转运站的选址

物流系统通常应用重心法、偏导法、网格法、交叉中值模型、覆盖模型（包括集合覆盖模型和最大覆盖模型）和P-中值模型等进行物流中心选址和物流设施的规划研究。

1.重心法

重心法指在确定的坐标系中，各个垃圾收集点的位置与坐标预期供应量和单位量运输成本三者之积的总和等于所选位置坐标与各供应点的供应量和单位量运输成本费三者之积的总和。

重心可以通过物理法或数学法求出。以下简要说明重心法的用法。

若$S_i(x_i, y_i)$表示i个垃圾收集点的坐标位置，p_i表示各垃圾收集点的垃圾产量，f_i表示各垃圾收集点的单位运输成本，则可得到：

$$\sum_i x_i p_i f_i = X \sum_i p_i f_i$$
$$\sum_i y_i p_i f_i = Y \sum_i p_i f_i$$

求解所得的(X, Y)即为转运站理论上的选址点。

在某些情况下，例如需要考虑收集点-转运站-处理点全程的费用时，重心法的应用是受限的。

2.偏导法

下面简单说明偏导法的用法。

若$S_i(x_i, y_i)$表示i个垃圾收集点的坐标位置，M_i表示各垃圾收集点的垃圾收运费用，$T(X, Y)$表示垃圾中转站的位置。根据运距最小即经济最优，可得出如下公式：

收集点至转运站费用 $c = \sum_i M_i \sqrt{(X - x_i)^2 + (Y - y_i)^2}$

根据微积分中求解二元函数极值的解法可知：

由 $\frac{\partial c}{\partial X}=0$，$\frac{\partial c}{\partial Y}=0$ 得到的 (X,Y) 即为使收集费用最低的位置点。

虽然该法理论上可以精确得出 (X,Y)，但当收集点很多时，基本无法求解。当收集点的数目不大、但收运费用的表达又较为复杂时，该法比重心法更适用。

3.网格法

网格法是求解非线性规划问题的一种方法，它为那些结构复杂或根本没有解析表达式的问题的求解提供了一种方法。但这种方法的计算量很大，故仅适用于对维数较低的情形。

它的具体思路是这样的：首先把可选择的区域按照一定的密度划分网格，将每个网格带入目标函数，通过计算求得较好的网格；然后根据最优点在较优点附近的原理，将较好的网格再划分为更加细密的网格，如此最终求出最优点。

（二）车辆路径问题

垃圾收运系统研究有两个很重要的方向，一个是垃圾转运站的选址，另一个就是垃圾收运路线的优化——本质上是一个车辆路径问题。车辆路径问题（VRP）以及定位一配给问题（LAP）是如今物流管理领域研究较多的两个方面。转运站的定位问题比较接近于 LAP，而转运站确定后，收集、运输车辆的工作路线的确定则比较接近于 VRP。

基础车辆路径问题是一个经典的组合优化问题。它可以这样表述：将一系列的服务区组织成适当的行车路线，使得车辆在一定的约束条件（如车辆载重量限制、运行时间限制、货物输送和接受量限制等）下有序地通过服务点位时，可以达到一定的目标（如总费用最少、时间最少、使用车辆数最少等），每个服务区必须且只能经过一辆车，每辆车都是从车场出发，最后驶回车场。

车辆路径问题的扩展问题有带时间窗的车辆路径问题、多车场的车辆路径问题、开放式的车辆路径问题、带取送货的车辆路径问题、多车程的车辆路径问题、异型车车辆路径问题等。垃圾收运的过程中，收集过程和转运过程都是一个带取送货的车辆路径问题，并且在一定的实际约束（如排队时间、停车场位置、车辆的配置）下，都可以扩展为带时间窗的车辆路径问题、多车场的车辆路径问题、异型车车辆路径问题。

收运路线优化问题在算法复杂性上是一个 NP—hard 难题（NPH），即随着垃圾产生点的增加，求解方案的复杂程度将以指数速度增长。以求解 20 个点位的优化问题为例，点位的全排列数多达 2.433×10^{18} 个，在有限时间内用穷举法根本无法求解。于是提出了启发式算法，即在有限的时间、允许的精度范围内求解次优解，如模糊集合方法、禁忌搜索法、模拟退火法、遗传法、蚁群算法、神经网络算法等。

（三）基础费用优化模型

在费用优化模型的研究过程中，应该有这样一个基础的费用优化模型，它不仅将整个垃圾收运过程中所有花费包括在内，还可以体现各部分花费的用法，而在某些特定的限制条件下，它又可以衍生出几乎所有的优化模型。D.P.Komilis 给出了一个这样的基础优化模型。该式包括了垃圾收集车将垃圾运往转运站时的折旧费、收集车将垃圾直接运往末端节点（如填埋场等）时的折旧费、转运站使用时的折旧费、转运站处理垃圾的运营费用、转运车将中转站处的垃圾运往末端节点时的折旧费、收集车将垃圾运往中转站时的拖运费、收集车将垃圾运往末端节点时的拖运费、转运车将中转站处的垃圾运往末端节点时的拖运费、将垃圾运往中转站的收集车的所有工人的工资、将垃圾直接运往末端节点的收集车的所有工人的工资、将垃圾由中转站运往末端节点的转运车的所有工人的工资、中转站处理垃圾的补贴费、末端节点处理由中转站运来的垃圾时的总耗费、末端节点处理由垃圾源节点直接运来的垃圾时的总耗费。各部分费用的用处也被表示出来,参与因素有时间方面的,如排队时间、装卸时间、行驶时间等,也有数量方面的,主要是各单位需要处理的垃圾量。

(四)定性、半定量分析方法

上述内容基本都属于定量分析方法。但实际分析过程中,由于基础数据缺失或分析过程的复杂性,不可能全部采用定量分析。

层次分析法(AHP)作为一种定性和定量分析相结合的半定量分析方法,可以将影响分析对象的各种因素划分为相互联系的有序层次,通过两两对比,使层次关系条理化。近年来,AHP 在固体废物处理领域的许多方面均有应用,如垃圾分类方案优化、工艺技术比选、中转站和处理场地的选址等。

德尔菲分析法是一种典型的被广泛采用的综合性群体决策方法,适用于研究对象涉及的因素众多、但各因素的具体影响较为模糊的情况。德尔菲分析法首先需要选择、确定专家组;专家人数的多少可调,但一般不超过 20 人,在确定专家组后,一般要进行四轮专家调查咨询。逐轮收集意见并为专家反馈信息是德尔菲分析法的主要环节。每轮将专家的意见加以整理后,将结果在下一轮告知各位专家,在向专家进行反馈的时候,只给出各种意见,但并不说明发表各种意见的专家的姓名等具体信息。这一过程重复进行,直到每位专家不再改变自己的意见为止。一般说来,在经过四轮调查后,专家的意见会趋向收敛。但如果在第四轮结束后,专家的意见仍然没有达成一致,也可以用中位数和上下四分位数来做结论。如果在第四轮结束前,专家的意见已经达成一致,也可以提前结束。

(五)单目标优化与多目标优化

垃圾收运路线优化问题不仅要使经济成本最低,而且要实现经济、环境与社会效益的综合优化。因此,很多案例中会采用多目标模型,但在实际求解时又会转化为单目标问题。将多目标问题转化为单目标问题时常采用加权方法,将环境与社会因素的影响归一到费用优化模型中。具体而言,可对实际路线长度进行加权改造(为便于描述,有些人也将加权后的路线长度称为综合路线长度),再将综合路线长度应用于优化模型,即为改进模型。

例如,垃圾收运过程中的环境污染主要是噪声与大气污染;社会问题主要是交通拥挤。因此,利用噪声影响权重、大气污染影响权重及交通状况权重对实际收运路线长度进行修正,得到综合路线长度公式为:

$$X = \alpha_1 \alpha_2 \alpha_3 X_S$$

式中:X 为综合路线长度,km;X_S 为实际路线长度,km;α_1 为噪声影响权重;α_2 为大气影响权重;α_3 为交通状况权重。

噪声与大气污染权重可分为根据路线经过区域所属的噪声功能分区与环境空气质量功能区相对指标值确定,公式为:

$$r_i = \frac{\hat{X}}{X_i}$$

式中:r_i 为 i 区的权重值;$\wedge x$ 为标准中的最小值;x_i 为 i 区的标准值。

四、生活垃圾收运规划/优化的常用软件及技术

（一）地理信息系统 GIS

在地理信息系统（GIS）中，基本概念是空间位置、空间分布和空间关系，各种研究对象被抽象成点、线、面的空间实体及相关属性。因此 GIS 与收运模型的结合，可使垃圾收运规划的研究更加有效。应用 GIS 可以进行垃圾收运系统数据管理、更新、维护以及快速检索等空间信息；利用 GIS 的空间查询与分析功能，可对收运设施、车辆、作业范围等的分布和行车路线等进行规划和客观评价；应用 GIS 的空间模型功能，可以将管理过程、决策以及发展趋势以命令、函数、模拟程序的形式进行数据处理，从而实现对未来趋势的预测，做出最优决策；运用 GIS 的 H 次开发软件库对数据进行综合分析，可以发掘各种数据中隐藏的信息。

（二）物联网技术

物联网技术是建立信息化平台的基础，即通过条码和二维码、无线射频识别（RFID）、红外感应器、全球定位系统（GPS）、激光扫描器等信息传感设备，按约定的协议，把研究对象的信息与互联网连接起来，进行信息交换和通信，以实现智能化识别、定位、跟踪、监控和管理的一种网络。作为迅速兴起的新一代无线通信技术，物联网目前已广泛用于自动化、工业制造、物流、过程管理、智能交通、医疗监控、智能循环系统等领域。

在环保领域，物联网技术的应用也已经成为推动环境管理升级，加强环境信息资源高效、精准传递的重要手段，RFID、GIS、GPS 等信息技术的应用有效提高了垃圾收运作业、管理效率。

上海市政府从 2010 年起着力推动基于物联网的信息技术在城市生活垃圾收运领域应用的试点工程。自 2011 年起，从浦东等部分示范区开始，针对城市生活垃圾中分类出来的厨余果皮等"湿垃圾"，推行从源头到末端处置点的信息化收运管理，包括进行源头车载称重，并运用 GIS、GPS 等信息化手段实现对收运车辆过程追踪和监管。

尽管物联网技术在垃圾收运领域应用带来了管理技术上的突破，但系统的建立、管理和维护离不开政策立法支持、机制的协调，公民环保意识增强。此外，在管理同时，还需充分结合我国国情考虑现行物联网技术发展存在障碍：我国信息化的总体水平，实施 RFID 成本费、行业标准、RFID 关键技术、商业模式和信息安全等问题。

第七章 市政生活垃圾卫生填埋技术

第一节 概述

一、填埋场类型

(一)按场地地形分类

在我国,垃圾填埋场按照场地的地形分为平地型、开挖型、山谷型三大类。其中最常见的填埋场类型包括以下几种:

1.平地型堆填

填埋过程只有很小的开挖或不开挖,通常适用于比较平坦且地下水埋藏较浅的地区。

2.开挖型堆填

这种填埋方式可以看成平地填埋和挖沟填埋的结合体。不过,这种填埋方式开挖的单元比挖沟填埋所开挖的要大很多,其开挖的深度通常取决于天然黏土层和地下水的埋深。

3.山谷型堆填

也称作谷地堆填。这种填埋方式下,废弃物通常堆填在山谷或者起伏丘陵之间。

我国垃圾填埋场以山谷型填埋场居多,如深圳下坪固体废物填埋场、杭州天子岭垃圾填埋场、苏州七子山垃圾填埋场、无锡桃花山垃圾填埋场、南京天井洼垃圾填埋场、昆明西郊沙朗填埋场等;上海老港垃圾填埋场和北京的阿苏卫、北神树、安定三座填埋场均属于平地型垃圾填埋场;在我国开挖型垃圾填埋场相对较少。

(二)按反应机制分类

城市生活垃圾卫生填埋处理和处置过程可以看作一个最大限度地利用自然循环和分解机制的过程,从这种观点出发,填埋场可以被分为好氧性填埋、准好氧性填埋和厌氧性填埋。

1.好氧性填埋

在垃圾体内布设通风管道,用鼓风机向垃圾体内送入空气,使其保持好氧状态,使好氧分解加速。这种条件下垃圾稳定化速度较快,且垃圾体的温度较高,有利于杀灭病菌,同时渗滤液的产生量大大减少。

2.准好氧性填埋

集水管的末端敞开,利用自然通风,使空气进入垃圾体,在集水管的四周形成好氧区域,而在远离集水管的区域则仍为厌氧区域。这样好氧区域垃圾降解速度快,而在厌氧区域可以截留部分重金属。其处理效果与好氧填埋场相当,而费用与厌氧填埋场差别不大,因而得到广泛的发展。

3.厌氧性填埋

垃圾体内无须供氧,基本上处于厌氧状态。由于没有供氧系统,因而投资与运行费用较低,但其垃圾稳定化时间非常长。

(三)按规模分类

填埋场的建设规模,应根据垃圾产生量、场址自然条件、地形地貌特征、服务年限及技术、经济合理性等因素综合考虑确定。填埋场建设规模分类和日处理能力分级宜符合下列规定:

1.按填埋场建设规模分类

按填埋场建设规模分类如下:

(1)Ⅰ类总容量为 1200 万 m³ 以上。

(2)Ⅱ类总容量为 500 万～1200 万 m³。

(3)Ⅲ类总容量为 200 万～500 万 m³。

(4)Ⅳ类总容量为 100 万～200 万 m³。

2.按填埋场建设规模日处理能力分级

按填埋场建设规模日处理能力分级如下:

(1)Ⅰ级日处理量为 1200t 以上。

(2)Ⅱ级日处理量为 500～1200t。

(3)Ⅲ级日处理量为 200～500t。

(4)Ⅳ级日处理量为 200t 以下。

二、我国生活垃圾填埋技术与填埋场发展历程

(一)1980—1990 年

此阶段卫生填埋场的建设以简单填埋、垂直防渗为主,基本没有做水平防渗。1988 年建设的杭州市天子岭垃圾填埋场,是当时国内第一家正规垃圾卫生填埋场,也是国内首家按建设部卫生填埋技术标准设计建造的大型山谷型垃圾卫生填埋场。由于场址具备特殊的水文地质条件,为防止地下水污染,工程采用了垂直帷幕灌浆防渗技术。20 世纪 80 年代末开始筹建的广州大田山垃圾填埋场、深圳老虎坑垃圾填埋场等几个填埋场也采用垂直帷幕灌浆防渗技术。此阶段填埋场的填埋气体大多采用导气石笼导排,没有进行燃烧或利用。

这一时期建设部发布了第一部关于生活垃圾卫生填埋的技术标准《城市生活垃圾卫生填埋技术标准》(CJJ 17—88)。该标准的发布是对生活垃圾填埋场规划、建设、运行全方位控制的保证。标准明确了入场废弃物的具体要求、填埋场选址的原则和要求,规定了填埋场场底及防渗系统的具体条件,同时对填埋作业、填埋场管理、填埋场评价的内容提出了具体要求。

(二)1991—2000 年

随着国家对环境卫生工作的重视,国家加大了对垃圾处理的投资,全国各大中城市相继建成了生活垃圾卫生填埋场,有关城市垃圾卫生填埋场的各类标准和规范也陆续出台。

此阶段卫生填埋场的建设以人工水平防渗为主。如 1997 年建成的全国第一座按 20 世纪 90 年代国际通用的卫生填埋技术规范设计的现代化垃圾填埋场——深圳市下坪固体废物填埋场,采用的是高密度聚乙烯(HDPE)膜水平防渗技术。此后,昆明、海口、保定、北京六里屯、天津、青岛、泉州等地也相继建成了一批采用 HDPE 膜水平防渗技术的垃圾卫生填埋场。

随着卫生填埋场的建设,各地积累了一定的运营、管理经验,对卫生填埋场及其相应的垃圾渗滤液处理、填埋气体利用都有了全新的认识。填埋场使用年限的不断增长,垃圾填埋场的渗滤液的

水质也发生了较大的变化,总体体现为水质、水量波动较大。因此渗滤液仅靠常规生化方法处理很难达到排放标准,必须采用生物处理与物化处理相结合的组合处理工艺。广州大田山垃圾填埋场将垃圾渗滤液的处理工艺改造成氨吹脱加序列间歇式活性污泥法(SBR)处理工艺;上海老港垃圾填埋场也对渗滤液处理系统进行了改造,增加了回灌、芦苇湿地分水与断水隔堤、化学氧化反应池等设施,并在兼性塘和曝气塘中加强了曝气量。

随着垃圾填埋容量的增加,填埋气体产量也逐渐增加。将填埋气体作为能源进行回收利用,可大大降低甲烷气体的排放量,减轻大气温室效应。1994年,杭州市天子岭垃圾填埋场与美国惠民企业有限公司合作,开发利用垃圾填埋气体,建设了填埋气体发电厂,并于1998年10月正式投产运行,取得了良好的社会、环境和经济效益。这是我国首家填埋气体发电厂。随后我国又相继建成了深圳玉龙坑、广州大田山等几座填埋气体发电厂。

在标准体系建设方面,建设部发布了《生活垃圾填埋场环境监测技术标准》(CJ/T 3037—1995),并对《城市生活垃圾卫生填埋技术标准》(CJJ 17－88)进行了修编;国家环境保护局发布了《生活垃圾填埋污染控制标准》(GB1 6889—1997)。

(三)21世纪起至今

此阶段国内垃圾卫生填埋技术的应用已趋成熟,各类标准、规范也逐渐齐全、完善。由于生活垃圾卫生填埋场的技术水平和建设水平在不断更新,国家发展计划委员会和建设部联合发布了《城市生活垃圾卫生填埋处理工程项目建设标准》(2001)。从2001版、2004版到2013版,经建设部两次修订,发布的新规范[《生活垃圾卫生填埋处理技术规范》(GB 50869—2013)]对入场垃圾、填埋场场址、地面水及地下水保护、填埋场防渗、填埋气体导排与防爆、填埋场封场后的土地使用、填埋场环境污染控制等都做出了严格的规定,与此同时,《生活垃圾填埋场环境监测技术标准》(CJ/T 3037—1995)也进行了修编。在国家标准《生活垃圾填埋场环境监测技术要求》(GB/T 18772—2002)发布的同时建设部发布了《城市生活垃圾卫生填埋场运行维护技术规程》(CJJ 93—2003)、《生活垃圾填埋场无害化评价标准》(CJJ/T 107—2005)等;国家环保部修编的《生活垃圾填埋场污染控制标准》(GB 16889—2008)对生活垃圾渗滤液的排放有了更严格的要求。

以上标准的颁布和完善,使生活垃圾卫生填埋场的设计、建设和管理在宏观控制、建设水平、工程措施、环境保护等方面都有法可依、有章可循。生活垃圾卫生填埋各类标准的颁布,极大地推动了我国生活垃圾卫生填埋技术及与之相关的垃圾渗滤液处理技术、填埋气体利用技术的发展。垃圾卫生填埋场的建设、管理水平也越来越高;垃圾卫生填埋技术、垃圾渗滤液处理技术、填埋气体利用技术等都得到了发展和完善,并建成了一批采用人工水平防渗技术的卫生填埋场,如上海市老港垃圾填埋场、广州市兴丰生活垃圾卫生填埋场、宁波鄞洲填埋场等。这些填埋场均采用了国际先进技术进行设计、建造,垃圾渗滤液处理均达到了《生活垃圾填埋污染控制标准》(GB 16889—2008)中的一级标准,这标志着我国的生活垃圾卫生填埋技术已接近国际水平。2017年,《生活垃圾分类制度实施方案》正式实施,明确在46个重点城市率先实施生活垃圾强制分类。住房和城乡建设部方面统计显示,截至2018年底,46个城市已全面启动生活垃圾分类,开展垃圾分类的居民小区覆盖率达到了23.6%,中央单位、驻京部队和各省直机关全面开展生活垃圾分类。2019年4月,住房和城乡建设部等部门联合发布《关于在全国地级及以上城市全面开展生活垃圾分类工作的通知》(建城〔2019〕56号)。文件决定自2019年起在全国地级及以上城市全面启动生活垃圾分类工作,到 2020 年在 46 个重点城市基本建成生活垃圾分类处理系统,其他地级城市实现公共机构生活垃圾分类全覆盖;到 2025 年,全国地级及以上城市基本建成生活垃圾分类处理系统。

第二节　填埋场基本构造

一、典型布置

填埋场总平面布置应根据场址地形(山谷型、平地型与坡地型),结合风向(夏季主导风)、地质条件、周围自然环境、外部工程条件等,并应考虑施工、作业等因素,经过技术经济比较确定。

填埋场主要功能区包括填埋区、渗滤液处理区、辅助生产区、管理区等,根据工艺要求可设置填埋气体处理区、生活垃圾机械－生物预处理区等。

二、基本构造

垃圾填埋场的基本组成部分包括:

(一)底部防渗系统

将垃圾及随后产生的渗滤液与地下水隔离。

(二)填埋单元(新单元和旧单元)

贮存垃圾。

(三)雨水排放系统

收集落到垃圾填埋场内的雨水。

(四)渗滤液收集系统

收集通过垃圾填埋场自身渗出的含有污染物的液体(渗滤液)。

(五)填埋气收集系统

收集垃圾分解过程中形成的填埋气体。

(六)封盖或罩盖

对垃圾填埋场顶部进行密封。

每个部分都是为了解决在垃圾填埋过程中所遇到的具体问题而设计的。

三、防渗系统

填埋场进行防渗处理可以有效阻断渗滤液进入周围环境中,避免地表水与地下水的污染。此外,应防止地下水进入填埋场,地下水进入填埋场后,一方面会大大增加渗滤液的产量,增大渗滤液处理量和工程投资;另一方面,地下水的顶托作用会破坏填埋场底部防渗系统。因此,填埋场必须进行防渗处理,并且在地下水水位较高的场区应设置地下水导排系统。

根据填埋场防渗设施(或材料)铺设方向的不同,可将填埋场防渗分为垂直防渗和水平防渗,根据所用防渗材料的来源不同又可将水平防渗进一步分为自然防渗和人工防渗两种。

（一）水平防渗

水平防渗层的构造形式，经历了最初的不加限制到早期的黏土单层设计，直至透气的柔性膜与黏土复合层的发展历程。用于填埋场防渗层的天然材料主要有黏土、亚黏土、膨润土，人工合成材料主要有聚氯乙烯（PVC）、高密度聚乙烯（HDPE）、条状低密度聚乙烯（LLDPE）、超低密度聚乙烯（VLDPE）、氯化聚乙烯（CPE）和氯磺化聚乙烯（CSPE）。

高密度聚乙烯（HDPE）膜作为一种高分子合成材料，有抗拉性好、抗腐蚀性强、抗老化性能高等优良的物理、化学性能，使用寿命50年以上。HDPE膜防渗功能比最好的压实黏土高10^7倍（压实黏土的渗透系数级数为10^{-7}级，而HDPE膜的渗透系数级数为10^{-14}级）；其断裂延伸率高达600％以上，完全满足垃圾填埋运行过程中由蠕变运动所产生的变形。

水平防渗系统应根据填埋场工程地质与水文地质条件进行选择。当天然基础层饱和系数小于$1.0×10^{-7}$cm/s，且场底及四壁衬里厚度不小于2m时，可采用天然黏土类衬里结构。

1.天然衬里结构

天然黏土基础层进行人工改性压实后达到天然黏土衬里结构的等效防渗性能要求，可采用改性压实黏土类衬里作为防渗结构。

2.人工合成衬里结构

人工合成衬里的防渗系统应采用复合衬里防渗结构，位于地下水贫乏地区的防渗系统也可采用单层衬里防渗结构。在特殊地质及环境要求较高的地区，应采用双层防渗结构。

复合衬里结构主要有以下两种类型：

（1）HDPE土工膜＋黏土结构。

（2）HDPE土工膜＋膨润土防水垫（GCL）结构。

（二）垂直防渗

填埋场的垂直防渗系统是根据填埋场的工程、水文地质特征，利用填埋场基础下方存在的独立水文地质单元、不透水或弱透水层等，在填埋场一边或周边设置垂直的沥出防渗工程（如防渗墙、防渗板、注浆帷幕等），将垃圾渗滤液封闭于填埋场中进行有控制地导出，防止渗滤液向周围渗透污染地下水和填埋场气体无控制释放，同时也有阻止周围地下水流入填埋场的功能。

垂直防渗系统在山谷型填埋场中应用较多，在平地型填埋场中也有应用。垂直防渗系统广泛用于新建填埋场的防渗工程和已有填埋场的污染治理工程，尤其对于已有填埋场的污染治理，因目前对其基底防渗尚无办法，因此周边垂直防渗就特别重要。根据施工方法的不同，可用于垂直防渗墙工程施工的方法有地基土改性法、打入法和开挖法等。

1.地基土改性法

地基土改性方法施工防渗墙是通过充填、压密地基土等方法使原土渗透性降低而形成的防渗墙。在填埋场垂直防渗墙施工中主要有注浆法、喷射法和原土就地混合法3种。

（1）注浆法：注浆法即注浆帷幕的一种方法，按一定的间距设计钻孔，采用一定的方法和压力使防渗材料通过钻孔注入地层，使其充填地层孔隙，达到防渗的目的。该方法在我国的垃圾填埋场防渗中应用较广泛。

（2）喷射法：喷射法施工是指通过高压旋喷或摆喷方法使浆液与地基土搅拌混合，凝固后成为具有特殊结构、渗透性低、有一定固结强度的固结体。该方法可使防渗墙的渗透系数达到

10^{-7}cm/s,固结体强度可达到 $10\sim20$MPa。浆液可使用膨润土—水泥浆液或者化学浆液,如中科院研制的中化-798注浆材料。

(3)原土就地混合法:原土就地混合法施工是将欲形成防渗墙位置的原状土用吊铲等工具挖出,使其与水泥或其他充填材料就地混合后重新回填到截槽中。为了保证截槽的连续施工,采用膨润土浆液护壁。这种方法适用于深度较浅的防渗墙。该方法在美国应用较多。

2.打入法

打入法施工防渗墙是利用夯击或振动的方法将预制好的防渗墙体构件打入土体成墙,或者利用夯击或振动方法成槽后灌浆成墙的一种方法。用这种方法施工的防渗墙有板桩墙、复合窄壁墙及挤压灌注防渗墙等。

(1)板桩墙:板桩墙的施工是将预制好的板桩构件垂直夯入地层中。常用的板桩有钢板桩和外包铁皮的木板桩,板桩之间要用板桩锁连接,两板桩之间要有重叠,间隙要保持闭合或进行密封,防止渗漏。板桩墙还要有耐腐蚀性。板桩墙比较适宜在软弱土层中使用,对于硬塑性土层则由于打穿困难而受到限制。

(2)复合窄壁墙:复合窄壁墙施工首先通过夯击或振动将土体向周围排挤形成防渗墙空间,把防渗板放入,然后注浆充填缝隙形成防渗墙体复合窄壁墙。施工方法有梯段夯入法和振动冲压法等。

梯段夯入法是先夯入厚的夯入件,然后分梯段夯入薄的夯入件达到预计深度。打夯结束后,把含有膨润土和水泥的浆液注入形成的槽内,硬化后便形成了防渗墙体。

振动冲压法是用振动器把板桩垂直打入土体里,直至进入填埋场基础下方的黏土层里,板桩以外的空隙注浆充填。施工时还要求振动板之间的排列和搭接闭合成一体,两板的间隙要保证闭合。封闭板桩墙通常是耐腐蚀的。

(3)挤压灌注防渗墙:利用冲击锤或振动器将夯入件打入到所要求的深度,夯入件在土体中排挤出一个槽段空间,一般 $5\sim6$ 个夯入件循环使用,当第3个和第4个夯入件打入后,前2个打入件可起出,向槽段灌注防渗浆材成墙。灌注浆材料可使用由骨料(沙和粒级为 $0\sim8$mm 的砾石)、水泥、膨润土和石灰粉加水混合而成土状混凝土。土状混凝土各成分配比要根据对防渗墙体要求的渗透性、强度和可施工性等指标而定,防渗墙体材料应满足制成防渗墙体的渗透系数($k\leqslant10^{-7}$cm/s),并满足抗腐蚀性、能用泵抽吸、具有流动性、便于填充等要求。

3.开挖法

开挖方法施工防渗墙是通过挖掘地下土形成沟槽,槽壁的稳定由灌入的泥浆维护,然后在沟槽中灌注墙体材料并将泥浆排挤出而形成的防渗墙。

四、雨水排放系统

由于垃圾渗滤液主要是垃圾在填埋过程中被压实和有机物降解过程等造成垃圾中水分脱离垃圾而形成的,大气降雨进入卫生填埋场垃圾内的水则构成渗滤液的主要来源,因此垃圾填埋场内必须导排垃圾场内外的雨水,从而最大限度地减少大气降水进入垃圾内并与之接触后转化而形成的渗滤液。

雨水排放系统分为三部分,即场外径流与场内雨水分流系统,作业区域与非作业区域的雨水分流系统,填埋封场后雨水的径流排出系统。填埋场四周修筑截洪沟以拦截场外的雨水汇入场内。

(一)场外径流与场内雨水分流系统

场外径流与场内雨水分流系统主要是建立环场截洪沟系统。填埋场应在场内道路两侧以及填埋场四周设置环场截洪沟,或在不同高程设置数条截洪沟,分别拦截各截洪沟外围汇水区域内的降水。当填埋区扩展到某高程截洪沟时,就将该截洪沟排放场外的通道截断,而将其与场内渗滤液导排系统相连,变截洪沟为导渗沟,其中沟顶面高程等于最终覆盖面的截洪沟可改为最终覆盖面表面排水沟加以利用。

(二)作业区域与非作业区域的雨水分流系统

作业区域和非作业区域的雨水分流系统基本原则是只在作业区域修建渗滤液导排系统,非作业区则仍按原自然排洪途径排出雨水,必要时建筑少量分流设施,实现清污分流。例如将场区分为甲乙两区,各区设独立排渗系统。先期使用甲区时,乙区雨水将通过排渗系统被引至场外,不进调节池,实现清污分流,减少污水处理负荷,节省基建投资与运行费用。

填埋库区分区设计应满足如下要求:

(1)平地型填埋场的分区应以水平分区为主。坡地型、山谷型填埋场的分区宜采用水平分区与垂直分区相结合的设计。

(2)水平分区应设置具有防渗功能的分区坝,各分区应根据使用顺序不同铺设雨污分流导排管。

(3)垂直分区宜结合边坡临时截洪沟进行设计,生活垃圾堆高达到临时截洪沟高程时,可将边坡截洪沟改建成渗滤液收集盲沟。

(三)填埋封场后雨水的径流排出系统

由于封场后,填埋场顶面形成4%的平整斜坡,垃圾坝上修筑雨水渠以汇集封场后的场顶径流水,排入截洪沟等排水设施,其排水断面大小通过计算确定。

五、地下水收集导排系统

根据填埋场场址水文地质情况,发现可能发生地下水对基础层稳定或防渗系造成破坏的潜在危害时,应设置地下水收集导排系统。根据地下水水量、水位及其他水文地质情况的不同,可选择采用碎石导流层、导排盲沟、土工复合排水网导流层等进行地下水导排或阻断。系统顶部距防渗系统基础层底部应≥1m,而且要保证地下水收集导排系统的长期可靠性。

六、渗滤液收集系统

垃圾填埋、压实、覆盖后,垃圾在生物降解过程中会产生高浓度的有机液体,该液体和各种渗入填埋场的水(包括雨水等)混合后,总量超过垃圾的极限含水量,多余部分就以渗滤液形式从填埋场底部或横向渗透排出。为了防止渗滤液在场内积聚而影响作业、污染环境,必须对渗滤液进行合理的收集。

填埋库区渗滤液收集系统包括导流层、盲沟、竖向收集井、集液井(池)、泵房、调节池及渗滤液水位监测井。

(一)导流层

渗滤液导流层由场底排水层与设于排水层内的管道收集系统组成。场底排水层位于底部防渗层上面,排水层通常由沙或砾石铺设,也可使用人工排水网格。排水层和垃圾之间通常设置天然或人工滤层,目前设计中采用最多的是土工布材料,以减少小颗粒物质对排水层的堵塞。当采用沙砾时,厚度为 $30\sim100\mathrm{cm}$,必须覆盖整个填埋场底部衬层,其水平渗透系数不应大于 $0.1\mathrm{cm/s}$,坡度不小于 2%。如图 $7-1$ 所示为渗滤液导流层断面。

排水层内设有自沟和穿孔收集管网,一般管道收集系统在填埋场内平行铺设,位于衬垫的最低处,且具有一定的纵向坡度(通常为 $0.5\%\sim2.0\%$)。管道上开有许多小孔,且管间距要合适,以便能及时、迅速地收集渗滤液。

(二)调节池

垃圾填埋场区范围内大气降水渗入和地下水侵入垃圾填埋体以及垃圾自身分解的降解水构成填埋场的垃圾渗滤液,是否经过收集并处理,使其对环境的污染达到允许的程度,这是卫生填埋场与一般填埋场的本质区别之一。调节池主要用来调节填埋场中的水力负荷和有机负荷,减轻冲击负荷对渗滤液处理设施的影响,最大限度地降低渗滤液溢出对周围环境的影响。影响其设计的主要因素有渗滤液产量、处理设施的规模和垃圾库区的内部储留量等。其中渗滤液产量和处理设施的规模影响尤为重要。

1.渗滤液产量估算

影响渗滤液产量的因素比较复杂,主要有降水、地表条件、填埋操作和气候等因素,其中自然降水量是影响渗滤液产量的决定性因素,因此在设计调节池容量时也常以降水量为主要的计算依据。降水的季节性特征决定了垃圾渗滤液年内分配的不均匀,通常雨期的渗滤液产量较大,占全年的绝大多数,而平常渗滤液产量则很小,甚至没有。这种渗滤液分布不均的状况决定了调节池容纳渗滤液在雨期多而平时少的特性,也使得调节池容量的设计难度增大。

渗滤液产量的计算比较复杂,目前国内外已提出多种方法,主要有水量平衡法、经验公式法和经验统计法三种。水量平衡法综合考虑产生渗滤液的各种影响因素,依照水量平衡和损益原理建立,该法准确但需要较多的基础数据,而我国现阶段相关资料不完整的情况限制了该法的应用;经验统计法是以相邻相似地区的实测渗滤液产生量为依据,推算出本地区的渗滤液产生量,该法不确定因素太多,计算的结果较粗糙,不能作为渗滤液计算的主要手段,通常仅用来作为参考,不用作主要计算方法;经验公式法的相关参数易于确定,计算结果准确,在工程中应用较广。其公式为:

$$Q=I(C_1A_1+C_2A_2)/1000$$

式中:Q 为渗滤液年产生量($\mathrm{m^3/}$年);I 为降雨强度(mm);C_1 为正在填埋区渗出系数(一般取 $0.4\sim0.7$);A_1 为正在填埋区汇水面积($\mathrm{m^2}$);C_2 为已填埋区渗入系数(一般取 $0.2\sim0.4$);A_2 为已填埋区汇水面积($\mathrm{m^2}$)。

2.调节池容积计算

根据国内外填埋场运行和设计经验,填埋场渗滤液量应根据当地 20 年逐月平均降水量分别计算每个月的渗滤液产生量,停留在调节池的量一般应扣除当月的处理量,累积最大余量即为调节池最低调节容量。

3.调节池结构形式

调节池的结构形式主要有钢筋混凝土结构和自然开挖的土工膜防渗结构。调节池结构形式的确定主要考虑场建的块形地貌和地质条件、调节池的容积、资金等。

在山区,利用局部的自然洼地,将调节池设计成断面呈倒梯形状的土工膜防渗结构。与混凝土结构相比,该结构有防渗性能高、价格便宜、便于施工等优点。调节池的平网形状根据地形地势确定。当调节池容积比较大、地基土质不均匀时,土工膜防渗结构利用其拉伸能力,可以避免混凝土结构由于不均匀沉降带来的不利影响。土工膜防渗结构底部及边坡自下而上依次为:

(1)处理后的地基基础。

(2)300mm 厚的压实黏土。

(3)500g/m² 的土工布。

(4)2mm 厚的 HDPE 膜。

(5)300g/m³ 的土工布。

(6)100mm 厚中粗沙。

(7)浆砌砌块或水泥砖等防护层结构。调节池采用水平防渗方式。HDPE 土工膜防渗结构的池坡比宜小于 1:2。

4.覆盖系统设计

调节池覆盖系统主要包括液面表面浮盖膜、气体收集排放设施、重力压管及周边锚固等,主要目的是为了避免臭气外逸。

(1)覆盖系统:调节池浮盖一般采用 2.0mm 厚的 HDPE 土工膜,通过焊接形成浮盖整体。浮盖覆盖整个调节池,池中渗滤液产生的臭气无法穿透浮盖向周围大气散逸,而向调节池边缘囤积。另外,浮盖膜还可以有效阻止雨水流进调节池内,减轻渗滤液处理负荷。在浮盖膜上相应位置对称设置检修孔,浮盖在安全水位内随着污水水位的涨跌自由起落。

(2)气体收集系统:气体收集系统设置于浮盖膜下面,一般沿调节池池壁四周布置成一个闭合环路,用于收集调节池中产生的气体。

(3)气体导排系统:与气体收集系统连接,用于膜下废气的排放,一般连接场区废弃物处理系统。

(4)重力压管系统:重力压管系统包括膜上重力压管和膜下浮球两个部分。为保证浮盖的稳定性、消除浮盖的皱褶和利于气体的流动,防止大风吹过后在膜面上产生负压而把浮盖吸起,需要在浮盖上安装重力压管。另外,重力压管在膜面上形成一道沟槽,有助于雨水在压管周围集中。膜下浮球的设置,能够形成空气廊道,利于气体的流动。膜上压管和膜下浮球形成中间低、两边高的倾斜面,达到"水往低处流,气往高处跑"的效果。

(三)集液井(池)

可根据实际分区情况分别设置集液井(池)汇集渗滤液,再排入调节池。

根据实际情况,集液井(池)在用于渗滤液导排时也可位于垃圾坝内侧的最低洼处,此时要求以烁石堆填以支撑上覆填埋物、覆盖封场系统等荷载。渗滤液汇集到此并通过提升系统越过垃圾主规进入调节池。此时提升系统中的提升管宜采取斜管的形式,以减少垃圾堆体沉降带来的负摩擦力。斜管通常采用 HDPE 管,半圆开孔,典型尺寸是 DN800(内径 800mm),以利于将潜水泵从管道放入集液井(池),在泵维修或发生故障时可以将泵拉上来。对于设置在垃圾坝外侧的集液井(池),渗滤液导排管穿过垃圾坝后,将渗滤液汇集至集液井(池)内,然后通过自流或提升系统将渗滤液排至调节池。

七、渗滤液处理系统

（一）渗滤液水质

渗滤液的水质受垃圾的成分、规模、降水量和气候等因素的影响，具有如下特点：

（1）渗滤液污染物成分复杂、水质变化大：由于垃圾组成复杂，渗滤液中的污染物成分复杂。渗滤液的污染成分包括有机物、无机离子和营养物质。其中主要是氨氮和各种溶解态的阳离子、重金属、酚类、可溶性脂肪酸及其他有机污染物。

（2）有机物浓度高：垃圾渗滤液中的化学需氧量（COD_{Cr}）和 5 日生化需氧量（BOD_5）浓度最高可达几万毫克每升，与城市污水相比，浓度非常高。高浓度的垃圾渗滤液主要是在酸性发酵阶段产生，pH 值略低于 7，低分子脂肪酸的 COD_{Cr} 总量的 80% 以上，BOD_5 与 COD_{Cr} 比值为 0.5~0.6，随着填埋场填埋年限的增加，BOD_5 与 COD_{Cr} 比值将逐渐降低。

（3）固体悬浮物（SS）含量高：渗滤液在渗出过程中将垃圾中颗粒性杂质一并带出，表现为 SS 含量极高。

（4）氨氮含量高：渗滤液的氨氮浓度较高，并且随着填埋年限的增加而不断升高，有时可高达 1000~3000mg/L。当采用生物处理系统时，须采用很长的停留时间，以避免氨氮或其氧化衍生物对微生物的毒害作用。

（5）营养元素比例失调：一般的垃圾渗滤液中 BOD_5/TP 都大于 300，与微生物生长所需的磷元素相差较大，因此在污水处理中缺乏磷元素，需要加以补给。另外，老龄填埋场的渗滤液的 BOD_5/NH_3-N 却经常小于 1，使用生物法处理时需要补充碳源。

（二）渗滤液处理技术

1.发展历程

随着我国政府与居民环保意识的不断提高，以及水处理行业科技含量和工程经验不断提升，我国垃圾渗滤液处理技术的发展大致经历了 4 个阶段：

（1）第一阶段（1988—1996 年）：填埋场渗滤液处理工艺大多参照常规污水处理工艺设计、建造，具有代表性的工程有北京阿苏卫填埋场，工艺采用氧化沟，此阶段的工艺，由于对渗滤液特性及变化特点认识不充分，只是在城市污水厂的工艺参数基础上有所加强。工艺在填埋初期有些效果，出水基本可以达到污水综合排放标准的三级标准。但是随着填埋时间的延长，垃圾渗滤液可生化性变差，氨氮升高，C/N 比例失调，致使微生物的活性降低，微生物的合成受到影响，从而增加了生物处理的难度，处理效果明显变差。

（2）第二阶段（1997—2002 年）：为了达到环保的要求，开始重视渗滤液的水质、水量变化特点及处理特性，尤其是高浓度的氨氮、有毒有害物质、重金属离子及难以生物处理的有机物去除。为保证生物处理效果及为生物处理系统的有效运行创造良好条件，此阶段对渗滤液的认识越来越深入，积累了一定的经验。但是难降解有机物的处理效果并不十分明显，仅在一定程度上解决了渗滤液的污染问题，难以达到《生活垃圾填埋场污染控制标准》（GB 16889—2008）要求。此阶段，代表性工程有深圳下坪生活垃圾卫生填埋场采用的"氨吹脱＋厌氧复合床＋序列间歇式活性污泥法（SBR）"工艺。

（3）第三阶段（2003—2007 年）：为达到排放标准，随着国内对垃圾处理的更深入认识及对环境污染问题的日益重视,许多地区要求渗滤液处理达到一级标准以上,膜处理开始成为渗滤液深度处理手段。较多采用的膜有纳滤膜和反渗透膜,此阶段的生物处理仍以常规的 SBR、CASS、A/O 法为主。采用这种复合工艺,出水能够达到《生活垃圾填埋污染控制标准》(GB 16889—2008)的一级或二级排放标准,但由于生化系统运行不理想,对后续膜的应用造成了较大影响,出现易结垢、电导率过高、产水率低等现象,所以这些项目也都在改造过程中或已改造完成。

(4)第四阶段(2008 年以后):2008 年 7 月国家颁布了《生活垃圾填埋场污染控制标准》(GB 16889—2008),该标准对渗滤液处理提出了更完整的污染物去除要求,要求新建生活垃圾填埋场自 2008 年 7 月 1 日起执行新规定的水污染物排放浓度限值。新标准要求自 2011 年 7 月 1 日起,全部生活垃圾填埋场应就地处理排放生活垃圾渗滤液,且执行新规定的水污染排放浓度限值。膜生物反应器(MBR)的应用为渗滤液达标处理积累了成功的经验,后续采用膜作为深度处理,使渗滤液达标得到了进一步的保障,使得 MBR+深度处理成为现阶段的主流处理工艺。《生活垃圾填埋场污染控制标准》(GB 16889—2008)颁布后,各地填埋场都在做相应的升级改造,或就该标准的出台治理以往原本就不达标的处理工艺。业内基本认可了"MBR(两级)+NF+RO"或"MBR(两级)+DTRO"工艺路线。各地根据当地的水质特点,还可以在工艺前端增加预处理等措施。通过两级的反硝化和硝化反应,总氮的去除率可提高到 90% 以上,剩余的总氮去除可采用反渗透膜来完成,出水可稳定达到《生活垃圾填埋场污染控制标准》(GB 16889—2008)污染物排放要求(表 7-1)。

表 7-1 《生活垃圾填埋场污染控制标准》(GB 16889—2008)污染物排放要求

序号	控制污染物	排放浓度限值	
		一般地区	敏感地区
1	色度(稀释倍数)	40	30
2	化学需氧量(COD_{Cr})(mg/L)	100	60
3	5 日生化需氧量(BOD_5)(mg/L)	30	20
4	固体悬浮物(mg/L)	30	30
5	氮(mg/L)	40	20
6	氨氮(mg/L)	25	8
7	总磷(mg/L)	3	1.5
8	粪大肠菌群数(个/L)	10000	1000
9	总汞(mg/L)	0.001	0.001
10	总镉(mg/L)	0.01	0.01
11	总铬(mg/L)	0.1	0.1
12	六价铬(mg/L)	0.05	0.05
13	总砷(mg/L)	0.1	0.1
14	总铅(mg/L)	0.1	0.1

2.工艺组合

我国渗滤液处理技术目前主要采用"预处理＋生物处理＋深度处理""预处理＋物化处理""生物处理＋深度处理"的工艺组合,应根据不同填埋时期的渗滤液特性选择不同的工艺组合,见表7-2。

表7-2　渗滤液处理工艺组合形式

组合工艺	适用范围
预处理＋生物处理＋深度处理	处理填埋各时期渗滤液
预处理＋物化处理	处理填埋中后期渗滤液;处理氨氮浓度及重金属含量高、无机杂质多、可生化性较差的渗滤液;处理规模较小的渗滤液
生物处理＋深度处理	处理填埋初期渗滤液;处理可生化性较好的渗滤液

(1)预处理技术:渗滤液预处理可采用水解酸化、混凝沉淀、砂滤等工艺。

(2)生物处理:渗滤液生物处理可采用厌氧生物处理法和好氧生物处理法,宜以膜生物反应器法(MBR)为主。膜生物反应器在一般情况下采用A/O工艺。当需要强化脱氮处理时,膜生物反应器宜采用A/O/A/O工艺。

(3)深度处理:深度处理的对象主要是难以生物降解的有机物、溶解物、悬浮物及胶体等。渗滤液深度处理可采用膜处理、吸附法、高级化学氧化等工艺,其中膜处理主要采用反渗透(RO)或碟管式反渗透(DTRO)及其与纳滤(NF)组合等方法,吸附主要采用活性炭吸附等方法,高级化学氧化主要采用"Fenton高级氧化＋生物处理"等方法。深度处理宜以反渗透为主。

(4)浓缩液的处理:随着反渗透工艺在国内填埋场的进一步应用,反渗透浓缩液的处理越来越迫切,回灌填埋堆体会导致渗滤液中盐类累积,对膜处理工艺存在潜在威胁。

目前,浓缩液可采用蒸发(MVC)进行处理,可采用浸没燃烧蒸发、热泵蒸发、闪蒸蒸发、强制循环蒸发、碟管式纳滤(DTNF)与碟管式反渗透的改进型蒸发等处理方法,这些工艺费用较高、设备维护较困难,有条件的地区可采用。此处着重介绍MVC技术。

MYC技术最早是为了美国海军舰船上的海水淡化研发的,从工艺的研发到目前的应用已经历了40年的时间。目前在全世界不同的行业和领域有上千套的MVC系统在运行,这些行业包括海水淡化、化工浓缩、高浓度有机/无机废水处理、纯净水生产、药用级注射用水生产等。MVC技术之所以在这么多的行业和领域中广泛地应用,是因为MVC是所有蒸发技术中能源利用最好、能耗最低、蒸馏出水最佳的工艺。

系统启动之前,渗滤液从调节池被泵入热井,打开蒸汽发生器为系统提供蒸汽,通过热井循环泵将热井里的渗滤液与蒸汽在蒸发釜中混合,通过蒸汽给渗滤液加温,当温度升高到100～101℃时,满足系统运行要求,开启蒸汽压缩机进行系统运行。

经过预处理的渗滤液在进入系统之前首先通过能量回收装置,在这里和排出去的蒸馏水与不能蒸发的浓缩液进行多级热交换,使渗滤液的温度升高,渗滤液通过能量回收装置进行热交换后进入热井,通过热井循环泵,抽至蒸发釜中,通过蒸发釜喷淋装置喷淋到蒸发管外表面,变成蒸汽,蒸汽经收集后通过压缩机抽至加热管束内部,从而产生持续的蒸发循环。高温管束内壁的蒸汽在对管外渗滤液进行加热的同时又被渗滤液冷凝,经冷凝后变为蒸馏水,通过蒸馏水泵,泵入能量回收装置,在这里回收蒸馏水热能,后蒸馏水排出 MVC 蒸发器,进入离子交换系统。产生的浓缩液贮存到装置中的热井,一部分用于与渗滤液混合,提高渗滤液温度;另一部分通过浓缩液泵,泵入能量回收装置,进行热量回收之后,排出系统。

排出系统外的蒸馏水通过阴阳离子交换系统,可以去除蒸馏水中含有的氨离子和其他有机阴离子,从而水质满足排放标准进行达标排放。

八、填埋气收集与处理系统

(一)填埋气的产生

垃圾在填埋一段时间后,由于厌氧微生物的作用,会产生一定数量浓度较高的填埋气体,其主要成分为甲烷(CH_4)、二氧化碳(CO_2),同时还含有不少于 1% 的挥发性有机物(VOC)。填埋场产生的气体往往需要几个月才能达到一个稳定的量。在填埋的最初几个星期或几个月内,场内进行好氧的反应,主要产生二氧化碳,渗入堆场的水及堆物的沉降将挤走垃圾空隙中的空气,这样,好氧阶段释放出的气体仍然含有氧气和氮气。当堆场变成厌氧时,氧气的释放量降到几乎为零,氮气为低于 1% 的基本量。厌氧过程主要的气体终产物为二氧化碳和甲烷。当甲烷菌增殖时,甲烷产量的聚集相当缓慢。气体的最终比率通常为甲烷占 55%,二氧化碳占 45%,该百分比因不同填埋场的条件会有很大变化。同时存在的还有微量的氮气、硫化氢及乙烷、辛烷、庚烷等气态碳氢化合物。

一般垃圾填埋后要经历以下四个时期:

(1)好氧期:持续时间为几天到数周,产生的主要气体是二氧化碳。

(2)厌氧、不产甲烷期:厌氧分解开始,产生大量的二氧化碳和氢气。

(3)厌氧、产甲烷不稳定期:出现甲烷,二氧化碳的产生量减少,氢气被耗尽。

(4)厌氧、产甲烷稳定期:气体的成分趋于稳定,通常要达到厌氧稳定状态需 1~2 年的时间。

由于国内大部分城市填埋垃圾均未分拣和压实,垃圾容重为 $340kg/m^3$,垃圾中水分、易腐蚀的有机物含量高,导致填埋垃圾产气时间短、产量变化幅度大、气体热值较低。根据国内现有的研究数据,填埋垃圾在填埋后 1~2 年就开始产气,并且迅速达到产气高峰,在随后的几年中又迅速下降,整个产气周期不超过 15 年。

(二)填埋气的组成

填埋气组分和垃圾成分、填埋作业工艺、气体收集系统状况有密切关系,一般情况下,填埋气组分如表 7-3 所示。

表 7-3　填埋气组分

气体组分	甲烷	二氧化碳	氮气	硫化氢
体积含量(V/V%)	30~60	40~60	5~15	0~0.3

垃圾填埋气同时也是一种可再生能源,其热值接近天然气的 50%,可以用于发电、加热、制备燃气等。实现填埋气的回收利用不仅能实现保护环境、减排温室气体,同时通过发电、售气收入等方式能实现良好的经济效益。

特别是联合国清洁发展机制施行后,垃圾填埋气减排的温室气体能够通过国际碳交易市场进行买卖,此模式令填埋气发电具备了良好的盈利模式。

(三)填埋气产生量测算

生活垃圾卫生填埋场的填埋气产生量,可以通过数学模型进行测算。常用的方法有经验估算法、清洁发展(CDM)机制执行理事会认定的方法、IPCC推荐模型、中国行业标准使用的计算模型、理论动力学模型等。

(四)填埋气收集系统

填埋场气体收集系统需合理设计和建造,以保证填埋场气体的有序收集和迁移而不造成填埋场内不必要的气体高压。填埋气收集和导出通常有两种形式:竖向收集导出和水平收集导出方式。其中竖向收集导出方式应用较广,其填埋气收集系统主要包括随垃圾填埋逐渐建造的垂直收集井,以及以每个竖井为中心向四周均匀敷设多根水平导气支管。随着垃圾填埋作业的推进,填埋气井有效地收集、导排、处理和利用填埋气。水平收集系统以每个收集井为中心,向四周均匀敷设多根水平导气支管。导气水平收集支管敷设在浅层碎石盲沟内,盲沟内填64～100mm碎石。如果库区堆高较高,水平收集系统在高度方向上,可以每6m设置一层。

收集井顶部设置集气装置,并采用HDPE管与集气站相连后通过集气干管连着至输送总管,最终送至贮存容器或用户。

(五)填埋气的利用

填埋气作为能源收集利用对环境大有好处,对公众产生不利影响大为减少,同时可将对填埋气的利用所产生的收益来作为一部分填埋场的运行管理费用。

填埋气的利用方法取决于其处理程度。未处理的填埋气热值是天然气的1/2。填埋气的低位热值约$17MJ/m^3$。处理程度影响应用的经济性,为适应气体的最终使用需要,填埋气预处理系统更改了填埋气体的组成,经不同处理可以进行不同的利用,进而得到不同产品。国内外常见的填埋气利用方式有如下几种:

1.用于发电

利用填埋气体燃烧产生的热烟气或加热锅炉产生的蒸汽来带动发电机发电。这种利用方式投资少,工艺技术和设备成熟,需要对填埋气进行冷却脱水处理,是比较常用的一种利用方式。

2.用作锅炉燃料

这种利用方式是用填埋气作为锅炉燃料,用于采暖和热水供应。这是一种比较简单的利用方式,这种利用方式不需要对填埋气进行净化处理,设备简单,投资少,适合附近有热用户的地方。

3.用作民用燃气

该种方式是将填埋气净化处理后,用管道输送到居民用户,作为生活燃料。此种利用方式需要对填埋气进行比较细致的处理,包括去除二氧化碳、少量有害气体、水蒸气以及颗粒物等。这种利用方式投资大,技术要求高,适合大规模的填埋场气体利用工程。

4.生产压缩天然气

此种方式是将填埋气净化后,压缩成液态天然气,罐装贮存,用作汽车燃料。这种方法需要对填埋气施加高达20MPa的压力,工艺设备复杂,不易推广。

5.其他利用方式

最近国外对填埋气又开发了一些新的用途,主要是用填埋气制造燃料电池、甲醛产品及轻柴油等。这些利用方案均在研究和开发中,离实际应用尚有一定的距离。

以上几种填埋气利用方式的比较见表7-4。

表7-4　几种填埋气利用方式的比较

利用方式	比较内容						
	气体预处理要求	一次性投资	运行管理费用	技术要求	热能利用效率	经济效益	二次污染
用于发电	冷却脱水,简单净化	较低	较高	较低	高	高	低
用作锅炉燃料	自然冷却脱水	低	低	低	较高	较高	高
用作民用燃气	脱水,去二氧化碳、杂质等	较高	较高	较高	较高	较低	较高
生产压缩天然气	脱水,去二氧化碳、H_2S杂质等	高	高	高	高	低	低

九、封场覆盖

对于一个已被填满的城市固体废物填埋场,最后进行适当封闭是完全必要的。设计最终覆盖(封顶)系统的目的是限制降水渗入废弃物以尽量减少有可能浸入地下水源的渗滤液的产出。

(一)排气层

排气层的厚度不应小于30cm,应位于废弃物之上、低透水层之下。排气层可使用与排水层同样的粗粒多孔材料或等效土工合成材料。

(二)低透水层

由压实黏土和土工膜复合组成的复合低透水层应位于排气层之上以防止地表水渗入填埋场。

(三)排水层及保护层

排水层及保护层厚度不应小于60cm,并直接置于复合低透水层之上。该层可使降落在最终覆盖上的雨水向四侧排出,尽量防止冰冻穿透进压实黏土层,并保护柔性土工膜衬垫不受植物根系、紫外线和其他有害因素的伤害。对该层没有特殊的压实要求。

(四)侵蚀控制层

侵蚀控制层由厚度不小于15cm的土质材料组成,并有助于天然植物生长以保护填埋场覆盖免受风霜雨雪或动物的侵害。虽然对压实通常并无特殊要求,但为了避免土质过分松软,应当用施工机具对土料至少碾压两遍。

为避免在封顶后的填埋场表面出现积水,对填埋场最终覆盖的外形平整应能有效防止工后沉降引起的局部沉陷进一步发展。最终覆盖的坡度在任何地方均不应小于4%,但也不能超过25%。

十、监测系统

对于环境的监测主要包括六个方面,分别是地下水环境监测、大气环境监测、噪声监测、填埋气监测、渗滤液监测、污水监测。另外,填埋库区封场后应进行跟踪监测直至填埋体稳定。

(一)地下水环境监测

地下水环境监测包括填埋场运行以前的本底值监测、填埋场运行阶段的定期监测和填埋场封场直至稳定阶段的跟踪监测,监测井的布设,地下水采样,地下水监测项目及分析方法。

1.监测井的设置

填埋场地下水采样点应布设5点:

(1)本底井一眼:设在填埋场地下水流向上游30～50m处。

(2)污染扩散井二眼:设在地面水流向两侧各30～50m处。

(3)污染监视井二眼:各设在填埋场地下水流向下游30m、50m处。

2.采样频次

在填埋场投入运行前应监测本底水平一次,运行期间每年按丰、平、枯水期各监测一次。

3.监测项目

监测项目主要包括pH值、浊度、肉眼可见物、嗅味、色度、高锰酸钾指数、硫酸盐、溶解性总固体、氯化物、钙和镁总量、挥发酚、氨氮、硝酸盐氮、亚硝酸盐氮、总大肠菌群、细菌总数、铅、铬(六价)、镉、总汞、总砷、总氰化物、氟化物、地下水水位,以及反映本地区主要水质问题的其他项目。

(二)大气环境监测

1.监测频次

每季度1次,每年应监测4次。

2.监测项目

监测项目主要包括臭气浓度、甲烷、总悬浮颗粒物、硫化氢、氨、甲硫醇、氮氧化物。

(三)噪声监测

垃圾处理设施应在每年4月进行一次噪声监测。当设施处理工艺、处理量有较大调整时需重新监测。噪声的评价按照《工业企业厂界环境噪声排放标准》(GB 12348—2008)的规定执行。

(四)填埋气监测

填埋气监测包括沼气安全监测、沼气成分监测。

1.采样点的布设

在气体收集导排系统的排气口应设置采样点。

2.采样频次

每季度应至少监测1次,一年不少于6次;相邻两次不能在同一个月进行。

3.监测项目

监测项目主要包括二氧化碳、甲烷、硫化氢、氧气、氨。

(五)渗滤液监测

1.采样点的布设

采样点应设在进入渗滤液处理设施入口和渗滤液处理设施的排放口。

2.采样频次

根据污水处理工艺设计的要求及降水情况,每月应监测 1 次。

3.监测项目

监测项目主要包括悬浮物、化学需氧量(COD_{Cr})、5 日生化需氧量(BOD_5)、氨氮、总大肠菌值。

(六)污水监测

1.采样点的布设

采样点应设在垃圾填埋场废水外排口。

2.采样频次

按《地表水和污水监测技术规范》(HJ/T 91—2002)中的处理方法确定污水采样次数。污水处理后连续外排时每日应监测一次,其他处理方式应每旬监测一次。

3.监测项目

监测项目主要包括 pH 值、悬浮物、化学需氧量(COD_{Cr})、5 日生化需氧量(BOD_5)、氨氮、粪大肠菌群。

第三节　填埋场关键技术工艺

一、精细化填埋工艺

在日常填埋作业过程中,存在一些污染物释放严重、不利于填埋场稳定化和污染减量的问题,主要包括以下四点:

(1)填埋作业面过大,可能造成恶臭污染物释放量提高。

(2)雨污分流不彻底,增加渗滤液处理量。

(3)垃圾堆体边坡较陡,在多雨期节有可能发生堆体滑坡,不利于推土机等机械安全作业。

(4)钢板路基箱临时道路高低不平,不利于车辆行驶。

针对这些问题,相关部门和人员提出一套精细化的填埋作业方案,以提高填埋场的卫生水平。

精细化填埋作业就是针对作业流程效率低下、作业过程污染物产生量大、作业粗糙这一现象,通过实施最小作业面控制、填埋过程雨污分流、综合除臭、钢板路基箱临时道路平整等技术,以卫生填埋为核心,在填埋的各环节实现精细化作业的综合技术方案。本节针对上海崇明生活垃圾填埋场、上海浦东黎明生活垃圾填埋场和上海老港生活垃圾填埋场的现场作业状况对精细化填埋作业技术进行说明。

(一)最小作业面填埋工艺

目前填埋场普遍使用的作业机械是推土机和挖掘机。这两种机械都采用履带式车轮,可以方便在垃圾堆体表面行走,同时依靠自身重力使垃圾压实。推土机的优点是可以从倾卸点推动 3～5t 的垃圾,进行摊铺和碾压,缺点是作业半径小,车辆无法行驶在堆体边缘。挖掘机的优点是作业半径大,可以通过机械臂的转动将倾斜点的垃圾转运至其他位置,尤其是堆体边缘,而不需要移动车辆本身,可以通过挖斗向下挤压的动作使边坡垃圾初步压实,缺点是挖斗一次只能转运 1t 左右的垃圾,转运量较少。也有一些填埋场采用了专用的压实机。无论是单独采用推土机和挖掘机还是二者组合作业,都需要有一个最小作业面,以保证车辆在堆体表面安全行驶,同时保证环卫车辆能够快速倾倒垃圾,提高填埋压实的速度。填埋作业面较大,可以使倾倒的垃圾快速摊铺开,提高填埋速度,但是填埋作业面是填埋场恶臭污染物的主要来源,过大的作业面会散发出更多的恶臭气体,因此,根据每日处理的垃圾数量,可以找到一个最小的作业面面积。

1.生活垃圾填埋量与作业面积的关系

根据高标准的生活垃圾卫生填埋场的运行经验,一般每天垃圾填埋场的垃圾填埋量在 500t 以下时,作业面面积为 $400\sim500m^2$;每天填埋量在 500～2000t 时,作业面面积在 $600\sim800m^2$,填埋量与作业面面积的比值在 0.8 左右;每天填埋量在 2000t 以上时,作业面面积在 $800\sim1000m^2$,填埋量与作业面面积的比值为 0.6～0.7;每天的垃圾填埋量继续增加,作业面面积不会增加更多。

崇明生活垃圾填埋场目前每天处理的生活垃圾数量在 320t 左右。填埋场每天从 4 时开始填埋作业,到 13 时左右基本填埋完毕,下午主要进行边坡修整、倾卸区清理等,实现了生活垃圾当天产生、当天收运、当天填埋的处理过程。崇明生活垃圾填埋场分为两期填埋,一期库区已经实施中期封场,其中堆体在地平面下部有 8m,在地平面之上有 12m,堆体表层有 1m 厚的黏土,表面种植有草皮。二期库区分为 $1^\#$ 至 $8^\#$ 八个填埋单元,每个单元的大小为 50m×50m,库区深度为 8m,$1^\#$ 和 $2^\#$ 单元已经填埋至地平面高度,$3^\#$ 单元和 $5^\#$ 单元分别填埋了一小部分,目前垃圾全部在 $5^\#$ 单元填埋,自西向东作业。计划在 $5^\#$ 单元库区填埋至与地面相平后,再填埋 $6^\#$ 单元,整体上按照由南向北的顺序填埋。

填埋现场的主要问题是作业面暴露面积大,至少在 $1000m^2$,一部分作业面当天没有作业任务却没有及时覆盖,还有一部分是作为备用垃圾倾卸点的,也没有及时覆盖。可以通过优化库区各填埋单元的填埋顺序,减小作业机械运动距离等措施实现最小作业面控制技术。

2.作业面最小化的填埋作业规划

垃圾填埋过程应统筹规划,分期、分区、分单元有序填埋。在填埋场施工图设计阶段和废弃物进场前,应先将填埋场分成若干区域,再根据计划分区域进行填埋,每个分区可以分成若干作业单元,每个单元通常为一天的作业量。生活垃圾分单元作业方式有利于填埋场的库容规划,实现作业面的有效控制和垃圾表面裸露部位的及时覆盖,减轻库区的恶臭污染,利于雨污分流的实施,减少垃圾堆体渗滤液的产生量。

3.优化填埋单元的填埋顺序

由于崇明生活垃圾填埋场每天进场的垃圾量比较小,安排一个垃圾倾卸点和一个作业面就可以满足填埋工作的需要。按照目前的工作进度,可以优先在二期库区的 $5^\#$ 单元进行填埋,对于 $3^\#$ 单元已经填埋的部分,采用 HDPE 膜临时覆盖。

填埋作业面指每一天垃圾倾卸和摊铺所需要用到的作业面,其宽度一般是指从倾卸平台边缘至作业面边坡的宽度。对于 $5^\#$ 填埋单元的作业面,目前的作业面是东西方面宽约 20m,南北方向长约 50m,即在长度方向上,作业面占满了 $5^\#$ 单元的宽度。

现场进行填埋作业的机械有推土机一辆、挖掘机一辆,但是二者不同时作业,作业面上只有一台车辆。考虑到每天填埋的垃圾量较小,而且车辆进场密度较低,只需要一台推土机或者挖掘机即可完成填埋作业。垃圾倾卸平台设置为东西方向,其高度与地平面相平。倾卸平台宽度为 6m,也即垃圾倾卸区的长度为 6m,以推土机为例,推土机长约 4m,宽约 3m,推土机在南北方向上运动,推土机将倾卸区的垃圾推向摊铺区,摊铺区的长度为 6～12m 即可满足一台推土机的行驶,这就是最小的作业面。推土机行驶不到的区域,作为临时覆盖区,覆盖 HDPE 膜防止恶臭气体散发。

通过实施最小作业面填埋技术,崇明生活垃圾填埋场每天填埋作业面面积由改造前的 $1000m^2$ 降低到 $500m^2$ 左右,恶臭气体释放量也减少了 50% 左右。

如果遇到垃圾量突增的情况,可以揭开一部分临时覆盖区的 HDPE 膜,适当增加摊铺区的面积,以应对增加的垃圾量。

当作业平台需要向前推进时,先将预作为倾卸平台地基的垃圾堆体碾压多次,以尽可能减少垃圾堆体的空隙;然后将临时钢板路基箱和倾卸平台平铺在压实的堆体表面,减少暴露的作业面。

4.作业区边坡覆膜

通过优化填埋单元的填埋顺序后,已经实现了较小的作业面,但是在填埋过程中,作业区的边坡坡度一般是 1∶3,垃圾不能直接摊铺在边坡上面,填埋机械也不能在斜坡上行走,因此巨大的边坡是裸露的。增加堆体边坡坡度有利于减小作业面暴露面积,但是会降低填埋机械的安全性,需要综合考虑。崇明填埋场现在的堆体边坡坡度经常达到 1∶1 甚至更大,其裸露的边坡仍然有较大的表面积。对这一部分暴露面,应该临时覆盖轻质的 HDPE 膜,既可以防止垃圾滑落,还可以减少边坡的暴露面积,进一步实现最小作业面。

(二)填埋机械组合工艺

1.填埋机械实施标准化作业

研究作业面最小化条件下的精细化填埋作业技术,是提高作业效率、缩短作业时间、保持作业面整洁和保证作业安全的需要,最小化的作业面和小作业面下的精细化作业技术结合,可实现填埋场源头恶臭污染控制。

垃圾卸料后,采取推土机、压实机等机械对其进行摊铺、压实等操作是卫生填埋场区别于简易堆场的突出点之一。摊铺、压实可以增加垃圾的堆积密度,增加库区容量,减少蚊蝇滋生,降低垃圾中污染气体的迁移和流动,改善填埋作业面的美观程度。

首先用推土机将卸入作业面的垃圾按照从前往后的顺序均匀地摊铺在作业面上,每层垃圾的厚度约为 0.6m,每摊铺 2～3 层,用压实机在垃圾上反复碾压。南方生活垃圾含水率较高,压实机在作业过程中会由于垃圾承载力不均匀出现下陷,易造成翻车事故,可用推土机代替压实机进行碾压,垃圾经压实后密度应大于 $0.85t/m^3$。

对于推土机和挖掘机在填埋现场的使用,必须严格规定每种机械的使用用途和操作规程,具体包括每种机械的运动范围、碾压次数、旋转半径等参数,这些参数直接影响到了作业面的面积和库区的有效使用率。推土机和挖掘机在填埋作业时,其活动范围应尽可能在 20m×20m 的作业面区域内,碾压次数为 3 次。推土机主要用于从倾卸区将垃圾推送至摊铺区,摊铺并压实。挖掘机用于将倾卸区的挖掘搬运至堆体边坡,并且通过碾压、砸实等方式修整边坡和倾卸区。

2.填埋作业过程中作业机械组合工艺

根据作业机械的组合方式不同,填埋作业工艺可总结为一体化推压工艺和挖推压组合工艺两种。

(1)一体化推压工艺:传统的填埋作业采用一体化推压工艺,在垃圾卸料后由推土机直接从卸料点推向作业面,并在作业面推铺开,用压实机或推土机反复碾压形成压实的垃圾层。在这种作业方式中,推土机的作用是推运摊铺物料,挖掘机一般用于整修边坡。

（2）挖推压组合工艺：首先充分利用挖掘机臂长的特点，将物料搬离卸料点，放在作业面内，然后推土机将物料按照一定的厚度在作业面上进行推铺，专用压实机械进行压实。

挖推压组合工艺相比于传统的作业工艺，其特点是利用了挖掘机臂长和转向灵活的特点，实现了物料从卸料点的快速搬离，将推土机解放出来专门进行推铺，提高了物料转移速度和填埋作业速度。在物料搬离过程中，传统工艺中的推土机推离作业方式，一方面速度较慢，另一方面，推土机时刻需要注意卸料平台上的车辆倾卸的物料，在车流密度较大时，推土机常被掉落的垃圾掩埋，增加了推土机损耗，影响驾驶员的情绪。

3.月牙形挖推摊铺压实工艺

将作业过程中安全风险最小化作为纲领，以填埋操作工艺为突破口，将传统概念中的斜面作业调整为多层面的月牙形作业，做到各工序分工明确、作业有效、安全可靠。各工程机械分工明确，缩小作业面，提高单层压实高度，抑制恶臭大规模释放。具体改进如下：

（1）填埋作业面由以前的矩形推进面改为月牙形作业推进面，可在同一填埋单元作业面实现多点卸料。

（2）作业点由以前的两台推土机改为一台挖掘机、一台推土机。

（3）挖掘机充分发挥臂长优势，将转弯半径（依据挖掘机型号而定，可达 15m）内的倾卸点垃圾均匀分散在作业面上。

（4）推土机只担负压实的作用，不需从倾卸点推运垃圾，从而提高了每一趟的压实效率。

（5）结合围堰的作用，可以使作业面缩小到目标要求。

具体工艺操作方案如下：

（1）工艺控制：工艺围绕卸点展开，每个卸点（平台）每天最多能处置 1500t 的垃圾，按照垃圾量与作业面 10：4 的要求，需控制在 $600m^2$ 的作业范围。同时改变原先的斜面摊铺，将作业分为卸点转运层和摊铺层，推土机或挖掘机在卸点转运层将垃圾转运到摊铺层，由推土机在摊铺层进行摊铺及压实。

（2）填埋密度控制：根据推土机摊铺及压实工艺，将分层厚度控制在 0.3～0.5m 范围，来回碾压 3 次，且履带轨迹须盖过上次履带轨迹的 3/4，即可将填埋密度最大化。

（3）安全控制：每台设备将在定置的范围内作业，并且规避了斜面作业可能产生的安全问题，将安全风险最小化。

（4）设备定置：垃圾量较少时（如 500～1000t），用一台长臂或短臂挖掘机在卸料点转运垃圾到摊铺层，卸料层控制在 10m 宽即可，一台推土机在摊铺层进行分层摊铺、分层压实的作业工艺。当垃圾量不足 1000t 时，暴露面积控制按 $400m^2$ 计算。

垃圾量较多时（如 1000～1500t），用一台推土机在卸料层将垃圾推到预先处理的斜面处并推下，一台挖掘机辅助转运以及修整边坡，另一台推土机在摊铺层进行分层摊铺、分层压实的作业工艺。推土机和挖掘机在卸料层得到最大化利用，两台设备转运垃圾效率保证了作业的有序进行。

（5）递进作业：摊铺 7～8 层垃圾后，构筑卸料点转运层工作平台，两台推土机分别在两个层面工作，挖掘机帮忙辅助修整边坡。待推土机在摊铺层摊铺 7～8 层垃圾后，作业平面标高达到与卸料点标高相同，即达到日单元层约 4m 厚度的要求，结束该单元的作业过程，并将垃圾卸料平台和卸料点进行整体延伸至新单元的相应位置。

（6）结合围堰：结合围堰的作用是使垃圾的填埋作业面面积进一步缩小。

二、缺陷地基土上高维卫生填埋技术

所谓高维卫生填埋是指采取一定工程措施,通过对卫生填埋场场址天然条件下存在着的缺陷进行人为改造,采取系列工程措施防止与控制渗滤液和场址区地下水间的交换,从而提高卫生填埋场的垃圾填埋高度,实现以最小的填埋面积获得最大的填埋库容,达到节省土地的目的,并保证填埋场的卫生安全与稳定。高维卫生填埋技术是在上海老港生活垃圾填埋场四期工程设计过程中提出的,所以本节主要以老港填埋场四期工程为例来阐明高维卫生填埋的含义及技术。

老港生活垃圾填埋场的前三期工程垃圾填埋高度均为4m,这是基于老港填埋场所在地的地质条件和工程地质条件及当时的经济条件决定的。众所周知,上海的土地是寸土寸金,在经济条件许可的情况下,若能增大垃圾填埋体的高度,将可以大大增加单位面积填埋场的填埋容量,从而节省大量的土地,这将给腾飞中的上海带来巨大的经济效益。但是老港四期工程的地质条件存在着缺陷——软弱土层:淤泥质黏土,这极大地限制了填埋场的填埋高度。若通过一定的人为措施,对天然条件下存在缺陷的地基土进行改造,就可以解决矛盾,由此产生了高维卫生填埋的概念。高维填埋技术对老港四期工程的实际意义体现在以下两个方面:

(1)由于实现高维卫生填埋,大大提高了地基承载力,可将原填20m以内高度的地基承载能力提高到可填45m高。由此原定填埋寿命20年的垃圾容量,仅用100hm² 土地即可满足,即20年所用土地仅占原定土地面积336hm²的30%。加上预留的取土区(挖深仅2m)120hm²,用地面积220hm²,也仅占原定面积的65%。大量节约土地资源(或用作未来扩建),这在寸土寸金的上海,无异对垃圾处理处置的可持续发展很有利。

(2)仅在占四区25%的面积内铺设水、气管线和进行水平防渗,减少了铺设面积和减少了管材用量,也减少了土方工程,从而降低了建设成本。

(一)填埋区地基土处理

黏土沉积初期时水分的含量百分比很高,因而常常是又松又软。不过,假如施加一些压力,水分便从土壤中被挤出,就能使土壤变得更紧密和更结实。在自然环境中,这类压力来自在已沉积的土层上继续沉积的土壤。也可用人造的建筑物来产生这种压力,例如大楼、围堤、填埋场,等等。

这种将水分挤压出土壤的过程称为固结。自然固结可能需要很长的时间,有时是很多年,因为水分不能快速地透过黏土。假如建筑物建造得太快,土壤将没有足够的时间来获得强度,地基便可能发生破坏。

在老港地区,这个局限极大地限制了垃圾的填埋高度。该场地的软弱层为下卧淤泥质黏土层,距地表以下平均为10m,填埋垃圾的重量将成为作用于该土层的外加荷载,在土层固结的过程中土体中的水被挤出。该淤泥质黏土层现场渗透系数低,加上其层厚较大和该处的地下水位较高,导致其固结时间较长。依据太沙基固结理论,若只通过填埋垃圾的加载,达到土体固结所需时间约为30年。由于没有显著的短期固结,该淤泥质黏土的低抗剪强度将会限制废弃物填埋厚度,使其只能达到其最大设计高度的一半。这样必然要占用很多的土地,不论是从环境影响考虑还是从废弃物处置费用来考虑都是不希望见到的。由于老港填埋场北部是浦东国际机场,南部是正在开发的芦潮港新城,周围是规划的海滨旅游休闲度假区,土地的使用效率至关重要。如果按照20m以下的填埋高度设计,20年特许期满后,上海市将面临需要重新选择垃圾填埋场的困难。但是通过对地基进行一定的处理（如通过地基土快速固结的方法），从而增加土层的强度，就达到设计45m的填埋高度。

由该区的地基土性质而知，灰色淤泥质黏土层为该处的软弱层，需要做专门的处理。该层初期抗剪强度低，特别是其固结需要很长的时间，这是加固设计的主要原因。

土体加固的方法有很多，如深层搅拌桩、现场稳定、预压法、碎石桩、土工排水板等。老港四期工程采用了土工排水板（或称塑料排水板）固结法，该方法在国内外都有广泛使用，价格相对便宜，国内施工单位已有相当成熟的施工经验，且非常适合老港四期填埋场场地地质条件，其主要功能是解决低渗透性土的固结时间问题。

（二）地下水导排

当填埋场区的地下水位较高且要采取水平防渗设施时，必须对场区地下水进行导排，以降低地下水位，从而为水平防渗的实施提供便利。老港四期工程大部分地区的地下水位在地面以下0.5m。部分填埋场基底将会被开挖至这个标高以下。

虽然四期工程场地的地下水位相对较高，但是其下覆土层的渗透系数却相对较低，范围在10^{-5}cm/s至10^{-7}cm/s或更低。这表明开挖期间短期的地下水流入量不会很多。三期工程单元开挖的经验证实了这一点。由于该场地地层的渗透性较低，采用其他的排水措施（比如降水井）的降水效果将不会理想，而且降水费用将很高。根据该地层的渗透特性，利用明沟排水法来降低场地上部的地下水位是切实可行的，既能满足降水位要求，经济上又最为节约。

需要确定在满足开挖条件下工程区内的排水量及由于开挖降水导致工程区四周及底部进入工程区的水量。

老港四期填埋场场地的地层性质为各类土体，属于多孔介质，所以他们采用多孔介质中的流体力学理论来研究。

在四期工程单元施工之前，围绕着场地四周将建造围堤和地下水防渗墙。这个防渗墙将显著降低地下水侧向流入四期工程的流量。作为地下水控制系统设计的一部分，设计时采用上述二维有限元模型，对四期工程场地，包括防渗墙、拟建的基底开挖和实际场地土层进行了分析。

从计算结果可以看出，防渗墙可以有效地降低库区的地下水位，库区周围的排水设施也起到了较好的排水作用。

1.侧向进入水量

有限单元法计算结果表明防渗墙对淤泥质黏土以上的土层中的侧向水流起到有效的阻隔作用。因为一般防渗墙渗透系数能满足1×10^{-7}cm/s，计算得到的从周边流入的流量为大约23m³/d。这是一个相对较小的流量。

2.底部进入水量

对于整个四期工程，因为淤泥质黏土下部的高渗透性土层为地下水的横向流动提供了一个良好的通道，它们可能在上部水位降低时通过淤泥质黏土向上渗流。采用招商文件参考资料的参数进行达西流分析，得出单位面积的渗入量约为1.2×10^{-4}m³/d，亦即大约在四期工程所有阶段的总量为100m³/d。这仍然是一个较小的流量，而且采用下面介绍的地下水控制系统将可以容易地解决它。

在施工期间或营运早期阶段，在足够的废弃物被填埋之前控制地下水位以避免地下水与防渗系统的接触是很关键的。即使是在填埋场被填满之后,也需要避免地下水与防渗系统的接触,所以必须对地下水进行控制。

地下水控制系统将主要包括两个部分:

(1)周边垂直防渗墙。

(2)在整个填埋场底铺设的地毯式排水暗层。

垂直防渗墙作为有效的防渗措施,可以防止地下水大量涌入,其作用是"堵";地毯式排水暗层作为有效的排水措施,可以把进入的地下水进行疏导,其作用是"导"。显然,在老港填埋场四期工程中的研究思路是:先"堵"后"导",把"堵"与"导"有效地结合起来,从而实现对地下水的控制。

地毯式排水暗层由在预备的原有土基层之上铺设的150mm厚的碎石层组成。该碎石层将连续覆盖于整个填埋场地以提供完全的保护。所有渗入该碎石层的地下水将被顺坡导流至四期场地东西两侧的低处,紧挨在集水井之下。它们将被大直径的有孔管收集并通过沿填埋场两边按一定间隔布置的坡向侧管用泵抽出。横向有孔收集管将沿碎石层的低处布置以提供额外的流量和储备,以确保其为一个高度可靠的系统。

虽然人工合成的排水材料可被利用并且在本设计的其他地方也被采用,但基于如下几个原因,这里仍采用碎石来作为地下水的控制层:

①碎石是一种天然地质材料,所以其具有长期的化学稳定性。它即使经过几千年也不会退化,因此即使在地下水的成分不确定的情况下使用它也较为放心。

②碎石可以铺成150mm厚的一层。四期工程场地之下的细粒软土层会产生显著的沉降。然而对于该碎石层,因为其自身的厚度,将能缓和并且适应这种沉降而不丧失其(排水)功能。

③垂直土工排水板将被插于淤泥质黏土以加速该层的固结并因此增加其强度,所以在整个废弃物填埋过程中都能达到足够的稳定性。这些土工排水板可以很容易地被终止于碎石层,而该碎石层将为固结产生的水提供一个高流量的通道。如果采用土工合成材料作为排水层,在其中终止土工排水板将会困难得多并且不可靠。

在开挖的基底表面准备好后,应在铺碎石之前立即铺设有纺土工布。该层的目的是防止碎石在上覆废弃物压力之下被压入下面的土中。选用有纺的土工布是因为在同样重量下它比无纺土工布的强度大,并且也有较高的透水性,使渗流易于从底下通过进入碎石层。

在碎石层铺设后,将安装一层无纺土工布。这是为上面的土工膜提供一个额外保护垫层,以防它被碎石戳穿。选择无纺材料是因为这种材料比有纺土工布有更好的衬垫保护作用。

虽然这个地下水管理系统采用的是简单的材料,它的布置和应用代表着现代填埋场设计中的最新和最有创意的概念之一:内向水力梯度控制。这一系统不仅防止地下水接触到防渗膜,而且它还迫使地下水流入可被收集的碎石层。因此即使是在偶然的极端情况下渗滤液透过设计的双层防渗系统,它也将会被地下水流冲至该地下水控制系统,在那里它将被收集、采样和分析,如果有必要还会被处理。如果对渗滤液透过防渗层有任何疑问,只需从地下水控制系统中抽取水样就可检验、确定。因此,通过本节所介绍的地下水管理系统的创造性应用,一个在该平坦低地上潜在的难题已经被转变成一个有利的条件。

老港填埋场第一至第三期的研究表明,根据相关的 EPB 标准,该场地地下水的质量低下。第四期场地 EMP 的地下水监测部分目的在于可评估污染物通过浅水层移动情况的信息、防渗墙的效能、场地运行的累积性影响。推荐的监测计划是设计补充现有的填埋场的监测系统。

老港四期填埋场将沿北部、东部和南部边界建造 18 个地下水监测井,其间距约 200m。在等势面至少 0.25m 以上、3m 以下位置的地下水监测井应有透水孔,这些监测井还将被用于填埋场的气体监测检查。应在场地运行之前进行一次地下水抽样检查以提供有关地下水水质的基本信息,然后每隔一个季度进行一次。这个监测频率可以根据最初 12 个月的运行情况进行重新评估,如果得到有关部门的批准,地表水和地下水的监测频率可以降低到半年。

(三)填埋作业工艺

老港填埋场采用的运营步骤将提供有效的卸车作业区管理和运营管理,包括边填埋边施工的作业过程。将采用把填埋场细分成不同的处理区和若干个运营期的方式,并以递增的形式开发老港填埋场。

接收的垃圾将使用"分区法"运至日常作业区进行填埋。日常作业区的面积将根据当日的垃圾接收量而定。每个日常作业区将用于填埋当日接收的垃圾。垃圾收集车、转运拖车、垃圾集装箱或者其他类似车辆中的废弃物将被卸到日单元作业区上。采用推土机将废弃物摊平,采用大型钢轮压实机把松散摊放的废弃物压实。日单元作业区的大小将被随时控制,以最大限度地减少渗滤液的产生和被风吹起的杂物,并保证填埋压实度。在防渗系统上的第一层废弃物分层堆放时,将采用精选的松散废弃物,并在监督人员的监督下仔细铺放这些废弃物,从而最大限度地减小意外损坏填埋场防渗系统的可能性。

依据预期废弃物车辆的数量和类型,现场经理将每天确定日单元作业区的大小。对于平均废弃物量为 6000t/d 的情况,作业区将大约为 50m(长)×50m(宽)×3m(高)。车辆允许在与每日单元邻近的排队区域进行调车。卸车作业区的大小将调整到适合进入废弃物量的程度,同时每天的卸车作业区的坡度控制在 1:(3~5)。通常情况下压实机行进坡度不大于 1:5。

每天卸车作业区的位置将被记录在--个日单元作业区报告上。该报告还将包括在各个单元作业区上处理的废弃物的数量和类型。这些报告将在营业处被归档以备复查。

在进入的废弃物被卸到在卸车作业区上后,用推土机推平,钢轮压实机立即进行压实。废弃物将被分层压实,每层的最大厚度为 500mm。压实机至少在每层上压过 3 次。各个废弃物层都将通过先把松散废弃物摊铺成厚度大约为 1m 的层,然后用压实机把松散废弃物压实到厚度小于 500mm 并且达到预期的密度为止。

监控进场废弃物的填埋容积和重量以及每日和中期覆盖材料的重量和填埋容积。这涉及填埋场中进场废弃物密度的估算,估算时使用从称重桥处获得的重量数据、实际场地的测量以及其他方法。这样的估算用来监控在废弃物填放过程中压实工作的效果,有助于确保获得高密实系数。对于老港填埋场预期处理的废弃物类型,在使用预期采用的压实技术的情况下,废弃物的密度均为 1.0t/m³,大于中国垃圾压实标准(0.81/m³)。不仅提高了压实效率,相应节约库容 10% 以上,而且作业面更为环保,渗滤液产生量会相应降低,尤其重要的是,解决了国内普遍存在的垃圾湿度大而难以压缩的问题。

在填埋区延伸作业部分的每层垃圾填埋结束或次分区的填埋结束后,在结束的一层上填埋新的垃圾。每个日常作业区周边建 1m 高的土坝。土坝可用日覆盖土围建。

每次填埋中,在填埋场防渗系统上废弃物的第一层都将由精选的松散废弃物构成,这些废弃物在"监督人员"的监督下被仔细摊放,从而最大限度地减小刺穿或破坏填埋场防渗系统和渗滤液管理系统的可能性。"监督人员"的专职工作就是在这些精选废弃物铺放时随时在废弃物第一分层中发现并除去那些可能会破坏上述系统的废弃物。

废弃物第一分层将被适度地压实,分层高度为至少3m厚。该废弃物分层也将堆放在边坡上。压实机和废弃物车辆不允许在填埋场防渗系统的排水层上直接操作。将使用推土机利用允许的废弃物材料建造出一个进出道和一个处理平台。压实机和废弃物车辆在不损坏填埋场防渗系统或渗滤液管理系统的情况下在上述区域内进行调车。

通过采用合理的施工技术,适当地压实、填放或调整性中期覆盖,建造临时和永久雨水设施以及建造最终复育边坡的方式保证废弃物边坡的稳定。

从一个单独处理区的低端到高端,废弃物将被顺序堆放并被压实成统一规格的废弃物层。废弃物将被紧密压实。将在长期暴露的边坡上设立一个中期土覆盖层,其最小厚度为300mm。所有中期边坡都将被绿化以防止侵蚀,边坡坡度不超过最大坡度1(垂直)∶3(水平)。

临时和永久雨水管理设施的建造和维修也将确保允许堆体边坡的稳定性。这些设施将把雨水径流从堆体边坡上输送走,并且有助于防止侵蚀发生而引致边坡倾塌。

在中期覆盖层上设立间隔平台以改善临时废弃物边坡和最终复育表层的稳定性,并提供空间以便安装临时、半永久和永久地表水管理系统的渠道。

(四)施工方法

第四期工程计划大致施工步骤如下:

(1)建造周边堤坝、防渗隔离墙。

(2)与步骤(1)同期建造第1阶段a部分的排水沟以开始地表土的排水。

(3)在第1阶段西面围堤边上将垂直土工排水板插入淤泥质黏土层,以使该层土能固结并增加必要的强度。

(4)开始填埋场第1阶段西半部的挖掘。为日后封场或其他需要植被的区域可能的用途做准备,表层土将单独存放。下层土将用作建造渗滤液和填埋气体设施平台或其他填土区。剩余的土将贮存起来用作每日覆盖。

(5)安装垂直土工排水板于开挖好的基底,以增加第1阶段a部分区域下部的淤泥质黏土的固结速率。

(6)于第1阶段a部分区域内建造地下水管理系统,土工排水板将被连接到碎石排水层。

(7)安装基底防渗系统。

(8)在步骤(5)~(7)的同期,建造并测试渗滤液调节池及初期处理设施,保证废弃物填放开始后能正常运作。

(9)在步骤(5)~(8)的同期,建造称重台、卡车轮胎清洗设施,进场道路改进及其他基础设施部分,以保证填埋场施工完毕时已准备妥当。

(10)在第1阶段a部分与设施区周围建设地表水沟和其他排水设施。

(11)在填埋场第1阶段a部分建设期间,安装地下水监测井,设地表水取样点。

(12)在第1阶段a部分填埋区域开始填放废弃物。

(13)在第1阶段a部分填埋过程中,第1阶段b部分开始按步骤

(2)~(7)施工。施工预定在第1a阶段填埋完成之前完工。

(14)第1阶段a部分填埋过程中,填埋场气体处理设施开始施工。

(15)当第1阶段a部分填埋区开始填埋之后,第1阶段b部分填埋区开始进行废弃物填放。

(16)第1阶段a部分已完成部分将进行中间覆盖,以防止对废弃物的侵蚀和减少雨水渗入,从而减少渗滤液的产生。

(17)当最终覆盖建成及第1阶段a部分已完成部分的同时建垂直气体采集井并开始采集填埋气体。

(18)在第1阶段b部分填埋过程中,第2阶段按步骤(2)～(7)开始施工。施工预定在第1阶段b部分填满之前完工。

(19)余下各阶段施工,按前文叙述的填埋场单元施工、填埋、中间封场、气体导排过程进行,一直至最后完工。

(20)根据实际可能会尽快进行最终封场覆盖。

三、填埋场稳定化过程及生态修复技术

(一)填埋场稳定化

生活垃圾在填埋单元内的稳定化过程主要表现在两个方面:一方面是填埋垃圾中可生物降解有机组分在微生物作用下被分解为简单的化合物,最终形成甲烷、水和二氧化碳,即有机质的无机化过程;另一方面是有机质的生物降解中间产物如芳香族化合物、氨基酸、多肽、糖类等,在微生物的作用下重新聚合成为复杂的腐殖质,这一过程则称为有机质腐殖化过程。

以上两个过程都会通过填埋垃圾内有机质的相对分子质量和相对分子质量分布指标得以体现。在有机组分的生物降解过程中,填埋垃圾内有机物相对分子质量将会下降,相对分子质量分布指数将会上升;在有机组分的腐殖化过程中,有机物降解的中间产物相对分子质量上升而相对分子质量分布指数下降。因此填埋垃圾腐殖质的相对分子质量和相对分子质量分布指数是填埋垃圾稳定化进程中最为直接的表征指标,可以真实反映填埋场和填埋垃圾的稳定程度。

生活垃圾的最终处置方式的选择对于一个城市垃圾的有效处置具有重要的意义。但由于长期以来对于传统填埋场形成了一些习惯看法,使得印象中的填埋场占地面积大、污染较为严重,而且土地长期得不到有效利用,不能实现垃圾处理的长效性。虽然大多数时候需要把填埋场作为最终的处置方式,但总是作为一种迫不得已的选择。对填埋场稳定化进程的研究可有效缓解上述问题,为生活垃圾最终处置带来了新的理念。

通过以上填埋场稳定化理论的研究可以发现:填埋场并不只是一个最终处置方式,同时还是一个可以循环利用的场所。填埋场的最终定位是一个巨大面积的"生活垃圾中转站",不过这个中转站的周转周期需要8～10年的时间;同时还是一个巨型填埋反应器,通过适当的措施调节,填埋场可以加速其循环转化率,创造更大的经济、社会、环境价值。

(二)生态修复利用技术

对于已经封场处理的垃圾填埋场,目前国内外最常用的修复技术为采用植物进行生态修复。植物修复是指将某种特定的植物种植在重金属污染的土壤上,而该种植物对土壤中的污染元素具有特殊的吸收富集能力,将植物收获并进行妥善处理(如灰化回收)即可将该种重金属移出土体,达到污染治理与生态修复的目的。

　　垃圾填埋是世界上绝大多数国家所采用的垃圾最终处置方法。目前西方发达国家有一半以上的城市垃圾是应用填埋的方法进行处理,为了解决垃圾填埋场的占地问题并兼顾城市的美观,垃圾填埋场在封场后常常被建议开发成公园、高尔夫球场、娱乐场所、植物园、作物种植区等。国外对于垃圾填埋场的生态修复研究和实践均早于我国,早在 1863 年,巴黎就对一座废弃的垃圾填埋场进行了生态修复,通过植被恢复的方法将其改造成了比特蒙公园。

　　我国卫生填埋技术发展还不到 20 年的时间,在此期间以及 20 世纪 80 年代以前,我国垃圾填埋主要以简易填埋场/堆场的形式存在,主要体现出以下特点:规模大小不一、点多分散,且主要分布在市郊农村,堆放方式迥异、堆放技术水平较低,基本未采取污染控制措施,给周边生态环境造成了重大危害。随着我国经济的发展和人民生活水平的提高,如何解决简易填埋场/堆场的封场修复工作,已成为环卫事业健康发展的重要课题。

　　由于我国本身的经济技术原因,填埋场/堆场的封场修复,不可能像国外发达国家一样对污染的土地进行异地置换处理,从而达到彻底控制污染的目的。因此我国的填埋场封场及修复工作必须符合我国国情,尽量以高效低耗为原则,实现填埋场/堆场危害的最小化。通过确定填埋场的稳定化时间,以及其对周边环境的影响状况,分阶段对填埋场/堆场采用不同修复技术,确定原位或异位修复,最大化地实现环境、经济和社会效益。

　　目前在国内垃圾填埋场生态修复技术中,以植被修复为主导技术。垃圾填埋场在封场以后由于有一定的覆盖土层存在,可以隔绝垃圾发酵产生的气体和热量,因此自然条件下也会存在植被的恢复过程。但为了尽快使垃圾填埋场内的生态恢复,国内许多地方也进行了人工种植植被的生态修复方法。适宜垃圾填埋场内种植的植物有很多,如三叶草、苜蓿、知风草、牛筋草、画眉草等可以在填埋 1 年以上的垃圾地上种植,紫穗槐、枸杞、接骨木等灌木可以在填埋 1～3 年的垃圾地上种植,白蜡树、刺槐、苦楝等乔木可以在填埋 2～3 年的垃圾地上种植。

　　由于填埋场址可开发为潜在的娱乐设施或者公共场所,因此人工种植植被进行填埋场生态修复过程中选择合适的植被种类对于后续利用具有重要作用。如果目标是恢复当地的生态环境,那么就必须选用合适的当地植物。如果采用非当地植物来建造高尔夫球场或公园,就应当选择适合当地气候条件的种类。

　　1.选择植被的指导原则

　　考虑到填埋场本身并不利于植物生长,植被选择的关键是选取适于填埋场址所在地区的植物品种。同时,在生态恢复过程中,必须保证植被及其种子来源。为了保存本地的种子库,需要采集邻近地区的植物种子和枝条扦插来种植。

　　2.本地与非本地植物对比

　　从长期来看,将封场后的填埋场址恢复至本地的生态水平通常是花费最少的方案,并且可以提供城市最需要的户外空地和绿化带。如果目标是生态恢复,那么使用本地植物是必要的。地区性植物指的是那些自然生长在某个地理区域里的植物,是最适合当地地理环境的品种。非本地植物也可以用于填埋场封场后的植被重建,但需综合考虑其气候、地质等的相似性,同时也需防范物种入侵后果。

　　3.木本植物的影响因素

　　在选择木本植物用于填埋场植被重建的时候,需要考虑生长速率、树的大小、根的深度、耐涝能力、菌根真菌和抗病能力等因素。

生长较慢的树种比生长迅速的树种更容易适应填埋场的环境,因为它们需要的水分较少,而水分在填埋场覆盖土中一般是限制性因素。

个头较小的树(高度在1m以下)能够在近地面的地方扎根生长,这样就避免了和较深的土壤层中填埋气的接触。但是,浅根树种需要更频繁的浇灌。

具有天生浅根系的树种更能适应填埋场的环境。同样,浅根的树种需要更频繁的浇灌,并且易于被风吹倒。

耐涝的植物比不耐涝的对填埋场表现出更强的适应性,但需要适当的灌溉。

菌根真菌和植物根系存在一种共生的关系,可以使植物摄取到更多的营养。

易受病虫害攻击的植物不应当栽种在封场后的填埋场上。

4.草坪种植

除了木本植物之外,填埋场植被重建也需要种植草坪。草的根系都是纤维状且为浅根,从而使其比木本植物容易在填埋场环境中存活下来。某些草本植物是一年生的,这意味着它们在一年或者更短的时间内就完成了生命周期。因此,一年生的草本植物在一年中最适宜的时期播种并生长。如果需要,一年生的草本植物很容易再次播种。多年生草本植物存活时间在一年以上,但是它们的许多其他特征和一年生草本植物是相类似的。根系类型、生命周期、快速繁殖等特征使得草本植物在填埋场环境下更容易生长。

四、填埋场能源化技术及清洁发展机制

卫生填埋技术相比其他生活垃圾处理处置技术具有工艺相对简单、处置量大、费用低廉、终极化处置程度高等优点,与我国国情比较适应,为此在2000年召开的21世纪中国垃圾问题对策研讨会上,有关部门提出了"十五"和"十一五"期间城市垃圾处理工作的设想,确定了垃圾填埋为主、焚烧和堆肥为辅的方针。卫生填埋的主要缺点是占地面积大,渗滤液产生量较多,填埋气具有失火爆炸隐患和大气污染性。总体而言,卫生填埋具有明显的末端处置特征,环境污染程度相对较低且可控性较强,因此垃圾卫生填埋处理作为垃圾最终处理手段在今后较长时间内仍是我国乃至大多数国家垃圾处理的主要方式。

我国绝大多数大中城市都建设了填埋场,每年填埋约5000万t城市固体废物。填埋场堆体中的生物质在厌氧发酵的作用下产生大量可燃性气体,被称为填埋气。填埋气含有50%~60%的甲烷、30%~40%的二氧化碳、少量的氮气和氧气以及组分众多的痕量气体,典型组分及含量见表7-5。其中甲烷是一种强温室效应气体,如任其无序排放,不仅污染环境,造成严重的温室效应(甲烷的100年全球暖化潜势是二氧化碳的25倍),还很容易发生着火和爆炸事故,是安全隐患。鉴于填埋气的危害性和污染性,对填埋气进行收集、无害化处理或资源化利用成为卫生填埋中的一项重要工作内容,为此对填埋气的排放控制已成为世界各国的广泛共识,并成为《京都议定书》框架下实现温室气体减排的一条有效途径。

表7-5　垃圾填埋场气体的典型组分及含量(单位:%)

组分	体积分数(干基)	组分	体积分数(干基)
甲烷	45～60		
		氨气	0.1～1.0
二氧化碳	40～60		
		氢气	0～0.2
氮气	2～5		
		一氧化碳	0～0.2
氧气	0.1～1.0		
		微量气体	0.01～0.6
硫化氢	0～1.0		

(一)有机垃圾降解过程

垃圾中的各种成分会在填埋后发生多种复杂的物理、化学和生物的过程和反应,如扩散过程、溶解/沉淀过程、吸附/解吸过程、水解反应及生物降解过程等。其中,生物降解是垃圾处理中最重要的一个过程,对垃圾的稳定化和填埋气体的产生起关键的作用。生活垃圾中的生物可降解成分,如厨余、木材、纸张等,在微生物的作用下会发生分解,最终降解为简单的有机物和无机物。

填埋场中垃圾的生物降解过程主要可分为好氧降解和厌氧降解两个阶段:

1.好氧阶段

在垃圾填埋的初期,垃圾的空隙中含有较为充足的空气,使好氧微生物大量繁殖,对垃圾进行耗氧分解,这个阶段称为耗氧分解阶段。这阶段的特点是可降解的垃圾被分解为二氧化碳、水等简单的无机物,可用下式示意:

$$C_aH_bN_dO_n+O_2 \rightarrow CO_2+H_2O+NH_3$$

因此,在好氧阶段垃圾降解产生的填埋气体的主要成分为二氧化碳、少量的氨气和水蒸气,并仍含有氧化和氮气。垃圾的好氧分解阶段历时极短,一般仅为三到四周,具体维持的时间长短视垃圾压实、含水量、表面覆盖等情况而定。

2.厌氧阶段

由于垃圾空隙中的空气含量有限,又难以与外界进行气体交换,因而氧很快被好氧气微生物耗尽,当垃圾中的氧气被耗尽之后,好氧微生物受到抑制,厌氧微生物开始大量繁殖,垃圾的降解进入厌氧降解阶段。

厌氧发酵过程中所涉及的微生物种类繁多,原料也十分复杂,因而它的物理化学变化比其他微生物发酵过程要复杂得多。目前,大家公认的厌氧过程分为水解、产酸和产甲烷三个阶段。

(1)水解阶段:微生物在缺氧的条件下将复杂的大分子的有机物水解为简单的低分子的有机物,如将淀粉分解为葡萄糖,蛋白质分解为氨基酸。这一阶段的基质主要为碳水化合物,以纤维和半纤维素为主起作用的细菌称为水解发酵细菌,包括纤维素分解菌、蛋白质水解菌。现已发现的有专性厌氧的梭菌属、拟杆菌属、丁酸弧菌属、真菌属、双歧杆菌属、革兰氏阴性杆菌、兼性厌氧的链球菌和肠道菌等。

（2）产酸阶段：水解阶段产生的低分子有机物在产酸菌的作用下产生大量有机酸。这一阶段的微生物群落为产乙酸细菌，这群细菌只有少数被分离出来，现已知的有 S 菌株，它是厌氧的革兰氏阴性菌，发酵乙醇产生乙酸和氢，为产甲烷菌提供乙酸和氢气，促进产甲烷菌生长。此外，还有将第一阶段的发酵产物，例如三碳以上的有机物、长链脂肪酸、芳香酸及醇等分解为乙酸和氢气的细菌，硫酸还原菌，例如脱硫脱硫弧菌在缺乏硫酸盐、有产甲烷菌存在时，能将乙醇和乳酸转化为乙酸、氢气和二氧化碳。脱硫脱硫弧菌在产甲烷菌之间存在协调联合作用。

（3）产甲烷阶段：是沼气发酵中最关键的生理生化反应过程。这个阶段，甲烷细菌利用产酸阶段产生的氢气、二氧化碳、有机酸转化为甲烷气体：

$$H_2 + CO_2 \rightarrow CH_4 + 2H_2O, CH_3COOH \rightarrow CH_4 + CO_2$$

这一阶段发挥主要作用的微生物群落是两组不同的专性厌氧的产甲烷细菌群。一组将氢气和二氧化碳转化为甲烷，另一组将乙酸脱羧生成甲烷和二氧化碳。

通过分析以上厌氧发酵过程可见，在厌氧降解阶段产生的气体主要成分为甲烷和二氧化碳，二者总体积占填埋气体总量的 90% 以上。垃圾长期处于厌氧分解阶段，时间可达数十年。

（二）填埋气体的间收与利用

1.填埋气体回收利用的意义

填埋气体对于环境的影响归纳起来有如下几点：

（1）爆炸隐患：由于气体聚积在垃圾堆体内部封闭的空间，当具备燃烧条件并出现人为或自然火源时，就会发生爆炸事故。垃圾填埋场填埋气爆炸事故在国内已多次发生，并造成多人伤亡。

（2）火灾隐患：当气体通过填埋场表面的裂缝逸出并接触明火时，填埋气会在逸出点着火，并有进一步点燃废物发生火灾的危险。

（3）危害植物生长：甲烷代替了土壤中的空气，并阻止空气进入土壤，使得土壤缺氧，危害植物的有毒组分也可抑制植物生长，从而会对填埋场上或填埋场附近的蔬菜或农作物造成危害。

（4）温室气体排放：填埋气中的主要成分二氧化碳和甲烷都是温室气体，而且填埋气已成为最大的人类活动甲烷排放源，约占到总排放量的 18%，是造成全球气候变化的诱因之一。

（5）臭气影响：填埋气中含有硫化氢、氨气等恶臭、刺激性气体，释放到大气中，会给填埋场周边环境带来臭味，长期作用还会影响居民身体健康。

2015 年，我国的城市垃圾年产量约 1.79 亿 t，其中约 60% 采用卫生填埋处理，则年需填埋处置 1.1 亿 t 垃圾，假设产生的填埋气全部进行回收利用，按 1kg 垃圾产生 0.064～0.44m³ 填埋气计，则可产生总量相当于 10 亿～70 亿 Nm³ 的天然气，其最小值与目前我国煤层气产量相当，最大值相当于我国目前天然气产量的 1/5，这是一个相当可观的数字。同时大量减少甲烷排放量，对环境保护所起的作用将更为可观。

填埋气体在利用或在直接燃烧前，常需要进行一些处理。填埋气体含有水、二氧化碳、氮气、氧气、硫化氢等成分。这些成分的存在不仅降低填埋气的热值，而且在高温高压的条件下，具有较强的腐蚀作用。常用的填埋气体利用方式有以下几种：用于锅炉燃料，用于民用或工业燃气，用作汽车燃料，用于发电。填埋气体及沼气用作内燃发动机的燃料，通过燃烧膨胀做功产生原动力使发动机带动发电机进行发电。目前尚无专用沼气发电机,大多是由柴油或汽油发电机改装而成,容量由 5kW 到 120kW 不等。每发 1kW·h 电消耗 0.6～0.7m³ 沼气,热效率为 25％～30％。沼气发电的成本略高于火电,但比油料发电便宜得多,如果考虑到环境因素,它将是一个很好的能源利用方式。沼气发电的简要流程为:沼气→净化装置→贮气罐→内燃发动机→发电机→供电。

2.清洁发展机制(CDM)对填埋气发电技术应用的影响

为了削减温室气体排放,《京都议定书》的签约国(以欧洲、日本为主的工业发达国家)承诺在 2008—2012 年,将温室气体的排放控制在比 1990 年低 5.2％的水平内。在《京都议定书》框架下建立了三个机制以开展共同减排活动:排放交易(ET)、联合履约(JI)和清洁发展机制(CDM)。在这三种机制中,中国作为发展中国家可参与 CDM。在该机制中,发达国家购买由发展中国家投资建设的项目所产生的经核实的减排量,以抵消其在《京都议定书》中的减排要求,发展中国家从中获得一定的技术与资金,以实现可持续发展。

垃圾填埋气发电使温室气体减排效果明显,燃烧 1t 的甲烷相当于减少了 25t 二氧化碳排放。CDM 的核心是以碳交易方式鼓励在额外性情况下的减排活动,填埋气发电作为废弃物回收利用项目,额外性很充分,符合 CDM 的基本宗旨,因此国内大多数填埋气发电工程都参与进行了 CDM 项目活动。

工程实践表明,由于填埋气发电项目投资较大,收集气量偏小且波动大,单纯依靠发售电量往往导致填埋气发电项目的经济效益不佳,尽管该类项目可享受国家对可再生能源的补贴政策,仍难以从根本上得到改善。在此背景下,CDM 项目可使填埋气发电企业获得额外的碳减排金额,有助于改善财务运行状况,有助于填埋气发电及相应的甲烷减排活动持续进行。目前我国的填埋气发电装机容量已居全球第二位,可以讲 CDM 对我国填埋气发电行业起到了积极的推进作用。

当然需要认识到 CDM 市场并不成熟,也有其风险性,主要体现在碳交易价格的波动性,以及易受政治因素和经济因素的影响。为了保证我国碳减排项目在 CDM 活动中的合法性和利益保障,中国政府成立了专门机构(国家气候变化协调委员会,隶属国家发改委)负责审批 CDM 项目。

从技术角度讲,在填埋气发电项目中,无论是内燃机、燃气轮机、微型燃气轮机、斯特林外燃机还是锅炉,均可视为能将填埋气中甲烷全部燃烧的设备。此外,鼓励增加火炬装置,将多余的填埋气燃烧掉,以增加减排量。

在执行 CDM 项目中,工作的重点是可计量、可核查的。为准确、合理地计量出填埋气发电过程中的减排量,CDM 执行委员会制定了一整套严格技术要求文件,对计量点位置、计量仪表、计量方法等内容进行了规范。在核查方面,规定需要先后有两个不同的第三方核查机构对计量体系和计量结果进行确认,以保证结论的真实性。

总之,对于国内填埋气发电行业,既要充分发挥 CDM 的支持作用,又需要进一步深入挖掘技术潜力,提高自身经济效益,同时国家应在政策上加大支持力度,为该行业的健康发展提供良好的外部环境。

第八章　城市绿化与园林附属工程

第一节　城市绿地分类规划

为了使城市绿地系统规划能够适应城市的发展,同时验证绿地系统空间布局的合理性,需要对各大类绿地作出规划,使规划绿地的概念落到实处。根据我国城市多年的规划工作实践,各类城市绿地的规划内容和编制要点大致如下。

一、公园绿地(G1)规划

公园绿地是向公众开放,以游憩为主要功能,兼具生态、美化、防灾等作用的绿地。公园绿地包括了综合公园、社区公园、专类公园、带状公园和街旁绿地,其数量和质量是衡量城市绿化水平的重要标志。公园绿地的规划要点包括以下五方面内容。

(一)确定规模

根据前文所述的城市绿地指标发展的确定,测算城市公园绿地的合理发展规模,并将其纳入城市规划建设用地平衡。

目前,我国公园面积大小主要根据城市总体规划和城市绿地系统规划中分配的面积而定。城市中各类公园的总面积,反映了城市绿地的水平。要使游人在公园的休憩需求得到满足,每人以不少于 $60m^2$ 为宜。如果以城市人口 1/10 数量到公园绿地中游憩休息,则全市平均每人公园绿地 $6m^2$ 方可满足全市人民游园的需求。

(二)选址分析

公园绿地的选址一般需要综合考虑以下因素。

(1)城市中现有河流、山川、名胜古迹、人文历史所在地及周围地区,原有林地及大片树丛地带,城市不宜建筑的地带(山洼、低洼地)等,这些地区比较适合于辟建城市公园。

(2)城市主要出入口、自然与人文景观聚集区、公共设施附近和居民区附近用地内,应布置一定面积的公园绿地。

(3)综合公园的服务半径应使居住用地内的居民能方便使用,并与城市内主要交通干道、公共交通设施有方便的联系。同时,还要考虑与改善城市街景和景观优化相结合。

(4)公园用地应考虑将来发展的可能性,留出适当面积的后备用地。

(三)分级配置

不同层次和类型的公园绿地,其大小、功能、服务职能等方面的不同,决定了公园绿地系统的理想配置模式应该是分级配置,只有做到了分级配置,城市(特别是特大、大中城市)中不同类型公园的职能才能得到最佳的发挥,更为有效地服务城市居民。

1.面积级配

在一个城市内部,大、中、小型的公园绿地都应具备,从单个绿块的面积上看是存在级配关系的,即在单个绿块的面积上应满足"市级综合公园＞区级综合公园＞居住区公园＞小区游园/街旁绿地"的布局规律。

2.数量级配

从各类公园绿地的绿块个数来看,也需遵循级配规律。一般而言,面积小的公园绿地在城市中的分布数量多,面积大的分布数量少,即在绿块的数量上应满足"小区游园/街旁绿地＞居住区公园＞区级综合公园＞市级综合公园"的布局规律。

需要强调的是,在我国许多城市(特别是特大、大城市)的使用实践中表明,数量众多的中小型公园绿地(如居住区公园、小区游园、街旁绿地等)与市民接触最多,利用率相当高。在规划中应该给予足够重视,配足、配好中小型公园绿地,完善城市公园绿地的级配系统。

(四)分类规划

公园绿地的分类规划与配置,包括综合公园(市级、区级综合公园)、社区公园(居住区公园、小区游园)、专类公园、带状公园、街旁绿地五大类公园绿地的规划。

1.综合公园

其中,市级综合公园规划的用地规模一般在 20hm² 以上,其服务半径为 2000～3000m,服务对象为全市市民;区级综合公园的用地规模一般在 10hm² 以上,其服务半径为 1000～2000m,服务对象为城市内某一区域范围内市民。

2.社区公园

其中,居住区公园用地在 4hm² 以上,其服务半径为 500～800m;而小区游园主要结合各小区的规划进行集中布置,其面积不宜小于 0.5hm²,服务范围以小区居民为主,服务半径为 300～500m。

3.专类公园

专类公园类型多样,包括儿童公园、动物园、植物园、历史名园、风景名胜公园、游乐公园、体育公园、纪念性公园等。由于各专类公园在城市中所承担的功能各有侧重,因此,各专类公园的用地规模、选址、园内设施、景观要求等也就不尽相同,规划师在规划时应根据各专类公园的特殊要求对上述内容进行灵活、综合考虑。

4.带状公园

一般沿着城市道路、古城墙、水滨等要素进行布局,其宽度一般在 10m 以上,最窄处应能满足游人的通行、绿化种植的延续以及小型休息设施的布置要求。

5.街旁绿地

街旁绿地指位于城市道路用地之外相对独立成片的绿地,包括街道广场绿地、小型沿街绿地等,一般面积要求不小于 1000m²,绿地率不小于 65%。街旁绿地在历史城市、特大城市中的利用率是相当高的。

(五)规划布局

1.可达性要求

根据各类型公园绿地的服务半径,同时参照我国国家园林城市评比标准中有关公园绿地服务半径覆盖率不小于 70% 的指标要求。一般而言,在主城区需要确保市民户外步行 200m 的半径内可以到达一个面积不小于 400m² 的公园绿地,步行 500m 的半径内可以达到一个不小于 5000m² 的公园绿地,步行 1000m 的半径内可以到达一个不小于 3hm² 的公园绿地,使得公园绿地成为市民户外文化生活的主要场所。

2.布局模式

城市内分布的各种类型、大小不一的公园绿地,都应相互联系形成一个有机整体——公园绿地系统,公园绿地系统配置受到城市的地理条件、形成时间、大小、人口、交通、规划布局等多种因素的影响。目前,公园绿地系统的配置类型主要包括分散式、联络式、环状式、放射式、分离式等几种模式,具体内容可以参见本教材"公园绿地规划设计"部分的章节。

二、生产绿地(G2)规划

生产绿地的规划要点包括以下三方面内容。

(一)确定指标

为了满足城市绿化对苗木的需求,住房和城乡建设部规定,城市生产绿地的用地面积应占城市建成区面积的 2‰ 以上。经我国许多城市的生产绿地现状调研分析,目前,我国城市的生产绿地面积普遍配备不足,苗木质量较差,苗木种类单一,远远不能满足城市园林绿地发展的要求。这就要求,规划师在城市绿地系统规划中,应严格按照国家的相关规范配好、配足生产绿地,满足城市绿化日益发展的需求。

(二)确定选址

一般而言,生产绿地(苗圃)的选址需要综合考虑以下因素。

(1)要求邻近苗木用地交通方便,有足够的劳动力来源和电力供应,特别是要有良好的自然环境条件。

(2)圃地应当选在地势平坦、土壤疏松、排灌方便的地方。土壤以土层深厚的砂土、壤土或轻黏壤为宜,pH 以 6~7.2 为好;圃地要有充足的水源,排水良好。

(3)苗圃选址应避开风口、水淹及霜害严重的地方,病虫害蔓延之地更不宜。

(4)苗圃区划以能保证苗木质量,便于经营管理和操作为原则。

(三)发展计划

根据城市绿化发展对苗木需求的增长情况,提出城市绿化专业苗圃的发展计划,计划主要包括以下内容。

(1)定苗圃用地指标及分期建设指标。

(2)确定苗圃的规模和发展特色。

(3)规划好苗木的数量、质量和种类(包括新品种的培育、引种、驯化等工作计划)。

(4)苗圃投资估算及资金来源渠道。

(5)苗圃建设项目的可行性分析。

(6)苗圃与科研、旅游产业等的结合发展设想。

三、防护绿地(G3)规划

防护绿地的规划要点包括以下三方面内容。

(一)建立市域保护体系

根据城区的生态环境特点和建设用地布局,在不同区域内规划设置不同类型的防护绿地,以充分发挥绿地的防护功能。它一般布局在沿高速公路、快速干道、铁路、高压走廊、河海沿岸等区域及城市组团之间、工业区与生活区之间和其他容易引起环境污染的设施周围。

在布局上述各类防护绿地的时候,应该综合考虑防护绿地所具有的功能,将这些功能最大化。最为理想的状况是,布局应结合市域绿地、城市大型"生态廊道"的规划统一考虑,使得各类防护绿地、市域绿地和大型"生态廊道"形成一个有机的网络,建立完善的市域生态空间保护体系。

(二)确定指标与分类布局

根据城市建设进程、分期安排以及改善城市生态环境的规划,确定好防护绿地的建设指标以及建设内容,同时对各类防护绿地做好规划布局。防护绿地大概分为以下几大类型。

1.卫生安全防护绿地

主要包括饮用水源周围,二、三类工业用地外围,工业用地与居民区之间,仓储、垃圾填埋场及污水处理厂等周边的防护绿地、减噪隔声林等。

2.道路防护绿地

包括城市干道、城市快速干道、铁路、公路、高速公路两侧的防护绿地。

3.高压走廊绿带

穿越城市用地的高压走廊下的安全绿化隔离带。

4.城市组团隔离带

为了防止城市无序蔓延和连成一片,在城市组团之间需要布局的大型绿化隔离带。

5.防风防火林带

包括防风林(主要集中在北方地区的城市和海边城市)、加油站、液化气站、化工厂周边的防火林等。

6.其他防护绿地

例如,在文物古迹周边结合城市绿地建设,依据保护区的范围设置的具有防护功能的林带。

(三)提出绿地控制指标

根据上述防护绿地的分类,对各类防护绿地的规划提出具体的控制指标。参照国家相关规范、标准和国内城市多年的规划建设实践,各类防护绿地的具体控制指标可以参照如下内容。

1.卫生安全防护绿地

(1)饮用水源周围:饮用水源保护区不纳入建设用地范围。作为饮用水源的河段两岸不准建设区宽度不少于100m,水库两岸不准建设区宽度不少于500m。

(2)二、三类工业用地外围:外围营造的卫生隔离带宽度不少于30m。

(3)工业用地与居民区之间:卫生防护绿化隔离带宽度不少于30m。在上风向的工业用地还应加大绿地的宽度。

(4)垃圾填埋场及污水处理厂周边:在其下风向地带建设的卫生隔离带宽度在 $500\sim800m$ 之间。其余方位也应布局相应隔离带。

2.道路防护绿地

(1)城市干道及公路:主城区内城市干道规划红线外,两侧建筑的后退地带和公路规划红线,外侧的不准建筑区,除按照城市规划设置人流集散场地外,均应建造绿化防护隔离带,宽度如下。

①城市干道红线宽度在26m以下的,两侧绿化隔离带宽度为 $2\sim5m$ 。

②城市干道红线宽度在 $26\sim60m$ 的,两侧绿化隔离带宽度为 $5\sim10m$ 。

③城市干道红线宽度在 60m 以上的,两侧绿化隔离带宽度不少于 10m。

(2)城市快速干道:两侧的防护隔离带宽度为 20～50m。

(3)铁路及城际铁路:两侧的防护隔离带宽度均不少于 50m。

(4)高速公路两侧:在城市外围高速公路两侧进行防护绿地建设,以防止噪声和汽车尾气污染,两侧各控制 50～200m 宽的防护绿化带。

(四)高压走廊绿带

穿越城市用地的高压走廊下设置的安全绿化隔离带,按照国家规定的行业标准建设高压走廊绿化隔离带,具体如下。

(1)110kV 高压走廊经过生活区,隔离带宽度不少于 30m;经过工业区,隔离带宽度不少于 24m。

(2)220kV 高压走廊经过生活区,隔离带宽度不少于 50m;经过工业区,隔离带宽度不少于 36m。

(4)550kV 高压走廊,隔离带宽度不少于 50m。

1.城市组团隔离带

组团隔离带宽度一般均在 300～500m 以上。

2.防风、防火林带

(1)防风林:根据相关研究,防风林带在其林带高度 1 倍处,可以降低风速 60%,10 倍处降低 20%～30%;国外研究资料显示,在绿地的背风面可降低风速 75%～80%,可影响到其树高 25～30 倍的范围。根据上述研究成果,可以对城市防风林的宽度做出具体规划。

(2)防火林:目前,有关防火林带的宽度尚无统一标准,文定元(1998)认为,南方防火带的宽度一般为 6～17m;郑焕能(1995)认为,在山地条件下,林带为 15～20m,这样规格的林带可以阻止树冠火的蔓延。

3.其他防护绿地

例如,在文物古迹周边结合城市绿地建设,依据保护区的范围设置的具有防护功能的林带。

四、附属绿地(G4)规划

(一)附属绿地的类型与作用

附属绿地存在于城市各类用地之中,包括居住用地、公共设施用地、工业用地、仓储用地、对外交通用地、道路广场用地、市政设施用地和特殊用地中的绿地等,是城市绿地系统中的重要组成部分,也是反映城市普遍绿化水平的主要标志。

城市园林绿化建设水平和城市绿量,不仅仅体现在城市的公园里,更重要的是存在于大面积与市民生活、工作直接相关的附属绿地中。此类绿地在城市中占地多、数量多、分布广。因此,搞好这部分绿地的规划建设,是形成完善的城市绿地系统,提高城市环境质量的重要环节。附属绿地不参与城市用地平衡。各类城市建设用地内的附属绿地的绿地率应符合国家有关规范。

(二)附属绿地的发展指标和规划设计导则

在城市绿地系统规划中,需要根据国家有关规范和城市未来发展的要求,对城内各类附属绿地的发展、控制指标进行研究确定。

一般而言,附属绿地的发展指标,确定了城市内各类城市用地中绿地所必须达到的最低标准。为了最大限度地改善城市生态环境和方便市民使用,应鼓励在城市详细规划阶段和景观设计阶段超越上述指标,并提倡进行垂直绿化和屋顶绿化,以达到在不占用土地面积的情况下增加城市的绿化量。

根据国家《城市绿化规划建设指标的规定》(1993)、《城市居住区规划设计规范(2016年版)》(GB50180—1993)和《城市道路绿化规划与设计规范》(CJJ75—1997)相关规范,附属绿地绿地率的下限指标如下。

1.各种单位

附属绿地面积占单位总用地面积比率不低于30%,具体如下。

(1)工业企业、交通枢纽,仓储、商业中心等绿地率不低于20%。

(2)产生有害气体及污染的工厂的绿地率不低于30%。

(3)学校、医院、休疗养院所、机关团体、公共文化设施、部队等单位的绿地率不低于35%。

2.居住(小)区

(1)新区中小区建设,绿地率不应低于30%。

(2)旧区改建,指标可以降低5个百分点,绿地率不宜低于25%。

3.城市道路

(1)园林景观大道(林荫大道),其绿地率不得小于40%。

(2)道路红线宽度大于50m的道路,其绿地率不得小于30%。

(3)道路红线宽度在40~50m之间的道路,其绿地率不得小于25%。

(4)道路红线宽度小于40m的道路,其绿地率不得小于30%。

现状道路达不到上述指标要求的,应在今后的道路改造中达到或超过上述标准。

五、其他绿地(G5)规划

在国家《城市绿地分类标准》(CJJ/T85—2017)中"其他绿地"(G5)的定义为"对城市生态环境质量、居民休闲生活、城市景观和生物多样性保护有直接影响的绿地。包括风景名胜区、水源保护区、郊野公园、森林公园、自然保护区、风景林地、城市绿化隔离带、野生动植物园、湿地、垃圾填埋场恢复绿地等"。上述定义中所包括的绿地范围较广,已经突破了传统的城市用地范围,所包含的内容已经延伸到了整个市域范围内的各种大型绿地。这些绿地在改善城市大生态环境、维系城市生态安全格局、保护生物多样性等方面均具有极其重要的作用。

在城市总体规划当中,"其他绿地"不参与城市建设用地平衡,因此,此类绿地的规划可以不受城市规划建设用地定额指标的限制,其规划要点如下。

(1)切实贯彻"生态优先"的规划原则,着眼于城市可持续发展的长远利益,划定、留足不得开发建设的生态保护区域,如现有的风景名胜区、水源保护区、森林公园、自然保护区等;对于用于城市建设的区域,要明确控制开发强度的范围和边界。

(2)充分利用基本农田保护区和自然水域、林地等绿地资源,规划布局城市组团之间或相邻城市之间较宽阔的隔离绿带(300~500m以上),用以控制城市的发展规模,防止建成区"摊大饼"式无序蔓延扩展。同时,要制定相应措施,使这些绿地成为适于野生动植物繁衍的栖息地和生态廊道。

（3）在城乡交接地带,要注意规划一些高绿地率控制区,即绿地率指标达到50％以上的建设用地区域,如公共建筑区、行政办公区、高档住宅区、休疗养区、大中专院校校区等。

（4）生态景观绿地应结合郊区农村的产业结构调整布局,有利于生态农业和林业的发展。

第二节　综合公园

一、综合公园概述

（一）综合公园的概念与特征

综合公园是在市、区范围内为城市居民提供良好游憩休息、文化娱乐活动的综合性、多功能、自然化的大型绿地,其用地规模一般较大,园内设施丰富完备,适合城市居民进行一日之内的游赏活动。综合公园作为城市主要的公共开放空间,是城市绿地系统的重要组成部分,对于城市景观环境塑造、城市生态环境调节,居民社会生活起着极为重要的作用。

按照服务对象和管理体系的不同,综合公园分为全市性公园和区域性公园。

1.全市性公园

为全市居民服务,交通条件便利。它是全市公园绿地中,用地面积最大、活动内容和设施最完善的绿地。全市性公园的服务半径与设置数量尚无统一标准,各大中小城市根据城市发展需要进行规划设置。

2.区域性公园

服务对象是市区一定区域内的城市居民。用地面积按该区域居民的人数而定,一般为 $10hm^2$ 左右,步行可达性较高,且公共交通便利园内有较丰富的内容和设施。市区各区域可根据需要进行设置。

（二）综合公园的功能

综合公园除具有绿地的一般作用外,对丰富城市居民的文化娱乐生活方面负担着更为重要的任务。

1.游乐休憩方面

为增强人民的身心健康,设置游览、娱乐、休息的设施,要全面地考虑各种年龄、性别、职业、爱好、习惯等的不同要求,尽可能使来到综合公园的市民能各得其所。

2.文化节庆方面

举办节日游园活动,国际友好活动,为少年儿童的组织活动提供场所。

3.科普教育方面

宣传政策法令,介绍时事新闻,展示科学技术的新成就,普及自然人文知识。

（三）综合公园的面积与位置

1.面积

综合公园一般包括有较多的活动内容和设施,故用地需要有较大的面积,一般不少于 $10hm^2$。综合公园的面积还应与城市规模、性质、用地条件、气候、绿化状况及公园在城市中的位置与作用等因素全面考虑来确定。

2.位置

综合公园在城市中的位置,应在城市绿地系统规划中确定。在选址时应考虑。

(1)综合公园应选择交通条件便利的区位,并与城市主要道路有密切的联系。

(2)利用不宜于工程建设及农业生产的复杂破碎的地形,起伏变化较大的坡地。充分利用地形,避免大动土方,既应节约城市用地和建园的投资,又有利于丰富园景。

(3)可选择在具有水面及河湖沿岸景色优美的地段,充分发挥水面的作用,有利于改善城市小气候,增加公园的景色,开展各项水上活动,还有利于地面排水。

(4)可选择在现有树木较多和有古树的地段。在森林、丛林、花圃等原有种植的基础上加以改造、建设公园,投资省、见效快。

(5)可选择在原有绿地的地方。将现有的公园建筑、名胜古迹、革命遗址、纪念人物事迹和历史传说的地方,加以扩充和改建,补充活动内容和设施在这类地段建园,可丰富公园的内容,有利于保存文化遗产,起到爱国及民族传统教育的作用。

(6)公园用地应考虑将来有发展的余地。随着城市的发展和人民生活水平的不断提高,对综合公园的要求会增加,故应保留适当发展的备用地,

(四)综合公园设置的内容

1.综合公园设施设置

(1)观赏游览:植物、动物、山石、水体、名胜古迹、码头、景观建筑、盆景、雕塑等。

(2)安静活动:品茗、垂钓、弈棋、划船、锻炼等。

(3)儿童活动:植物迷宫、游乐器械、科普展示馆、园艺场等。

(4)文体活动:溜冰场、篮球场、露天剧场、放映厅、游艺室、俱乐部等。

(5)科普文化:展览室、阅览室、科技活动室、小型动物园、小型植物园等。

(6)服务设施:餐厅、咖啡厅、茶室、小卖部、饮水点、公用电话亭、问讯处、物品寄存处、售票处、自行车租赁点等。

(7)公用设施:停车场、厕所、指示牌、园椅、灯具、废物箱等。

(8)园务管理、管理办公室、治安亭、垃圾站、苗圃、变电室或配电间、泵房、仓库等。

综合公园内的游憩设施如果只以某一项内容为主,则成为专业公园,例如以儿童活动内容为主,则为儿童公园;以展览动物为主,则为动物园;以植物科普为主,则为植物园;以特定主题观赏为主,也可成为雕塑园、盆景园等。

2.综合公园内容设置的影响因素

(1)市民的习惯爱好。综合公园内可考虑按市民所喜爱的活动、风俗、生活习惯等地方特点来设置项目内容。

(2)综合公园在城市中的区位。在整个城市的规划布局中,由城市绿地系统规划确定综合公园的设置,位置处于城市中心地区的综合公园,一般游人较多,人流量大,要考虑他们的多样活动要求。在城市边缘地区的综合公园创建贴近自然的游憩环境,更多地考虑安静观赏的要求。

(3)综合公园附近的城市文化娱乐设置情况。附近已有的大型文娱设施,园内就不一定重复设置例如,附近有剧场、音乐厅则园内就可不再设置这些项目。

(4)综合公园面积的大小。大面积的公园设置的项目多、规模大,游人在园内的时间一般较长,对服务设施有更多的要求。

(5)综合公园的自然条件情况。例如,有山石、岩洞、水体、古树、树林、竹林、花草地、起伏的地形等,可因地制宜地设置活动项目。

二、综合公园规划设计

综合公园是公园绿地中内容最为完善的一种形式,其规划设计内容和方法也运用于一般的公园绿地中。

(一)出入口

综合公园出入口的位置选择与详细设计对于公园的设计成功具有重要的作用,它的影响与作用体现在以下几个方面:公园的可达性程度、园内活动设施的分布结构、人流的安全疏散、城市道路景观的塑造、游人对公园的第一印象等。出入口的规划设计是公园设计成功与否的重要一环。

1.位置与分类

出入口位置的确定应综合考虑游人能否方便地进出公园,周边城市公交站点的分布,周边城市用地的类型,是否能与周边景观环境协调,避免对过境交通的干扰以及协调将来公园的空间结构布局等。出入口包括主要出入口、次要出入口、专用出入口三种类型,每种类型的数量与具体位置应根据公园的规模、游人的容量、活动设施的设置、城市交通状况安排,一般主要出入口设置一个,次要出入口设置一个或多个,专用出入口设置一到两个。

主要出入口应与城市主要交通干道、游人主要来源方位以及公园用地的自然条件等诸因素协调后确定。主要出入口应设在城市主要道路和有公共交通的地方,同时要使出入口有足够的人流集散用地,与园内道路联系方便,城市居民可方便快捷地到达公园内。

次要出入口是辅助性的,主要为附近居民或城市次要干道的人流服务,以免公园周围居民需要绕大圈子才能入园,同时也为主要出入口分担人流量。次要出入口一般设在公园内有大量集中人流集散的设施附近,如园内的表演厅、露天剧场、展览馆等场所附近。

专用出入口是根据公园管理工作的需要而设置的,为方便管理和生产及不妨碍园景的需要,多选择在公园管理区附近或较偏僻、不易为人所发现处,专用出入口不供游人使用。

2.出入口的规划设计

公园出入口设计要充分考虑到它对城市街景的美化作用以及对公园景观的影响,出入口作为给游人第一印象之处,其平面布局、空间形态、整体风格应根据公园的性质和内容来具体确定。

公园出入口所包括的建筑物、构筑物有:公园内、外集散广场,公园大门、停车场、存车处、售票处、收票处、小卖部、问讯处、公用电话、寄存处、导游牌等。园门外广场面积大小和形状,要与下列因素相适应:公园的规模、游人量、园门外道路等级、宽度、形式,是否存在道路交叉口,临近建筑及街道里面的情况等,根据出入口的景观要求及服务功能要求、用地面积大小,可以设置水池、花坛、雕像、山石等景观小品。

(二)综合布局

综合公园的布局要有机地组织不同的景区,使各景区间有联系而又有各自的特色,全园既有景色的变化又有统一的艺术风格。对公园的景色,要考虑其观赏的方式,何处是以停留静观为主,何处是以游览动观为主,静观要考虑观赏点、观赏视线。往往观赏与被观赏是相互的,既是观赏风景的点,也是被观赏的点。动观要考虑观赏位置的移动要求,从不同的距离、高度、角度、天气、早晚、季节等因素可观赏到不同的景色。公园景色的观赏要组织导游路线,引导游人按观赏程序游览。景色的变化要结合导游线来布置,使游人在游览观赏的时候,产生一幅幅有节奏的连续风景画面。导游线常用道路广场、建筑空间和山水植物的景色来吸引游人,按设计的艺术境界,循序游览,可增强造景艺术效果的感染力。例如,要引导游人进入一个开阔的景区时,先使游人经过一个狭窄的地带,使游人从对比中,更加强化这种艺术境界的效果。导游线应该按游人兴致曲线的高低起伏来组织。由公园入口起,即应设有较好的景色,吸引游人入园。导游线的组织是公园艺术布局的重要设计内容。

综合公园的景色布点与活动设施的布置,要有机地组织起来,在园中要有构图中心。在平面布局上起游览高潮作用的主景,常为平面构图中心。在立体轮廓上起观赏视线焦点作用的制高点,常为立面构图中心。平面构图中心、立面构图中心可以分为两处。如杭州的花港观鱼,以金鱼池为平面构图中心,以较高的牡丹亭为立面构图中心。也可以就是一处,如北京的景山公园,以山上五亭组成的景点,是景山公园的平面构图中心,也是立面构图中心。

平面构图中心的位置,一般设在适中的地段,较常见的是由建筑物、中心场地、雕塑、岛屿、"园中园"及突出的景点组成。上海虹口公园以鲁迅墓作为平面构图中心。在全园可有一、两个平面构图中心。当公园的面积较大时,各景区可有次一级的平面构图中心,以衬托补充全园的构图中心。两者之间既有呼应与联系,又有主从的区别。

立面构图中心较常见的是由雄峙的建筑和雕塑,耸立的山石,高大的古树及标高较高的景点组成。如颐和园以佛香阁为立面构图中心;立面构图中心是公园立体轮廓的主要组成部分,对公园内外的景观都有很大的影响,是公园内观赏视线的焦点,是公园外观的主要标志。如北京的白塔是北海公园的特征,镇江北固公园耸立的峰峦形成的主体轮廓。

公园立体轮廓是由地形、建筑、树木、山石、水体等的高低起伏而形成的。常是远距离观赏的对象及其他景物的远景。在地形起伏变化的公园里,立体轮廓必须结合地形设计,填高挖低,造成有节奏、有韵律感的、层次丰富的立体轮廓。

在地形平坦的公园中,可利用建筑物的高低、树木树冠线的变化构成立体轮廓公园中常利用园林植物的体形及色彩的变化种植成树林,形成在平面构图中具有曲折变化的、层次丰富的林缘线,在立面构图中,具有高低起伏、色彩多样的林冠线,增加公园立体轮廓的艺术效果。造园时也常以人工挖湖堆山,造成具有层次变化的立体轮廓。如上海的长风公园铁臂山,是以挖银锄湖的土方堆山,主峰最高达 30m,并以大小高低不同的起伏山峦构成了公园的立体轮廓。公园里以地形的变化形成的立体轮廓比以建筑、树木等形成的立体轮廓其形象效果更易显著。但为了使游人活动有足够的平坦用地,起伏的地段或山地不宜过多,应适当集中。

综合公园规划布局的形式有规则的、自然的与混合的三种。

规则的布局强调轴线对称,多用几何形体,比较整齐,有庄严、雄伟、开朗的感觉。当公园设置的内容需要形成这种效果,并且有规则地形或平坦地形的条件,适于用这种布局的方式,如北京中山公园。

自然的布局是完全结合自然地形、原有建筑、树木等现状的环境条件或按美观与功能的需要灵活地布置,可有主体和重点,但无一定的几何规律。有自由、活泼的感觉,在地形复杂、有较多不规则的现状条件的情况下采用自然式比较适合,可形成富有变化的风景视线。如上海长风公园、南京白鹭洲公园。

混合的布局是部分地段为规则式,部分地段为自然式,在用地面积较大的公园内常采用,可按不同地段的情况分别处理。例如,在主要出入口处及主要的园林建筑地段采用规则的布局,安静游览区则采用自然的布局,以取得不同的园景效果,如上海复兴公园。

(三)功能分区

功能分区的设计方法是从空间上安排综合公园的规划内容,尤其是面对用地面积较大、活动内容复杂多样的综合公园,通过功能分区可以使各种活动互不干扰,使用方便。不同类型的公园有不同的功能和内容,所以分区也随之不同,一般包括安静游览区、休闲娱乐区、儿童活动区、园务管理区等。

1.安静游览区

安静游览区主要是作为游览、观赏、休息、陈列之用,一般游人较多,但要求游人的密度较小,故需大片的绿化林地。安静游览区内每个游人所占的用地定额较大,建议在 $100m^2/$ 人,故在公园内占的面积比例也大,是公园的重要部分安静活动的设施应与喧闹的活动隔离,以防止活动时受声响的干扰,又因这里无大量的集中人流,故离主要出入口可以远些,用地应选择在原有树木最多、地形变化最复杂、景色最优美的地方。

2.休闲娱乐区

休闲娱乐区是进行较热闹的、有喧哗声响、人流集中的休闲娱乐活动区。其设施有:游乐园、运动场地、露天剧场、舞池、溜冰场、展厅、动植物园地、科技活动室等。园内一些主要建筑往往设置在这里,成为全园布局的重点。

布置时也要注意避免区内各项活动之间的相互干扰,故要使有干扰的活动项目相互之间保持一定的距离,并利用树木、建筑、山石等加以隔离。公众性的娱乐项目常常人流量较多,而且集散的时间集中,所以要妥善地组织交通,需接近公园出入口或与出入口有方便的联系,以避免不必要的园内拥挤,建议用地达到 $30m^2/$ 人。区内游人密度大,要考虑设置足够的道路广场和生活服务设施。因全园的重要建筑往往较多地设在这区,故要有必需的平地及可利用的自然地形。例如,适当的坡地且环境较好,可利用来设置露天剧场,较大的水面设置水上娱乐活动等。

3.儿童活动区

儿童活动区规模按公园用地面积的大小、公园的位置、少年儿童的游人量、公园用地的地形条件与现状条件来确定。

公园中的少年儿童常占游人量的 $15\%\sim30\%$,但这个百分比与公园在城市中的位 224 置关系较大,在居住区附近的公园,少年儿童人数比重大,离大片居住区较远的公园比重小。

在区内可设置学龄前儿童及学龄儿童的游戏场、戏水池、障碍游戏区、儿童运动场、阅览室、科技馆、种植园地等。建议用地 $50m^2/$ 人,并按用地面积的大小确定设置内容的多少。规模大的与儿童公园类似,规模小的只设游戏场地。游戏设施的布置要活泼、自然,最好能与自然环境结合。不同年龄的少年儿童,如学龄前儿童与学龄儿童要分开活动,或根据儿童的年龄,一般以 1.25m 左右为限划分活动的区域。本区需接近出入口,并与其他用地有分隔。有些儿童由成人携带,还要考虑成人的休息和成人照看儿童时的需要。需设置盥洗、厕所、小卖等服务设施。

4.服务设施

服务设施类的项目内容在公园内的布置,受公园用地面积、规模大小、游人数量与游人分布情况的影响较大。在较大的公园里,可设有 1~2 个服务中心区,另再设服务点。服务中心区是为全园游人服务的,应按导游线的安排结合公园活动项目的分布,设在游人集中较多、停留时间较长、地点适中的地方。设施可有:饮食、休息、电话、问询、寄存、租借和购物等项。服务点是为园内局部地区的游人服务的,并且还需根据各区活动项目的需要设置服务的设施,如钓鱼活动的地方需设租借渔具、购买鱼饵的服务设施。

5.园务管理区

园务管理区是为公园经营管理的需要而设置的内部专用地区,可设置办公、值班、广播室、配电房、泵房、工具间、仓库、堆物杂院、车库、苗圃等。按功能使用情况,区内可分为:管理办公部分,仓库工场部分,花圃苗木部分,生活服务部分等。园务管理区要设置在既便于执行公园的管理工作,又便于与城市联系的地方,四周要与游人有隔离,对园内园外均要有专用的出入口,不应与游人混杂。到区内要有车道相通,以便于运输和消防。本区要隐蔽,不要暴露在风景游览的主要视线上。为了对公园种植的管理方便,面积较大的公园里,在园务管理区外还可分设一些分散的工具房、工作室,以便提高管理工作的效率。

(四)公园建筑

建筑是综合公园的组成要素,在功能和观赏方面都存在着程度不同的要求,虽占用地的比例很小(一般约 2%~8%),但在公园的布局和组景中却起控制和点景作用,即使以植物造景为主的点景中,也有画龙点睛的效果,在选址和造型时,务必慎重推敲。

公园建筑类型繁多,从功能和观赏出发,既有展览馆、陈列室、阅览室等文化展示类建筑;也有游艺室、棋牌室、露天剧场、游船码头等文娱体育类建筑;以及餐厅、茶室、小卖部、厕所等服务性建筑;还有亭、廊、榭等景观型建筑和办公管理类建筑。

公园建筑造型,包括体量、空间组合、形式细部等,不能仅就建筑自身考虑,还必须与环境融洽,注重景观功能的综合效果。一般体量要轻巧,不宜太大太重,空间要相互渗透。一般遇功能较复杂、体量较大的建筑,要化整为散,组成庭院式的建筑,可取得功能景观两相宜的效果。公园建筑形式尽管依其屋顶、平面、功能、结构而分,类型极其繁多,个性比较突出,但就其设计的一般要求而言,仍有共性,即,既要适应功能要求,又要简洁活泼、空透轻巧、明快自然,并需服从于公园的总体风格。

亭、廊、棚等是综合公园中常见的景观型建筑。它既是风景的观赏点,同时又是被观的景点,通常居于有良好风景视线和导游线的位置上,加之亭、廊、榭各自特有的功能和造型、色彩等,往往比一般山水、植物更引人注目,往往成为艺术构图的中心。

公园中除了各种有一定体量和功能要求的建筑之外,还有多种小品设施,如跨越水间的桥、汀步,供人坐息的椅凳,防护分隔的栏杆、围墙,上下联系的台阶、指示牌等。除了它们自身的使用功能外,也都是美化和装点景色的景观设施:在造型、材料、色彩等方面都需要精心设计,既应与周围环境相协调,也要为公园添景增色。

(五)绿化配置

综合公园是城市中的绿洲。植物分布于园内各个部分,占地面积最多,是构成综合公园的基础材料。

综合公园植物品种繁多,观赏特性也各有不同,有观姿、观花、观果、观叶、观干等区别,要充分发挥植物的自然特性'以其形、色、香作为造景的素材,以孤植、列植、丛植、群植、林植作为配置的基本手法,从平面和竖向上组合成丰富多彩的植物群落景观。

植物配置要与山水、建筑、园路等自然环境和人工环境相协调'要服从于功能要求、组景主题,注意气温、土壤、日照、水分等条件适地适种。如广州流花湖公园北大门以大王椰为主的大型花坛、棕榈草地,活动区的榕树林,长堤的蒲葵、糖棕林带,显示出亚热带公园的特有风光。南京玄武湖公园广阔的水面、湖堤,栽植大片荷花和垂柳,与周围的山水城墙取得协调。

植物配置要把握基调,注意细部。要处理好统一与变化的关系,空间开敞与郁闭的关系,功能与景观的关系。如杭州花港观鱼以常绿观花乔木广玉兰为基调,统一全园景色;而在各景区中又有反映特点的主调树种,如金鱼园以海棠为主调,牡丹园以牡丹为主调、槭树为配调,大草坪以樱花为主调等,取得了很好的景观变化效果。

植物配置要选择乡土树种为公园的基调树种。同一城市的不同公园可视公园性质选择不同的乡土树种。这样植物成活率高,既经济又有地方的特色,如湛江海滨公园的椰林、广州晓港公园的竹林、长沙橘洲公园的橘林、武汉解放公园的池杉林、上海复兴公园的悬铃木,都取得了基调鲜明的较好效果。

植物配置要利用现状树木,特别是古树名木。例如,汕头中山公园、广州流花湖公园保护利用了榕树、棕树,反映了南国风光。

植物配置要重视景观的季相变化。如杭州花港观鱼春夏秋冬四季景观变化鲜明,春有牡丹、迎春、樱花、桃李;夏有荷花、广玉兰;秋有桂花、槭树;冬有腊梅、雪松。在牡丹园中,还应用了我国传统的"梅边之石宜古,松下之石宜拙,竹旁之石宜瘦"的造园手法。

(六)游线设置

综合公园的园路功能主要是作为导游观赏之用,其次才是供管理运输和人流集散。

因此,绝大多数的园路都是联系公园各景区、景点的导游线、观赏线、动观线,所以必须注意景观设计,如园路的对景、框景、左右视觉空间变化,以及园路线型、竖向高低给人的心理感受等。如杭州花港观鱼,从苏堤大门入园,左右草花呼应,对景为雪松树丛,树回路转,是视野开阔的大草坪。路引前行,便是曲桥观鱼佳处,穿过红鱼池,乃是仿效中国画意的牡丹园,西行便是自然曲折、分外幽深的新花港区。游人在这一系列景观、空间的变化中,在视觉上构成了一幅中国山水花鸟画长卷,在心理有亲切一开畅一欢乐一娴静的感受。

园路除供导游之外,尚需满足绿化养护、货物燃料、苗木饲料等运输及办公业务的要求。其中多数均可与导游路线结合布置,但属生产性、办公性及严重有碍观瞻和运输性的道路,往往与园路分开,单独设置出入口。

为了使导游和管理有序,必须统筹布置园路系统,区别园路性质,确定园路分级一般分主园路、次园路和小径。主园路是联系分区的道路,次园路是分区内部联系景点的道路,小径是景点内的便道。主园路的基本形式通常有环形、8字形、F形、田字形等,这是构成园路系统的骨架。景点与主园路的关系基本形式第一是串联式,它具有强制性,如长沙烈士公园主园路与烈士纪念碑的关系;第二是并联式,它具有选择性,如上海植物园植物进化区的布置;第三是放射式,它将各景点以放射型的园路联系起来。

第三节　社区公园

一、社区公园概述

(一)社区公园的概念与分类

1.社区公园的概念

从社区公园的特征和功能来看:位于居住区,为居民提供室外休憩和交往场所的,周边居民使用率最高的公园绿地。

以某城市某居住区某组团为中心,以同心圆的形式建立各级别类型的城市公园相对于这个组团的分布模型。各级别公园的主要属性能够沿着中心向外围的趋势有所变化。社区公园在各级别公园中属于规模较小,数量较多,距离市民最近,使用率最高,能令居民产生社区归属感的公园绿地。

从服务范围、服务对象、主要功能,规模、心理归属感等方面具体阐述其概念,可以这样理解:为社区居民服务的,具有一定活动内容和设施,以提供室外休憩场所,增进交往为主要功能,规模在0.4hm²以上,按居住等级配置的集中绿地称为社区公园。

2.社区公园的分类

《城市居住区规划设计规范》GB50180—93 中对居住区的人均公共绿地(即社区公园)指标有如下规定:组团级不少于0.5m²/人,可满足一个面积500~1500m²以上的组团绿地的要求;居住小区级(包括组团)不少于1m²/人,可满足每小区设置一个面积0.5~0.75hm²以上的小区级游园的要求;居住区级(包括组团和小区)不少于1.5m²/人,可达到每居住区设置一个面积1.5~2.5hm²以上的居住区级公园的要求。根据我国一些城市的居住区规划建设实践,居住区级公园用地在1hm²以上,即可达到具有较明确的功能划分、较完善的游憩设施和容纳相应规模的出游人数的基本要求;用地4000m²以上的小游园,可以满足有一定的功能划分、一定的游憩活动设施和容纳相应的出游人数的基本要求。所以,居住区级公园一般规模应不小于1hm²,小区级小游园不少于0.4hm²。

另外,有部分区级综合公园的规模、服务对象和所处的区位都和居住区公园相似,可视为大型社区公园。而20世纪90年代以来建造的众多封闭式住宅区,其规模有大有小,其集中绿地有的相当于组团绿地的规模,有的相当于小区游园的规模,有的甚至达到了居住区公园的规模。综上所述,结合社区级别与规模的分级,把社区公园分为4个层次的类型,见表8-1。

表 8-1　社区公园的级别层次和规模

	对应于	服务的人口规模	服务半径	占地面积(hm²)
大型社区公园	区级公园	由 1～3 个标准社区组成	—	>4
标准社区公园	居住区公园	30000～50000 人,15000 户	500～800m	>1
邻里社区公园	小区游园	7000～10000 人,2000～3000 户	200～400m	>0.4
住区集中绿地	组团绿地或小区游园	—	住区范围	—

注:标准社区公园的服务半径比《城市绿地分类标准》CJJ/T85－2002 的上限 1000m 有所减小,邻里社区公园上下限都有所减小。

(二)社区公园的功能与特征

1.社区公园的功能

(1)社会文化功能:提供休憩场所,增进人际交往。社区公园作为为城市居住区配套建设的公园绿地,成为分布最广、与居民联系最密切的室外绿色公共空间,为城市里的人们提供了与自然亲密接触的机会,开展室外休闲、游憩和健身活动的场所,同时也为都市的人际交往创造了轻松自然的氛围,促进了人与人之间的了解。

树立社区形象,建设社区文化。社区公园通常与社区的各种公共配套设施结合,分布于社区的重要位置,其良好的绿化环境、其中人们的各种活动和精神面貌,是展示社区形象的窗口。其承载的各种集体文化活动——戏曲演唱、乐器演奏、集体拳操、交谊舞等,不仅陶冶了人的情操,还形成了独特的社区文化。

(2)生态功能:社区公园的数量优势和分布特点使它在改善城市的生态环境,维持城市的生态平衡上具有重要的地位。此外,大量的社区公园还为鸟类、鱼类等各种小动物提供了栖息的场所,为城市生物多样化作出了贡献。

(3)防灾减灾功能:由于社区公园通常和居民区配套建设,因此当地震等灾难来临时,它成为市民们最易到达的室外开敞空间,在灾后的安置重建中也发挥重要的作用,所以社区公园必要的防灾避难设施的建设也不容忽视。

2.社区公园的特征

(1)数量多、分布广:相对其他类型的城市公园,社区公园的规划和建设是与居住区的规划建设紧密相连的,城市居住用地的规模和分布优势决定了社区公园的数量之多,分布之广。

(2)高使用率、高可达性:与"住宅开发配套建设,合理分布"的社区公园是社区居民最"贴身"的城市绿色公共空间,比之其他类型的公园绿地,常花费最低的出游成本和时间,成为居民日常游憩的场所之一。由于位于居住区内部,没有大型交通要道的阻隔,其可达性也更为良好。

(3)服务于社区居民:社区公园区别于其他各类公园的显著性特点,就是其服务对象的地域针对性。属于为社区居民配备的必要性公园绿地。

二、社区公园规划设计

(一)规划的主要内容

1.选址和分布

社区公园的选址和分布根据所在城市、所在社区的类型、当地的土地利用状况和自然资源条件、经济发展水平、居住环境的差异等综合考虑,一般应遵循以下原则。

(1)与其他类别的公园绿地均衡分布:如果一个居住社区附近已有大型的市区级公园绿地或专类公园,只要能提供足够的活动场所和设施,就不必设置较大型的社区公园,或与以上类型公园离开足够距离设置,要更关注邻里社区公园的均衡分布以及网络化联系,使市民能方便地到达这些更为大型的公园绿地。

(2)与社区公共服务设施统筹安排:社区公共服务设施包括教育医疗、文化体育、商业金融、社区服务管理等设施。这些设施用地通常位于社区中心,占据良好的区位、便捷的交通,人流密度较高。社区公园和与这些设施统筹安排,在布局处理上采用分与合的方法来提高社区公园的使用率及可达性。

(3)选择具有一定价值的自然资源或历史文化资源的地带:社区公园与这些地带的结合不仅能起到资源保护、文化继承的作用,还能提高社区公园的内涵与品位,树立社区形象与特色。

(4)选择易于获得的土地:城市低洼地、坡地、工业废弃地等不适于建筑的土地一般都较易获得,既没有前期动拆迁的大成本投入,建设周期也大大缩短,其不利于建筑的地形特征还能成为公园绿地设计的有利条件,是很适于用来布置社区公园的。

(5)均布模式以人口规模作参照:社区公园分布的均等性和公平性要求对已有绿地资源的区位分布和人口分布状况进行调查评价,以发现一定社区范围内的公园绿地是否存在数量、规模、可达性等方面的不足。因此,城市总规层面上的服务半径理论应该在此基础上进一步深化。

2.服务半径与服务区

一般居住区公园在 10min 步行时间以内,合理服务半径为 500~800m,不能超过 1000m。小区游园在 5min 步行时间以内,合理服务半径为 200~400m,不超过 500m。

在服务半径的理论基础上,结合实际经验,更科学的多边形服务区概念的计算方式为:以公园入口为出发点,以交通网络为路径,以公园服务半径为距离得出的一个多边形服务区,对社区公园的规划布局而言比同心圆式的服务区更为科学、精确。

(二)设计的主要内容

1.设计要点

(1)必要的固定场所:在社区公园的设计中,要允许公园的固定使用群体将某些地块据为自己的专用领地,根据年龄、性别、爱好的差异来划分,各类固定使用人群应该有机会在公园中占有各自的活动领地,不管这一领地有多么的不正式,占据某一地域使人感到团队的凝聚力,并能预先知道自己能在那里遇到同伴,这是非常重要的。常见的固定场所有:老年人活动场所、儿童游戏场、锻炼健身场。

老年人实际上成为社区公园的主要使用者,他们在公园中的分布范围广,活动时间长,使用频率高。老年活动场所的位置应该设在近便可及的地方,但是这些位置也往往成为其他使用者活动频繁的地方,领域性冲突过强,适宜的位置选择应在保证可及性的前提下,有适当围合的空间,使之既受到保护,减少干扰,又能保持与周围的视听关系。

儿童活动场的特点在于根据不同年龄段的活动内容进行的设计,但在场所的整体布局上,集成性设计成为受关注的设计手法,它重视儿童活动场所的复杂性,不仅从游戏设施的设计上考虑这种混合、联合的效果,更结合场地地形、景观塑造、水体布置,多方位开发场地活动的潜能,激发儿童的创造性,塑造出儿童活动的场所气氛。

由于条件所限,中国城市的社区公园不能像美国一样拥有大面积的运动场地、球类比费场地,所以以前的社区公园基本没有专门的供运动健身的场地或设施。但近年来,不少社区公园内出现由街道机构出资的室外健身器械设施,分布在公园的各个角落,成为中国特色的社区公园健身场地。

(2)功能复合的共享空间:社区公园中更多的是共享的活动场所,不针对具体的活动群体,活动内容也不固定。

社区公园的场地空间通常具有复合使用性、全时性的特征。复合性指同一块场地在相同的时间被不同的人群占据,全时性指一天里的所有时间这一场所都被人占据。为了照顾到社区公园的环境承载力和游人的心理容量,必须重视场地的复合利用设计。

由于共享空间的使用者包括各个年龄层次,不同的行为要求往往造成相互的干扰,即使共享空间也要赋予一个基本的使用模式,使不同的使用者理解该场所的含义,以控制自身的行为与之冲突,比如多组组合桌凳的集中放置为老年的棋牌爱好者提供一个基本的使用模式,但也不排除其他人群对某组桌凳另类使用,比如就餐、看书、闲坐。

共享空间的设计要区分参与活动的类型,主动参与指主动加人活动本身,被动参与则表现为近距离的围观、旁听等。对于公共性较强的活动,其设计应鼓励其他使用者的参与,如在运动场边设休息设施,在舞台式广场边提供适宜的观赏位置,支持围观者的要求,这种参与本身也扩大并巩固了活动场所,使场所的特征更为明显反之对于私密性较强的活动,则要求限制参与的发生。

共享空间的复合设计主要有两种方式。

(1)错开使用时间的空间共享:如休闲区的使用时间段和健身区的使用时间段有明显差异,可互相借用空间,通过设计实现功能复合。如健身器具可以布置在一块场地的周围,那么场地中央就可以在其他时段进行交谊舞、健美操等其他休闲活动。

(2)错开使用位置的空间共享:比如在儿童游戏场边上设置供成人看护的座椅,在表演场地周边设置供观看的位置,在棋牌活动场所设置活动的座椅,在遛鸟的树林里设置可休憩的廊架等。

2.设计要素

自然要素:草地、灌木丛、花坛、水景、树林等。

活动场地要素:儿童游戏场(沙坑、水池、游戏器械、塑胶地面)、老年人活动场所(硬质场地、健身设施)、运动场地(球类运动场、室外泳池)等。

普通设施:散步道、座椅、亭、廊架、公厕、茶室等。

由于不同级别的社区公园具有不同的规模和主要服务对象,因此各个设计要素在各级别社区公园中需进行取舍。

第四节　园林工程

一、挡土墙工程

挡土墙是防止土坡坍塌、承受侧向压力的构筑物,它在园林建筑工程中被广泛应用于房屋地基、堤岸、码头、河池岸壁、路径边坡、桥梁台座、水榭、假山等工程中。挡土墙总是以倾斜或垂直的面迎向游人,其对环境、视觉、心理的影响要比其他景观工程更为强烈,因此,要求设计者和施工者在考虑工程安全性的同时,必须进行空间构思,仔细处理其形象和表面质感,把它作为风景园林硬质景观的一部分来设计、施工。

(一)常用砌筑材料

大多数砌体系是指将块材用砂浆砌筑而成的整体。砌体结构所用的块材有烧结普通砖、非烧结硅酸盐砖、黏土空心砖、混凝土空心砖、小型砌块、粉煤灰实心中型砌块、料石、毛石和卵石等。挡土墙常用的砌体材料有普通砖、石材、砂浆和混凝土。

1.普通砖

标准砖的规格为 240mm×115mm×53mm。砖按生产方法可分为手工砖和机制砖,按颜色可分为红砖和青砖。一般青砖较红砖结实,耐碱、耐久性好。常用的砖强度等级一般为 MU10 和MU7.5。

(2)其他类砖。其他类砖主要是利用工业废料加工而成的,如煤矸石砖、粉煤灰砖、炉渣砖等。其优点是化废为宝、节约土地资源、节约能源。其强度等级为 MU7.5～MU15,尺寸与标准砖相同。

园林中的挡土墙、花坛等墙体所用的砖,会经受雨水、地下水等的侵蚀,故应采用实心黏土砖、煤矸石砖等,而粉煤灰砖和炉渣砖则不宜使用。

2.石材

石材的抗压强度高,耐久性好。石材的强度等级有:MU200、MU150、MU100、MU80、MU60、MU50 等。它是由把石块做成 70mm 立方体,经压力机压至破坏后,得出的平均极限抗压强度值来确定的。

按其加工后的外形规则程度不同,石材可分为毛石和料石。

(1)毛石。毛石是由人工利用撬凿法与爆破法开采出来的不规则石块。由于岩石具有层理结构,开采时往往可获得相对平整和基本平行的两个面。

(2)料石(条石)。料石是由人工或机械开采的、较规则的六面体石块,经人工略加凿琢而成。按其表面加工的平整程度不同,料石还可分为毛料石、粗料石和细料石。

①毛料石。毛料石的表面稍加修整,厚度不小于 20cm,长度为厚度的 1.5～3 倍。

②粗料石。粗料石的表面凸凹深度要求不大于 2cm,厚度与宽度均不小于 20cm,长度不大于厚度的 3 倍。

③细料石。细料石须细加工,表面凸凹深度要求不大于 0.2cm,其余同粗料石。

3.砂浆

砂浆是由骨料(砂)、胶结料(水泥)、掺合料(石灰膏)和外加剂(如微沫剂、防水剂、抗冻剂等)加水拌合而成的。砂浆是园林各种砌体材料中块体的胶结材料,砌块通过它的黏结可形成一个整体。砂浆能够填充块体之间的缝隙,把上部传下来的荷载均匀地传到下面去;还可以阻止块体的滑动。同时,砂浆填满块材之间的缝隙,有利于减小透气性,提高砌体的隔热性和抗冻性。

砂浆应具备一定的强度、黏结力和工作度(或称为流动性、稠度)。

(1)组成砂浆的材料

①水泥:水泥为粉末状物质,加入适量水拌和后,可由塑性浆状体逐渐变成坚硬的石状体,是一种水硬性无机胶凝材料。常用的水泥有硅酸盐水泥、普通硅酸盐水泥、矿渣硅酸盐水泥、火山灰质硅酸盐水泥、粉煤灰硅酸盐水泥。

②石灰膏:石灰膏是用生石灰经水化与网滤在沉淀池中沉淀熟化,贮存后而成的,要求其在池中热化的时间不少于 7 天。脱水硬化的石灰膏严禁使用。

③砂:砂是指粒径在 5mm 以下的石质颗粒。按其平均粒径不同,砂一般分为粗砂、中砂、细砂、特细砂 4 类,如表 8-4 所示。

表 8-4　砂的分类

类别	平均粒径(mm)	细度模数	类别	平均粒径(mm)	细度模数
粗砂	>0.5	3.7~3.1	细砂	0.25~0.35	2.2~1.6
中砂	0.35~0.5	3.0~2.3	特细砂	<0.25	1.5~0.7

④微沫剂:微沫剂是一种憎水性的有机表面活性物质,它能增加水泥的分散性,使水泥石灰砂浆中的石灰用量减少许多。

⑤防水剂:防水剂可与水泥结合形成不溶性材料,具有填充堵塞砂浆间隙的作用。防水剂可分为硅酸钠类防水剂、金属皂类防水剂、氯化物金属盐类防水剂和硅粉等。应用时,要根据品种、性能和防水对象而定。

⑥食盐:食盐用于砌筑砂浆中,起抗冻剂的作用。

⑦水:砂浆必须用水拌和,因此,所用的水必须洁净无污染。若使用河水,必须先经化验才可使用。一般用自来水等饮用水来拌制砂浆。

砂浆的强度等级可分为 M15、M10、M7.5、M5、M2.5、M1 和 M0.4。砂浆强度是以一组 7cm 立方体试块,在标准条件下(温度为 20℃±3℃,相对湿度为 90%以上)养护 28 天,测其抗压极限强度值的平均值来划分等级的。

(2)砂浆的类型。按胶结材料不同,砂浆可分为水泥砂浆、混合砂浆、石灰砂浆、防水砂浆和勾缝砂浆。

①水泥砂浆:水泥砂浆是由水泥和砂子按一定质量比配制搅拌而成的。它主要用在受湿度影响大的墙体和基础等部位。

②混合砂浆:混合砂浆是由水泥、石灰膏、砂子按一定质量比配制搅拌而成的。它主要用于地面上墙体的砌筑。

③石灰砂浆:石灰砂浆是由石灰膏和砂子按一定质量比配制而成的。它的强度较低,主要用于临时性建筑。

④防水砂浆:防水砂浆是在体积比为 1∶3 的水泥砂浆中,掺入水泥质量 3%~5%的防水剂搅

拌而成的。它主要用于防潮层、水池内外抹灰等。

⑤勾缝砂浆：勾缝砂浆是将水泥和细砂以 1∶1 的体积比拌制而成的。它主要用于清水墙面的勾缝。

4.混凝土

混凝土是由胶凝材料、水和骨料按适当比例配合、拌制成拌和物，经一定时间硬化而成的人造石材。混凝土具有抗压强度高、耐久性好等特征，可以配制浇注成各种形状、各种作用和性质的混凝土构件和结构物。

混凝土一般可分为普通混凝土和钢筋混凝土。

(1)普通混凝土。普通混凝土简称混凝土，是将水泥、砂、卵石或碎石及水按适当比例，经混合搅拌，硬化成型的一种人工石材。

(2)钢筋混凝土。钢筋混凝土是在混凝土配比材料的基础上，加入一些抗拉钢筋($\emptyset6\sim40mm$)或钢丝($\emptyset2.5\sim5mm$)，再经过一段时间养护，以达到一定强度要求。

混凝土强度等级有 12 级，分别是 C7.5、CIO、C15、C20、C25、C30、C35、C40、C45、C50、C55 和 C60。混凝土强度是以一组 15cm 立方体试块，在标准条件下(温度为 $20℃\pm3℃$，相对湿度为 90％以上)养护 28 天，测其抗压强度标准值来划分等级的。标号越高，混凝土的抗压强度越高。

(二)挡土墙断面结构

1.重力式挡土墙

重力式挡土墙借助于墙体的自重来维持土坡的稳定，常用砖、毛石及混凝土筑成，是园林中常用的一类挡土墙。用混凝土砌筑时，要求墙顶宽度至少为 20cm，以便灌浇和捣实。重力式挡土墙的断面形式有直立式、倾斜式和台阶式 3 种。

(1)直立式：直立式挡土墙是指墙面基本与水平面垂直，但也允许 10∶0.2～10∶1 倾斜度的挡土墙。由于直立式挡土墙的墙背承受的水平压力较大，因此，挡土墙高度宜控制在两米以内。

(2)倾斜式：倾斜式挡土墙是墙背向土体倾斜，倾斜坡度在 20° 左右的挡土墙。倾斜式挡土墙的水平压力相对减小，同时墙背与土层密贴，减少了挖方和回填土的数量，因此，适于中等高度的挡土墙。

(3)台阶式：台阶式挡土墙是将墙背做成台阶，以适应不同土层深度的土压和利用土的垂直压力来增加稳定性，它适于较高的挡土墙。

2.半重力式挡土墙

半重力式挡土墙除了在墙体中加入少量钢筋起加固作用外，其他都与重力式挡土墙类似。

3.悬臂式挡土墙

悬臂式挡土墙为钢筋混凝土结构，常做成倒"T"形或"L"形，高度在 7～9m 时较为经济。悬臂的底脚可伸入墙内，或伸出墙外，或两侧都伸出。底脚伸入墙内侧时，它处于所支承的土壤下面，可利用土体的压力，增加墙体自重。底脚伸出墙外时，施工较方便，但经常为了稳重而做成某种形式的底脚。

(三)挡土墙排水处理

挡土墙后土坡的排水处理对维持土墙的正常使用有重大影响，特别是雨量充沛和冻土地区。

1.截水明沟排水

在大片景区和游人较少的地带,根据不同地势和汇水量,设置一道或几道平行于挡土墙的明沟,利用明沟纵坡排除降水和地表径流,减少墙后地面渗水,如图3—8所示。必要时,还需设纵、横向盲沟,力求尽快排除地面水和地下水。

2.地面封闭处理

在墙后地面上,根据各种填土和使用情况,在土壤渗透性较大地段,采取相应地面封闭处理来减少地面渗水,如作20～30cm厚夯实黏土层或种植草皮封闭,也可用混凝土或毛石封闭。

3.设置泄水孔

在墙身水平方向每隔2～4m及竖向每隔1～2m设泄水孔。泄水孔要交错设置。石砌墙身中,泄水孔的宽度约为2～4cm,高度约为10～20cm;混凝土墙身中,可留直径为5～10cm的圆孔(PVC管)排水。干砌石墙可不设墙身泄水孔。

4.暗沟排水

有的地段为了挡土墙的美观,不允许在墙身上设置泄水孔,这时可在墙背面刷防水砂浆或填一层不小于50cm厚的黏土隔水层,还需设毛石盲沟,并设置平行于挡土墙的暗沟,以引导墙后积水与暗管相连。

(四)任务实施

1.定点放线

清理施工现场,确定挡土墙的平面位置。用经纬仪和钢尺找出基础轴线的位置,在两侧各加宽20cm放线,基础轴线位置的允许偏差为20mm。

2.基槽开挖

基槽开挖完成后,素土夯实,在基槽底部铺一层14～15cm的灰土加固。灰土配比为:石灰与中性黏土之比为3:7。

3.基础砌筑

砌筑基础时,基础第一层石块应坐浆,即在开始砌筑前先铺砂浆(M7.5水泥砂浆)30～50mm,然后选用较大较整齐的石块,大面朝向,放稳放平。从第二层开始,应分层卧砌,并应上下错缝,内外搭接,不得采用外面侧立石块中间填心的砌法。

基础的最上一层,宜选用较大的条石砌筑。基础灰缝厚度为20～30mm。

4.墙身砌筑

(1)砌筑顺序:采用分层砌筑,顺序是先角石,后边石或面石,最后填心石。

(2)砌筑方法:用M5水泥砂浆砌石块。每砌一石块,均应先铺底浆,再放石块,经左右轻轻揉动几下后,再轻击石块,使灰缝砂浆被压实。在已砌筑好的石块侧面安砌时,应在相邻侧面先抹砂浆再砌石,并向下及向侧面用力挤压砂浆,使灰缝挤实,砌体被贴紧。

每层石块应高度一致,每砌高0.7～1.2m找平一次。砌筑石块时,错缝应按规定排列,同一层中用一丁一顺或一层丁石一层顺石。灰缝宽度宜为20～30mm。砌筑填心石时,灰缝应彼此错开,水平缝不得大于30mm,垂直缝不得大于40mm,个别空隙较大的,应在砂浆中用挤浆填塞小石块。

每隔10～25m设置伸缩缝,缝宽3cm,用板条、沥青、石棉绳、止水带等材料填充,填充时略于砌石墙面,缝隙用水泥砂浆勾满。

(3)排水处理:砌筑墙身时按设计要求预留泄水孔,位置符合设计要求。泄水孔与土体间铺设长宽各为 300mm、厚为 200mm 的卵石或碎石作疏水层。在墙后坡上适当位置设置一道平行于挡土墙的明沟。

5.压顶处理

墙顶可选花岗岩条石作压顶,条石宽度为 300mm,厚度为 80mm。墙顶用 1:3 水泥砂浆抹面厚 20mm。挡土墙内侧的回填土必须分层夯填,分层松土厚度应为 300mm。

墙顶土面应有适当坡度使流水流向挡土墙外侧面。

6.墙面装饰

墙面装饰主要是对墙面进行勾缝处理。挡土墙设计无特殊要求时,勾缝宜采用凸缝或平缝。勾缝前,应先清理缝槽,用水冲洗湿润。勾缝时,可用 1:2 水泥砂浆,将砂浆嵌入砌缝内约 2cm。勾缝后,应保持砌后的自然缝,不应有瞎缝、丢缝、裂纹和黏结不牢等现象出现。

二、花坛工程

花坛是在具有一定几何轮廓的植床内,种植各种不同色彩的观花、观叶或观果等园林植物,从而构成一幅富有鲜艳色彩或华丽纹样的装饰图案,以供观赏。中国古典园林中的花坛是指"边缘用砖石砌成的种植花卉的土台子"。花坛在庭院、园林绿地中广为存在,常常成为局部空间环境的构图中心和焦点,对活跃庭院空间环境、点缀环境、绿化景观起到十分重要的作用。

(一)花坛的分类

花坛作为硬质景观和软质景观的结合体,具有很强的装饰性,其分类方法有多种。

1.按花材分类

按花材不同,花坛可分为盛花花坛(花丛花坛)和模纹花坛两大类。其中,模纹花坛又可分为毛毡花坛、浮雕花坛和彩结花坛。

2.按空间位置分类

按空间位置不同,花坛可分为平面花坛、斜面花坛和立体花坛。其中,立体花坛又可分为造型花坛、标牌花坛等。

3.按花坛组合分类

按是否进行组合,花坛可分为独立花坛(单体花坛)和组合花坛(花坛群)。

(二)花坛的布置位置

花坛一般设在道路的交叉口上、公共建筑的正前方、园林绿地的入口处或广场的中央,即游人视线交汇处,以构成视觉中心。花坛的平、立面造型应根据所在园林的空间环境特点、尺度大小、拟栽花木生长习性及观赏特点而定。

(三)花坛建造所需材料

1.花坛砌筑材料

花坛的砌筑材料主要有普通砖、石材、砂浆和混凝土。

2.花坛装饰材料

花坛常用的装饰材料有花坛砌体材料、贴面材料和抹灰材料等。

(1)花坛砌体材料。花坛砌体材料主要是砖、石块等,通过选择砖、石的颜色、质感及砌块的组合与勾缝的变化,可形成美的外观。通过对石材表面进行留自然荒包、打钻路、扁光等处理,也可达到不同的表面效果。

①砖的勾缝类型:砖的勾缝主要有齐平、风蚀、钥匙、突出、提桶把手和凹陷等类型。

齐平:是一种平淡的装饰缝,雨水直接流经墙面,适用于露天的情况;通常用泥刀将多余的砂浆去掉,并用木条或麻布打光。

风蚀:其坡形剖面有利于排水;上方2～3mm的凹陷在每一砖行产生阴影线;有时将垂直勾缝抹平以突出水平线。

钥匙:是用窄小的弧线工具压印而成的较深装饰缝,其阴影线更加美观,但对于露天的场所不适用。

突出:是将砂浆抹在砖的表面形成的装饰缝。它将起到很好的保护作用,并伴随着日晒雨淋而形成迷人的乡村式外观;可以选择与砖块颜色相匹配的砂浆,或用麻布打光。

提桶把手:其剖面图为曲线形。它是利用圆形工具获得的,该工具为镀锌桶的把手。提桶把手适度地强调了每块砖的形状,而且能防日晒雨淋。

凹陷:是利用特制的"凹陷"工具,将砖块间的砂浆方方正正地按进去,强烈的阴影线夸张地突出了砖线,但只适用于非露天的场地。

②石块勾缝类型:石块勾缝主要有蜗牛痕迹、圆形凹陷、双斜边、刷、方形凹陷和草皮勾缝等类型。

蜗牛痕迹:使线条纵横交错,让人觉得每一块石头都与相邻的石头相配。当砂浆还是湿的时候,利用工具或小泥刀沿勾缝方向划平行线,使砂浆的砌合更光滑、完整。

圆形凹陷:利用湿的弯曲管子或塑料水管,在湿砂浆上按入一定深度,使石头之间形成强烈的阴影线。

双斜边:利用带尖的泥刀加工砂浆,产生一种类似鸟嘴的效果。本方法需要专业人员完成,以求达到美观的效果。

刷:是在砂浆完全凝固之前,用坚硬的铁刷将多余的砂浆刷掉而呈现出的外观效果。

方形凹陷:如果是正方形或长方形的石块,最好使用方形凹陷。方形凹陷需要用专用工具处理。

草皮勾缝:利用泥土或草皮取代砂浆。本方法只有在石园或植有绿篱的清水石墙上才适用。要使勾缝中的泥土与墙的泥土相连以保证植物根系的水分供应。

(2)贴面材料

①饰面砖

墙面砖。墙面砖可分为有釉和无釉两种,其一般规格有200mm×100mm×12mm、150mm×75mm×12mm、75mm×75mm×8mm、108mm×108mm×8mm等。

马赛克。马赛克是用优质瓷土烧制成片状小瓷砖拼成各种图案贴在纸上的饰面材料。

②饰面板:饰面板是用花岗岩荒料经锯切、研磨、抛光及切割制成的装饰材料,主要有以下4种。

剁斧板:表面粗糙,具有规则的条状斧纹。

机刨板:表面平整,具有相互平行的刨纹。

粗磨板:表面光滑、无光。

磨光板:表面光亮、色泽鲜明、晶体裸露。

③青石板:青石板有暗红、灰、绿、紫等不同颜色,根据其纹理构造可劈成自然状薄片。使用规格为长宽300~500mm不等的矩形块。形状自然、色彩富有变化是其装饰的特点。

④文化石:文化石分为天然和人造两种。天然文化石是开采于自然界的石材矿,其中的板岩、砂岩、石英岩经加工可成为一种装饰材料。天然文化石具有材质坚硬、色泽鲜明、纹理丰富、抗压、耐磨、耐火、耐腐蚀、吸水率低等特点。人造文化石是采用硅钙、石膏等材料精制而成的,它模仿天然石材的外形纹理,具有质地轻、色彩丰富、不霉、不燃、便于安装等特点。

⑤水磨石饰面板:水磨石饰面板是将大理石石粒、颜料、水泥、中砂等材料经过选配制坯、养护、磨光打亮而制成的。它具有色泽多样、表面光滑、美观耐用等特点。

(3)抹灰材料

①抹灰层次:装饰抹灰有水刷石、水磨石、斩假石、干黏石、喷砂、喷涂、彩色抹灰等多种形式,无论选用哪一种,都需分层涂抹。涂抹层次可分为底层、中层和面层。底层主要起黏结作用,中层主要起找平作用,面层起装饰作用。

②抹灰材料:装饰抹灰所用材料主要是起色彩作用的白水泥、石渣、彩砂、颜料等。

白水泥:白水泥是白色硅酸盐水泥的简称,一般不用于墙面,多用于装饰,如白色墙面砖的勾缝等。

彩色石渣:彩色石渣是由大理石和白云石等石材经破碎制成的,用于水刷石、干黏石等,要求颗粒坚硬、洁净,含泥量不大于2%。

花岗岩石屑:花岗岩石屑是花岗岩的碎料,平均粒径为2~5mm,主要用于斩假石面层。

彩砂:彩砂有天然和人工烧制两种形式,主要用于外墙喷涂。彩砂的粒径为1~3mm,要求颗粒均匀、颜色稳定,含泥量不超过2%。

颜料:颜料是配制装饰抹灰色彩的调刷材料,要求耐碱、耐日光晒,其掺量不超过水泥用量的12%。

(4)其他材料。随着装饰材料及生产工艺的发展,一些新材料开始应用于花坛的砌体围合之中,充当矮栏,表现出很强的装饰效果,如金属材料、加工木料、塑料制品等。

(四)花坛彻体结构

常见的花坛一般由砖、石、钢筋混凝土或混凝土砌筑而成。

(五)任务实施

1.砖砌花坛施工

(1)定点放线。根据花坛设计要求,将圆形花坛砌体图形放线到地面上,具体操作方法如下。

①在地面上找出花坛中心点,并打桩定点。

②以桩点为圆心、以为半径划出两个同心圆,用白灰在地面上做好标记。

(2)基础处理

①放线完成后,按照已有的花坛边缘线开挖基槽。

②基槽开挖宽度应比墙体基础宽100mm左右,深度根据设计而定,一般为120mm。

③槽底要平整,素土夯实。

④根据设计尺寸,确定花坛的边线及标高,并打设龙门桩。在砼基础边外放置施工挡板,在挡板上划出标高线,采用C10混凝土作基础,厚80cm。

（3）砌筑施工

①砌筑前，应对花坛位置尺寸及标高进行复核，并在砼基础上弹出其中心线及水平线。

②对砖进行浇水湿润，其含水率一般控制在 10％～15％左右。

③对基层砂灰、杂物进行清理并浇水湿润。

④用 M5.0 混合砂浆、MU≥7.5 的标准砖砌筑花坛墙，高为 560mm。用普通砖砌筑时，普通砖墙厚度有半砖、四分之三砖、一砖、一砖半、二砖等，常用的砌筑形式有一顺一丁、三顺一丁、梅花丁、条砌法等。本任务选用"一顺一丁"砌法，要求砂浆饱满，上下错缝，内外搭接，灰缝均匀。

⑤墙砌筑好之后，回填土将基础埋上，并夯实。

（4）花坛装饰。用水泥和粗砂配 1：2.5 水泥砂浆对墙体抹面，抹平即可，不要抹光。最后，根据设计要求，用 20mm 厚米黄色水刷石饰面。

（5）种植床整理。花坛装饰完成后，对种植床进行整理。在种植床中，填入较肥沃的田园土，有条件的再填入一层肥效较长的有机肥作为基肥，然后进行翻土作业，一面翻土、一面挑选，清除土中杂物。把表层土整细、耙平，以备植物图案放线，栽种花卉植物。

2.五色草立体花坛施工

（1）分析设计图案：五色草立体花坛是利用不同种类的五色草，配置草花、灌木，建造立体景物或组成文字，美观高雅，富有诗情画意。

本立体（造型）花坛，以五色草为主体，其他花木作配材，动物造型为大象，图案设计简洁大方。

（2）骨架制作：制作骨架之前，要根据所设计的大象立体形象，用泥或石膏、木材等按比例制作模型。骨架也称为架林，是动物造型的支承体。本次任务中，应按大象的形象，设计出大小、宽窄和高度相宜的骨架。

骨架一般用工字钢、角钢、钢筋焊接制作，也可用木材、竹材或砖石等材料制作。骨架结构要坚固，一般应按预计的承重力选择用料，以避免因用材不合理而出现变形或倒塌等现象。骨架表面焊上细钢筋，每根约 8～10cm。骨架中间必须要加固立柱，起支承和承重作用。

（3）骨架安装：注意骨架各边的尺寸，要小于原设计尺寸 8～10cm，以便在骨架上铺网、缠草、抹泥、栽草等。整个大象型体下面要求有十字铁作基础，灌筑于地下深约 1m 左右，以防止倾斜。

（4）搭荫棚、缠草把：为防止泥浆因暴晒而干裂或受雨水冲刷，在缠草之前必须先立支架，搭上荫棚，然后再往骨架上缠绕带泥草绳。东北地区常用谷草、稻草蘸上肥沃而有粘着力的稀泥，拧成 5～10cm 粗的草辫子，当地称为拉和辫子。

工作时由下而上编缠，厚度为 5～10cm。如果所造的景物较小较精细，草辫宜随之变细。拉和辫子所用的材料，必须是新草，因新草拉力大，且可延长腐烂时间。在缠草辫子过程中，中间空隙要用土填实。

（5）栽五色草：栽草应先上后下，先左后右，先放线栽出轮廓，然后再顺序栽植。栽植要细心，选草适当，密度适宜，并要均匀地划分株行等分。栽植时一般用稍尖的木棒挖栽植穴，栽后要按实。栽时注意，苗和体床面应呈锐角，一般以 45°～60。锐角栽植，这样，小苗斜向上生长，着光好，根系也可自然向下，抗旱性好，浇水时不易被冲掉。

（6）养护管理：五色草立体花坛的养护管理工作对于保持花坛的造型效果有着重要的作用，要求比较细致，其主要工作有浇水、拔除杂草和修剪。

①水分管理：由于立体花坛的土层薄，含水少，小苗生长慢，因此，栽后一周内应每天喷水两次，

以保持土壤潮湿。待小苗长根与土壤密接后,可适当减少浇水量。

②定型修剪:五色草立体花坛栽后半个月就要进行修剪,在 7 月份至 8 月份生长旺季时,最好每半个月修剪一次。修剪时要根据花坛纹样剪得凸凹有致,线条要保持平直,以突出观赏效果。纹样两侧要剪成坡面,这样可形成浮雕效果。另外,在修剪时,可同时进行除杂和补苗工作。补苗时一定要按原要求,缺什么苗补什么苗,以便保护设计效果。

③病虫害控制:五色草易受地老虎危害,可在栽植前用 3% 呋喃丹颗粒剂,每平方米用药量为 3~5g。用药量不宜过多,用药过多不仅浪费,而且还影响花草的根部发育。在生长季节,天旱时,还易发生红蜘蛛、蚜虫等病虫害,可用乐果 1500 倍液喷洒防治。

三、景墙工程施工

在园林建设中,根据使用功能、植物生长、景观要求等的需要,常用不同形式的挡墙围合、界定、分隔空间场地。如果场地处于同一高程,用于围合、界定、分隔的挡墙仅为景观视觉需要而设,称为景墙。

(一)常用墙面装饰材料

景墙常用的装饰材料有砌体材料、贴面材料、抹灰材料和金属材料等。其中,前三种材料与花坛装饰材料相同。金属材料是指型钢、铸铁、锻铁、铸铝和各种金属网材,如镀锌铅丝网、铝板网、不锈钢网等,主要用于局部金属景墙的施工。

(二)景墙的设计要求

1.保证有足够的稳定性

景墙的稳定性是设计首先应考虑的。影响景墙稳定性的因素主要有以下两点。

(1)平面布置:景墙一般以锯齿形错开或墙轴线前后错动、折线、曲线或蛇形布置,这些形式的墙体稳定性好。而直线形墙体的稳定性较差,若要使用,须增加墙厚或扶壁来提高稳定性。

景墙常采用组合方式进行平面布置,如景墙与景观墙体建筑、景观挡土墙、花坛的组合等,都可提尚景墙的稳定性。

(2)基础:基础设计是否合理是决定景墙是否稳定的重要条件。基础的深度和宽度往往由地基土的土质类型决定。在普通的地基土上,基础深度为 45~60cm 即可;在黏土上,基础深度要求达到 90cm,甚至更深。当地基土质不均时,景墙基础可采用混凝土或钢筋混凝土。基础的深度和宽度最好咨询结构工程师。

2.抵抗外界环境变化

(1)抵御雨雪的侵蚀。景墙往往处于露天环境,这就要求墙体从砌筑材料的选择和外观细部的设计上都应能抵御雨雪的侵蚀。

(2)防止热胀冷缩的破坏。为适应热胀冷缩的影响,景墙需要做伸缩缝,一般用砖、混凝土砌块所做的景墙,每隔 12m 需留一条 10mm 宽的伸缩缝,并用专用的有伸缩性的胶黏水泥填缝。

3.具有与环境相协调的造型与装饰

景墙以造景为第一目的,外观设计上应处理好色彩、质感和造型的关系,既要体现不同的造型,又要表现一定的装饰效果。例如,在景墙上进行雕刻或者彩绘艺术作品;在居住区、企业、商业步行街等场所提供名称、标志性符号等信息;通过多种透空方式,形成框景,以增加景观的层次和景深;与喷泉、涌泉、水池等搭配,加上灯光效果,使景墙更有观赏性等。

(三)景墙的几种表现形式

1.砖砌景墙

砖砌景墙的外观效果主要取决于砖的质量,部分取决于砌合的形式。砌体宜采用一顺一丁砌筑。若为清水墙,砖表面的平整度、完整性、尺度误差,砖与砖之间的勾缝以及砌砖排列方式等都要求非常严格,否则将直接影响美观;若砖墙表面作装饰抹灰或贴各种饰面材料,则对砖的外观和灰缝要求不高。

2.石砌景墙

石砌景墙能给环境带来自然、永恒的感觉。石块的类型有多种,其表面通过留自然荒包、打钻路、扁光等处理,可以得到多种表面效果。同时,天然石块(卵石)的应用也是多种多样的,这就使石砌景墙有不同的砌合与表现形式,可构成不同的景观效果。

3.混凝土砌块景墙

混凝土砌块常模仿天然石块的各种形状,与现代建筑搭配,应用于景墙的设计与施工之中,可取得较好的效果。混凝土砌块在质地、色泽及形状上的多种变化,使景墙能更好地为整体环境发挥景观服务功能。

(四)任务实施

1.基槽放线

根据图纸设计要求,在地面上打桩放线,确定沟槽的平面位置。

2.基槽开挖

按基槽平面位置及深度开挖基槽,基槽沟底进行素土夯实并找平。

3.混凝土基础砌筑

砌筑混凝土基础时,先清除木模板内的泥土等杂物,并浇水润湿模板。按混凝土配合比投料,投料顺序为碎石、水泥、中砂、水,配成 M7.5 水泥砂浆。当混凝土振捣密实后,表面应及时用木杆刮平,木抹子搓平,之后洒水覆盖,养护期一般不少于 7 个昼夜。

4.墙身砌筑

(1)抄平。为使砖墙底面标高符合设计要求,砌墙前应在基面(基础防潮层)上定出各层标高,并采用 M7.5 水泥砂浆找平。

(2)弹线。根据施工图要求,弹出墙身轴线、宽度线。

(3)砌筑。选用"一顺一丁"砌法,即一层顺砖与一层丁砖相互间隔砌成,上下层错缝 1/4 砖长。砌筑时,砖应提前 1~2 天浇水湿润。

砌砖宜采用一铁锹灰(M5 水泥砂浆)、一块砖、一挤揉的"三一"砌砖法,即满铺、满挤操作法。砌砖时,砖要放平。里手高,墙面就要张;里手低,墙面就要背。砌砖一定要跟线,"上跟线,下跟棱,左右相邻要对平"。水平灰缝厚度和竖向灰缝宽度一般为 10 ± 2 mm。

砌筑时,随砌随将舌头灰刮尽,并用 2m 靠尺检查墙面垂直度和平整度,随时纠正偏差。

5.压顶处理

根据实际情况,压顶可采用砖砌(整砖丁砌)、贴瓦或混凝土砌块。压顶高度可为 200_左右,宽度同墙厚或挑出。

6.墙面装饰

(1)勾缝装饰。墙面勾缝一般用1∶2水泥砂浆。勾缝前,应清扫墙面上黏结的砂浆和灰尘,并洒水湿润。勾凹缝时,宜按"从上而下,先平(缝),后立(缝)"的顺序勾缝;勾凸缝时,宜先勾立缝,后勾平缝。

(2)抹灰装饰。底层与中层砂浆也采用1∶2水泥砂浆,总厚度控制在12mm以内。待中层硬结后,再进行面层处理。面层处理可以有以下几种方式。

①水刷石:将水泥与石子按质量比为1∶3进行拌合。拌合均匀后进行摊铺,厚度控制在30mm以内,然后拍平压实,并将内部水泥浆挤压出来,尽量保证石子大面朝上,再用铁抹子溜光压实,反复3~4遍。

待水泥初凝,用手指按压无痕或用刷子刷不掉石子后,开始喷刷面层水泥浆。喷刷分两步进行,第一步用毛刷沾水刷去表面灰浆,露出石料;第二步用喷雾器将四周表面喷湿润,然后喷水冲洗,喷头距墙面10~20cm,喷刷要均匀,使石子表面露出1~2mm为宜,最后用水管将表面冲刷干净。当墙面较大时,可用3mm厚玻璃条分隔,施工完毕玻璃条不取出。

②喷砂:喷砂前,墙面应平整无孔洞、无粉尘,将墙面喷水充分湿润,深度为3_左右,使其为内湿状态。

喷砂材料应按粉与砂比为1∶1.5~1∶2.0配制,并加喷砂专用胶搅拌均匀,搅拌时间应为1.5~2.0min。搅拌好的材料应在2.5~3.0h之间用完,以免硬化。

施工时,空气压缩机的压力不得小于8MPa,以确保喷砂附着力。喷枪与墙面应保持垂直状态,距离为30~50cm,由上而下或由左而右匀速进行喷洒施工。喷砂点高度为1~3mm,底部直径为2mm左右,以形成点、网状均匀覆盖基层为宜。

③喷涂:喷涂作业时,手握喷枪要稳,涂料出口应与被涂面垂直,喷枪移动时应与涂面保持平行。喷枪运行速度要适宜,且应保持一致。

喷枪直线喷涂移动70~80cm后,应拐弯180°向后喷涂下一行。喷涂时,第一行与第二行的重叠宽度应控制在喷涂宽度的1/2~1/3,这样可使涂层厚度比较均匀,色调基本一致。喷涂要连续作业,到分界处再停歇。

喷涂一般分遍完成,波状和花点喷涂为两遍,粒状喷涂为三遍,前后两遍的喷涂间隔为1~2h。涂料干燥前,应防止雨淋,尘土沾污。

(4)彩色抹灰:面层材料可以选择水泥色浆,抹灰后形成不同的色彩线条和花纹等装饰效果。

四、廊架工程

廊架实际上包含廊和架两方面含义,是以木材、竹材、石材、金属、钢筋混凝土为主要原料添加其他材料凝合而成,供游人休息、景观点缀之用的建筑体。廊架多为平顶或拱门形,一般不攀爬植物,有攀缘植物的可以称为花架(廊式花架)。

(一)廊架在园林中的作用

1.联系功能

廊架可将单体建筑连成有机的群体,使其主次分明,错落有致;还可配合园路,构成全园交通、浏览及各种活动的通道网络,以"线"联系全园。

2.分隔与围合空间

在花墙的转角处,设置廊架,并种植竹石、花草构成小景,可使空间相互渗透,隔而不断,层次丰富。廊架也可将空旷开敞的空间围成封闭的空间,在开阔中有封闭,热闹中有静谧,使空间变幻的情趣倍增。

3.造景功能

廊架样式各异,外形美观,材质丰富,其本身就是一道景观。同时,廊架的自身构造为绿化植被的立面发展创造了条件,避免了植物种植的单一与单薄,使得乔木、灌木、藤本植物各有发展空间,相得益彰。

4.遮阳、防雨、休息功能

无论是现代还是古典特色的廊架,均可为人们提供休闲、休憩的场所,同时还有防雨淋、遮阳的作用,形成观赏的佳境。

(二)廊架的表现形式

1.廊的表现形式

按其平面与立面造型不同,廊的表现形式有双面空廊、单面空廊、复廊、双层廊、爬山廊、曲廊和单支柱廊等。

2.花架的表现形式

花架的表现形式有单片式、独立式、直廊式和组合式等。

(1)单片式。单片式花架是简单的网格式,其作用是为攀缘植物提供支架,因此,单片式花架在高度上可根据需要而定,在长度上可适当延长,其材料多用木条或钢铁制作,一般布置在庭院及面积较小的环境内。

(2)独立式。独立式花架一般是作为独立观赏的景物,在造型上可以设置为类似一座亭子,顶盖由攀缘植物的叶与蔓组成,架条从中心向外放射,形成舒展新颖、别具韵味的风格。

(3)直廊式。直廊式花架是园林中常见的一种表现形式,它类似于葡萄架。此花架是先立柱,再沿柱子排列的方向布置梁,在两排梁上按照一定的间隔布置花架条,花架条两端向外挑出悬臂;在梁与梁之间,可布置坐凳或花窗隔断,这样既可提供休息场所,又有良好的装饰效果。

(4)组合式。组合式花架是将直廊式花架与亭、景墙或独立式花架结合,形成的一种更具有观赏性的组合式建筑。

(三)廊架的位置选择

1.廊的位置选择

(1)平地建廊:在平地上,廊常建于草坪一角、休息广场中、大门出入口附近,也可沿园路布置或与建筑相连等。在小型园林中,廊常沿界墙及附属建筑物以"占边"的形式布置。为划分景区,增加空间层次,使相邻空间形成既有分割又有联系的效果,也可把廊、墙、花架、山石、绿化等互相配合起来进行。

(2)水上建廊:位于岸边的廊,廊基一般与水面相接,廊的平面也大体贴紧岸边,尽量与水接近。在水岸自然曲折的情况下,廊大多沿着水边成自由式格局,顺自然之势,与环境相融合。驾临水面之上的廊,以露出水面的石台或石墩为基,廊基一般宜低不宜高,最好使廊的底板尽可能贴近水面,并使两侧水面能穿经廊下而互相贯通,这样,人们在廊上漫步,宛若置身水面之上,别有风趣。

(3)山地建廊:山地上的廊,可供游山观景和联系山坡上下不同标高的建筑物之用,也可以丰富山地建筑的空间构图。

2.花架的位置选择

花架的位置选择较灵活,在公园隅角、水边、园路一侧、草坪上、道路转弯处、建筑旁边等均可设立;在形式上,花架可与亭、廊、建筑组合,也可单独设立。

(四)廊架的常用材料

廊架的材料可分为人工材料和自然材料两种,在建造廊架时,选择不同的材料,可形成不同的廊架,如表8-5所示。

表8-5 廊架的常用材料

材料		说明
人工材料	金属品	铁管、铝管、铜管、不锈钢管均可应用。
	水泥品	廊架本身骨干以钢筋混凝土制作,表面以下述材料装饰:水泥、粉光、斩石、洗石、磨石、清水砖、美术砖、瓷砖、马赛克等。
	塑胶品	主要材料包括塑胶管、硬质塑胶、玻璃纤维(玻璃钢)。其中,塑胶管绿廊需要考虑绿廊顶架的负荷,包括攀附其上的枝干重量、塑胶管的厚度及管内填充物;它需有底模,花样多,但造价昂贵。
自然材料	木竹绿廊	常用的一种,材质轻,质感好,造型简单容易,易保养。
	树廊	用可遮阳的树枝、枝条相交培育成廊架的形式,如行道树、凤凰木、榕树、木麻黄等。
	石廊	用自然石加工或不加工构筑而成。

(五)廊架的构造与设计

以绿廊(花架)为例加以说明。

绿廊的顶部为平顶或拱门形,宽度为2~5m,高度则依宽度而定,高与宽之比为5:4。绿廊的四侧设有柱子,柱子的距离一般为2.5~3.5m。柱子可分为木柱、铁柱、砖柱、石柱、水泥柱等。柱子一般用混凝土作基础,如直接将木柱埋入土中,要求将埋入部分用柏油涂抹防腐。

柱子顶端架着格子条,其材料多为木条,亦有用竹竿和铁条的。柱子顶端主要由梁、椽和横木三部分构成。梁是由两根柱子所支持的横梁;椽是架在梁上的木条;横木架于椽上,是构成格子的细条,其距离依攀缘植物的性质而异。

绿廊在自然式庭院中,常将木柱保留树皮,或将水泥柱故意做成树皮状,如加油漆,常漆成绿色,以与自然环境统一;在规则式庭院中,则多漆成白色或乳黄色,以增加情趣,减少单调。绿廊中一般均配置座椅以供休息。

(六)任务实施

1.混凝土廊架施工

(1)定点放线:根据图纸设计要求和地面坐标系统的对应关系,用经纬仪把廊架的平面位置和边线测放到地面上,并打桩或用白灰做好标记。

（2）基础处理：在放线外边缘宽出 20cm 左右挖好槽之后，首先用素土夯实，有松软处要进行加固，不得留下不均匀沉降的隐患，然后再用 150mm 厚级配三合土和 120mm 厚 C15 素混凝土做垫层，用 100mm 厚的 C20 素混凝土做基层，最后用 C20 钢筋混凝土做基础。

（3）柱身浇筑：混凝土的组成材料为水泥、碎石、砂和水，其配合比应符合国家现行标准《普通混凝土配合比设计规程》JGJ55—2011 的有关规定。

安装模板，烧筑下为 460mm×460mm、上为 300mm×300mm 的钢筋混凝土柱子。浇筑在所需形状的模板内进行，经捣实、养护，最后硬结成廊架的柱子。

（4）柱身装饰：将浇筑好的混凝土柱身清理干净后，用 20mm 厚 1:2 砂浆粉底文化石贴面装饰。

（5）顶部安装。顶部花架条预制 C20 钢筋混凝土，规格为 60mm×150mm。

2.木廊架施工

（1）定点放线：同混凝土廊架施工。

（2）基础处理：挖好基槽后，先用素土夯实，再用 100mm 厚 C10 素混凝土做垫层，之后用 C20 钢筋混凝土做好基础。

（3）选择木料：通常用松木作材料，要求材质好，质地坚韧，材料挺直，比例匀称，正常无障节、无霉变，无裂缝，色泽一致，干燥。

（4）加工制作：应按要求将木料逐根进行榫穴、榫头划墨，画线必须正确。榫要饱满，眼要方正，半榫的长度应比半眼的深度短 2～3mm。线条要平直，光滑，清秀，深浅一致。割角应严密，整齐。刨面不得有刨痕、戗槎及毛刺。

拼榫完成后，应检查花架木枋的角度是否一致，是否有松动现象，整体强度是否牢固。木料加工不仅要求制作、接榫严密，更应确保材料质量。

虽然构件规格较大，但施工时也应注意榫卯、凿眼工序中的稳、准程度，用家具的质量标准要求，以体现园林小品的特色。

（5）花架安装：安装前要预先检查木花架制作的尺寸，进行校正规方。如有问题，应事先处理好。木柱安装，先在钢筋混凝土基础层弹出各木柱的安装位置线及标高，间距应满足设计要求，将木柱放正、放稳，并找好标高，按设计要求方法固定。

花架安装，将制作好的花架木枋按施工图要求安装，用钢钉从木枋侧斜向钉入，钉长为木枋厚的 1～1.2 倍。固定完之后及时清理干净。

木材的材质和铺设时的含水率必须符合木结构工程施工及验收规范的有关规定。

（6）防腐处理：木枋安装前按规范进行半成品防腐基础处理，防腐剂可用 ACQ 木材防腐剂（由铜和季铵盐溶合而成的水溶性木材防腐剂）。安装完成后立即进行防腐施工，若遇雨雪天气必须采取防水措施，不得让半成品受淋至湿，更不得在湿透的成品上进行防腐施工，以确保成品防腐质量合格。

五、园桥工程施工

园林中的桥，可以联系风景点的水陆交通，组织游览线路，转换观赏视线，点缀水景，增加水面层次，即兼有交通和艺术欣赏的双重作用。

（一）园桥的类型

园桥可分为平桥、平曲桥、拱桥、亭桥与廊桥、栈桥与栈道、吊桥和汀步等。

1.平桥

平桥有木质桥、石质桥、钢筋混凝土桥等。其特点是桥面平整，为一字形，结构简单，桥身不设栏杆或只做矮护栏，桥主体结构是木梁、石梁、钢筋混凝土直梁。

平桥造型简朴雅致，一般紧贴水面设置，或增加风景层次，或便于观赏水中倒影、池里游鱼，或平中有险，别有一番乐趣。

2.平曲桥

平曲桥的构造同平桥，但其桥面形状不为一字形，而是左右转折的折线形。根据转折数可分为三曲桥、五曲桥、七曲桥和九曲桥等。转折角多为90°和120°，有时也采用150°转角。平曲桥桥面为低而平的构造形式，景观效果好。

平曲桥的作用不在于便利交通，而是要延长游览行程，扩大空间感，在曲折中变换游览者的视线方向，做到"步移景异"；也有的用来陪衬水上亭、榭等建筑物，如上海城隍庙的九曲桥等。

3.拱桥

拱桥是园林造景用桥的主要形式，多置于水面上，其桥面抬高，常做成玉带状。拱桥的特点为材料易得、施工简单且造价低，多应用于园林工程造园之中。拱桥可分为石拱桥和砖拱桥，也有钢筋混凝土拱桥。

4.亭桥与廊桥

在桥面上建造亭、廊的桥称为亭桥或廊桥，其可供游人遮阳避雨，又可增加桥的形体变化。亭桥如杭州西湖三潭印月，廊桥如苏州拙政园"小飞虹"。

5.栈桥与栈道

栈桥与栈道没有本质上的区别，架设长桥作为道路是它们的基本特点。栈桥多独立设置在水面或地面上，而栈道则更多地依傍于山壁或岸崖处。

6.吊桥

吊桥是利用钢索、铁索为结构材料，把桥面悬吊在水面上的一种园桥形式。它主要用于风景区的河面或山沟上。

7.汀步

汀步是没有桥面只有桥墩的特殊造型桥，即特殊的路。它是将线状排列的块石、混凝土墩或预制汀步构件布置在浅水区域、沼泽区等形成的步行通道。

（二）园桥的位置选择

桥位选址与景区总体规划、园路系统、水面的分隔或聚合、水体面积的大小密切相关。

在大水面上建桥，最好采用曲桥、廊桥、栈桥等比较长的园桥，桥址应选在水面相对狭窄的地方。当桥下不通游船时，桥面可设计低平一些，使人更接近水面；当桥下需要通过游船时，则可把部分桥面抬高，做成拱桥样式。另外，在大水面沿边与其他水道相交接的水口处，设置拱桥或其他园桥，可以增添岸边景色。

庭院水池或面积较小的人工湖上，适宜布置体量较小、造型简洁的园桥。若是用桥来分隔水面，则小曲桥、拱桥、汀步等都可选用。

在园路与河流、溪流交接处,桥址应选在两岸之间水面最窄处或靠近较窄处。跨越带状水体的园桥,其造型可以比较简单,有时甚至只搭上一个混凝土平板,就可作为小桥。但是,桥虽简单,其造型还是应有所讲究,要做得小巧别致,富于情趣。

在园林内的水生及沼泽植物景区(如湿地公园)中,可采用栈桥形式,将人们引入沼泽地游览观景。

(三)园桥的结构形式

园桥的结构形式随其主要建筑材料而有所不同。例如,钢筋混凝土桥与木桥的结构常用板梁柱式,石桥常用拱券式或悬臂梁式,铁桥常采用桁架式,吊桥常用悬索式等。

1.板梁柱式

板梁柱式桥是以桥柱或桥墩支承桥体重量,以直梁柱简支梁两端搭在桥柱上,梁上铺设桥板作桥面。在桥孔跨度不太大的情况下,也可不用桥梁,直接将桥板两端搭在桥墩上,铺成桥面。桥梁、桥板一般用钢筋混凝土预制或混凝土现浇。如果跨度较小,也可用石梁或石板。

2.悬臂梁式

悬臂梁式桥的桥梁从桥孔两端向中间悬挑伸出,在悬挑的梁头再盖上短梁或桥板,连成完整的桥孔。这种方式可以增大桥孔的跨度,以方便桥下行船。石桥和钢筋混凝土桥都可以采用悬臂梁式结构。

3.拱券式

拱券式桥的桥口由砖、石材料拱券而成,桥体重量通过圆拱传递到桥墩。单孔和双孔桥的桥面一般是拱形;三孔以上的拱券式桥,其桥面多数做成平整的路面形式,但也有把桥面做成半径很大的微拱形式的。

4.桁架式

桁架式桥用铁制桁架作为桥体。桥体杆件多为受拉或受压的轴力构件,这种杆件消除了弯矩产生的条件,使构件的受力特性得到充分发挥。杆件的结点多为铰结。

5.悬索式

悬索式桥是一般索桥的结构形式。它以粗长悬索固定在桥的两头,底面有若干根钢索排成一个平面,其上铺设桥板作为桥面;两侧各有一至数根钢索从上到下竖向排列,并由许多下垂的钢绳将其串联在一起,下垂钢绳的下端吊起桥板。

(四)任务实施

1.钢筋混凝土小桥施工

(1)木桩基础:根据施工设计图要求放样,划出小桥桩基区域。将区域内的土挖深到桩顶设计标高下 50~60cm,填入 10cm 厚塘渣,形成一个可放样施工的作业平台。在作业平台上再放样划出桩位图,然后开始木桩的打桩施工,桩顶要控制到设计标高。

要求桩位偏差必须控制在小于等于 D/6~D/4 范围内(D 为桩的直径),桩的垂直度允差为 1%。

(2)毛石嵌桩:桩区外边抛直径不大于 50cm 的毛石,桩间抛直径不大于 40cm 的毛石,对称均衡分层抛,每层先抛中间,后抛外侧,使桩成组并保持正确位置;另外,一边抛毛石,一边适当填入塘渣,使桩顶区嵌石密实。这样分层抛毛石到桩顶标高,然后在此基础上做 10cm 厚轮垫层。

（3）承台施工

①垫层施工：施工前先破碎桩头至设计标高，并外用破碎砼；采用10cm厚碎石垫层；垫层砼尺寸每边比承台尺寸加宽10cm；碎石垫层表面用平板振捣密实。

②承台钢筋：选用16mm以上的钢筋，均用焊接连接；钢筋绑扎时，先绑底部的钢筋，再绑侧面钢筋及顶部钢筋。

③承台模板：安装时，要确保模板接缝紧密，并用封口胶纸将缝隙封贴，防止漏浆。

④承台砼：承台砼可采用C20混凝土浇筑。由于承台混凝土体积大，易产生由各类不利因素引发的裂缝。因此，施工时，应严格控制温度及水灰比，振捣密实，养护及时，以保证混凝土质量。

⑤基坑回填：清除淤泥、杂物，坑内积水抽干；分层夹土进行回填，每层30～40cm，并夯实，确保密实度≥85％。

（4）桥台施工：桥台施工应考虑如下问题。

①选择较规则平整的梅雨石（尺寸约为300mm×400mm×200mm），经过加工凿平后，作为镶面块石。

②砌筑砂浆采用M10水泥砂浆。

③镶面石砌筑采用三顺一丁，做到横平竖直，砂浆饱满，叠砌得当。

④墙身浆砌块石采取分层砌筑时必须错开，交接处咬扣紧密，同一行内不能有贯通的直缝。

⑤砌筑时每隔50～100cm必须找平一次，应做到各水平层内垂直缝错开，错开距离不得小于8cm，各砌块内的垂直缝错开5cm，灰缝宽度最大2cm，不得有干缝及瞎缝现象。

⑥在挡墙砌筑时，泄水孔与沉降缝必须同时施工，位置及质量必须符合设计或规范要求。

（5）板梁安装：对于单跨小桥，考虑到施工进度，可直接采用吊机安装；对于连续3跨以上（包括3跨）的桥梁，可采用简易架梁机安装。

（6）铺装桥面：采用水泥混凝土铺装6～8cm厚，混凝土强度不低于行车道的混凝土强度。水泥混凝土铺装表面应坚实、平整、无裂纹，并有足够的粗糙度。

97栏杆安装。栏杆的安装自一端柱开始，向另一端顺序安装，安装高度为1.0～1.2m，杆间距为1.6～2.7m。栏杆的垂直度用自制的"双十字"靠尺控制。

2.栈道施工

（1）定点放线：根据给定的坐标点和高程控制点进行工程定位，建立轴线控制网。场地经初平后，按施工图纸测设放线，撒好基槽灰线。

（2）基槽开挖：沿灰线直边切出槽边的轮廓线，然后自上而下分层开挖。栈道基础土方量较小，采用人工开挖，挖至槽底标高后，由两端轴线引桩拉通线，检查距槽边尺寸，然后修槽、清底。将基础回填所用土方量置于基槽周边，以备回填。基槽开挖时应用一台水准仪进行标高的监控跟踪。

雨期开挖时，必须做好槽内排水和地面截水工作。简易的截水方法是利用挖出的土沿基槽四周或迎水面筑高为500～800mm的土堤截水，同时将地面水通过场地排水沟排泄。

（3）碎石垫层：用于垫层填筑的碎石，要求大小适中、无风化现象，以确保垫层的强度。石块之间要求密实，无松动；并应预先控制好标高、坡向和厚度。垫层应满足设计要求，碎石摊铺应均匀、平整。

（4）钢筋绑扎：钢筋在钢筋作业场内加工制作，现场绑扎。现场绑扎时应注意钢筋的摆放顺序，钢筋接头要相互错开，同一截面处钢筋接头数量应符合规范要求，按图纸施工。

木栈道基础较简单,从基础底板开始,钢筋可一次性加工绑扎到位,然后浇筑基础混凝土。

(5)浇筑混凝土:支模前将基础表面杂物全部清理干净。钢筋绑扎完以后,模板上口宽度要进行校正,并用木撑进行定位,用铁钉临时固定。模板支好后检查模板内尺寸及高程,达到设计标高后方可浇筑混凝土。

采用流态混凝土。混凝土每30cm厚振捣一次,振捣以插入式振捣器为主,要求快插慢拔,既不能漏振也不能过振。混凝土须连续浇筑,以保证结构整体性。

(6)钢梁安装:木栈道采用100×70工字钢通过16♯膨胀螺栓与基础连接。

(7)木构件安装:100×70工字钢上每420mm布置一道50×50木龙骨,木龙骨两侧通过60×30"L"型镀锌钢及镀锌十字螺丝与工字钢固定夹紧。140×25防腐木地板与木龙骨通过Ø5mm下沉式十字平头镀锌钢螺钉牢固。

六、园亭工程施工

园亭是供游人休息、观景或构成景观的开敞或半开敞小型园林建筑。现代园林中的园亭式样更加抽象化,亭顶成圆盘式、菌蕈式或其他抽象化的建筑,多采用对比色彩,装饰趣味多于实用价值。

(一)园亭的特点

1.兼有实用和观赏价值

园亭既可点缀景观,又可供游人驻足休息,还可防日晒、雨淋,消暑纳凉,畅览园林景色。

2.造型优美,形象生动

现代新型园亭千姿百态,在传统亭的基础上,增加了时代气息,优美、轻巧、活泼、多姿是园亭的特点。

3.与周围环境的巧妙结合

亭身一般为四面透空,空间通透,在建筑空间上,亭能完全融入园林环境之中,内外交融,浑然一体,体现了有限空间的无限性。园亭能集纳园林诸景,聚散山川云气,产生无中生有的空间景象。

4.在装饰上,繁简多样

亭在装饰上繁简皆宜,可以精雕细琢,构成花团锦簇之亭;也可不施任何装饰,构成简洁质朴之亭。

(二)园亭的类型

根据建造材料不同,园亭可分为木结构亭、砖结构亭、竹亭、钢筋混凝土结构亭和钢结构亭等。

1.木结构亭

传统木结构亭的承重结构不是砖墙而是木柱,墙只起到围护作用,所以亭的形态可灵活多变。现代木结构亭的构造可不受传统做法的限制,从造型上看,亭的构造主要取决于其平面形状和屋顶形式。

2.砖结构亭

砖结构亭一般是用砖发券砌成。例如,碑亭的体型厚重,与亭内的石碑相称;而有些小亭则跨度较小,略显轻巧。

3.竹亭

竹亭多见于江南一带,取材方便,轻巧自然。近年来,随着竹材处理技术的发展与完善,竹亭数量有所增加。竹亭建造比较简易,内部可用木结构、钢结构等,外表选用竹材,使其既美观牢固,又易于施工。

4.钢筋混凝土结构亭

钢筋混凝土结构亭主要有三种表现形式。

(1)现场用混凝土浇筑,结构较坚固,但制作细部较浪费模具。

(2)用预制混凝土构件焊接装配。

(3)使用轻型结构,顶部采用钢板网,上覆混凝土进行表面处理。

5.钢结构亭

钢结构亭的屋面不一定全部使用钢结构,可与其他材料相结合,形成丰富的造型。

此外,园亭从平面看,有三角、四角、五角、六角、圆形等;从亭顶看,有平顶、笠顶、四坡顶、半球顶、伞顶、蘑菇顶等;从立面看,有单檐和重檐之分,极少有三重檐;从形式上看,除单体式外,也有组合式以及与廊架、景墙相结合的形式等。

(三)园亭的构造

园亭一般小而集中,向上独立而完整,主要由基础、亭柱和亭顶三部分组成。

1.基础

园亭基础多采用独立柱基或板式柱基的构造形式。基础的埋置深度不应小于500mm。亭子的地上部分负荷重者,基础需加钢筋、地梁;地上部分负荷较轻者,如用竹柱、木柱盖以稻草的,将亭柱部分掘穴以混凝土作基础即可。

2.亭柱

亭柱一般为几根承重立柱,这样可形成比较空灵的亭内空间。柱的断面多为圆形或矩形,也有多角形的,其断面尺寸一般为 $\varnothing250\sim350$mm 或 $\varnothing250$mm$\times250$mm~370mm$\times370$mm,具体数值应根据亭子的高度与所用结构材料而定。亭柱的结构材料有水泥、石块、砖、树干、木条、竹竿等。

3.亭顶

亭子的顶部梁架可用木料做成,也有用钢筋混凝土或金属铁架的。顶盖材料可选用瓦片、稻草、茅草、树皮、木板、竹片、柏油纸、石棉瓦、塑胶片、铝片、洋铁皮等。

4.附设物

为了美观与适用,往往在园亭旁边或内部设置桌椅、栏杆、盆钵、花坛等附设物,设置不必多,以适量为原则;也可在亭的梁柱上采用各种雕刻装饰。

(四)园亭位置的选择

1.山地建亭

山地建亭适宜建在远眺的地形,尤其是山巅、山脊上,这样,眺览的范围大、方向多,同时也为游人登山中的休息提供一个坐坐看看的环境。山地建亭一般选在山巅、山腰台地、山坡侧旁、山洞洞口和山谷溪涧等处。

2.临水建亭

临水建亭一般选在临水岸边、水边石矶、岛上和泉、瀑一侧。临水建亭应尽量贴近水面,宜低不宜高,且应突出于水中,三面或四面为水所环绕。凌驾于水面上的亭常位于小岛、半岛或水中石台之上,以堤、桥与岸相连。岛上置亭可形成水面之上的空间环境,别有情趣。

3.平地建亭

平地建亭一般位于道路的交叉口或路旁的林荫间,有时为一片花木山石所环绕,形成一个小的私密性空间。平地建亭通常选在草坪上、广场上、台阶之上、花间林下,以及园路的中间、一侧、转折和岔路口处。

(五)任务实施

1.定点放线

根据园亭设计要求和地面坐标的对应关系,用经纬仪把园亭的平面位置和边线测放到地面上,并用白灰做好标记。

2.基础施工

(1)素土夯实。在放线外边缘宽出20cm左右处,采用机械开挖基槽(预留10~20cm余土用人工挖掘)。当挖土达到设计标高后,用打夯机进行素土夯实,以达到设计要求的密实度。

(2)碎石回填。用自卸汽车运150mm厚碎石,再用人工回填平整。摊铺碎石时,应无明显离析现象,或采用细集料做嵌缝处理。经过平整和整修后,碎石层应达到要求的密实度。

(3)素混凝土垫层

①用C15素混凝土做垫层。

②混凝土的下料口距离所浇筑的表面不得超过2m。

③混凝土浇筑应分层连续进行,一般分层厚度为振捣器作用部分长度的1.25倍,最大不超过50cm。

④浇筑混凝土时,应经常观察模板有无走动情况。当发现有变形、位移时,应立即停止浇筑,及时处理后再浇筑。

(4)钢筋混凝土独立基础

①垫层达到一定强度后,在其上放线、支模、铺放钢筋网片。

②下部垂直钢筋应绑扎牢,并注意将钢筋弯钩朝上,以连接柱的插筋。

③柱下端要用90°弯钩与基础钢筋绑扎牢固,按轴线位置校核后用方木架形成井字形,将插筋固定在基础外模板上。

④底部钢筋网片应用与混凝土保护层同厚度的水泥砂浆垫塞,以保证位置正确。

⑤在浇筑混凝土前,模板和钢筋上的垃圾、泥土及油污等杂物,应清除干净,模板应浇水加以湿润。

⑥现浇柱下基础时,应特别注意柱子插筋的位置,防止位移与倾斜。在浇筑开始时,先满铺一层5~10cm厚的混凝土,并捣实,使柱子插筋下段和钢筋片的位置基本固定,然后再对称浇筑。

⑦用C20钢筋混凝土做基础。

3.柱子浇筑

混凝土配比应符合国家现行标准《普通混凝土配合比设计规程》JGJ55—2011的有关规定。用C25钢筋混凝土做柱子,规格一般下为460mm×460mm,上为300mm×300mm。安装模板浇筑。浇筑在所需形状的模板内进行,经捣实、养护,最后硬结成亭的柱子。

4.地坪施工

地坪主要施工过程如下。

(1)素土夯实。

(2)150mm厚碎石垫层。

（3）120mm 厚 C15 混凝土做垫层。

（4）30mm 厚樱花红花岗岩铺面。

5.柱子装饰

将浇筑好的混凝土柱身清理干净后,用 20mm 厚的 1:2 水泥砂浆找平,5mm 银白色真石漆装饰。

6.亭顶安装

亭子的顶部采用扁铁花顶(白色)成品定制,其安装应符合工程施工规范要求。顶部防腐处理后面刷咖啡色油漆做装饰。

第九章　市政工程项目质量管理

第一节　市政工程项目质量管理概述

一、市政工程项目质量的概念

市政工程项目质量是指市政工程既具有一定用途,满足用户生产、生活所需功能和使用要求,又符合国家有关法律、法规、技术标准和工程合同的规定。它是通过国家现行的有关法律、法规、技术标准、设计文件及工程合同中对工程的安全、使用、经济、美观等特性的综合要求来体现的。

二、市政工程项目质量的基本特征

市政工程项目从本质上说是一项拟建或在建的建筑产品,它和一般产品具有同样的质量内涵,即一组固有特性满足需要的程度。市政工程项目质量的一般特性可归纳如下:

(一)功能性

功能性主要表现为项目使用功能需求的一系列特性指标,如道路交通工程的路面等级、通行能力;市政排水管渠应保证排水通畅等。

(二)安全可靠性

安全可靠性是指工程在规定时间和规定的条件下,完成规定功能能力的大小和程度,如构筑物结构自身安全可靠、满足强度、刚度和稳定性的要求,以及运行与使用安全等。可靠性质量必须在满足功能性质量需求的基础上,结合技术标准、规范的要求进行确定与实施。

(三)经济合理性

经济合理性是指工程在使用年限内所需费用(包括建造成本和使用成本)的大小。市政工程对经济性的要求,一是工程造价要低,二是使用维修费用要少。

(四)文化艺术性

市政工程是城市的形象,其个性的艺术效果,包括建筑造型、立面外观、文化内涵以及装修装饰、色彩视觉等,不仅使用者关注,社会也关注;不仅现在的人们关注,而且未来的人们也会关注和评价。

(五)与环境的协调性

与环境的协调性是指工程与其周围生态环境协调,与所在地区经济环境协调以及周围已建工程协调,以适应可持续发展的要求。

此外,工程建设活动是应业主的要求而进行的。因此,工程项目的质量除必须符合有关的规范、标准、法规的要求外,还必须满足工程合同条款的有关规定。

三、市政工程项目质量管理特点

(一)影响因素多

影响市政工程质量的因素众多,不仅包括地质、水文、气象和周边环境等自然条件因素,还包括勘察、设计、材料、机械、工艺方法、技术措施、组织管理制度等人为的技术管理因素。要保证工程项目质量,就要分析这些影响因素,以便有效控制工程质量。

(二)控制难度大

因市政工程产品不像其他工业产品生产,有固定的车间和流水线,有规范化的生产工艺和完善的检测技术,有成套的生产设备和稳定的生产环境等。再加上市政工程本身所具有的固定性、复杂性、多样性和单件性等特点,决定了工程项目质量的波动性大,从而进一步增加了工程质量的控制难度。

(三)重视过程控制

工程项目在施工过程中,工序衔接多、中间交接多、隐蔽工程多,施工质量存在一定的过程性和隐蔽性,并且上一道工序的质量往往会影响下一道工序的施工,而下一道工序的施工往往又掩盖了上一道工序的质量。因此,在质量控制过程中,必须重视过程控制,加强对施工过程的质量检查,及时发现和整改存在的质量问题,并及时做好检查,签证记录,为施工质量验收等提供必要的证据。

(四)终检局限大

由于市政工程产品自身的特点,产品建成后不能像一般工业产品那样可以通过终检来判断产品的质量,而工程项目的终检只能进行一些表面的检查,难以发现施工过程中被隐蔽了的质量缺陷,存在较大的局限性。即便在终检过程中发现了质量问题,但仍存在整改难度较大,整改经济损失较大的问题,不能像一般工业产品那样通过拆卸或解体的方式来检查其内在质量。

四、市政工程项目质量管理的原则

(一)坚持"质量第一"

工程质量是建筑产品使用价值的集中体现,用户最关心的就是工程质量的优劣,或者说用户的最大利益在于工程质量。在项目施工中必须树立"百年大计,质量第一"的思想。

(二)坚持以人为控制核心

人是质量的创造者,质量控制必须"以人为核心",发挥人的积极性、创造性。

(三)坚持全面控制

1.全过程的质量控制

全过程的质量控制是指工程项目从签订承包合同一直到竣工验收结束,质量控制贯穿于整个施工过程。

2.全员的质量控制

质量控制是依赖项目部全体人员共同努力的。所以,质量控制必须把项目所有人员的积极性和创造性充分调动起来,做到人人关心质量控制,人人做好质量控制工作。

(四)坚持质量标准、一切以数据衡量

质量标准是评价工程质量的尺度,数据是质量控制的基础。工程质量是否符合质量要求,必须通过严格检查,以数据为依据。

（五）坚持预防为主

预防为主是指事先分析影响产品质量的各种因素，采取措施加以重点控制，使质量问题消灭在萌芽状态或发生之前，做到防患未然。

五、市政工程项目质量保证体系

质量保证体系是为了保证某项产品或某项服务能满足给定的质量要求的体系，包括质量方针和目标，以及为实现目标所建立的组织结构系统、管理制度办法，实施方案和必要的物质条件组成的整体。在工程项目施工中，完善的质量保证体系是满足用户质量要求的保证。施工质量保证体系通过对那些影响施工质量的要素进行连续评价，从而对结构、附属设施、检验等工作进行检查，并提供证据。

（一）质量保证的概念

质量保证是指企业对用户在工程质量方面做出的担保，即企业向用户保证其承建的工程在规定的期限内能满足的设计和使用功能。它充分体现了企业和用户之间的关系，即保证满足用户的质量要求，对工程的使用质量负责到底。

（二）质量保证的作用

质量保证的作用表现在对工程建设和施工企业内部两个方面。

对工程建设，通过质量保证体系的正常运行，在确保工程建设质量和使用后服务质量的同时，为该工程设计、施工的全过程提供建设阶段有关专业系统的质量职能正常履行及质量效果评价的全部证据，并向建设单位表明，工程是遵循合同规定的质量保证计划完成的，质量完全满足合同规定的要求。

对施工企业内部，通过质量保证活动，可有效地保证工程质量，或及时发现工程质量事故征兆，防止质量事故的发生，使施工工序处于正常状态之中，进而达到降低因质量问题产生的损失，提高企业的经济效益。

（三）质量保证的内容

质量保证的内容贯穿于工程建设的全过程，按照市政工程形成的过程分类，主要包括规划设计阶段质量保证，采购和施工准备阶段质量保证，施工阶段质量保证，使用阶段质量保证。按照专业系统不同分类，主要包括设计质量保证，施工组织管理质量保证，物资、器材供应质量保证，安装质量保证，计量及检验质量保证，质量情报工作质量保证等。

（四）质量保证的途径

质量保证的途径包括在工程建设中的以检查为手段的质量保证以工序管理为手段的质量保证和以新技术、新工艺、新材料、新工程产品（以下简称"四新"）为手段的质量保证。

1.以检查为手段的质量保证

以检查为手段的质量保证实质上是对照国家有关工程施工验收规范，对工程质量效果是否合格做出最终评价，也就是事后把关，但不能通过它对质量加以控制。因此。它不能从根本上保证工程质量，只不过是质量保证一般措施和工作内容之一。

2.以工序管理为手段的质量保证

以工序管理为手段的质量保证实质上是通过对工序能力的研究，充分管理设计、施工工序，使之每个环节均处于严格的控制之中,以此保证最终的质量效果。但它仅是对设计、施工中的工序进行控制,并没有对规划和使用阶段实行有关的质量控制。

3.以"四新"为手段的质量保证

以"四新"为手段的质量保证是对工程从规划、设计、施工和使用的全过程实行的全面质量保证。这种质量保证克服了以上两种质量保证手段的不足,可以从根本上确保工程质量,这也是目前最高级的质量保证手段。

(五)全面质量保证体系

全面质量保证体系是以保证和提高工程质量为目标,运用系统的概念和方法,把企业各部、各环节的质量管理职能和活动合理地组织起来,形成一个有明确任务、职责权限,又互相协作、互相促进的管理网络和有机整体,使质量管理制度化、标准化,从而生产出高质量的建筑产品。

六、市政工程质量管理体系

质量管理体系是指企业内部建立的、为保证产品质量或质量目标所必需的、系统的质量活动。质量管理体系根据企业特点选用若干体系要素加以组合,加强从设计、施工、交付到运行,使用全过程的质量管理活动,并予以制度化,标准化,已成为企业内部质量工作的要求和活动程序。

市政工程项目质量管理主要包括下述内容。

(1)规定控制的标准,即详细说明控制对象应达到的质量要求。

(2)确定具体的控制方法,例如工艺规程、控制用图表等。

(3)确定控制对象,例如一道工序、一个分项工程、一个安装过程等。

(4)明确所采用的检验方法,如检验手段等。

(5)进行工程实施过程中的各项检验。

(6)分析实测数据与标准之间产生差异的原因。

(7)解决差异所采取的措施和方法。

第二节　市政工程质量管理因素分析

工程项目建设过程,就是工程项目质量的形成过程,质量蕴藏于工程产品的形成之中。因此,分析影响工程项目质量的因素,采取有效措施控制质量影响因素,是工程项目施工过程中的一项重要工作。

一、工程项目建设阶段对质量形成的影响

(一)决策对工程质量的影响

项目决策主要是指制订工程项目的质量目标及水平。同时应当指出,任何工程项目或产品,其质量目标的确定都是有条件的,脱离约束条件而制订的质量目标是没有实际意义的。

对于工程建设项目,一般来讲质量目标和水平定得越高,其投资相应也就越大。在施工队伍不变时,施工速度也就越慢。所以,在制订工程项目的质量目标和水平时,应对投资目标、质量目标和进度目标三者进行综合平衡、优化,制订出既合理又使用户满意的质量目标,并确保质量目标的实现。

(二)设计对工程质量的影响

设计是通过工程设计使质量目标具体化,指出达到工程质量目标的途径和具体方法。设计质量往往决定工程项目的整体质量,因此,设计阶段是影响工程项目质量的决定性环节。众多工程实践证明,没有高质量的设计,就没有高质量的工程。

(三)施工对工程质量的影响

施工是将质量目标和质量计划付诸实施的过程。通过施工过程及相应的质量控制,将设计图纸变成工程实体。这一阶段是质量控制的关键时期,在施工过程中,由于施工工期长、且多为露天作业、受自然条件影响大,影响质量的因素众多,因此,施工阶段应受到施工参与各方的高度重视。

(四)竣工验收对工程质量的影响

竣工验收是对工程项目质量目标的完成程度进行检验、评定和考核的过程,这是对工程项目质量严格把关的重要环节。不经过竣工验收,就无法保证整个项目的配套投产和工程质量;若在竣工验收中不认真对待,根本无法实现规定的质量目标;若不根据质量目标要求进行竣工验收,随意提高竣工验收标准,将造成不切合实际的过分要求,对工程质量存在相反的影响。

(五)运行保修对工程质量的影响

有些工程项目不只是竣工验收后就可完成的,有的还有运行保修阶段,即对使用过程中存在的施工遗留问题及发现的新的质量问题,通过收集质量信息及整理、反馈,采取必要的措施,进一步巩固和改进,最终保证工程项目的质量。

二、市政工程质量的影响因素

影响市政工程项目施工质量的因素主要有人员因素、材料因素、机械因素,方法因素和施工环境因素。在施工过程中,如果能做到事前对这五方面因素严加控制则可以最大程度上保证市政工程项目的质量。

(一)人员因素对市政工程项目质量的影响

这里的人员是指直接参与工程项目建设的组织者、管理者和操作者。人对工程质量的影响,实质上是指人的工作质量对工程质量的影响。人的工作质量是工程项目质量的个重要组成部分,只有首先提高工作质量,才能保证工程质量,,而工作质量的高低,又取决于与工程建设有关的所有部门和人员。因此,每个工作岗位和每个人的工作都直接或间接地影响着工程项目的质量。提高工作质量的关键,在于控制人的素质。

(二)材料因素对市政工程项目质量的影响

材料是指在工程项目建设中所使用的原材料、半成品、成品、构配件和生产用的机电设备等。材料质量是形成工程实体质量的基础,使用的材料质量不合格,工程质量也肯定不能符合标准要求。加强材料的质量控制,是保证和提高工程质量的重要保隐,是控制工程质量影响因素的有效措施。

为加强对材料质量的控制,未经监理工程师检验认可的材料,以及没有出厂质量合格证的材料,均不得在施工中使用。工程设备在安装前,必须根据有关标准、规范和合同条款加以检验,在征得监理工程师认可后,方能进行安装。

(三)机械因素对市政工程项目质量的影响

机械是指工程施工机械设备和检测施工质量所用的仪器设备。施工机械是实现工业化、加快施工进度的重要物质条件,是现代机械化施工中不可缺少的设施,它对工程质量有着直接影响。所以,在施工机械设备选型及性能参数确定时,都应考虑到它对保证工程质量的影响,特别要注意考虑它经济上的合理性、技术上的先进性和使用操作及维护上的方便。

对机械设备的控制主要包括:要根据不同工艺特点和技术要求,选用合适的机械设备;正确使用、管理和保管好机械设备;建立健全"人机固定"制度、"操作证"上岗制度、岗位责任制度、交接班制度、"技术保养"制度、"安全使用"制度、机械检查制度等,确保机械设备处于最佳使用状态。

(四)方法因素对市政工程项目质量的影响

这里的"方法"是指对施工技术方案、施工工艺、施工组织设计、施工技术措施等的综合。

施工方案的合理性、施工工艺的先进性、施工设计的科学性、技术措施的适用性,对工程质量均有重要影响。在施工工程实践中,往往由于施工方案考虑不周和施工工艺落后而拖延工程进度,影响工程质量,增加工程投资。从某种程度上说,技术工艺水平的高低决定了施工质量的优劣。此外,在制订施工方案和施工工艺时,必须结合工程的实际,从技术、组织、管理、措施、经济等方面进行全面分析、综合考虑,确保施工方案技术上可行,经济上合理,且有利于提高工程质量。

(五)建筑环境因素对工程质量的影响

环境因素主要包括施工现场自然环境因素,施工后量管理环境因素和施工作业环境因素。建筑环境因素对工程质量的影响,具有复杂多变和不确定性的特点,因此,应结合工程特点和具体条件,及时采取有效措施严加控制环境因素对工程的不良影响。

1.施工现场自然环境因素

施工现场自然环境因素包括工程地质、水文、气象条件和周边建筑、地下障碍物以及其他不可抗力等对施工质量的影响因素。例如,在地下水位高的地区,若在雨期进行基坑开挖,遇到连续降雨或排水困难,就会引起基坑塌方或地基受水浸泡影响承载力等;在寒冷地区冬期施工措施不当,工程会因受到冻融而影响质量。

2.施工质量管理环境因素

施工质量管理环境因素主要指施工单位质量管理体系、质量管理制度和各参建施工单位之间的协调等因素。根据承发包的合同结构,理顺管理关系,建立统一的现场施工组织系统和质量管理的综合运行机制,确保工程项目质量保证体系处于良好的状态创造性好的质量管理环境和氛围,是施工顺利进行、提高施工质量的重要保证。

3.施工作业环境因素

施工作业环境因素主要指施工现场平面和空间环境条件,各种能源介质供应,施工照明通风、安全防护设施,施工场地给排水,以及交通运输和道路条件等因素。这些条件是否良好,直接影响到施工能否顺利进行,以及施工质量能否得到保证。

对影响施工质量的上述因素进行控制,是施工质量控制的主要内容。

第三节 市政工程质量管理的内容和方法

市政工程质量控制,不仅包括施工总承包、分包单位,综合的和专业的施工质量控制;还包括建设单位、设计单位、监理单位以及政府质量监督机构在施工阶段对项目施工质量所实施的监督管理和控制职能。因此,市政工程项目的质量控制应明确项目施工阶段质量控制的目标、依据与基本环节,以及施工质量计划的编制和施工生产要素、施工准备工作和施工作业过程的质量控制方法。

一、施工质量管理的依据

(一)共同性依据

共同性依据是指适用于施工阶段,且与质量管理有关的通用的、具有普遍指导意义和必须遵守的基本条件。主要包括工程建设合同;设计文件、设计交底及图纸会审记录、设计修改和技术变更等;国家和政府有关部门颁布的与质量管理有关的法律和法规性文件,如《中华人民共和国建筑法》《中华人民共和国招标投标法》《建设工程质量管理条例》等。

(二)专门技术法规性根据

专门技术法规性依据指针对不同的行业、不同质量控制对象制订的专门技术法规文件,包括规范、规程、标准、规定等,如工程建设项目质量检验评定标准;有关材料、半成品和构配件的质量方面的专门技术法规性文件;有关材料验收、包装和标志等方面的技术标准和规定;施工工艺质量等方面的技术法规性文件;有关新工艺、新技术、新材料、新设备的质量规定和鉴定意见等。

二、施工质量管理的内容

(一)方法的控制

这里所指的方法控制,包含工程项目整个建设周期内所采取的技术方案、工艺流程、组织措施、检测手段、施工组织设计等的控制。

施工方案正确与否,是直接影响工程质量控制能否顺利实现的关键。由于施工方案考虑不周而拖延进度、影响质量、增加投资。为此,在制订和审核施工方案时,须结合工程实际,从技术、组织、管理、工艺、操作、经济等方面进行全面分析综合考虑。力求方案技术可行、经济合理、工艺先进、措施得力、操作方便,有利于提高质量、加快进度、降低成本。

(二)施工机械设备选用的质量控制

在项目施工阶段,必须综合考虑施工现场条件、结构型式、机械设备性能、施工工艺和方法、施工组织与管理、技术经济等各种因素进行机械化施工方案的制订和评审。使之与装备配套使用,充分发挥建筑机械的效能,力求获得较好的经济效益。从保证项目施工质量角度出发,应从机械设备的选型、机械设备的主要性能参数和机械设备的使用操作要求等三方面予以控制。

1.机械设备的选型

应本着因地制宜,按照技术先进、经济合理、生产适用、性能可靠、使用安全、操作方便和维修方便等原则,执行机械化、半机械化与改良工具相结合的方针,突出机械与施工相结合的特色。

2.机械设备的使用、操作要求

贯彻"人机固定"原则,实行定机、定人、定岗位责任的"三定"制度。操作人员必须认真执行各项规章制度,严格遵守操作规程,防止出现安全质量事故。

3.环境因素的控制

影响工程项目质量的环境因素较多,有工程技术环境,如工程地质、水文、气象等;工程管理环境,如质量保证体系、质量管理制度等;劳动环境,如劳动组合、劳动工具、工作面等。环境因素对工程质量的影响,具有复杂而多变的特点,如气象条件就变化万千,温度、湿度、大风、暴雨、酷暑、严寒都直接影响工程质量,前一工序就是后一工序的环境。因此,根据工程特点和具体条件,应对影响质量的环境因素,采取有效的措施严加控制。

在冬期、雨期、风季、炎热季节施工中,还应针对工程的特点,尤其是混凝土工程、土方工程、深基础工程、水下工程及高空作业等,拟订季节性施工措施,以免工程质量受到冻害、干裂、冲刷、坍塌的危害。

三、市政工程质量管理的基本环节

市政工程质量控制应坚持全面、全过程质量管理的原则,进行事前质量控制、事中质量控制和事后质量控制的动态控制方法。

(一)事前质量控制

事前质量控制也就是在工程正式开工前进行事前主动质量控制。主要是编制施工质量计划,明确质量目标,制订施工方案,设置质量控制点,落实质量责任,分析可能导致质量目标偏离的各种影响因素,针对这些影响因素制订切实可行的预防措施,防患未然。

(二)事中质量控制

事中质量控制是在施工质量形成过程中,对影响施工质量的各种因素进行全面的动态控制。事中控制第一是对质量活动的行为约束,第二是对质量活动过程和结果的监督控制。事中控制的关键是坚持质量标准,控制的重点是对工序质量、工作质量和质量控制点的控制。

(三)事后质量控制

为保证不合格的工序或最终产品不流入下一道工序、不进入市场,需对工程质量进行事后控制。事后控制包括对质量活动结果的评价、认定和对质量偏差的纠正。控制的重点是发现施工质量方面的缺陷,并通过分析提出施工质量改进的措施,保持质量处于受控状态。

以上环节并不是互相孤立和截然分开的,而是共同构成有机的系统过程,它本质上是质量管理PDCA循环的具体化,在每一次滚动循环中不断提高,以达到质量管理和质量控制的持续改进。

四、施工质量控制的一般方法

(一)质量文件审核

审核有关技术文件、报告或报表,是对工程质量进行全面管理的重要手段。这些文件包括:

(1)施工单位的技术资质证明文件和质量保证体系文件。

(2)施工组织设计和施工方案及技术措施。

(3)有关材料和半成品及构配件的质量检验报告。

(4)有关应用新技术、新工艺、新材料的现场试验报告和鉴定报告。

(5)反映工序质量动态的统计资料或控制图表。

(6)设计变更和图纸修改文件。

(7)有关工程质量事故的处理方案。

（二）现场质量检查

1.现场质量检查的内容

现场质量检查的内容包括下述内容。

(1)开工前的检查：主要检查是否具备开工条件，开工后是否能够保持连续正常施工，能否保证工程质量。

(2)工序交接检查：对重要的工序或对工程质量有重大影响的工序，应严格执行"三检"制度，即自检、互检、专检。未经监理工程师（或建设单位技术负责人）检查认可，不得进行下一道工序施工。

(3)隐蔽工程的检查：施工中凡是隐蔽工程必须检查认证后方可进行隐蔽掩盖。

(4)停工后复工的检查：因客观因素停工或处理质量事故等停工复工时，经检查认可后方能复工。

(5)分项、分部工程完工后的检查：分项、分部工程完工后应经检查认可，并签署验收记录后，才能进行下一工程项目的施工。

(6)成品保护的检查：检查成品有无保护措施以及保护措施是否有效可靠。

2.现场质量检查的方法

现场质量检查的方法主要有目测法、实测法和试验法等。

(1)目测法：即凭借感官进行检查，也称观感质量检验。其手段可概括为"看、摸、敲、照"四个字。所谓看，就是根据质量标准要求进行外观检查，例如，混凝土外观是否符合要求等。摸，就是通过触摸手感进行检查、鉴别，例如油漆的光滑度，浆活是否牢固、不掉粉等。敲，就是运用敲击工具进行音感检查，例如，对地面工程、装饰工程中的水磨石、面砖、石材饰面等，均应进行敲击检查。照，就是通过人工光源或反机器人视频设备。检查难以看到或光线较暗的部位，例如，排水工程、电梯井等内的管线、设备安装质量等。

(2)实测法：即通过实测，将实测数据与施工规范、质量标准的要求及允许偏差值进行对照，以此判断质量是否符合要求。其手段可概括为"靠、量、吊、套"四个字。所谓靠，就是用直尺、塞尺检查地面、路面等的平整度。量，就是指用测量工具和计量仪表等检查断面尺寸、轴线、标高、湿度、温度等的偏差，例如，大理石板拼缝尺寸与偏差数量、摊铺沥青拌合料的温度，混凝土坍落度的检测等。吊，就是利用托线板以及线锤吊线检查垂直度，例如，砌体的垂直度检查等。套，就是以方尺套方，辅以塞尺检查，例如，对阴阳角的方正、踢脚线的垂直度检查等。

(3)试验法：是指通过必要的试验手段对质量进行判断的检查方法，主要包括理化试验和无损检测。

①理化试验：工程中常用的理化试验包括物理力学性能方面的检验和化学成分及其含量的测定等两个方面。物理力学性能的检验包括抗拉强度、抗压强度、抗弯强度、抗折强度、冲击韧性、硬度、承载力等，以及各种物理性能方面的测定，如密度、含水量、凝结时间、安定性及抗渗、耐磨、耐热性能等。化学成分及化学性质的测定，如钢筋中的磷、硫含量，混凝土中粗骨料中的活性氧化硅成分，以及耐酸、耐碱、抗腐蚀性等。此外，根据规定有时还需进行现场试验。例如，对桩或地基的静

载试验、下水管道的通水试验、压力管道的耐压试验等。

②无损检测:利用专门的仪器仪表从表面探测结构物、材料、设备的内部组织结构或损伤情况。常用的无损检测方法有超声波探伤、射线探伤等。

第四节　市政工程质量事故的预防与处理

一、市政工程质量事故的分类

市政工程质量事故的分类有多种方法,详见表9-1。

表9-1　市政工程质量事故的分类

分类方法	事故类别	内容及说明
按事故造成损失的程度分级	特别重大事故	造成30人以上死亡,或者100人以上重伤,或者1亿元以上直接经济损失的事故
	重大事故	造成10人以上30人以下死亡,或者50人以上100人以下重伤,或者5000万元以上1亿元以下直接经济损失的事故
	较大事故	造成3人以上10人以下死亡,或者10人以上50人以下重伤,或者1000万元以上5000万元以下直接经济损失的事故
	一般事故	造成3人以下死亡,或者10人以下重伤,或者100万元以上1000万元以下直接经济损失的事故
按事故责任分类	指导责任事故	工程指导或领导失误而造成的质量事故
	操作责任事故	在施工过程中,由于操作者不按规程和标准实施操作而造成的质量事故
	自然灾害事故	突发的严重自然灾害等不可抗力造成的质量事故
按质量事故产生的原因分类	技术原因引发的质量事故	在工程项目实施中由于设计、施工在技术上的失误而造成的质量事故
	管理原因引发的质量事故	管理上的不完善或失误引发的质量事故
	社会、经济原因引发的质量事故	经济因素及社会上存在的弊端和不正之风导致建设中的错误行为而发生质量事故
	其他原因引发的质量事故	人为事故(如设备事故、安全事故等)或严重的自然灾害等不可抗力的原因,导致连带发生的质量事故

二、市政工程质量事故产生的原因

市政工程质量事故的预防可以从分析产生质量事故的原因入手,质量事故发生的原因大致有以下几个方面,详见表9-2。

表9-2 市政工程质量事故产生原因分析

事故原因	内容及说明
非法承包、偷工减料	社会腐败现象对施工领域的侵袭,非法承包,偷工减料"豆腐渣"工程,成为近年重大施工质量事故的首要原因
违背基本建设程序	①无立项、无报建、无开工许可、无招投标、无资质、无监理、无验收的"七无"工程;②边勘察、边设计、边施工的"三边"工程
勘察设计的失误	勘察报告不准确,致使地基基础设计采用不正确的方案;结构设计方案不正确,计算失误,构造设计不符合规范要求等
施工的失误	施工管理人员及实际操作人员的思想、技术素质差;缺乏业务知识,不具备技术资质,瞎指挥,施工盲干;施工管理混乱,施工组织、施工技术措施不当;不按图施工,不遵守相关规范,违章作业;使用不合格的工程材料、半成品、构配件;忽视安全施工,发生安全事故等
自然条件的影响	市政施工露天作业多,恶劣的天气或其他不可抗力都可能引发施工质量事故

三、市政工程质量事故的预防

找出了市政工程事故发生的原因,便可"对症下药",采取行之有效的预防市政工程质量事故的对策。

(一)增强质量意识

无论是工程建设单位,还是工程设计、施工单位,其负责人应首先树立"质量第一,预防为主,综合治理"的观念,并对职工定期进行质量意识教育,使单位呈现出人人讲质量、时时处处讲质量的氛围。

(二)建立健全工程质量事故惩处法规

进一步健全工程质量事故惩处法规,以充分发挥法规对忽视工程质量者尤其明知故犯者的震慑力。

(三)加强工程设计审查

对于工程设计,应根据工程重要性采取多重审查制度。审查重点是从概念设计角度对该工程结构体系选型及构造设计的合理性做出评价,判断结构构件是否安全或过于保守(抓两极端情况),以及是否有违反设计规范或无依据地突破规范的情况等。

(四)重视工程施工组织设计审查

任何一项市政工程均由许多单体建筑组成,因此对一项市政工程施工组织设计的审查就是要对各单体建筑的施工组织设计进行审查。因此,审查的重点应放在各单体建筑的关键部位、关键工序的施工组织设计上。

(五)加强施工现场监督

无论是大型工程还是小型工程,施工中都应设置施工现场质量检查员。实践证明,有无质检员,质检员是否称职,关系到能否保证工程质量。因此,所指派的质检员应具有较高的思想觉悟、工作责任心、原则性和建筑专业知识。

一是应根据工程的规模及重要性组成相应层次的工程验收小组,验收小组成员应是原则性强的行业专家;二是验收过程中要坚决抵制外界的干扰;三是验收结论做出后应不折不扣地执行。只有这样,才能检查出市政工程存在的质量问题,确保工程质量。

四、市政工程质量事故处理

(一)市政工程质量事故处理的原则及程序

《中华人民共和国建筑法》明确规定:任何单位和个人对市政工程质量事故、质量缺陷都有权向建设行政主管部门或者其他有关部门进行检举、控告、投诉。

重大质量事故发生后,事故发生单位必须以最快的方式,向上级建设行政主管部门和事故发生地的市、县级建设行政主管部门及检察、劳动部门报告,且以最快的速度采取有效措施抢救人员和财产,严格保护事故现场,防止事故扩大,24小时内写出书面报告,逐级上报。重大事故的调查由事故发生地的市、县级以上建设行政主管部门或国务院有关主管部门组成调查小组负责进行。

重大事故处理完毕后,事故发生单位应尽快写出详细的事故处理报告,并逐级上报。特别重大事故的处理程序应按国务院发布的《特别重大事故调查程序暂行规定》及有关要求进行。

质量事故处理的一般工作程序如下:事故调查→事故原因分析→结构可靠性鉴定→事故调查报告→事故处理设计→施工方案确定→施工→检查验收→结论。若处理后仍不合格,需要重新进行事故处理设计及施工直至合格。有些质量事故在进行事故处理前需要先采取临时防护措施,以防事故扩大。

(二)市政工程质量事故处理的依据

工程质量事故处理的依据主要有4个方面:质量事故的实况资料;具有法律效力的、得到当事各方认可的工程承包合同、设计委托合同、材料或设备购销合同以及监理合同或分包合同等合同文件;有关的技术文件、档案和相关的建设法规。

1.质量事故的实况资料

质量事故的实况资料主要来自以下几个方面。

(1)施工单位的质量事故调查报告。质量事故发生后,施工单位有责任就所发生的质量事故进行周密的调查、研究以掌握情况,并在此基础上写出调查报告,提交监理工程师和业主。在调查报告中就质量事故有关的实际情况做详尽的说明,其内容应包括:

①质量事故发生的时间、地点。

②质量事故状况的描述。

③质量事故发展变化的情况。

④有关质量事故的观测记录、事故现场状态的照片或录像。

(2)监理单位调查研究获得的第一手资料。其内容大致与施工单位调查报告中有关内容相似，可用来与施工单位所提供的情况对照、核实。

2.有关合同及合同文件

(1)所涉及的合同文件可以是工程承包合同、设计委托合同、设备与器材购销合同、监理合同等。

(2)有关合同和合同文件在处理质量事故中的作用是：确定在施工过程中有关各方是否按照合同有关条款实施其活动，借以探寻产生事故的原因。

3.有关的技术文件和档案

(1)有关的设计文件。如施工图纸和技术说明等，它是施工的重要依据。在处理质量事故中，一方面可以对照设计文件，核查施工质量是否符合设计的规定和要求；另一方面可以根据所发生的质量事故情况，核查设计中是否存在问题或缺陷。

(2)与施工有关的技术文件、档案和资料。

①施工组织设计或施工方案、施工计划。

②施工记录、施工日志等。

③有关建筑材料的质量证明资料。

④现场制备材料的质量证明资料。

(3)质量事故发生后，对事故状况的观测记录、试验记录或试验报告等。

(4)其他有关资料。

上述各类技术资料对于分析质量事故原因，判断其发展变化趋势，推断事故影响及严重程度，考虑处理措施等都起着重要的作用，是不可缺少的。

第十章　职业健康安全与环境管理

第一节　职业健康安全与环境管理概述

由于市政工程规模大、周期长、技术复杂,作业环境局限、施工作业具有高空性等特点,存在过多的不稳定因素,导致市政工程安全生产的管理难度很大,容易发生伤亡事故。因此,应根据现行法律法规建立起各项安全生产管理制度体系,规范市政工程各参与方的安全生产行为。

一、职业健康安全管理概述

(一)安全生产管理概念

所谓工程安全管理是对施工活动过程中所涉及的安全进行的管理,包括建设行政主管部门对建设活动中的安全问题所进行的行业管理,以及从事建设活动的主体对自己建设活动的安全生产所进行的企业管理。

(二)安全生产管理体系

安全生产管理体系始终以"安全第一,预防为主,综合治理"作为主导思想建立一系列组织机构、程序、过程和资源以保障市政工程的安全生产。安全生产管理体系是一个动态、自我调整和完善的管理系统,即通过计划(Plan)、实施(Do)、检查(Check)和处理(Action)4个环节构成一个动态循环上升的系统化管理模式。安全管理体系是项目管理体系中的一个子系统,其循环也是整个管理系统循环的一个子系统。

(三)安全生产管理的基本原则

1."管生产必须管安全"的原则

从事生产管理和企业经营的领导者和组织者,必须明确安全和生产是一个有机的整体,生产工作和安全工作的计划、布置、检查、总结、评比要同时进行,绝不能重生产轻安全。一切从事生产、经营活动的单位和管理部门都必须管安全,而且必须依照"安全生产是一切经济部门和生产企业的头等大事"的指示精神,全面负责安全生产工作。对于从事建筑产品生产的企业来说,就要求企业法人在各项经营管理活动中,把安全生产放在第一位来抓。

2."安全具有否决权"的原则

"安全具有否决权"的原则是指安全工作是衡量企业经营管理工作好坏的一项基本内容,该原则要求,在对企业各项指标考核、评选先进时,必须首先考虑安全指标的完成情况。安全生产指标具有一票否决的作用。

3."三同时"原则

"三同时"是基本建设项目中的职业安全、卫生技术和环境保护等措施和设施,必须与主体工程同时设计、同时施工、同时投产使用的法律制度的简称。

4."五同时"原则

企业的生产组织及领导者在计划、布置、检查、总结、评比生产工作的同时,同时计划、布置、检查、总结、评比安全工作。

5."四不放过"原则

"四不放过"原则是指事故原因未查清楚不放过,当事人和群众没有受到教育不放过,事故责任人未受到处理不放过,没有制订切实可行的预防措施不放过。"四不放过"原则的支持依据是《国务院关于特大安全事故行政责任追究的规定》(国务院令第302号)。

6."三个同步"原则

安全生产与经济建设、深化改革、技术改造同步规划、同步发展、同步实施。

二、工程现场环境管理概述

施工现场环境管理是项目管理的一个重要部分,良好的现场环境管理使场容美观整洁、道路畅通,材料放置有序,施工有条不紊。安全、消防、保安、卫生均能得到有效保障,并且使得与项目有关的相关方都能满意。相反,低劣的现场管理不仅会影响施工进度、成本和质量,而且是发生事故的隐患。

施工现场是用于进行该项目的施工活动,经有关部门批准占用的场地。这些场地可用于生产、生活或二者兼有,当该项工程施工结束后,这些场地将不再使用。施工现场包括红线以内或红线以外的用地,但不包括施工单位的自有场地或生产基地。施工项目现场环境管理是对施工项目现场内的活动及空间所进行的管理。

依据市政工程产品的特性,市政工程现场环境管理具有下述特点。

(一)复杂性

市政项目的职业健康安全和环境管理涉及大量的露天作业,受到气候条件、工程地质和水文地质、地理条件和地域资源等不可控因素的影响较大。

(二)多变性

一方面是项目建设现场材料、设备和工具的流动性大;另一方面由于技术进步,项目不断引入新材料、新设备和新工艺,这都加大了相应的管理难度。

(三)协调性

项目建设涉及的工种甚多,包括大量的高空作业、地下作业、用电作业、爆破作业、施工机械、起重作业等较危险的工程,并且各工种经常需要交叉或平行作业。

(四)持续性

项目建设一般具有建设周期长的特点,从设计、实施直至投产阶段,诸多工序环环相扣。前一道工序的隐患,可能在后续的工序中暴露,酿成安全事故。

(五)经济性

产品的时代性、社会性与多样性决定了环境管理的经济性。

三、市政工程环境管理的要求

(一)市政工程项目决策阶段

建设单位应按照有关市政工程法律法规的规定和强制性标准的要求,办理各种与安全与环境保护方面有关的审批手续。对需要进行环境影响评价或安全预评价的市政工程项目,应组织或委托有相应资质的单位进行市政工程项目环境影响评价和安全预评价。

(二)市政工程设计阶段

设计单位应按照有关市政工程法律法规的规定和强制性标准的要求,进行环境保护设施和安全设施的设计,防止因设计考虑不周而导致生产安全事故的发生或对环境造成不良影响。设计单位在进行工程设计时,应当考虑施工安全和防护需要,对涉及施工安全的重点部分和环节在设计文件中应进行注明,并对防范生产安全事故提出指导意见。

对于采用新结构、新材料、新工艺的市政工程和特殊结构的市政工程,设计单位应在设计中提出保障施工作业人员安全和预防生产安全事故的措施建议。

(三)市政工程施工阶段

建设单位在申请领取施工许可证时,应当提供与市政工程安全施工措施有关的资料。对于有依法批准开工报告的市政工程,建设单位应当自开工报告批准之日起 15 日内,将保证安全施工的措施报送至市政工程所在地的县级以上人民政府建设行政主管部门或者其他有关部门备案。

施工企业在其经营生产的活动中必须对本企业的安全生产负全面责任。企业的法定代表人是安全生产的第一负责人,项目经理是施工项目生产的主要负责人。施工企业应当具备安全生产的资质条件,取得安全生产许可证的施工企业应设立安全机构,配备合格的安全人员,提供必要的资源;要建立健全职业健康安全体系以及有关的安全生产责任制和各项安全生产规章制度。对项目要编制切合实际的安全生产计划,制订职业健康安全保障措施;实施安全教育培训制度,不断提高员工的安全意识和安全生产素质。

(四)项目验收试运行阶段

项目竣工后,建设单位应向审批市政工程项目环境影响报告书、环境影响报告或者环境影响登记表的环境保护行政主管部门申请,对环保设施进行竣工验收。环境保护行政主管部门应在收到申请环保设施竣工验收之日起 30 日内完成验收。项目验收合格后才能投入生产和使用。

对需要试生产的市政工程项目,建设单位应当在项目投入试生产之日起 3 个月内向环境保护行政主管部门申请对其项目配套的环保设施进行竣工验收。

第二节　职业健康安全管理

一、安全生产问题

要对施工安全生产进行管理,首先需要明确建筑生产过程中的安全问题,现对安全生产中常见问题进行总结归纳(表 10 - 1)。

表 10 - 1　施工生产安全问题

安全问题	内容
作业环境局限,场地狭小	工程位置的固定,决定了施工是在有限的场地和空间上集中大量的人力、物资、机具进行交叉作业,因此容易发生物体打击事故

安全问题	内容
作业条件恶劣	市政工程施工大多是露天作业
高空作业多	市政工程体积庞大,操作工人可能会在十几米甚至上百米高空进行高空作业,容易发生高处坠落事故
人员流动大	施工人员流动性大,人员素质不稳定,安全管理难度大
产品多样,工艺复杂	每个市政工程都不相同,并且随着工程进度的推进,现场的不安全因素也随时在变化
体力消耗大,劳动强度高	由于劳动时间长和劳动强度大导致工人体力消耗大、容易疲劳产生疏忽,从而引发事故

二、安全生产管理的内容

(一)安全生产职责管理

安全生产职责管理见表 10-2。

表 10-2　安全生产职责管理

安全管理组织机构	项目部建立以项目经理为现场安全管理第一责任人的安全生产领导小组;明确安全生产领导小组的主要职责;明确现场安全管理组织机构网络
安全管理目标	明确伤亡控制指标、安全目标、文明施工目标
安全职责与权限	明确项目部主要管理人员的职责与权限,主要有项目经理、技术负责人、工长、安全员、质检员、材料员、保卫消防员、机械管理员、班组长、生产工人等的安全职责,并让责任人履行签字手续

(二)安全设施、材料、设备等的管理

(1)现场采购的钢管、扣件、安全网等安全防护用品等以及电气开关设备必须符合安全规范要求。

(2)在与公司长期合作、有较高质量信誉的合格供应商处采购。

(3)采用的安全设施、材料必须具有合格的出厂证明、准用证、验收或复试手续等资料。

(4)明确采购及验收控制点。

(三)分包方安全控制

《中华人民共和国建筑法》规定,施工现场安全由建筑施工企业负责。实行施工总承包,由总承包单位负责。分包单位向总承包单位负责,服从总承包单位对施工现场的安全生产管理。由此可见,对分包方进行安全及文明施工管理是必需的。

(四)教育和培训

明确现场管理人员及生产工人必须进行的安全教育和安全培训的内容及责任人。

（五）施工过程中的安全控制

（1）对安全设施、设备、防护用品的检查验收。

（2）持证上岗：施工现场的管理人员、特种作业人员必须持证上岗。

（3）施工现场临时用电：明确施工现场安全用电的技术措施；明确施工现场安全用电的实施要点。

（4）文明施工：明确文明施工专门管理机构，现场围挡与封闭管理，路面硬化，物料码放，建筑主体立网全封闭，施工废水排放，宿舍、食堂、厕所等生活设施，出入口做法，垃圾管理，施工不扰民，减少环境污染等方面的内容、实施要点及控制点。

（5）基坑支护：明确工程基础施工所采取的基坑支护类型、实施要点及控制点。

（6）模板工程：明确工程模板支撑体系的类型或方式；明确实施要点及控制点。

（7）脚手架：明确适用于工程实际的脚手架的搭设类型，搭拆与使用维护的实施要点及关键重点部位的控制点。

（8）施工机械：施工机械安全控制见表10-3。

表10-3 施工机械安全控制

项目	内容
塔吊、施工升降机管理	明确现场塔吊、施工升降机等大型机械的位置及规格型号、性能等事项；明确大型机械的装拆与使用管理的实施要点、关键部位或程序的控制点
中小型机械的使用	明确现场中小型机械的位置及规格型号、性能等事项；明确中小型机械安装、验收、使用的实施要点与关键部位的控制点

（9）安全防火与消防：明确施工现场重点防火部位及消防措施，主体工程操作面消防措施，防火领导小组、义务消防队员名单。重点关键部位的防火安全责任到人，实行挂牌制度。

（10）项目工会劳动保护。明确项目工会劳动保护的实施要点及控制点。

（六）检查、检验的控制

明确对现场安全设施进行安全检查、检验的内容、程序及检查验收责任人等问题。

（七）事故隐患控制

明确现场控制事故隐患所采取的管理措施。

（八）纠正和预防措施

根据现场实际情况制订预防措施；针对现场的事故隐患进行纠正，并制订纠正措施，明确责任人。

（九）内部审核

建筑企业应组织对项目经理部的安全活动是否符合安全管理体系文件有关规定的要求进行审核，以确保安全生产管理体系运行的有效性。

（十）奖惩制度

明确施工现场安全奖惩制度的有关规定。

三、市政工程安全生产管理制度

施工企业的主要安全生产管理制度有:安全生产责任制度、安全生产许可证制度、政府安全生产监督检查制度、安全生产教育培训制度、安全措施计划制度、特种作业人员持证上岗制度、专项施工方案专家论证制度、严重危及施工安全的工艺、设备、材料淘汰制度、施工起重机械使用登记制度、安全检查制度、生产安全事故报告和调查处理制度、"三同时"制度、安全预评价制度、工伤和意外伤害保险制度。

(一)安全生产责任制度

安全生产责任制度是最基本的安全管理制度,是所有安全生产管理制度的核心。具体来说,就是将安全生产责任分解到施工单位的主要负责人、项目负责人、班组长以及每个岗位的作业人员身上。安全生产责任制的主要内容如下所述。

(1)安全生产责任制主要包括施工企业主要负责人的安全责任,负责人或其他副职的安全责任,项目负责人的安全责任,生产、技术、材料等各职能管理负责人及其工作人员的安全责任,技术负责人的安全责任,专职安全生产管理人员的安全责任,施工员的安全责任,班组长的安全责任和岗位人员的安全责任等。

(2)项目对各级、各部门安全生产责任制应规定检查和考核办法,并定期进行考核,对考核结果及兑现情况应有记录。

(3)项目独立承包的工程在签订承包合同中必须有安全生产工作的具体指标和要求。工地由多家施工单位施工时,总承包单位在签订分包合同的同时要签订安全生产合同。分包队伍的资质应与工程要求相符,在安全合同中应明确总分包单位各自的职责,原则上,实行总承包的由总承包单位负责,分包单位向总承包单位负责,服从总承包单位对施工现场的安全管理。

(4)项目主要工种应有相应的安全技术操作规程,一般包括混凝土、模板、钢筋等工种,特种作业应另行补充。应将安全操作规程列为日常安全活动和安全教育的主要内容,并应悬挂在操作岗位前。

(5)工程项目部专职安全人员的配备应按相关规定,1 万 m^2 以下工程 1 人;1 万~5 万 m^2 的工程不少于 2 人;5 万 m^2 以上的工程不少于 3 人。

总之,企业实行安全生产责任制必须做到在计划、布置、检查、总结、评比生产的时候,同时计划、布置、检查、总结、评比安全工作。只有这样,才能建立健全安全生产责任制,做到群防群治。

(二)政府安全生产监督检查制度

政府安全生产监督检查制度是指国家法律、法规授权的行政部门,代表政府对企业的安全生产过程实施监督管理。

政府安全生产监督检查制度具有特殊的法律地位。执行机构设在行政部门,设置原则、管理体制、职责、权限、监察人员任免均由国家法律、法规所确定。职业安全卫生监察机构与被监察对象没有上下级关系,只有行政执法机构和法人之间的法律关系。监察活动既不受行业部门或其他部门的限制,也不受用人单位的约束。

(三)安全生产教育培训制度

企业安全生产教育培训一般包括对管理人员、特种作业人员和企业员工的安全教育。

1.管理人员的安全教育

(1)企业领导的安全教育:企业法定代表人安全教育的主要内容包括:国家有关安全生产的方针、政策、法律、法规及有关规章制度;安全生产管理职责、企业安全生产管理知识及安全文化;有关事故案例及事故应急处理措施等。

(2)项目经理、技术负责人和技术干部的安全教育:项目经理、技术负责人和技术干部安全教育的主要内容包括:安全生产方针、政策和法律、法规;项目经理部安全生产责任;典型事故案例剖析;本系统安全及其相应的安全技术知识。

(3)行政管理干部的安全教育:行政管理干部安全教育的主要内容包括:安全生产方针、政策和法律、法规;基本的安全技术知识;本职的安全生产责任。

(4)企业安全管理人员的安全教育:企业安全管理人员安全教育内容应包括:国家有关安全生产的方针、政策、法律、法规和安全生产标准;企业安全生产管理、安全技术、职业病知识、安全文件;员工伤亡事故和职业病统计报告及调查处理程序;有关事故案例及事故应急处理措施。

(5)班组长和安全员的安全教育:班组长和安全员的安全教育内容包括:安全生产法律、法规、安全技术及技能、职业病和安全文化的知识;本企业、本班组和工作岗位的危险因素、安全注意事项;本岗位安全生产职责;典型事故案例;事故抢救与应急处理措施。

2.特种作业人员的安全教育

特种作业人员,是指直接从事特种作业的从业人员。特种作业的范围主要有:电工作业、焊接与热切割作业、高处作业、制冷与空调作业、煤矿安全作业、金属非金属矿山安全作业、石油天然气安全作业、冶金(有色)生产安全作业、危险化学品安全作业、烟花爆竹安全作业、安全监管总局认定的其他作业。

(1)特种作业人员安全教育要求。特种作业人员必须经专门的安全技术培训并考核合格,取得中华人民共和国特种作业操作证后,方可上岗作业。特种作业人员应当接受与其所从事的特种作业相应的安全技术理论培训和实际操作培训。

(2)取得操作证的特种作业人员,必须定期进行复审。期限除机动车辆驾驶按国家有关规定执行外,其他特种作业人员两年进行一次。凡未经复审者不得继续独立作业。

3.企业员工的安全教育

企业员工的安全教育主要有新员工上岗前的三级安全教育、改变工艺和变换岗位安全教育、经常性安全教育3种形式。

(四)安全检查制度

1.安全检查的目的

安全检查制度是消除隐患、防止事故、改善劳动条件的重要手段,是企业安全生产管理工作的一项重要内容。通过安全检查可以发现企业及生产过程中的危险因素,以便有计划地采取措施,保证安全生产。

2.安全检查的方式

检查方式有企业组织的定期安全检查,各级管理人员的日常巡回检查、专业性检查、季节性检查、节假日前后的安全检查、班组自检、交接检查、不定期检查等。

3.安全检查的内容

安全检查的主要内容包括:查思想、查制度、查管理、查隐患、查整改、查伤亡事故处理等。安全检查的重点是检查"三违"和安全责任制的落实。检查后应编写安全检查报告,报告应包括以下内容:已达标项目、未达标项目、存在问题、原因分析、纠正和预防措施。

4.安全隐患的处理程序

对查出的安全隐患,不能立即整改的要制订整改计划,定人、定措施、定经费、定完成日期,在未消除安全隐患前,必须采取可靠的防范措施,如有危及人身安全的紧急险情,应立即停工。应按照"登记—整改—复查—销案"的程序处理安全隐患。

(五)安全措施计划制度

安全措施计划制度是指企业进行生产活动时,必须编制安全措施计划,它是企业有计划地改善劳动条件和安全卫生设施、防止工伤事故和职业病的重要措施之一,对企业加强劳动保护、改善劳动条件、保障职工的安全和健康、促进企业生产经营的发展都起着积极作用。

1.安全措施计划的范围

安全措施计划的范围应包括改善劳动条件、防止事故发生、预防职业病和职业中毒等内容,具体包括下述内容。

(1)安全技术措施。安全技术措施是预防企业员工在工作过程中发生工伤事故的各项措施,包括防护装置、保险装置、信号装置和防爆炸装置等。

(2)职业卫生措施。职业卫生措施是预防职业病和改善职业卫生环境的必要措施,包括防尘、防毒、防噪声、通风、照明、取暖、降温等措施。

(3)辅助用房间及设施。辅助用房间及设施是为了保证生产过程安全卫生所必需的房间及一切设施,包括更衣室、休息室、淋浴室、消毒室、妇女卫生室、厕所和冬期作业取暖室等。

(4)安全宣传教育措施。安全宣传教育措施是为了宣传普及有关安全生产法律、法规、基本知识所需要的措施,其主要内容包括安全生产教材、图书、资料,安全生产展览,安全生产规章制度,安全操作方法训练设施,劳动保护和安全技术的研究与实验等。

2.编制安全措施计划的依据

(1)国家发布的有关职业健康安全政策、法规和标准。

(2)在安全检查中发现的尚未解决的问题。

(3)造成伤亡事故和职业病的主要原因和所采取的措施。

(4)生产发展需要所应采取的安全技术措施。

(5)安全技术革新项目和员工提出的合理化建议。

3.编制安全技术措施计划的一般步骤

编制安全技术措施计划可以按照下述步骤进行。

(1)工作活动分类。

(2)危险源识别。

(3)风险确定。

(4)风险评价。

(5)制订安全技术措施计划。

(6)评价安全技术措施计划的充分性。

(六)生产安全事故报告和调查处理制度

关于生产安全事故报告和调查处理制度,《中华人民共和国安全生产法》《中华人民共和国建筑法》《建设工程安全生产管理条例》《生产安全事故报告和调查处理条例》《特种设备安全监察条例》等法律法规都对此作了相应的规定。

《中华人民共和国安全生产法》第八十条规定:"生产经营单位发生生产安全事故后,事故现场有关人员应当立即报告本单位负责人";"单位负责人接到事故报告后,应当迅速采取有效措施,组织抢救,防止事故扩大,减少人员伤亡和财产损失,并按照国家有关规定立即如实报告当地负有安全生产监督管理职责的部门,不得隐瞒不报、谎报或者迟报,不得故意破坏事故现场、毁灭有关证据。"

《中华人民共和国建筑法》第五十一条规定:"施工中发生事故时,建筑施工企业应当采取紧急措施减少人员伤亡和事故损失,并按照国家有关规定及时向有关部门报告。"《建设工程安全生产管理条例》第五十条对建设工程生产安全事故报告制度的规定为:"施工单位发生生产安全事故,应当按照国家有关伤亡事故报告和调查处理的规定,及时、如实地向负责安全生产监督管理的部门、建设行政主管部门或者其他有关部门报告:特种设备发生事故的,还应当同时向特种设备安全监督管理部门报告。接到报告的部门应当按照国家有关规定,如实上报。"本条是关于发生伤亡事故时的报告义务的规定。一旦发生安全事故,及时报告有关部门是及时组织抢救的基础,也是认真进行调查分清责任的基础。因此,施工单位在发生安全事故时,不能隐瞒事故情况。

(七)"三同时"制度

"三同时"制度是指凡是我国境内新建、改建、扩建的基本建设项目,技术改建项目和引进的建设项目,其安全生产设施必须符合国家规定的标准,必须与主体工程同时设计、同时施工、同时投入生产和使用。

新建、改建、扩建工程的初步设计要经过行业主管部门、安全生产管理部门、卫生部门和工会的审查,同意后方可进行施工;工程项目完成后,必须经过主管部门、安全生产管理行政部门、卫生部门和工会的竣工检验;市政工程项目投产后,不得将安全设施闲置不用,生产设施必须和安全设施同时使用。

(八)安全预评价制度

安全预评价是在市政工程项目前期,应用安全评价的原理和方法对工程项目的危险性、危害性进行预测性评价。

开展安全预评价工作,是贯彻落实"安全第一,预防为主,综合治理"方针的重要手段,是企业实施科学化、规范化安全管理的工作基础。科学、系统地开展安全评价工作,不仅直接起到了消除危险有害因素、减少事故发生的作用,有利于全面提高企业的安全管理水平,而且有利于系统地、有针对性地加强对不安全状况的治理、改造,最大限度地降低安全生产风险。

四、施工安全技术措施

(一)施工安全控制

安全控制是生产过程中涉及的计划、组织、监控、调节和改进等一系列致力于满足生产安全所进行的管理活动。

1.安全控制的目标

安全控制的目标是减少和消除生产过程中的事故,保证人员健康安全和财产免受损失。具体应包括:

(1)减少或消除人的不安全行为的目标。

(2)减少或消除设备、材料的不安全状态的目标。

(3)改善生产环境和保护自然环境的目标。

2.施工安全的控制程序

(1)确定每项具体市政工程项目的安全目标。按"目标管理"方法在以项目经理为首的项目管理系统内进行分解,从而确定每个岗位的安全目标,实现全员安全控制。

(2)编制市政工程项目安全技术措施计划。工程施工安全技术措施计划是对生产过程中的不安全因素,用技术手段加以消除和控制的文件,是落实"预防为主"方针的具体体现,是进行工程项目安全控制的指导性文件。

(3)安全技术措施计划的落实和实施。安全技术措施计划的落实和实施包括建立健全安全生产责任制,设置安全生产设施,采用安全技术和应急措施,进行安全教育和培训,安全检查,事故处理,沟通和交流信息,通过一系列安全措施的贯彻,使生产作业的安全状况处于受控状态。

(4)安全技术措施计划的验证。安全技术措施计划的验证是通过施工过程中对安全技术措施计划实施情况的安全检查,纠正不符合安全技术措施计划的情况,保证安全技术措施的贯彻和实施。

(5)持续改进根据安全技术措施计划的验证结果,对不适宜的安全技术措施计划进行修改、补充和完善。

(二)施工安全技术措施的一般要求

1.开工前制订

施工安全技术措施是施工组织设计的重要组成部分,应在工程开工前与施工组织设计一同编制。为保证各项安全设施的落实,在工程图纸会审时,就应特别注意考虑安全施工的问题,并在开工前制订好安全技术措施,使得用于该工程的各种安全设施有较充分的时间进行采购、制作和维护等准备工作。

2.全面性

按照有关法律法规的要求,在编制工程施工组织设计时,应当根据工程特点制订相应的施工安全技术措施。对于大中型工程项目、结构复杂的重点工程,除必须在施工组织设计中编制施工安全技术措施外,还应编制专项工程施工安全技术措施,详细说明有关安全方面的防护要求和措施,确保单位工程或分部分项工程的施工安全。对爆破、拆除、起重吊装、水下、基坑支护和降水、土方开挖、脚手架、模板等危险性较大的作业,必须编制专项安全施工技术方案。

3.针对性

施工安全技术措施是针对每项工程的特点制订的,编制安全技术措施的技术人员必须掌握工程概况、施工方法、施工环境、条件等一手资料,并熟悉安全法规、标准等,才能制订有针对性的安全技术措施。

4.全面、具体、可靠

施工安全技术措施应把可能出现的各种不安全因素考虑周全,制订的对策措施方案应力求全面、具体、可靠,这样才能真正做到预防事故的发生。但是,全面具体不等于罗列一般通常的操作工艺、施工方法以及日常安全工作制度、安全纪律等。这些制度性规定,安全技术措施中不需要再作抄录,但必须严格执行。

对大型群体工程或一些面积大、结构复杂的重点工程,除必须在施工组织总设计中编制施工安全技术总体措施外,还应编制单位工程或分部分项工程安全技术措施,详细地制订出有关安全方面的防护要求和措施,确保该单位工程或分部分项工程的安全施工。

5.应急预案

由于施工安全技术措施是在相应的工程施工实施之前制订的,所涉及的施工条件和危险情况大都是建立在可预测的基础上的,而市政工程施工过程是开放的过程,在施工期间发生变化是经常的,还可能出现预测不到的突发事件或灾害(如地震、火灾、台风、洪水等)。所以,施工技术措施计划必须包括面对突发事件或紧急状态的各种应急设施、人员逃生和救援预案,以便在紧急情况下能及时启动应急预案,减少损失,保护人员安全。

6.可行性和可操作性

施工安全技术措施应能够在每个施工工序之中得到贯彻实施,既要考虑保证安全要求,又要考虑现场环境条件和施工技术条件。

结构复杂、危险性大、特性较多的分部分项工程,应编制专项施工方案和安全措施。如基坑支护与降水工程、土方开挖工程、模板工程、起重吊装工程、脚手架工程、拆除工程、爆破工程等,必须编制单项的安全技术措施,并要有设计依据、计算、详图、文字要求。此外,对于危险性大、高温期长的工程,应单独编制季节性的施工安全措施。

(三)施工主要安全技术措施

(1)按规定使用"三宝"。

(2)机械设备防护装置一定要齐全有效。

(3)塔吊等起重设备必须有限位装置,不准带病运转,不准超负荷作业,不准在运转中维修保养。

(4)架设电线,线路必须符合当地电业局的规定,电气设备全部接地接零。

(5)电动机械和电动手持工具要设漏电掉闸装置。

(6)脚手架材料及脚手架的搭设必须符合规程要求。

(7)各种缆风绳及其设备必须符合规程要求。

(8)在建工程的楼梯口、电梯口预留洞口。通道口必须有防护设施。

(9)严禁穿高跟鞋,拖鞋,赤脚进入施工场地。高空作业不准穿硬底和带钉易滑的鞋靴。

(10)施工现场的悬崖,陡坎等危险地区应有警戒标志,夜间要红灯示警。

(四)安全技术交底

1.安全技术交底的要求

(1)项目经理部必须实行逐级安全技术交底制度,纵向延伸到班组全体作业人员。

(2)技术交底必须具体、明确,针对性强。

(3)技术交底的内容应针对分部分项工程施工中给作业人员带来的潜在危险因素和存在问题。

（4）应优先采用新的安全技术措施。

（5）对于涉及"四新"项目或技术含量高、技术难度大的单项技术设计，必须经过两阶段技术交底，即初步设计技术交底和实施性施工图技术设计交底。

（6）应将工程概况、施工方法、施工程序、安全技术措施等向工长、班组长进行详细交底。

（7）定期向由两个以上作业队和多工种进行交叉施工的作业队伍进行书面交底。

（8）保存书面安全技术交底签字记录。

2.安全技术交底的内容

安全技术交底是一项技术性很强的工作，对于贯彻设计意图、严格实施技术方案、按图施工、循规操作、保证施工质量和施工安全至关重要。

安全技术交底主要内容包括：本施工项目的施工作业特点和危险点；针对危险点的具体预防措施；应注意的安全事项；相应的安全操作规程和标准；发生事故后应及时采取的避难和急救措施。

3.认真做好安全技术交底和检查落实

（1）工程开工前，工程负责人应向参加施工的各类人员认真进行安全技术措施交底，使大家明白工程施工特点及各时期安全施工的要求，这是贯彻施工安全技术措施的关键。施工单位安全负责人核对现场安全技术措施是否符合施工方案的要求，若存在漏洞则不可开工，应对措施进行完善，直至符合要求方可开工。

（2）施工过程中，现场管理人员应按施工安全措施要求，对操作人员进行详细的工作程序中安全技术措施交底，使全体施工人员懂得各自岗位职责和安全操作方法，这是贯彻施工方案中安全措施的规范的过程。

（3）安全技术交底要结合规程及安全施工的规范标准进行，避免口号式，无针对性的交底。并认真履行交底签字手续，以提高接受交底人员的责任心。同时要经常检查安全措施的贯彻落实情况，纠正违章，使措施方案始终得到贯彻执行，达到既定的施工安全目标。

做好安全技术交底，让一线作业人员了解和掌握该作业项目的安全技术操作规程和注意事项，减少因违章操作而导致的事故。同时，做好安全技术交底也是安全管理人员自我保护的手段。

五、安全生产事故的预防与处理

（一）安全生产事故原因

在分析事故时，应从直接原因入手，逐步深入间接原因，从而掌握事故的全部原因。再分清主次，进行责任分析。事故的直接原因主要有人的行为因素和物的状态因素两个方面。

1.人的行为因素

由于主观上的不重视和无知，造成不安全事故的发生，即违章指挥、违章作业、违反劳动纪律的"三违"现象，引发事故。这种情况往往发生在施工现场，由于施工者本人和现场管理人员自身，安全防护意识和自我保护意识淡薄、职业技能低下、行为不规范等，导致在安全设施完备的情况下发生了安全事故。

2.物的状态因素

物的状态因素主要表现是：施工现场的防护设施设置不到位；安全投入严重不足；技术装备水平陈旧不规范，安全技术措施不能完全到位等。

（二）安全事故的预防

通过以上对安全事故原因的归纳和分析，安全事故的预防可从下述几个方面入手。

1.控制人的行为

企业要严格执行三级教育制度，使人的行为符合安全规范。根据不同层次和对象，采取多种多样的教育培训方式，制订相应的教育培训措施，提高施工者和安全管理人员的安全素质。对全体从业人员要定期和不定期地组织学习安全方面的有关标准及常用知识，强化全体从业人员安全生产的教育培训、职业技能培训和安全意识，使从业人员增强安全操作和施工水平，提高全体从业人员安全意识，提高企业管理人员的安全管理水平，从根本上解决人的行为的不安全因素，保证生产安全，降低事故的发生。

2.加强施工企业安全保障体系

只有施工企业拥有健全的安全保障体系，才能保证物的安全状态。安全生产现场管理的目的。是保护施工现场的人身安全和设备安全，要达到这个目的，就必须强调按规定的标准去管理，逐步建立起自我约束、不断完善的安全生产管理体制。禁止使用危及安全生产的落后工艺和设备，依靠科技进步用先进技术改造传统产业。同时，主动加强与规划、设计、监理等机构的联系与沟通，及时排除可能出现的每一个隐患，使现场安全防护的各个重点环节和部位都有技术作保障，有效地控制事故的发生。

3.加强法制管理

要强化政府部门安全监管，按照建设工程安全生产管理条例，通过建立安全生产行政许可制度，从根本上严格市场准入制度。各级建设行政主管部门要加强检查和监管的力度，针对安全监管薄弱环节和管理漏洞进行重点检查，督促施工企业制订有利于加强安全生产工作的各项规章制度和政策措施，发现违法违规行为和安全事故隐患要限期整改，对违反安全生产法律法规的企业和发生重大安全事故的企业要实行严肃查处，并落实到主要负责人，加大责任追究力度，提高其违法成本。设计单位必须根据有关法律规定和工程建设强制性标准进行设计，以防由于设计不合理而导致的安全生产事故。

4.成立安全研究机构

把科技进步纳入安全工作的范畴之中，全面提升施工安全的现代化水平。针对有关安全生产的关键性、综合性的科技问题开展科技攻关，研究并开发新的安全用具、施工工艺、方法等，推广科技成果，对研发、推广新的安全技术、新的工艺、新的材料、新的设备的单位，在政策上给予支持，最终使得主管部门的安全管理水平和施工企业的安全操作水平全面提高，从而全面提升施工安全的技术水平，减少安全事故的发生。

（三）安全事故的处理要求

1.处理时效要求

伤亡事故处理工作应当在90d内结案，特殊情况不应超过180d。伤亡事故处理结案后，应当公开宣布处理结果。

2.隐瞒不报、谎报处理要求

在伤亡事故发生后隐瞒不报、谎报、故意推迟不报、故意破坏事故现场，或者以不正当理由拒绝接受调查以及拒绝提供有关情况和资料的，由有关部门按照国家有关规定，对有关单位负责人和直接责任人员给予行政处分；构成犯罪的，由司法机关依法追究其刑事责任。

3.责任追究要求

事故调查组提出的事故处理意见和防范措施建议,由发生事故的企业和主管部门负责处理。因忽视安全生产、违章指挥、违章作业、玩忽职守或发现事故隐患、危害情况而不采取有效抑制措施造成伤亡事故的,由企业主管部门或者企业按照国家有关规定,对企业负责人和直接责任人员给予行政处分;构成犯罪的,由司法机关依法追究其刑事责任。

(四)安全事故处理的程序

安全事故处理的程序见表10-4。

表10-4 安全事故处理程序

事故上报	事故发生后,事故现场有关人员应当立即向本单位负责人报告;单位负责人接到报告后,应当于1小时内向事故发生地县级以上人民政府安全生产监督管理部门和负有安全生产监督管理职责的有关部门报告。报告内容应包括:事故发生单位概况;事故发生时间、地点以及事故现场情况;事故发生的简要经过;事故已经造成或可能造成的伤亡人数和初步估计的直接经济损失;已经采取的措施;其他应当报告的情况
事故调查	事故发生单位的负责人和有关人员在事故调查期间不得擅离职守,并应当随时接受事故调查组的询问,如实提供有关情况
事故处理	重大事故、较大事故、一般事故,负责事故调查的人民政府应当自收到事故调查报告之日起15日内做出批复;特别重大事故,30日内做出批复,特殊情况下,批复时间可以适当延长,但延长时间最长不超过30日。事故处理的情况由负责事故调查的人民政府或者其授权的有关部门、机构向社会公布,依法应当保密的除外
责任人处理	有关机关应当按照人民政府的批复,依照法律、行政法规规定的权限和程序,对事故发生单位和有关人员进行行政处罚,对负有事故责任的国家工作人员进行处分;事故发生单位应当按照负责事故调查的人民政府的批复,对本单位负有事故责任的人员进行处理,负有事故责任的人员涉嫌犯罪的,依法追究其刑事责任

第三节 施工现场环境管理

一、施工现场管理的意义

施工现场管理是指对批准占用的施工场地进行科学安排、合理使用,并与周围环境保持和谐关系。该场地既包括红线以内占用的建筑用地和施工用地,又包括红线以外现场附近经批准占用的临时施工用地。

施工现场管理好坏直接影响到施工活动能否正常进行,因此,加强施工现场管理具有重要意义。任何与施工现场管理发生联系的单位都应注重工程施工现场管理。每一个在施工现场从事施工和管理的工作人员,都应当有法制观念,执法、守法、护法,不能有半点疏忽。

二、施工现场管理的内容

施工现场管理主要包括下述几个方面的内容。

(一)施工用地

保证场内占地的合理使用。当场内空间不充分时,应会同建设单位按规定向规划部门和公安交通部门申请,经批准后才能获得并使用场外临时施工用地。

(二)施工总平面设计

施工组织设计是工程施工现场管理的重要内容和依据,尤其是施工总平面设计,目的是对施工现场进行科学规划,以合理利用空间。在施工总平面图上,临时设施、大型机械、材料堆场、物资仓库、构件堆场、消防设施、道路及进出口、加工场地、水电管线、周转使用场地等,都应各得其所,关系合理合法,从而呈现出现场文明,有利于安全和环境保护,有利于节约,方便工程施工。

(三)施工现场的平面布置

不同的施工阶段,施工的需要不同,现场的平面布置也应进行调整。当然,施工内容变化是主要原因;另外,分包单位也会随之变化,同时会对施工现场提出新的要求。因此,不应当把施工现场当成一个固定不变的空间组合,而应当对它进行动态管理和控制。但是,调整也不能太频繁,以免造成浪费。一些重大设施应基本固定,调整的对象应是耗费不大且规模较小的设施,或功能失去作用的设施,代之以满足需要的设施。

(四)施工现场工作

现场管理人员应经常检查现场布置是否按平面布置图进行,是否符合各项规定,是否满足施工需要,还有哪些薄弱环节,从而为调整施工现场布置提供有用的信息,也使施工现场保持相对稳定,不被复杂的施工过程打乱或破坏。

(五)文明施工

施工现场和临时占地范围内秩序井然,文明安全,环境得到保持,绿地树木不被破坏,交通畅达,文物得以保存,防火设施完备,居民不受干扰,场容和环境卫生均符合要求。工地的主要出入口处应设置醒目的"五牌一图"。并公示工程概况、安全生产与文明施工、安全纪律、施工平面图、防火须知、项目经理部组织机构及主要管理人员名单等内容。工地周围须设置遮挡围墙。围墙应用混凝土预制板或砖砌筑,封闭严密,并粉刷涂白,保持整洁完整。施工现场的场区应干净整齐,施工现场的预留洞口、通道口和构筑物临边部位应当设置整齐、标准的防护装置,各类警示标志设置明显。施工作业面应当保持良好的安全作业环境,余料及时清理、清扫,禁止随意丢弃。

施工现场的施工区、办公区、生活区应当分开设置,实行区划管理。生活、办公设施应当科学合理布局,并符合城市环境、卫生、消防安全及安全文明施工标准化管理的有关规定。

此外,施工现场材料应文明堆放;临时宿舍、食堂、厕所及排水设置应符合卫生和居住等相关要求;临街或人口密集区的建筑物,应设置防止物体坠落的防护性设施;在施工现场应当配备符合有关规定要求的急救人员、保健医药箱和急救器材。

建立文明施工现场有利于提高工程质量和工作质量,提高企业信誉。为此,应当做到主管挂帅,系统把关,普遍检查,建章建制,责任到人,落实整改,严明奖惩。

三、施工现场文明施工

（一）文明施工的意义

文明施工是指保持施工现场良好的作业环境、卫生环境和工作秩序。因此,文明施工也是保护环境的一项重要措施。

(1)文明施工可以适应现代化施工的客观要求,遵守施工现场文明施工的规定和要求,有利于员工的身心健康。

(2)文明施工有利于培养和提高施工队伍的整体素质,促进企业综合管理水平的提高,提高企业的知名度和市场竞争力。

(3)文明施工,规范施工现场的场容,保持作业环境的整洁卫生,可以减少施工对周围居民和环境的影响。

（二）文明施工的措施

文明施工的要求主要包括对现场围挡、封闭管理、施工场地、材料堆放、现场住宿、现场防火、治安综合治理、施工现场标牌、生活设施、保健急救、社区服务等11个方面。针对以上要求,施工现场通常从以下几个方面分别采取一定的措施来保证文明施工。

1.施工平面布置

施工总平面图是现场管理、实现文明施工的依据。施工总平面图应对施工机械设备、材料和构配件的堆场、现场加工场地,以及现场临时运输道路、临时供水供电线路和其他临时设施进行合理布置,并随工程实施的不同阶段进行场地布置和调整。

2.现场围挡、标牌

(1)施工现场须实行封闭管理,设置进出口大门,制订门卫制度,严格执行外来人员进场登记制度。沿工地四周连续设置围挡,市区主要路段和其他涉及市容景观路段的工地设置围挡的高度不低于2▼5m,其他工地的围挡高度不低于1▼8m,围挡材料要求坚固、稳定、统一、整洁、美观。

(2)施工现场必须设有"五牌一图",即工程概况牌、管理人员名单及监督电话牌、消防保卫(防火责任)牌、安全生产牌、文明施工牌和施工现场总平面图。

(3)施工现场应合理悬挂安全生产宣传和警示牌,标牌悬挂牢固可靠,特别是主要施工部位、作业点和危险区域以及主要通道口都必须有针对性地悬挂醒目的安全警示牌。

3.施工场地

施工现场应积极推行硬地坪施工,作业区、生活区主干道地面必须用一定厚度的混凝土硬化,场内其他道路地面也应硬化处理;施工现场道路畅通、平坦、整洁,无散落物;施工现场设置排水系统,排水畅通,不积水;严禁泥浆、污水、废水外流或未经允许排入河道,严禁堵塞下水道和排水河道;施工现场适当地方设置吸烟处,作业区内禁止随意吸烟;积极美化施工现场环境,根据季节变化,适当进行绿化布置。

4.材料堆放、周转设备管理

建筑材料、构配件、料具必须按施工现场总平面布置图堆放,布置合理,堆放(存放)整齐、安全,不得超高;堆料分门别类,悬挂标牌,标牌应统一制作,标明名称、品种、规格数量等;建立材料收发管理制度,仓库、工具间材料堆放整齐,易燃易爆物品分类堆放,专人负责,确保安全;施工现场建立清扫制度,落实到人,做到工完料尽场地清,车辆进出场应有防泥带出措施。建筑垃圾及时清运,临时存放现场的也应集中堆放整齐、悬挂标牌。不用的施工机具和设备应及时出场;施工设施、大模板、砖夹等,集中堆放整齐,大模板成对放稳,角度正确。钢模及零配件、脚手扣件分类分规格,集中存放。竹木杂料,分类堆放、规则成方,不散不乱,不作他用。

5.现场生活设施

(1)施工现场作业区与办公、生活区必须明显划分,确因场地狭窄不能划分的,要有可靠的隔离栏防护措施。

(2)宿舍内应确保主体结构安全,设施完好。宿舍周围环境应保持整洁、安全。

(3)宿舍内应有保暖、消暑、防煤气中毒、防蚊虫叮咬等措施。严禁使用煤气灶、煤油炉、电饭煲、热得快、电炒锅、电炉等器具。

(4)食堂应有良好的通风和清洁卫生措施,保持卫生整洁,炊事员持健康证上岗。

(5)建立现场卫生责任制,设卫生保洁员。

(6)施工现场应设固定的男、女简易淋浴室和厕所,并要保证结构稳定、牢固和防风雨。并实行专人管理、及时清扫,保持整洁,要有灭蚊蝇滋生措施。

6.现场消防、防火管理

(1)现场建立消防管理制度,建立消防领导小组,落实消防责任制和责任人员,做到思想重视、措施跟上、管理到位。

(2)定期对有关人员进行消防教育,落实消防措施。

(3)现场必须有消防平面布置图,临时设施按消防条例有关规定搭设,做到标准规范。

(4)易燃易爆物品堆放间、油漆间、木工间、总配电室等消防防火重点部位要按规定设置灭火器和消防沙箱,并有专人负责,对违反消防条例的有关人员进行严肃处理。

(5)施工现场用明火做到严格按动用明火规定执行,审批手续齐全。

7.医疗急救的管理

展开卫生防病教育,准备必要的医疗设施,配备经过培训的急救人员,有急救措施、急救器材和保健医药箱。在现场办公室的显著位置张贴急救车和有关医院的电话号码等。

8.社区服务的管理

建立施工不扰民的措施。现场不得焚烧有毒、有害物质等。

9.治安管理

建立现场治安保卫领导小组,有专人管理;新入场的人员做到及时登记,做到合法用工;按照治安管理条例和施工现场的治安管理规定做好各项管理工作;建立门卫值班管理制度,严禁无证人员和其他闲杂人员进入施工现场,避免安全事故和失盗事件的发生。

(三)施工现场环境保护措施

保护和改善作业现场的环境,控制现场的各种粉尘、废水、废气、固体废弃物、噪声、振动等对环境的污染和危害,对企业发展、员工健康和社会文明有重要意义。《中华人民共和国环境保护法》和《中华人民共和国环境影响评价法》针对市政工程项目中环境保护的基本要求做出了相关规定。

工程建设过程中的污染主要包括对施工场界内的污染和对周围环境的污染。对施工场界内的污染防治属于职业健康安全问题,而对周围环境的污染防治是环境保护的问题。

市政工程环境保护措施主要包括大气污染的防治、水污染的防治、噪声污染的防治、固体废弃物的处理以及文明施工措施等。

1.施工现场空气污染的防治措施

(1)施工现场垃圾渣土要及时清理出现场。

(2)高大建筑物清理施工垃圾时,要使用封闭式的容器或者采取其他措施处理高空废弃物,严禁凌空随意抛撒。

(3)施工现场道路应指定专人定期洒水清扫,形成制度,防止道路扬尘。

(4)对于细颗粒散体材料(如水泥、粉煤灰、白灰等)的运输、储存要注意遮盖、密封,防止和减少扬尘。

(5)车辆开出工地要做到不带泥沙,基本做到不洒土、不扬尘,减少对周围环境污染。

(6)除设有符合规定的装置外,禁止在施工现场焚烧油毡、橡胶、塑料、皮革、树叶、枯草、各种包装物等废弃物品以及其他会产生有毒、有害烟尘和恶臭气体的物质。

(7)机动车都要安装减少尾气排放的装置,确保符合国家标准。

(8)工地茶炉应尽量采用电热水器。若只能使用烧煤茶炉和锅炉时,应选用消烟除尘型茶炉和锅炉,大灶应选用消烟节能回风炉灶,使烟尘降至允许排放范围为止。

(9)大城市市区的市政工程已不容许搅拌混凝土。在容许设置搅拌站的工地,应将搅拌站封闭严密,并在进料仓上方安装除尘装置,采用可靠措施控制工地粉尘污染。

(10)拆除旧建筑物时,应适当洒水,防止扬尘。

2.施工过程水污染的防治措施

(1)禁止将有毒有害废弃物作土方回填。

(2)施工现场搅拌站废水,现制水磨石的污水,电石(碳化钙)的污水必须经沉淀池沉淀合格后再排放,最好将沉淀水用于工地洒水降尘或采取措施回收利用。

(3)现场存放油料,必须对库房地面进行防渗处理,如采用防渗混凝土地面、铺油毡等措施。使用时,要采取防止油料跑、冒、滴、漏的措施,以免污染水体。

(4)施工现场100人以上的临时食堂,污水排放时可设置简易有效的隔油池,定期清理,防止污染。

(5)工地临时厕所、化粪池应采取防渗漏措施。中心城市施工现场的临时厕所可采用水冲式厕所,并有防蝇灭蛆措施,防止污染水体和环境。

(6)化学用品、外加剂等要妥善保管,库内存放,防止污染环境。

3.施工现场噪声的控制措施

噪声控制技术可从声源、传播途径、接收者防护等方面来考虑。

(1)声源控制。尽量采用低噪声设备和加工工艺代替高噪声设备与加工工艺,如低噪声振捣器、风机、电动空压机、电锯等;在声源处安装消声器消声,即在通风机、鼓风机、压缩机、燃气机、内燃机及各类排气放空装置等进出风管的适当位置设置消声器。

(2)传播途径的控制。主要从吸声材料、隔声结构、消声器及减振降噪3个方面来阻止噪声的传播。

(3)接收者的防护。第一,尽量减少相关人员在噪声环境中的暴露时间;第二,让处于噪声环境下的人员使用耳塞、耳罩等防护用品,以减轻噪声对人体的危害。

(4)严格控制人为噪声。进入施工现场不得高声喊叫、无故甩打模板、乱吹哨,限制高音喇叭的使用,最大限度地减少噪声扰民;凡在人口稠密区进行强噪声作业的,须严格控制作业时间,一般晚10点到次日早6点之间停止强噪声作业。

4.固体废物的处理和处置

固体废物处理的基本思想是:采取资源化、减量化和无害化的处理,对固体废物产生的全过程进行控制。固体废物的主要处理方法主要包括:回收利用、减量化处理、焚烧、稳定和固化、填埋。

第十一章　市政工程的绿色施工管理

第一节　绿色施工的概念

一、绿色施工的定义

"绿色"一词强调的是对原生态的保护,是借用名词,其实质是为了实现人类生存环境的有效保护和促进经济社会可持续发展。对于工程施工行业而言,在施工过程中要注重保护生态环境,关注节约与充分利用资源,贯彻以人为本的理念,行业的发展才具有可持续性。绿色施工强调对资源的节约和对环境污染的控制,是根据我国可持续发展战略对工程施工提出的重大举措,具有战略意义。

关于绿色施工,具有代表性的定义主要有如下几种。

住房和城乡建设部颁发的《绿色施工导则》认为,绿色施工是指在工程建设中,在保证质量、安全等基本要求的前提下,通过科学管理和技术进步,最大限度地节约资源与减少对环境负面影响的施工活动,实现四节一环保(节能、节地、节水、节材和环境保护)。这是迄今为止,政府层面对绿色施工概念的最权威界定。

北京市建设委员会与北京市质量技术监督局统一发布的《绿色施工管理规程》认为,绿色施工是建设工程施工阶段严格。

按照建设工程规划、设计要求,通过建立管理体系和管理制度,采取有效的技术措施,全面贯彻落实国家关于资源节约和环境保护的政策,最大限度节约资源,减少能源消耗,降低施工活动对环境造成的不利影响,提高施工人员的职业健康安全水平,保护施工人员的安全与健康。

《绿色奥运建筑评估体系》认为,绿色施工是通过切实有效的管理制度和工作制度,最大限度地减少施工活动对环境的不利影响,减少资源与能源的消耗,实现可持续发展的施工技术。

还有一些定义,如绿色施工是以可持续发展作为指导思想,通过有效的管理方法和技术途径,以达到尽可能节约资源和保护环境的施工活动。

以上关于绿色施工的定义,尽管说法有所不同,文字表述有繁有简,但本质意义是完全相同的,基本内容具有相似性,其推进目的具有一致性,即都是为了节约资源和保护环境,实现国家、社会和行业的可持续发展,从不同层面丰富了绿色施工的内涵。另外,对绿色施工定义表述的多样性也说明了绿色施工本身是一个复杂的系统工程,难以用一个定义全面展现其多维内容。

综上所述,绿色施工的本质含义包含如下方面。

(1)绿色施工以可持续发展为指导思想。绿色施工正是在人类日益重视可持续发展的基础上提出的,无论节约资源还是保护环境都是以实现可持续发展为根本目的,因此绿色施工的根本指导思想就是可持续发展。

(2)绿色施工的实现途径是绿色施工技术的应用和绿色施工管理的升华。绿色施工必须依托相应的技术和组织管理手段来实现。与传统施工技术相比,绿色施工技术有利于节约资源和环境保护的技术改进,是实现绿色施工的技术保障。而绿色施工的组织、策划、实施、评价及控制等管理活动,是绿色施工的管理保障。

(3)绿色施工是尽可能减少资源消耗和保护环境的工程建设生产活动,这是绿色施工区别于传统施工的根本特征。绿色施工倡导施工活动以节约资源和保护环境为前提,要求施工活动有利于经济社会可持续发展,体现了绿色施工的本质特征与核心内容。

(4)绿色施工强调的重点是使施工作业对现场周边环境的负面影响最小,污染物和废弃物排放(如扬尘、噪声等)最小,对有限资源的保护和利用最有效,它是实现工程施工行业升级和更新换代的更优方法与模式。

二、绿色施工的实质

推进绿色施工,是在施工行业贯彻科学发展观、实现国家可持续发展、保护环境、勇于承担社会责任的一种积极应对措施,是施工企业面对严峻的经营形势和严酷的环境压力时的自我加压、挑战历史和引导未来工程建设模式的一种施工活动。工程施工的某些环境负面影响大多具有集中、持续和突发特征,这决定了施工行业推进绿色施工的迫切性和必要性。切实推进绿色施工,使施工过程真正做到四节一环保,对于促使环境改善,提升建筑业环境效益和社会效益具有重要意义。

从施工过程中物质与能量的输入输出分析入手,可以看出施工过程是由一系列工艺过程(如混凝土搅拌等)构成,工艺过程需要投入建筑材料、机械设备、能源和人力等宝贵资源,这些资源一部分转化为建筑产品,还有一部分转化为废弃物或污染物。一般情况下,对于一定的建筑产品,消耗的资源量是一定的,废弃物和污染物的产生量则与施工模式直接相关。施工水平产生的绿色程度愈高,废弃物和污染物的排放量则愈小,反之亦然。

基于以上分析,理解绿色施工的实质应重点把握如下几个方面。

(1)绿色施工应把保护和高效利用资源放在重要位置。施工过程是一个大量资源集中投入的过程。绿色施工要把节约资源放在重要位置,本着循环经济要求的"3R"原则(即减量化、再利用、再循环)来保护和高效利用资源。在施工过程中就地取材、精细施工,以尽可能减少资源投入,同时加强资源回收利用,减少废弃物排放。

(2)绿色施工应将保护环境和控制污染物排放作为前提条件。施工是一种对现场周围乃至更大范围的环境有着相当负面影响的生产活动。施工活动除了对大气和水体有一定的污染外,基坑施工对地下水影响较大,同时,还会产生大量的固体废弃物排放以及扬尘、噪声、强光等刺激感官的污染。因此,施工活动必须体现绿色特点,将保护环境和控制污染物排放作为前提条件。

(3)绿色施工必须坚持以人为本,注重减轻劳动强度及改善作业条件。施工行业应将以人为本作为基本理念,尊重和保护生命、保障人身健康,高度重视改善建筑工人劳动强度高、居住和作业条件较差、劳动时间偏长的状况。

(4)绿色施工必须追求技术进步,把推进建筑工业化和信息化作为重要支撑。

绿色施工不是一句口号,也不仅仅是施工理念的变革,其意在创造一种对人类、自然和社会的环境影响相对较小、资源高效利用的全新施工模式。绿色施工的实现需要技术进步和科技管理的支撑,特别要把推进建筑工业化和施工信息化作为重要方向。这两者对于节约资源、保护环境和改善工人作业条件具有重要的推进作用。

总之,绿色施工并非一项具体技术,而是对整个施工行业提出的一个革命性的变革要求,其影响范围之大,覆盖范围之广是空前的。尽管绿色施工的推进会面临很多困难和障碍,但代表了施工行业的未来发展方向,其推广和发展势在必行。

第二节　组织管理

建立绿色施工管理体系就是绿色施工管理的组织策划设计,能够制定系统、完整的管理制度和绿色施工的整体目标。在这一管理体系中有明确的责任分配制度,项目经理为绿色施工第一责任人,负责绿色施工的组织实施及目标实现,并指定绿色施工管理人员和监督人员。

一、管理体系

施工项目的绿色施工管理体系是建立在传统的项目组织结构基础上的,融入了绿色施工目标,并且能够制定相应责任和管理目标以保证绿色施工开展的管理体系。目前的工程项目管理体系依照项目的规模大小、建设特点以及各个项目自身特殊要求的不同,分为职能组织结构、线性组织结构、矩阵组织结构等。绿色施工思想的提出,不是要采用一种全新的组织结构形式,而是将其当作建设项目中的一个待实施的目标来实现。绿色施工目标与工程进度目标、成本目标以及质量目标一样,都是项目整体目标的一部分。

为了实现绿色施工这一目标,可建立公司和项目两级绿色施工管理体系。

(一)公司级绿色施工管理体系

施工企业应该建立以总经理为第一责任人的绿色施工管理体系,一般由总工程师或副总经理作为绿色施工管理者,负责协调人力资源管理部门、成本核算管理部门、工程科技管理部门、材料设备管理部门、市场经营管理部门等管理部室。

(1)人力资源管理部门:负责绿色施工相关人员的配置和岗位培训;负责监督项目部绿色施工相关培训计划的编制和落实以及效果反馈;负责组织国内和本地区绿色施工新政策、新制度在全公司范围内的宣传等。

(2)成本核算管理部门:负责绿色施工直接经济效益分析。

(3)工程科技管理部门:负责全公司范围内所有绿色施工创建项目在人员、机械、周转材料、垃圾处理等方面的统筹协调;负责监督项目部绿色施工各项措施的制定和实施;负责项目部相关数据收集的及时性、齐全性与正确性并在全公司范围内及时进行横向对比后将结果反馈到项目部;负责组织实施公司一级的绿色施工专项检查;负责配合人力资源管理部门做好绿色施工相关政策制度的宣传并负责落实在项目部贯彻执行等。

(4)材料设备管理部门:负责建立公司《绿色建材数据库》和《绿色施工机械、机具数据库》并随时进行更新;负责监督项目部材料限额领料制度的制定和执行情况;负责监督项目部施工机械的维修、保养、年检等管理情况等。

(5)市场经营管理部门:负责对绿色施工分包合同的评审,将绿色施工有关条款写入合同。

(二)项目绿色施工管理体系

绿色施工创建项目必须建立专门的绿色施工管理体系。项目绿色施工管理体系不要求采用一套全新的组织结构形式,而是建立在传统的项目组织结构的基础上,要求融入绿色施工目标,并能够制定相应责任和管理目标以保证绿色施工开展的管理体系。

项目绿色施工管理体系要求在项目部成立绿色施工管理部门,作为总体协调项目建设过程中有关绿色施工事宜的机构。这个机构的成员由项目部相关管理人员组成,还可包含建设项目其他参与方,如建设方、监理方、设计方的人员。同时要求实施绿色施工管理的项目必须设置绿色施工专职管理员,要求各个部门任命相关的绿色施工联络员,负责本部门所涉及的与绿色施工相关的职能。

二、责任分配

绿色施工管理体系中,应当建立完善的责任分配制度。确定绿色施工第一负责人,由他将绿色施工相关责任划分到各个部门负责人,再由部门负责人将本部门责任划分到部门中的个人,保证绿色施工整体目标和责任分配。具体做法如下。

管理任务分工。在项目施工组织设计文件中应当包含绿色施工管理任务分工表,编制该表前应结合项目特点对项目实施各阶段的与绿色施工有关的质量控制、进度控制、成本控制、信息管理、安全管理和组织协调管理任务进行分解。管理任务分工表应该能明确表示各项工作任务由哪个工作部门(个人)负责,由哪些工作部门(个人)参与,并在项目进行过程中不断对其进行调整。

管理职能分工。管理职能主要分为四个,即决策、执行、检查和参与,应当保证每项任务都有工作部门或个人负责决策、执行、检查以及参与。

针对由于绿色施工思想的实施而带来的技术上和管理上的新变化和新标准,应该对相关人员进行培训,使其能够胜任新的工作方式。

在责任分配和落实过程中,应该有专人负责协调和监控。同时可以邀请相关专家作为顾问,保证实施顺利。

(一)公司级绿色施工责任分配

(1)总经理为公司绿色施工第一责任人。

(2)总工程师或副总经理作为绿色施工管理者负责绿色施工专项管理工作,并全面控制和监督各个部门相关工作进展。

(3)以工程科技管理部门为主,其他各管理部室负责与其工作相关的绿色施工管理工作,并配合协助其他部室工作。

(二)项目级绿色施工责任分配

(1)项目经理为项目绿色施工第一责任人。

(2)项目技术负责人、分管副经理、财务总监以及建设项目参与各方代表等组成绿色施工管理部门。

(3)绿色施工管理部门开工前制订绿色施工规划,确定拟采用的绿色施工措施并进行管理任务分工。

(4)管理任务分工,其职能主要分为四个:决策、执行、参与和检查。一定要保证每项任务都有管理部门或个人负责决策、执行、参与和检查。

(5)项目主要绿色施工管理任务分工表制定完成后,每个执行部门负责编写计划报绿色施工专职管理员,绿色施工专职管理员初审后报项目部绿色施工管理部门审定,作为项目正式指导文件下发到每一个相关部门和人员。

(6)在绿色施工实施过程中,绿色施工专职管理员应负责各项措施实施情况的协调和监控。同时在实施过程中,针对技术难点、重点,可以聘请相关专家作为顾问,保证实施顺利。

绿色施工管理体系还应有良好的内部与外部交流机制,使得来自项目外部的相关政策信息以及项目内部的绿色施工执行情况和遇到的问题等信息能够有效传递,并由公司和项目的绿色施工管理责任人和绿色施工管理部门统一指导和协调。

第三节　绿色施工策划

绿色施工策划是工程项目推进绿色施工的关键环节,工程施工项目部应全力认真做好绿色施工策划。工程项目策划应通过工程项目策划书体现,是指导工程项目施工的纲领性文件之一。

工程项目绿色施工策划可通过《工程项目绿色施工组织设计》《工程项目绿色施工方案》或者《工程项目绿色施工专项方案》代替,在内容上应包括绿色施工的管理目标、责任分工体系、绿色施工实施方案和绿色施工措施等基本内容,在编写绿色施工组织设计时,应按现行工程项目施工组织设计编写要求,将绿色施工的相关要求融入相关章节,形成工程项目绿色施工的系统性文件,按正常程序组织审批和实施。在编写绿色施工专项方案时,应在施工组织设计中独立成章,并按有关规定进行审批。绿色施工专项方案应包括但不限于以下内容。

(1)工程项目绿色施工概况。

(2)工程项目绿色施工目标。

(3)工程项目绿色施工组织体系和岗位责任分工。

(4)工程项目绿色施工要素分析及绿色施工评价方案。

(5)各分部分项工程绿色施工要点。

(6)工程机械设备及建材绿色性能评价及选用方案。

(7)绿色施工保证措施等。

一、绿色施工总体策划

(一)公司策划

在确定某工程要实施绿色施工管理后,公司应对其进行总体策划,策划内容包括以下几方面。

(1)材料设备管理部门从《绿色建材数据库》中选择距工程500千米范围绿色建材供应商数据供项目选择。从《绿色施工机械、机具数据库》中结合工程具体情况,提出机械设备选型建议。

(2)工程科技管理部门收集工程周边在建项目信息,对工程临时设施建设需要的周转材料、临时道路路基建设需要的碎石类建筑垃圾以及在工程如有前期拆除工序而产生的建筑垃圾就近处理等提出合理化建议。

(3)根据工程特点,结合类似工程经验,对工程绿色施工目标设置提出合理化建议和要求。

(4)对绿色施工要求的执证人员、特种人员提出配置要求和建议,对工程绿色施工实施提出基本培训要求。

(5)在全国范围内从绿色施工四节一环保的基本原则出发,统一协调资源、人员、机械设备等,以求达到资源消耗最少、人员搭配最合理、设备协同作业程度最高、最节能的目的。

(二)项目策划

在进行绿色施工专项方案编制前,项目部应对以下因素进行调查并结合调查结果做出绿色施工总体策划。

1.工程建设场地内原有建筑分布情况

原有建筑需拆除时要考虑对拆除材料的再利用。原有建筑需保留,但施工时可以使用,要结合工程情况合理利用。原有建筑需保留,施工时严禁使用并要求进行保护,要制定专门的保护措施。

2.工程建设场地内原有树木情况

(1)需移栽到指定地点时,安排有资质的队伍合理移栽。

(2)需就地保护时,制定就地保护专门措施。

(3)需暂时移栽时,竣工后移栽回现场,安排有资质的队伍合理移栽。

3.工程建设场地周边地下管线及设施分布情况

制定相应的保护措施,并考虑施工时是否可以借用,以避免重复施工。

4.竣工后规划道路的分布和设计情况

施工道路的设置尽量与规划道路重合,并按规划道路路基设计方案进行施工,避免重复施工。

5.竣工后地下管网的分布和设计情况

特别是排水管网,建议一次性施工到位,避免重复施工。

6.本工程是否同为创绿色建筑工程

如果是,考虑某些绿色建筑设施提前建造,在施工中提前使用,避免重复施工。

7.距施工现场500千米范围内主要材料分布情况

虽然有公司提供的材料供应建议,但项目部仍需要根据工程预算材料清单,对主要材料的生产厂家进行摸底调查,距离太远的材料考虑运输能耗和损耗,在不影响工程质量、安全、进度、美观等前提下,可以提出设计变更建议。

8.相邻建筑施工情况

施工现场周边是否有正在施工或即将施工的项目,从建筑垃圾处理、临时设施周转材料衔接、机械设备协同作业、临时或永久设施共用、土方临时堆场借用、临时绿化移栽等方面考虑是否可以合作。

9.施工主要机械来源

根据公司提供的机械设备选型建议,结合工程现场周边环境,规划施工主要机械的来源,尽量减少运输能耗,以最高效使用为基本原则。

10.其他

(1)设计中是否有某些构配件可以提前施工到位,在施工中运用,避免重复施工。

(2)卸土场地或土方临时堆场考虑运土时对运输路线环境的污染和运输能耗等,距离越近越好。

（3）回填土来源考虑运土时对运输路线环境的污染和运输能耗等,在满足设计要求前提下,距离越近越好。

（4）建筑、生活垃圾处理要联系好回收和清理部门。

二、绿色施工方案

在进行充分调研后,项目部应根据绿色施工策划编制绿色施工方案。

（一）绿色施工方案主要内容

绿色施工方案是在工程施工组织设计的基础上,对绿色施工有关的部分进行具体和细化,其主要内容应包括以下几方面。

（1）绿色施工组织机构及任务分工。

（2）绿色施工的具体目标。

（3）绿色施工针对"四节一环保"的具体措施。

（4）绿色施工拟采用的新技术措施。

（5）绿色施工的评价管理措施。

（6）工程主要机械、设备表。

（7）绿色施工设施购置（建造）计划清单。

（8）绿色施工具体人员组织安排。

（9）绿色施工社会经济环境效益分析。

（10）施工现场平面布置图等。

其中,绿色施工方案应重点突出环境保护措施、节材措施、节水措施、节能措施、节地与施工用地保护五个方面的内容。

（二）环境保护

1.工程施工过程对环境的影响

工程施工过程通常会扰乱场地环境和影响当地文脉的继承和发扬、对生态系统及生活环境等都会造成不同程度的破坏,具体表现在以下各方面。

（1）对场地的破坏。场地平整、土方开挖、施工降水、永久及临时设施建造、原材料及场地废弃物的随意堆放等均会对场地上现存的动植物资源、地形地貌、地下水位等造成影响,还会对场地内现存的文物、地方特色资源等带来破坏,甚至导致水土流失、河道淤塞等现象。施工过程中的机械碾压、施工人员践踏植被等还会带来青苗损失和植被破坏等。

（2）噪声污染。建筑施工中的噪声是居民反应最强烈的问题。据统计:在环境噪声源中,建筑施工噪声占5%。根据不同的施工阶段,施工现场产生噪声的设备和活动,包括土石方施工阶段有挖土机、装载机、推土机、运输车等,混凝土施工阶段有振捣棒、混凝土罐车等,这些噪音必定会对周围环境造成滋扰。

（3）施工扬尘污染。据测算城市中心区平均每增加3～4平方米的施工量,施工扬尘对全市TSP的平均贡献为$11g/m^3$。扬尘源包括,泥浆干燥后形成的灰尘,拆迁、土方施工的扬尘、现场搅拌站、裸露场地、易散落和易飞扬的细颗粒散体材料的运输与存放形成的扬尘,建筑垃圾的存放、运输形成的扬尘等。这些扬尘和灰尘在大风和干燥的天气下都会对周围空气环境质量造成极不利的影响。

（4）泥浆污染。地基施工特别是基坑开挖施工有可能引起大量的泥浆，泥浆会污染马路，堵塞城市排水管道，干燥时变成扬尘形成二次污染。

（5）有毒有害气体对空气的污染，从材料、产品、施工设备或施工过程中散发出来的挥发性有机化合物或微粒均会引起室内外空气质量问题。这些挥发性有机化合物或微粒会对现场工作人员、使用者以及公众的健康构成潜在的威胁和损害。

（6）建筑垃圾污染。工程施工过程中产生的大量建筑垃圾，如泥沙、钢筋废料、混凝土废料等，除了部分用于回填，大量未处理的垃圾将占用宝贵地面并污染环境。

2.环境保护措施

施工过程中具体要依靠施工现场管理技术和施工新技术才能达到保护施工环境的目标。

（1）施工现场管理技术的使用。管理部门和设计单位对承包商使用场地的要求、应制定减少场地干扰的场地使用计划。计划中应明确场地内哪些区域将被保护、那些植物将被保护；在场地平整、土方开挖、施工降水、永久及临时设施建造过程中，怎样减少对工地及其周边的动植物资源、地形地貌、地下水位以及现存文物、地方特色资源等带来的破坏；如何合理安排分包商及各工种对施工场地的使用并减少对材料和设备的搬动，明确各工种为了运送、安装和其他目的对场地通道的要求；如何处理和消除废弃物，如有废物回填或掩埋，应分析其对场地生态和环境的影响。

（2）对施工现场路面进行硬化处理和进行必要的绿化，并定期洒水、清扫，车辆不带泥土进出现场，可在大门口处设置碎石路和刷车沟；对水泥、白灰、珍珠岩等粉状材料要设封闭式专库存放，在运输时注意遮盖以防止遗撒；对搅拌站进行封闭处理并设置除尘设施。

（3）经沉淀的现场施工污水（如搅拌站污水、水磨石污水）和经隔油池处理后的食堂污水可用于降尘、刷汽车轮胎，提高水资源利用率。

（4）应对建筑垃圾的产生、排放、收集、运输、利用、处置的全过程进行统筹规划，如现场垃圾及渣土要分类存放，加强回收利用，防止建筑垃圾堆积在建筑物内，贮存好可能造成污染的材料等。具体应做到尽可能防止和减少建筑垃圾的产生，对生产的垃圾尽可能通过回收和资源化利用对垃圾的流向进行有效控制，严禁垃圾无序倾倒；尽可能采用成熟技术，防止二次污染，以实现建筑垃圾的减量化、资源化和无害化目标。

（5）现场油漆、油料氧气瓶、乙炔瓶、液化气瓶、外加剂、化学药品等危险、有毒有害物品要分隔设库存放。尽量使用低挥发性的材料或产品。应将有毒的工作安排在非工作时间进行，并与通风措施相结合。

（6）采用现代化的隔离防护设备（如对噪声大的车辆及设备可安装消声器消声，如阻尼消声器、穿微孔消声器等，对噪声大的作业面可设置隔声屏、隔声间）；采用低噪音、低震动的建筑机械（如低噪声的振捣器、风机、电动空压机、电锯等等）；将产生噪声的设备和活动远离人群合理安排施工时间等。

（7）承包商在选择施工方法、施工机械、安措施工顺序、布置施工场地时应结合气候特征。主要体现在承包商应尽可能地合理安排施工顺序，使会受到不利气候影响的施工程序能够在不利气候来临前完成；安排好全场性排水、防洪，以减少对现场及周围环境的影响；施工场地布置结合气候天气以符合劳动保护、安全、防火的要求；起重设施的布置应考虑风、雷电的影响；在冬期、雨期、风季、炎热夏季施工中应针对工程特点，选择适合的季节性施工方法或措施。

（三）绿色建材的使用和节材措施

1.绿色建材的使用

绿色建材的含义是指采用清洁的生产技术，少用天然资源，大量使用工业或城市固体废弃物和农植物秸秆，生产无毒、无污染、无放射性，有利于环保与人体健康的建筑材料。绿色建筑材料的基本特征是：

（1）建筑材料生产尽量少用天然资源，大量使用尾矿、废渣、垃圾等废弃物。

（2）采用低能耗、无污染的生产技术。

（3）在生产中不得使用甲醛、芳香族、碳氢化合物等，不得使用氟、铬及其化合物制成的颜料、添加剂和制品。

（4）产品不仅不损害人体健康，而且有益于人体健康。

（5）产品具有多种功能，如抗菌、灭菌、除霜、除臭、隔热、保温、防火、调温、消磁、防射线和抗静电等功能。

（6）产品循环和回收利用，废弃物无污染以防止二次污染。

使用绿色建材就要求施工单位按照国家、行业或地方对绿色建材的法律、法规及评价方法来选择建筑材料，以确保建筑材料的质量。即选用耗能低、高性能、高耐久性的建材；选用可降解、对环境污染少的建材；选用可循环、可回用和可再生的建材；使用采用废弃物生产的建材；就地取材，充分利用本地资源进行施工，以减少运输的能源消耗和对环境造成的影响。

2.节材措施

（1）节约资源，合理使用建设用地范围内的原有建筑，使之用于建设施工临时用房，将拆下的可回用材料如钢材、木材等进行分类处理、回收与再利用；占临时设施充分利用旧料；选用装配方便、可循环利用的材料；采用工厂定型生产的成品，减少现场加工量与废料；减少建筑垃圾，充分利用废弃物。

（2）减少材料的损耗。通过更仔细的采购，合理的现场保管，减少材料的搬运次数，减少包装，完善操作工艺，增加摊销材料的周转次数，提高材料的使用效率。

（3）可回收资源的利用。可回收资源的利用是节约资源的主要手段，也是当前应加强的方向。主要体现在两个方面：一是使用可再生的或含有可再生成分的产品和材料，这有助于将可回收部分从废弃物中分离出来，同时减少了原始材料的使用，即减少了自然资源的消耗；二是加大资源和材料的回收利用、循环利用，如在施工现场建立废物回收系统、再回收或重复利用在拆除时得到的材料，这可减少施工中材料的消耗量或通过销售来增加企业的收入，也可降低企业运输或填埋垃圾的费用。

（4）建筑垃圾的减量化。要实现绿色施工，建筑垃圾的减量化是关键因素之一，目前建筑垃圾的数量很大，建筑垃圾的堆放或填埋均占用大量的土地，对环境产生很大的影响，包括建筑垃圾的淋滤液渗入土层和含水层，污染土壤环境及地下水；有机物质发生分解产生有害气体，污染空气。同时忽视对建筑垃圾的再利用，会浪费大量的资源。我们的目的是要实现建筑垃圾减量化，建筑垃圾的重复利用，首先应该对施工现场产出的建筑垃圾情况进行调查，包括种类、数量、产生原因、可再利用程度等，为减量化和再利用提供基础。

（5）临时设施充分利用旧料和现场拆迁回收材料，使用装配方便、可循环利用的材料；周转材料、循环使用材料和机具应耐用且维护与拆卸方便，易于回收和再利用，采用工业化的成品，减少现场作业与废料；减少建筑垃圾，充分利用废弃物。

3.节水措施

据调查，建筑施工用水的消耗约占整个建筑成本的 0.2%，因此在施工过程中对水资源进行管理有助于减少浪费，提高效益，节约开支。所以，根据工程所在地的水资源状况，现场可不同程度地采取以下措施。

(1)通过监测水资源的使用，安装小流量的设备和器具，减少施工期间的用水量。

(2)采用节水型器具，摒弃浪费用水陋习，降低用水量。

(3)有效利用基础施工阶段的地下水。

(4)在可能的场所通过利用雨水来减少施引期间的用水量。

(5)在被许可的情况下设置废水重复、回用系统。

4.节能措施

可采取的节能措施有以下几种。

(1)通过改善能源使用结构，有效控制施工过程中的能耗；根据具体情况合理组织施工，积极推广节能新技术、新工艺；制定合理施工能耗指标，提高施工能源利用率；确保施工设备满负荷运转，减少无用功；禁止不合格临时设施用电。

(2)在工艺和设备选型时，优先采用技术成熟且能源消耗低的工艺设备，对设备进行定期维护、保养，保证设备运转正常，降低能源消耗，不要因设备的不正常运转造成能源浪费，在施工机械及办公室的电器等闲置时关掉电源。

(3)合理安排施工工序，根据施工总进度计划、在施工进度允许的前提下，尽可能减少夜间施工；地下室照明均使用节能灯；所有电焊机均配备空载短路装置，以降低功耗；夜间施工完成后，关闭现场施工区域内大部分照明，仅留四周道路照明供夜间巡视。

5.节地与施工用地保护措施

(1)合理布设临时道路。临时工程主要包括临时道路、临时建筑物与便桥等，临时道路按使用性质，分干线和引入线两类。贯通全线或区段的为干线，由干线或既有公路通往重点工程或临时辅助设施的为引入线。为工程施工需要而修建的临时道路，应根据运量、距离、工期、地形、当地材料以及使用的车辆类型等情况来决定，以达到能及时有效地供应施工人员生活资料和全线工程所需机具材料等为目的，同时充分考虑节约用地尤其是保护耕地这个不容忽视的因素。为此，在施工调查中要着重研究城乡交通运输情况，充分利用既有道路和水运的运输能力，进而核对设计部门提出的有关临时道路资料，落实其必须经过的控制点和道路类型与标准。结合施工认真贯彻节约用地与保护耕地的方针，合理布置与修筑临时道路。

(2)合理布置临时用房。施工用临时房屋主要包括办公、居住、厂、库、文化福利等各种生产和生活房屋，这些临时房屋的特点是施工时间要求快，使用时间短，等工程结束后即行拆除。因此，除应尽量利用附近已有房屋和提前修建正式房屋外，还须尽量使用帐篷和拆装式房屋，既省工省料、降低造价，又利于将来土地复垦。当临时房屋可以移交当地管理部门或地方使用时，则可适当提高标准，并在建筑和结构形式上尽可能考虑使用的要求。

(3)合理设计取弃土方案。填基取土、挖坑弃土以及其他取弃土工程是建筑工程施工过程中最基本的工作之一。取土、弃土都占用土地，如何取弃土，从哪儿取土，往哪儿弃土等问题，处理好了既可以节省工程量，又可以少占耕地。通过采取以下方案，可达到节地与保护用地目标。

①集中取弃土。当填方数量较大时，宜设置取土场集中取土，买土不征地。同样，可选择低凹荒地、废弃的坑塘等处集中弃土，争取弃土不征地。

②合理调配取弃土。道路工程施工时，土石方工程占较大比重，所需劳动力和机具较多，合理地对土石方进行综合调配，在经济运距内尽量移挖作填，减少施工土方，是减少用地的有效措施。

③在施工结束后，对于临时用地的及时复垦方面应及时恢复耕种条件，退还农民耕种；为配合农业水利建设，把有些地段的高填路堤的修筑标准适当提高，达到水坝的质量要求后可以扩大农用灌溉面积。

（4）在设施的布置中要节约并合理使用土地，在施工中加大禁止使用黏土红砖的执法力度，逐步淘汰使用多孔红砖。充分利用地上地下空间，如多高层建筑、地铁、地下公路等。

（5）施工组织中，科学地进行施工总平面设计，其目的是对施工场地进行科学规划以合理利用空间。在施工总平面图上，临时设施、材料堆场、物资仓库、大型机械、物件堆场、消防设施、道路及进出口、加工场地、水电管线、周转使用场地都应合理，以达到节约用地、方便施工的目的。

第四节　绿色施工实施

绿色施工的实施是一个复杂的系统工程，需要在管理层面充分发挥计划、组织、领导和控制职能，建立系统的管理体系，明确第一责任人，持续改进，合理协调，强化检查与监督等。

一、建立系统的管理体系

面对不同的施工对象，绿色施工管理体系可能会有所不同，但其实现绿色施工过程受控的主要目的是一致的，覆盖施工企业和工程项目绿色施工管理体系的两个层面要求是不变的。因此工程项目绿色施工管理体系应成为企业和项目管理体系有机整体的重要组成部分，它包括制定、实施、评审和保障实现绿色施工目标所需的组织机构及职责分工、规划活动、相关制度、流程和资源分组等，主要由组织管理体系和监督控制体系构成。

（一）组织管理体系

在组织管理体系中，要确定绿色施工的相关组织机构和责任分工，明确项目经理为第一责任人，使绿色施工的各项工作任务有明确的部门和岗位来承担。如某工程项目为了更好地推进绿色施工，建立了一套完备的组织管理体系，成立由项目经理、项目副经理、项目总工为正副组长及各部门负责人构成的绿色施工领导小组。明确由组长（项目经理）作为第一责任人，全面统筹绿色施工的策划、实施、评价等工作；由副组长（项目副经理）挂帅进行绿色施工的推进，负责批次、阶段和单位工程评价组织等工作；另一副组长（项目总工）负责绿色施工组织设计、绿色施工方案或绿色施工专项方案的编制，指导绿色施工在工程中的实施；同时明确由质量与安全部负责项目部绿色施工日常监督工作，根据绿色施工涉及的技术、材料、能源、机械、行政、后勤、安全、环保以及劳务等各个职能系统的特点，把绿色施工的相关责任落实到工程项目的每个部门和岗位，做到全体成员分工负责，齐抓共管，把绿色施工与全体成员的具体工作联系起来，系统考核，综合激励，取得良好效果。

(二)监督控制体系

绿色施工需要强化计划与监督控制,有力的监控体系是实现绿色施工的重要保障。在管理流程上,绿色施工必须经历策划、实施、检查与评价等环节。绿色施工要通过监控,测量实施效果,并提出改进意见。绿色施工是过程,过程实施完成后绿色施工的实施效果就难以准确测量。因此,工程项目绿色施工需要强化过程监督与控制,建立监督控制体系。体系的构建应由建设、监理和施工等单位构成,共同参与绿色施工的批次、阶段和单位工程评价及施工过程的见证。在工程项目施工中,施工方、监理方要重视日常检查和监督,依据实际状况与评价指标的要求严格控制,通过 PDCA 循环,促进持续改进,提升绿色施工实施水平。监督控制体系要充分发挥其旁站监控职能,使绿色施工扎实进行,保障相应目标实现。

二、明确项目经理是绿色施工第一责任人

绿色施工需要明确第一责任人,以加强绿色施工管理。施工中存在的环保意识不强、绿色施工投入不足、绿色施工管理制度不健全、绿色施工措施落实不到位等问题,是制约绿色施工有效实施的关键问题。应明确工程项目经理为绿色施工的第一责任人,由项目经理全面负责绿色施工,承担工程项目绿色施工推进责任。这样工程项目绿色施工才能落到实处,才能调动和整合项目内外资源,在工程项目部形成全项目、全员推进绿色施工的良好氛围。

三、PDCA 原理

绿色施工推进应遵循管理学中通用的 PDCA 原理。PDCA 原理,又名 PDCA 循环,也叫质量环,是管理学中的一个通用模型。PDCA 原理适用于一切管理活动,它是能使任何一项活动有效进行的一种合乎逻辑的工作程序。

(一)PDCA 的特点

PDCA 循环,可以使我们的思想方法和工作步骤更加条理化、系统化、图像化和科学化。它具有如下特点。

1.大环套小环,小环保大环,推动大循环

PDCA 循环作为管理的基本方法,适用于整个工程项目的绿色施工管理。整个工程项目绿色施工管理本身形成一个 PDCA 循环,内部又嵌套着各部门绿色施工管理 PDCA 小循环,层层循环,形成大环套小环,小环里面又套更小的环。大环是小环的母体和依据,小环是大环的分解和保证,通过循环把绿色施工的各项工作有机地联系起来,彼此协同,互相促进。

2.不断前进,不断提高

PDCA 循环就像爬楼梯一样,一个循环运转结束,绿色施工的水平就会提高一步,然后再进行下一个循环,再运转、再提高,不断前进,不断提高。

3.门路式上升

PDCA 循环不是在同一水平上循环,每循环一次就解决一部分题目,取得一部分成果,工作就前进一步,水平就提高一步。每完成一次 PDCA 循环,都要进行总结,提出新目标,再进行第二次PDCA 循环,使绿色施工的车轮滚滚向前。

（二）PDCA 循环的基本阶段和步骤

绿色施工持续改进（PDCA 循环）的基本阶段和步骤如下。

1.计划（P）阶段

即根据绿色施工的要求和组织方针，提出工程项目绿色施工的基本目标。

步骤一：明确四节一环保的主题要求。绿色施工以施工过程有效实现四节一环保为前提，这也是绿色施工的导向和相关决策的依据。

步骤二：设定绿色施工应达到的目标。也就是绿色施工所要做到的内容和达到的标准。目标可以是定性与定量化结合的，能够用数量来表示的指标要尽可能量化，不能用数量来表示的指标也要明确。目标是用来衡量实际效果的指标，所以设定应该有依据，要通过充分的现状调查和比较来获得。《建筑工程绿色施工评价标准》GB/T50640－2010 提供了绿色施工的衡量指标体系，工程项目要结合自身能力和项目总体要求，具体确定实现各个指标的程度与水平。

步骤三：策划绿色施工有关的各种方案并确定最佳方案。针对工程项目，绿色施工的可能方案有很多，然而现实条件中不可能把所有想到的方案都实施，所以提出各种方案后优选并确定出最佳的方案是较有效率的方法。

步骤四：制定对策，细化分解策划方案。有了好的方案，其中的细节也不能忽视，计划的内容如何完成好，需要将方案步骤具体化，逐一制定对策，明确回答出方案中的"5W2H"。即为什么制定该措施（Why）？要达到什么目标（What）？在何处执行（Where）？由谁负责完成（Who）？什么时间完成（When）？如何完成（How）？花费多少（How much）？

2.实施（D）阶段

即按照绿色施工的策划方案，在实施的基础上，努力实现预期目标的过程。

步骤五：绿色施工实施过程的测量与监督。对策制定完成后就进入了具体实施阶段。在这一阶段除了按计划和方案实施外，还必须要对过程进行测量，确保工作能够按计划进度实施。同时建立数据采集，收集过程的原始记录和数据等项目文档。

3.检查效果（C）阶段

即确认绿色施工的实施是否达到了预定目标。

步骤六：绿色施工的效果检查。方案是否有效、目标是否完成，需要进行效果检查后才能得出结论。将采取的对策进行确认后，对采集到的证据进行总结分析，把完成情况同目标值进行比较，看是否达到了预定的目标。如果没有出现预期的结果，应该确认是否严格按照计划实施对策。如果是，就意味着对策失败，那就要重新进行最佳方案的确定。

4.处置（A）阶段

步骤七：标准化。对已被证明的有成效的绿色施工措施，要进行标准化，制定成工作标准，以便在企业执行和推广，并最终转化为施工企业的组织过程资产。

步骤八：问题总结。对绿色施工方案中效果不显著的或者实施过程中出现的问题进行总结，为开展新一轮的 PDCA 循环提供依据。

总之，绿色施工过程通过实施 PDCA 管理循环，能实现自主性的工作改进。此外需要重点强调的是，绿色施工起始的计划（P）实际应为工程项目绿色施工组织设计、施工方案或绿色施工专项方案，应通过实施（D）和检查（C），发现问题，制订改进方案，形成恰当处理意见（A），指导新的PDCA 循环，实现新的提升，如此循环，持续提高绿色施工的水平。

四、绿色施工的协调

为了确保绿色施工目标的实现,在施工中要高度重视施工调度与协调管理。应对施工现场进行统一调度、统一安排与协调管理,严格按照策划方案,精心组织施工,确保有计划、有步骤地实现绿色施工的各项目标。

绿色施工是工程施工的升级版,应特别重视施工过程的协调和调度,应建立以项目经理为核心的调度体系,及时反馈上级及建设单位的意见,处理绿色施工中出现的问题,并及时加以落实执行,实现各种现场资源的高效利用。工程项目绿色施工的总调度应由项目经理担任,负责绿色施工的总体协调,确保施工过程达到绿色施工合格水平以上,施工现场总调度的职责是。

(1)监督、检查含绿色施工方案的执行情况,负责人力物力的综合平衡,促进生产活动正常进行。

(2)定期召开有建设单位、上级职能部门、设计单位、监理单位的协调会,解决绿色施工疑问和难点。

(3)定期组织召开各专业管理人员及作业班组长参加的会议,分析整个工程的进度、成本、计划、质量、安全、绿色施工执行情况,使项目策划的内容准确落实到项目实施中。

(4)指派专人负责,协调各专业工长的工作,组织好各分部分项工程的施工衔接,协调穿插作业,保证施工的条理化程序化。

(5)施工组织协调建立在计划和目标管理基础之上,根据绿色施工策划文件与工程有关的经济技术文件进行,指挥调度必须准确、及时、果断。

(6)建立与建设、监理单位在计划管理、技术质量管理和资金管理等方面的协调配合措施。

五、检查与监测

绿色施工的检查与检测包括日常、定期检查与监测,其目的是检查绿色施工的总体实施情况,测量绿色施工目标的完成情况和效果,为后续施工提供改进和提升的依据和方向。检查与监测的手段可以是定性的,也可以是定量的。工程项目可针对绿色施工制定季度检、月检、周检、日检等不同频率周期的检查制度,周检、日检要侧重于工长和班组层面,月检、周检应侧重于项目部层面,季度检可侧重于企业或分公司层面。监测内容应在策划书中明确,应针对不同监测项目建立监测制度,应采取措施,保证监测数据准确,满足绿色施工的内外评价要求。总之,绿色施工的检查与测量要以《建筑工程绿色施工评价标准》GB/T50640-2010和绿色施工策划文件为依据,检查和监测各目标和方案落实情况。

第五节　绿色施工评价

绿色施工评价是绿色施工管理的一个重要环节,通过评价可以衡量工程项目达成绿色施工目标的程度,为绿色施工持续改进提供依据。

一、评价目的

依据《建筑工程绿色施工评价标准》GB/T50640－2010,对工程项目绿色施工实施情况进行评价,度量工程项目绿色施工水平,其目的一是了解自我,客观认定本项目各类资源的节约与高效利用水平、污染排放控制程度,正确反映绿色施工方面的情况,使项目部心中有数;二是尽力督促持续改进,绿色施工评价要求建设单位、监理方协同评价,利于绿色施工水平提高,并能借助第三方力量会同诊断,褒扬成绩,找出问题,制定对策,利于持续改进;三是定量评价数据说话,绿色施工通过交流方法对施工过程进行评估,从微观要素评价点的评价入手,体现绿色施工的宏观量化效果,利于不同项目的比较,具有科学性。

二、指导思想

根据《绿色施工导则》和《建筑工程绿色施工评价标准》GB/T50640－2010 的相关界定和规定,以预防为主、防治结合、清洁生产、全过程控制的现代环境管理思想和循环经济理念为指导,本着为社会负责、为企业负责、为项目负责的精神,紧密结合工程项目特点和周边区域的环境特征,以实事求是的态度开展评价工作,保证评价过程科学、细致、深入,评价结果客观可靠以便实现绿色施工的持续改进。

三、评价思路

(1)工程项目绿色施工评价应符合如下原则:一是尽可能简便的原则;二是覆盖施工全过程的原则;三是相关方参与的原则;四是符合项目实际的原则;五是评价与评比通用的原则。

(2)工程项目绿色施工评价应体现客观性、代表性、简便性、追溯性和可调整性的五项要求。

(3)工程项目绿色施工评价坚持定量与定性相结合,以定性为主导,坚持技术与管理评价相结合,以综合评价为基础坚持结果与措施评价相结合,以措施落实状况为评价重点。

(4)检查与评价以相关技术和管理资料为依据,重视资料取证,强调资料的可追溯性和可查证性。

(5)以批次评价为基本载体,强调绿色施工不合格评价点的查找,据此提出持续改进的方向,形成防止再发生的建议意见。

(6)工程项目绿色施工评价达到优良时,可参与社会评优。

(7)借助绿色施工的过程评价,强化绿色施工理念,提升相关人员的绿色施工能力,促进绿色施工水平提高。

参 考 文 献

[1]黄春蕾,李书艳.市政工程施工组织与管理[M].重庆:重庆大学出版社,2021.

[2]曹帅.市政工程施工现场管理快速培训教材[M].北京:北京理工大学出版社,2016.

[3]董祥图.桥梁暨市政工程施工常用计算实例[M].成都:西南交通大学出版社,2018.

[4]阎丽欣,高海燕.市政工程造价与施工技术[M].郑州:黄河水利出版社,2020.

[5]刘轶鹏.市政排水工程施工技术及造价控制[M].天津:天津大学出版社,2020.

[6]李杰,安彦龙,梁锋.市政路桥施工技术与管理研究[M].文化发展出版社,2020.

[7]李书艳.道桥工程施工组织与管理[M].北京:北京理工大学出版社,2020.

[8]黄春蕾.市政工程项目管理[M].郑州:黄河水利出版社,2020.

[9]叶辉,卓顺东,李诚.建筑施工管理与市政工程建设[M].北京:中国原子能出版社,2021.

[10]潘永坚,姚燕明,李高山.滨海软土城市工程勘察关键技术[M].杭州:浙江工商大学出版社,2021.

[11]蒋雅君,郭春.城市地下空间规划与设计[M].成都:西南交通大学出版社,2021.

[12]胥东,史官云.市政工程现场管理[M].北京:中国建筑工业出版社,2021.

[13]唐忠昆,殷华富,王楷银.老旧市政道路提升改造施工管理导则[M].北京:中国建筑工业出版社,2021.

[14]彭鹏作.新常态下市政基础设施工程总承包经营与管理[M].北京:中国建筑工业出版社,2021.

[15]张金玉.建设工程计量与计价实务土木建筑工程[M].北京:中国建材工业出版社,2021.

[16]雍洪宝.建设工程检测取样方法及不合格情况处理措施[M].北京:中国建材工业出版社,2021.

[17]韩玉珍,潘毫,张雷,何纪忠.城市轨道交通穿越风险工程案例集[M].北京:中国建筑工业出版社,2021.

[18]王启存.建设工程成本经营全过程实战管理[M].北京:中国建筑工业出版社,2021.

[19]卢永成,黄虹,吴东升,王冠男,戴建国.现代桥梁技术丛书桥梁预制拼装技术[M].北京:人民交通出版社,2021.

[20]张择瑞.路基路面试验检测技术[M].合肥:合肥工业大学出版社,2021.